Das große Buch

DATA BECKERs Praxishandbuch der Astronomie mit dem PC

Dr. Steffen Brückner

DATA BECKER

Copyright	© by DATA BECKER GmbH & Co. KG Merowingerstr. 30 40223 Düsseldorf
E-Mail	buch@databecker.de
Produktmanagement und Lektorat	Hans-Peter Kusserow
Umschlaggestaltung	Inhouse-Agentur DATA BECKER
Textbearbeitung und Gestaltung	Astrid Stähr
Produktionsleitung	Claudia Lötschert
Druck	Media-Print, Paderborn

ISBN 3-8158-2555-5

Wichtiger Hinweis

Die in diesem Buch wiedergegebenen Verfahren und Programme werden ohne Rücksicht auf die Patentlage mitgeteilt. Sie sind für Amateur- und Lehrzwecke bestimmt.

Alle technischen Angaben und Programme in diesem Buch wurden vom Autor mit größter Sorgfalt erarbeitet bzw. zusammengestellt und unter Einschaltung wirksamer Kontrollmaßnahmen reproduziert. Trotzdem sind Fehler nicht ganz auszuschließen. DATA BECKER sieht sich deshalb gezwungen, darauf hinzuweisen, dass weder eine Garantie noch die juristische Verantwortung oder irgendeine Haftung für Folgen, die auf fehlerhafte Angaben zurückgehen, übernommen werden kann. Für die Mitteilung eventueller Fehler ist der Autor jederzeit dankbar.

Wir weisen darauf hin, dass die im Buch verwendeten Soft- und Hardwarebezeichnungen und Markennamen der jeweiligen Firmen im Allgemeinen warenzeichen-, marken- oder patentrechtlichem Schutz unterliegen.

Vorwort

Dank immer günstiger werdender Ausrüstung finden in den letzten Jahren immer mehr Menschen zum faszinierenden Hobby der Astronomie. Nicht unschuldig sind dabei die Teleskopangebote der großen Discounter in der Vorweihnachtszeit, aber auch im Fachhandel bekommen Sie für wenige Hundert Euro schon sehr gute Einsteigergeräte.

Mit dem Teleskop allein ist es dabei aber nicht getan. Solch eine Optik will auf einer stabilen Montierung untergebracht sein, und das Zubehör in Form von Okularen, Zenitspiegeln etc. sollte in der Qualität hinter der Hauptoptik nicht zurückstehen.

Der Einstieg in die Astrofotografie kann dabei mit einer günstigen Webcam schon mit einfachsten Optiken erfolgen, die hohe Kunst der DeepSky-Fotografie verlangt dann aber schon nach einer deutlich höherwertigen (und leider auch teureren) Ausstattung.

Neben der Hardware (Teleskop, Zubehör, Kamera etc.) spielt, speziell in der digitalen Astrofotografie, die Software eine nicht unerhebliche Rolle. Die Vorbereitung von Beobachtungen und Aufnahmen wird heute meist mit entsprechenden Planetariums- und Sternkartenprogrammen durchgeführt. Diese bieten gegenüber gedruckten Sternatlanten eine deutlich einfachere Bedienung und zusätzliche Funktionen wie die Einblendung von Okular- und Kameragesichtsfeldern.

Bei digitalen Astroaufnahmen wird die Kamera durch eine Software vom Rechner aus ferngesteuert und die lästige Arbeit der Nachführkontrolle meist durch einen ebenfalls softwaregesteuerten Autoguider übernommen.

Um aus den gewonnenen Rohdaten ansehnliche Bilder zu erstellen, wird in der Nachbearbeitung der Bilder verschiedenste Software eingesetzt, eine All-in-one-Lösung ist heute leider nicht verfügbar.

Dieses Buch zielt auf Einsteiger in die Astronomie und Astrofotografie ab und bietet dabei eine Einführung in die wichtigsten Freewareprogramme und nachvollziehbare Schritt-für-Schritt-Anleitungen, mit denen Sie auch die kompliziertesten Vorgänge einfach erlernen können.

Updates und Linkliste

Gerade Internetadressen verändern sich manchmal schneller, als ein Buch gedruckt werden kann. Exklusiv für Sie als Leser dieses Buches wird unter http://apc.ccdastro.de/ eine aktuelle Liste der in diesem Buch erwähnten Links gepflegt. Fällt Ihnen ein nicht mehr funktionierender Link auf, kontaktieren Sie bitte den Autor unter *brueckner@ccdastro.de.*

Inhalt

Beobachtungsplanung

Erfolgreiche astronomische Beobachtungen müssen sorgfältig geplant werden. Nachts in der Dunkelheit führt jedes Licht zu einer Verschlechterung der Dunkeladaption des Auges. Außerdem ist es nicht sonderlich ratsam, Bücher und andere Druckwerke, die nicht laminiert sind, nachts aufs Feld mitzunehmen. Der oft in den Morgenstunden einsetzende Tau würde diesen Unterlagen ein vorschnelles Ende bescheren.

Früher verwendete man zur Beobachtungsplanung gedruckte Sternkataloge und -atlanten, Ephemeridentabellen, die in kurzen Abständen regelmäßig per Post verteilt wurden oder drehbare Sternkarten. Mit modernen Arbeitsplatzrechnern und Software wie Cartes du Ciel ist es problemlos möglich, sich Stern- und Aufsuchkarten genau angepasst an den eigenen Beobachtungsort und die Beobachtungsuhrzeit selbst anzufertigen. Gegenüber gedruckten Dokumenten bieten Computerprogramme aber viel weitergehende Funktionalitäten. So kann problemlos der Himmelsanblick an jedem Ort der Erde zu jedem beliebigen Zeitpunkt angezeigt werden. Planeten, Kometen und Asteroiden können in den Aufsuchkarten genau dargestellt werden, und Ereignisse wie Sonnen- und Mondfinsternisse können anhand erstellter Animationen besser geplant werden.

Die Fixsterne am Firmament können in großen Sternkatalogen gespeichert werden. Durch ein geeignetes, mit der Erde mitdrehendes Koordinatensystem sind deren Koordinaten konstant. Gleiches gilt auch für DeepSky-Objekte wie Nebel und Galaxien. Etwas anders sieht es bei Objekten des Sonnensystems aus. Für die Sonne und die Planeten sowie die Planetenmonde sind die Bewegungsgleichungen sehr gut bekannt, sodass Sternkartenprogramme wie Cartes du Ciel die Position dieser Objekte sehr einfach berechnen können.

Die Bahnen von Kometen und Kleinplaneten (Asteroiden) sind dagegen meist nicht so genau vermessen und es werden immer wieder neue Kometen und Kleinplaneten entdeckt. Daher ist es zur Beobachtungsplanung wichtig, sich für Kometen und Kleinplaneten die aktuellsten Bahndaten (Ephemeriden) zu installieren. Diese Aktualisierung kann mit Cartes du Ciel bei einem vorhandenen Internetanschluss fast vollautomatisch vorgenommen werden. Bedenken Sie bei der Beobachtungsplanung aber, dass Sie nachts im Feld meist keinen Internetzugang haben, also diese Aktualisierung schon im Vorfeld der Beobachtungen vornehmen sollten.

Zur Beobachtungsplanung werden zunächst die wichtigsten Eckwerte abgesteckt. Berechnen Sie die Dämmerungszeiten (z. B. mit Cartes du Ciel oder online bei CalSKY.de) und beurteilen Sie die Wettervorhersage (z. B. bei astrowetter.com oder wetter.com). Erst wenn diese Werte stimmen, können Sie sich aufmachen, in einem Sternkartenprogramm wie Cartes du Ciel die Objekte Ihrer Begierde aufzusuchen und deren Beobachtbarkeit zum gewünschten Zeitpunkt zu prüfen.

Mit der Einblendung von Okular- und Kameragesichtsfeldern können Sie schnell feststellen, mit welchem Teleskop und welchem Okular/welcher Kamera das Objekt am besten zu beobachten sein wird. Erstellen Sie sich für eine Beobachtungsnacht eine Beobachtungsliste. Dort tragen Sie die Objekte, die Sie beobachten wollen, ein. Dazu vermerken Sie die Position (in Rektaszension und Deklination), die Helligkeit und welche Größe das Objekt hat. Anstelle der Objektgröße können Sie auch vermerken, welches Okular Sie als Erstes an diesem Objekt verwenden wollten.

Vergessen Sie bei der Vorbereitung einer Beobachtungsnacht nicht, Ihr Equipment sorgfältig zu überprüfen. Hierzu gehören die Vollständigkeit der Ausrüstung, aber auch geladene Akkus und Batterien. Nichts ist schlimmer, als nach einem aufgebauten und eingenordeten Teleskop festzustellen, dass die Akkus leer sind … Organisieren Sie Ihr Equipment so, dass Sie auch bei Dunkelheit jederzeit wissen, wo welches Teil ist. Wenn Sie noch nie beobachtet haben oder eine neue Ausstattung haben, bietet sich ein Trockentraining, oder besser gesagt ein Helligkeitstraining, an. Üben Sie tagsüber (u. U. an der Sonne, aber achten Sie dabei unbedingt auf einen geeigneten Sonnenfilter vor allen Objektiven!), bis Sie mit Ihrem Equipment vertraut sind. Wenn Sie Ihr Equipment im Hellen im Griff haben, verdunkeln Sie den Raum und üben in Dunkelheit, Ihr Equipment zu bedienen. Sie werden überrascht sein, was Sie alles nicht sehen und nicht finden, aber bei der realen Beobachtung wird es Ihnen nicht besser ergehen. Und da Sie ja die Beobachtung genießen und sich nicht mit Ihrem Equipment ärgern wollen, ist eine solche Vorbereitung wirklich Gold wert.

Im Folgenden wird exemplarisch die Arbeit mit dem Programm Cartes du Ciel vorgestellt. Das kostenfrei erhältliche Cartes du Ciel braucht den Vergleich mit wesentlich teureren Programmen nicht zu scheuen und bietet alle Funktionen, die der Anfänger wie auch der engagierte Amateur-Astronom benötigen. Dabei vereinigt Cartes du Ciel die Stärken von Planetariums- und Sternkartenprogrammen, ohne dabei deren jeweiligen Schwächen zu übernehmen.

1. Das Sternkartenprogramm Cartes du Ciel

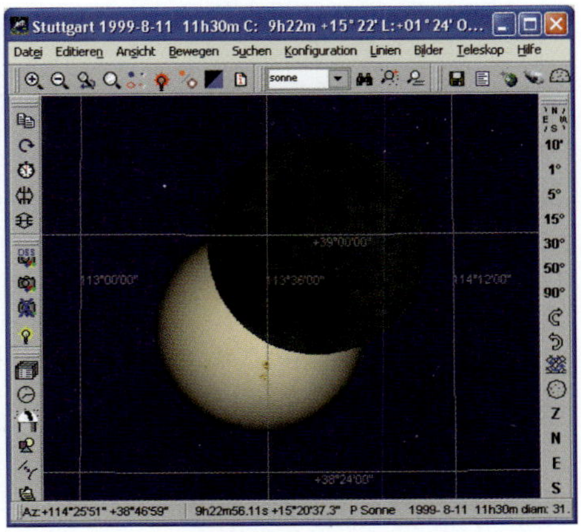

Astronomische Beobachtungen wollen gut geplant sein, nur wer sich ausreichend vorbereitet, wird auch eine gelungene Beobachtungsnacht erleben dürfen. Mit modernen Planetariums- und Sternkartenprogrammen kann sowohl die visuelle Beobachtung wie auch die Astrofotografie für den geplanten Beobachtungsort und die Beobachtungszeit genau geplant werden. Die freie Software Cartes du Ciel, zu Deutsch „Sternkarten", vereinigt als eines der wenigen Programme die Eigenschaften von Planetariums- und Sternkartenprogrammen. Durch die flexible Einbindung von frei verfügbaren Objektkatalogen kann Cartes du Ciel nahezu beliebig erweitert werden und steht kommerziellen Produkten in nichts nach.

1.1 Download und Installation

Die freie Software Cartes du Ciel und zugehörige Erweiterungen wie z. B. Objektkataloge können unter der Internetadresse www.astrosurf.org/astropc/ bezogen werden. Da die Dateien verteilt auf verschiedenen Servern liegen, ändert sich der eigentliche Downloadvorgang für die einzelnen Dateien ständig.

Leider gibt es keine deutschsprachige Übersetzung der Cartes du Ciel-Website, wer aber mit der französischsprachigen Version nicht zurechtkommt, kann auf der linken Seite mit Klick auf eine der Flaggen eine der verfügbaren anderen Sprachen auswählen.

MCartes du Ciel – Download

Die freie Software Cartes du Ciel und die Objektkataloge und Erweiterungen stehen unter www.astrosurf.org/astropc/ zum Download bereit.

Das Programm selbst und die Onlinehilfe sind jedoch in deutscher Sprache verfügbar. Im Folgenden werden hier die Bezeichnungen der englischen Downloadseite www.stargazing.net/astropc/download.html verwendet.

Cartes du Ciel hat sehr geringe Anforderungen an die Hardware, sodass das Programm auf jedem aktuellen Rechner mit einem Windows-Betriebssystem laufen sollte. Der benötigte Festplattenspeicher hängt dabei stark davon ab, welche Kataloge und Werkzeuge zusätzlich installiert werden, aber auch in diesem Punkt zeigt sich Cartes du Ciel genügsam.

Hardwareanforderungen	Mindestens	Empfohlen
CPU	Pentium	Pentium 166
Arbeitsspeicher	16 MByte	16 MByte
Freier Festplattenspeicher	10 - 130 MByte	10 - 130 MByte
Grafik	640 x 480 64k Farben	800 x 600 oder 1.024 x 768 16 Mio. Farben
Betriebssystem	Windows 95/98/NT/2000/XP	Windows 2000/XP

Laden Sie sich auf jeden Fall das Complete Package herunter. Die Auswahl des Basic Package und einzelner Optionen sollte erfahrenen Benutzern, die dringend Speicherplatz sparen müssen, vorbehalten sein. Das Complete Package beinhaltet alle wichtigen Programmdateien, Plug-Ins und die wichtigsten Objektkataloge für das Arbeiten mit Cartes du Ciel. Zur Installation führen Sie einfach das geladene Installationsprogramm aus. Der Zielordner für die Installation wird auf den meisten Systemen *C:\Programme\Ciel* sein, daher wird in diesem Buch von diesem Installationspfad ausgegangen. Natürlich können Sie Cartes du Ciel auch in ein beliebiges anderes Verzeichnis installieren. Alle Erweiterungsmodule und Kataloge müssen Sie dann in das entsprechende Verzeichnis installieren oder kopieren.

Objektkataloge einlesen, damit Cartes du Ciel den Himmel kennt

Nahezu alle in Cartes du Ciel darstellbaren Objekte werden in Objektkatalogen gespeichert. Würde man alle am Himmel bekannten Objekte in einem Katalog aufführen, wäre dieser extrem umfangreich und daher auch unhandlich zu benutzen. Cartes du Ciel unterstützt dabei eine große Anzahl an Objektkatalogen. Je nach Aufgabe kann man den am besten geeigneten Katalog installieren und verwenden.

Himmelskoordinaten

Die Position von Objekten am gestirnten Himmel kann über lokale azimutale Koordinaten, mit den Koordinatenrichtungen Azimut und Höhe, beschrieben werden. Allerdings sind diese Koordinaten von Beobachtungsort und -zeit abhängig. In Sternkatalogen werden In Objektkatalogen werden äquatoriale Koordinaten verwendet. Durch die Wahl des Frühlingspunkts als Bezugspunkt für das Koordinatensystem ist dieses fest unter den Sternen und scheint sich bei der Beobachtung von der Erde aus mitzudrehen. Daher können die Koordinaten für Sterne, Nebel und Galaxien in festen Tabellen, den Objektkatalogen, gespeichert werden. Lediglich für die unter den Sternen sich bewegenden Objekte wie Asteroiden, Kometen, Planeten, Sonne und Mond müssen die Koordinaten jedes Mal neu berechnet werden.

Für einige Kataloge stehen auf der englischen Cartes du Ciel-Downloadseite http://www.stargazing.net/astropc/download.html fertige Installationspakete bereit. Diese können nach dem Download und nach der Installation von Cartes du Ciel durch Ausführen der entsprechenden Installationsdatei für Cartes du Ciel verfügbar gemacht werden. Für die meisten Anwendungen reichen zunächst die im Complete Installation Package mitgelieferten Kataloge aus. Fortgeschrittene Beobachter werden den SAC und evtl. den Nebula-Katalog installieren, um weitere flächige DeepSky-Objekte in Cartes du Ciel zur Verfügung zu haben. Um schwächere Sterne darstellen zu können, zum Beispiel zur Planung oder Auswertung von Astroaufnahmen, bieten sich zunächst entweder der Hipparcos- oder der Tycho2-Katalog an. Ja nach speziellem Beobachtungsinteresse finden sich im Internet eine Vielzahl spezialisierter Objektkataloge. Die Cartes du Ciel-Website verfügt über eine aktuelle Linkliste zu solchen Spezialkatalogen.

Katalog	Größe	Kataloginhalt
Bright Stars Catalog		6.095 mit bloßem Auge beobachtbare Sterne bis mag 6,5
Hipparcos	5 MByte	118.000 Sterne bis mag 8.5
Master Stars Catalog version 4 Sky2000 V4	6 MByte	300.000 Sterne bis mag 9.0
Tycho2 (Part I)	14 MByte	900.000 Sterne bis mag 11.0
Tycho2 (Part II)	26 MByte	1,6 Mio. Sterne zwischen mag 11.0 und mag 12.0 (setzt die Installation von Tycho2 Part I voraus!)
Variables	2 MByte	68.179 variable Sterne aus den Katalogen GCVS, NSV und EVS Speziell geeignet für veränderlichen Beobachter
Multiple Stars	3 MByte	100.626 Doppel- und Mehrfachsterne aus dem WDS84-Katalog
Saguaro Astronomy Club Catalogue (SAC)	webbasiert	10.000 hellere, mit einem Feldstecher oder einem kleinen Teleskop beobachtbare Nebel
Nebula (NGC 2000.0)	1 MByte	40.000 hellere Nebel aus den NGC-, IC-, LBN-, RC3-, OCL-, GCM- und GPN-Katalogen

1.2 Der erste Start und die optimale Standardkonfiguration

Der Himmelsanblick ändert sich je nach Beobachtungsort und -zeit. Um eine orts- und zeitbezogene Darstellung des Himmelsanblicks und der Position der Himmelsobjekte zu ermöglichen, müssen die dazu notwendigen Einstellungen vorgenommen werden. Beim ersten Programmstart von Cartes du Ciel werden die wichtigsten Parameter abgefragt. Diese stehen dann bei jedem weiteren Start von Cartes du Ciel automatisch zur Verfügung und müssen nicht nochmals eingestellt werden.

1 Beim ersten Programmstart erscheint zunächst der Sprachauswahldialog. Für die deutschsprachige Benutzerführung wählen Sie hier *DE Deutsch (German)* und bestätigen die Auswahl mit einem Klick auf *OK*. Die hier getroffene Sprachauswahl beeinflusst lediglich die Darstellung der Benutzeroberfläche, hat jedoch keinen Einfluss auf weitere Einstellungen wie Ort oder Zeitzone. Die Sprachauswahl können Sie auch in Cartes du Ciel später noch jederzeit im Menü *Konfiguration/Sprache* anpassen.

2 Als Nächstes erscheint der Dialog zur Festlegung des Standardbeobachtungsortes.

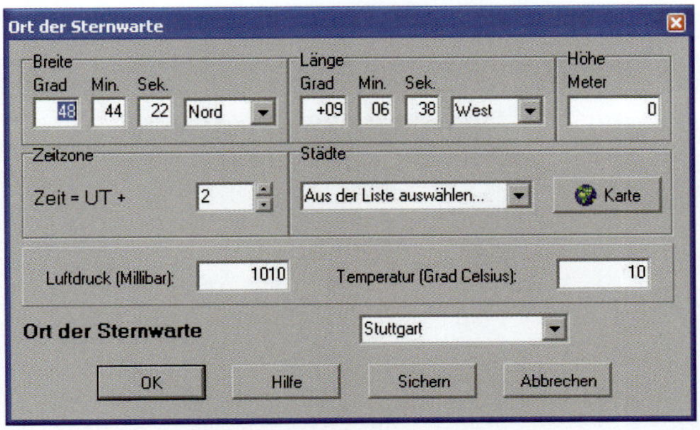

Der hier festgelegte Beobachtungsort wird von Cartes du Ciel bei jedem Programmstart wieder eingestellt. Leider kennt die Städteliste in Cartes du Ciel für Deutschland nur zwölf größere Städte. Für die visuelle Beobachtung genügt es, eine nahe gelegene Stadt aus der Liste *Städte* auszuwählen. Für fortgeschrittene Beobachtungsplanung ist es allerdings notwendig, die Koordinaten des Beobachtungsortes möglichst genau zu bestimmen und manuell in die Felder *Breite* und *Länge* einzutragen. Sind die Koordinaten des Beobachtungsortes nicht bekannt, können diese z. B. mittels eines GPS-Empfängers bestimmt oder der Ortsdatenbank von www.heavens-above.com entnommen werden. Cartes du Ciel bietet auch die Möglichkeit, den Beobachtungsort durch Klicken auf eine Weltkarte anzugeben, allerdings ist dies nur in Ausnahmefällen zu empfehlen, da die Karte nur sehr grob aufgelöst ist.

Die Zeitzone für Deutschland ist die **m**ittel**e**uropäische **Z**eit (MEZ) mit UT + 1 sowie im Sommer die **m**ittel**e**uropäische **S**ommer**z**eit (MESZ) mit UT + 2. Speziell zu den Zeitumstellungen im Frühjahr und Herbst sollte diese Einstellung überprüft werden, da Cartes du Ciel die Sommerzeitumstellung nicht automatisch durchführt.

Zeitzone festlegen

Die Weltkugel ist in 24 Zeitzonen unterteilt. Referenzzeit ist die Weltzeit UT (**U**niversal **T**ime), die für den Nullmeridian gilt. Für die **m**ittel**e**uropäische **Z**eit gilt MEZ = UT + 1 und für die **m**ittel**e**uropäische **S**ommer**z**eit gilt MESZ = UT + 2. Die Zeitzone ist der Zeitversatz gegenüber dem Nullmeridian und daher eine Eigenschaft des Ortes.

Die Angabe von Luftdruck und Temperatur wird von Cartes du Ciel für die Berechnung atmosphärischer Refraktion verwendet. Hier genügen für die meisten Anwendungen die Standardangaben „1010 mbar“ und „10 °C“. Für den Standardbeobachtungsort kann im Feld *Ort der Sternwarte* ein neuer Name vergeben werden, und mit Klick auf *Sichern* werden die vorgenommenen Einstellungen gespeichert. Mit Klick auf *OK* wird die Einstellung des Standardbeobachtungsortes abgeschlossen.

3 Als Nächstes erscheint der *Datum/Zeit*-Dialog. Als Standardeinstellung ist die Auswahl von *Systemzeit verwenden* zu empfehlen. Mit dieser Einstellung zeigt Cartes du Ciel am Programmstart zunächst immer die aktuelle Himmelsansicht entsprechend der Rechnerzeit an.

Die Option *Automatisches Aktualisieren* veranlasst Cartes du Ciel dazu, die Karte ständig der Rechnerzeit anzupassen, sodass ständig eine aktuelle Himmelsansicht angezeigt wird.

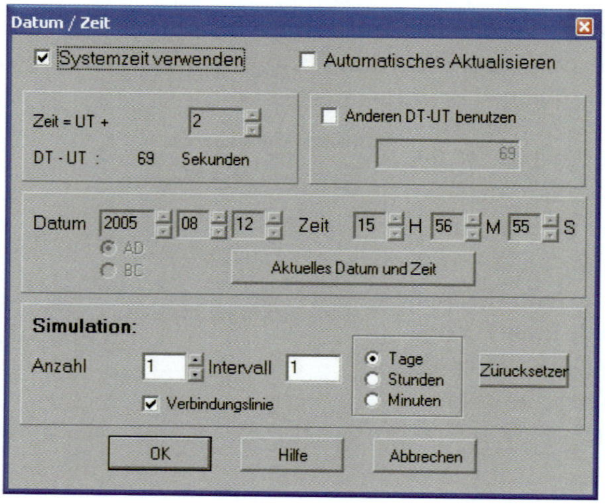

1.3 Cartes du Ciel einfach und schnell bedienen: die Werkzeugleisten und Tastenkürzel

Cartes du Ciel kann über die Tastatur, die Menüleiste oder so genannte Werkzeugleisten bedient werden. Viele Einstellungen können dabei auf mehreren verschiedenen Wegen erreicht werden.

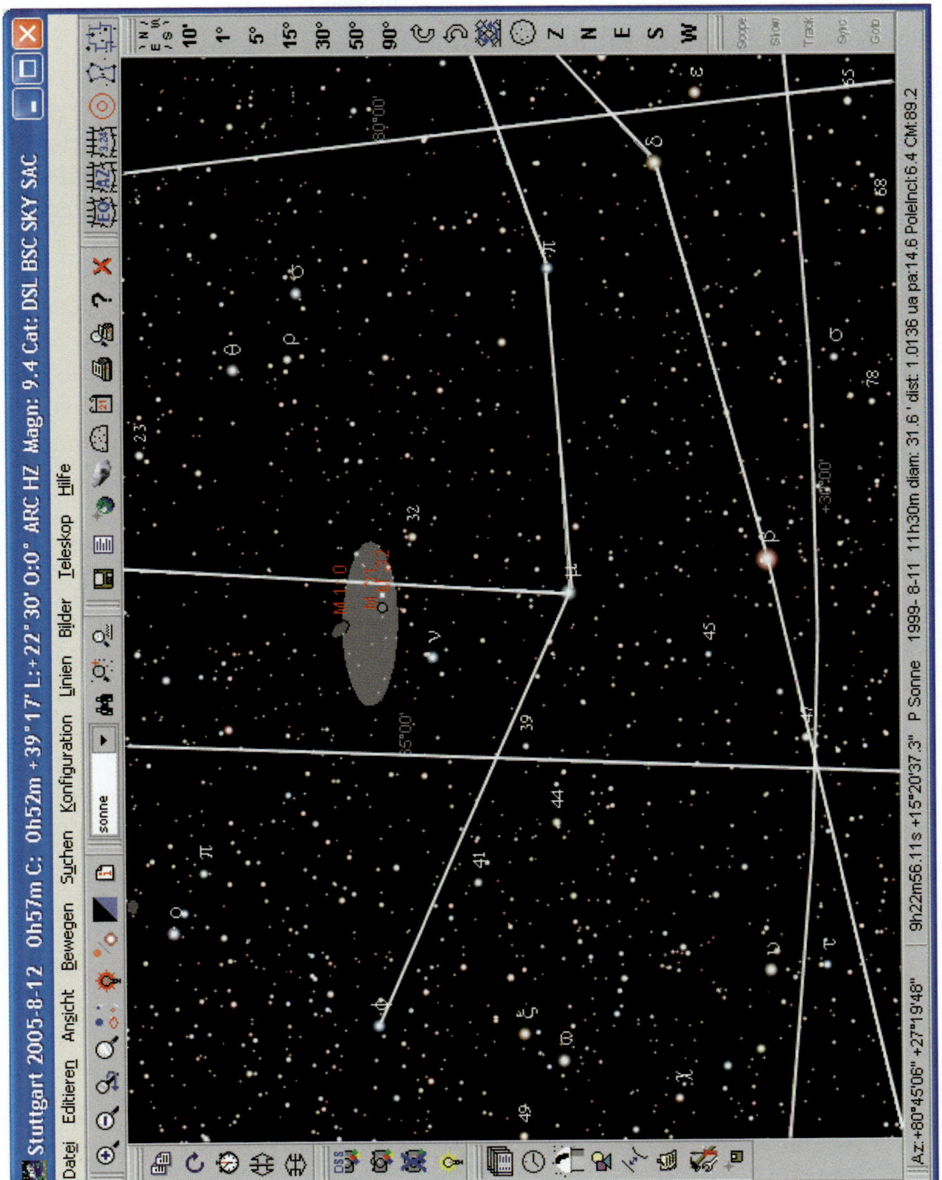

Der Hauptbildschirm von Cartes du Ciel.

Zentrales Element der Oberfläche von Cartes du Ciel ist die Himmelskarte. Diese Karte ist weit gehend konfigurierbar, sodass sich der Anblick der Himmelskarte auf Ihrem Rechner von der obigen Abbildung deutlich unterscheiden kann. Um die Himmelskarte sind die Werkzeugleisten mit den wichtigsten Funktionen gruppiert.

Nach der Installation sind diese Werkzeugleisten an die Fensterränder geheftet, bewegen sich also bei einer Größenänderung des Fensters mit den Fensterrändern mit. Wenn Sie die Werkzeugleisten mit der Maus an der doppelten Linie greifen, können Sie die Werkzeugleisten frei auf dem Bildschirm platzieren oder an eine andere Stelle der Fensterränder anheften.

Eine sehr wichtige Bedeutung kommt in Cartes du Ciel der Fenstertitelzeile sowie der Statuszeile am unteren Fensterrand zu. In der Fenstertitelzeile zeigt Cartes du Ciel wichtige Informationen zur aktuellen Karte an, unter anderem den eingestellten Beobachtungsort, die Uhrzeit, die Koordinaten des Kartenmittelpunkts, die Kartenprojektion, die Grenzgröße und die angezeigten Kataloge.

Die Statuszeile am unteren Fensterrand zeigt Daten zur aktuellen Cursorposition wie die Cursorkoordinaten und Kurzinfos zum letzten gewählten Objekt. Sollte die Statuszeile nicht angezeigt werden, können Sie diese unter *Ansicht/Statuszeile* aktivieren. Mit der Option *Konfiguration*  */Zweizeilige Statusleiste* können Sie sich in der Statuszeile neben den azimutalen Koordinaten auch die äquatorialen Koordinaten der aktuellen Mausposition anzeigen lassen.

Tastenkürzel und Symbole

Cartes du Ciel kann auch in Teilen mit der Tastatur bedient werden. Dieser Schnellzugriff erlaubt es, z. B. das Gesichtsfeld für die Karte sehr schnell zu verändern.

Taste	Symbol	Funktion
1	10'	10" (Bogenminuten) Gesichtsfeld
2	1°	1° Gesichtsfeld
3	5°	5° Gesichtsfeld
4	15°	15° Gesichtsfeld
5	30°	30° Gesichtsfeld
6	50°	50° Gesichtsfeld
7	90°	90° Gesichtsfeld
8		120° Gesichtsfeld
9		180° Gesichtsfeld
a		Gesamter Himmel (All sky)

Taste	Symbol	Funktion
c		Katalogeinstellungen (Catalog)
e	E	Blickrichtung Ost (East)
f		Suchen (Find)
h		Horizontkarte (Horizon chart)
l		Beschriftung (Legend)
m		Koordinaten eingeben (Manual coordinate input)
n	N	Blickrichtung Nord (North)
p		Ausdruck/Kopie in Zwischenablage oder Datei (Print chart)
q		äquatoriale/polare Projektion (eQaturial/polar projection)
r		Karte 15° im Uhrzeigersinn rotieren (Rotate chart)
R		Karte 15° entgegen dem Uhrzeigersinn drehen (Rotate chart)
s	S	Blickrichtung Süd (South)
t		Datum/Zeit (Time)
w	W	Blickrichtung West (West)
z	Z	Blickrichtung Zenit (Zenith)
+		Einzoomen (Ausschnitt verkleinern)
-		Auszoomen (Ausschnitt vergrößern)
Pfeiltasten		Karte bewegen
Enter		Werkzeugleiste ein-/ausblenden
Leertaste/Esc		Hauptmenü ein-/ausblenden
Umschalt		Zoom/Bewegung verlangsamen
Strg		Zoom/Bewegung beschleunigen

1.4 Erste Schritte in Cartes du Ciel

Eine Übersichtskarte für den eigenen Beobachtungsort

Als erste Aktion in Cartes du Ciel bietet es sich an, eine einfache Übersichtskarte für den eigenen Beobachtungsort zu erstellen. Eine solche Übersichtskarte stellt alle wichtigen Objekte in einem großen Gesichtsfeld, z. B. dem Anblick von Ihrem Balkon aus, dar.

1 Überprüfen Sie unter *Konfiguration/Sternwarte*, ob Ihr Beobachtungsort als der aktuelle Ort eingestellt ist, und passen Sie notfalls die Ortseinstellung an. Achten Sie dabei auch auf die Einstellung der Zeitzone. Für die **m**ittel**e**uropäische **Z**eit (MEZ, Winterzeit) müssen Sie *UT + 1* und für die **m**ittel**e**uropäische **S**ommer**z**eit (MESZ) *UT + 2* für die Zeitzone eintragen. Für eine Übersichtskarte ist es ausreichend, eine möglichst nahe gelegene Stadt aus der Liste *Städte* auszuwählen.

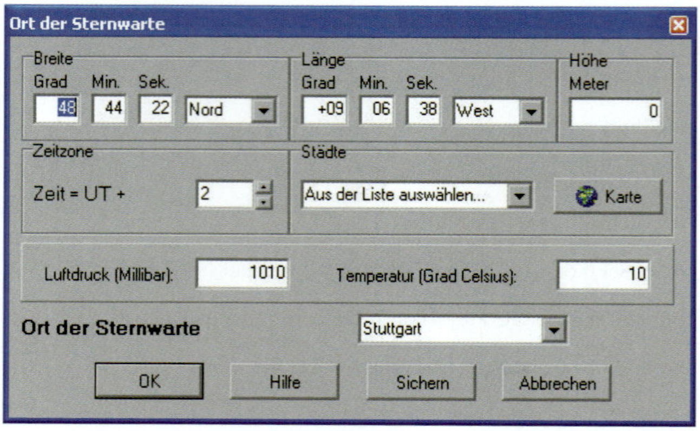

2 Überprüfen Sie die Zeiteinstellungen unter *Konfiguration/Datum/Zeit* und stellen Sie falls notwendig die geplante Beobachtungszeit ein oder aktivieren Sie *Systemzeit verwenden*, um die Karte der aktuellen Rechnerzeit anzupassen.

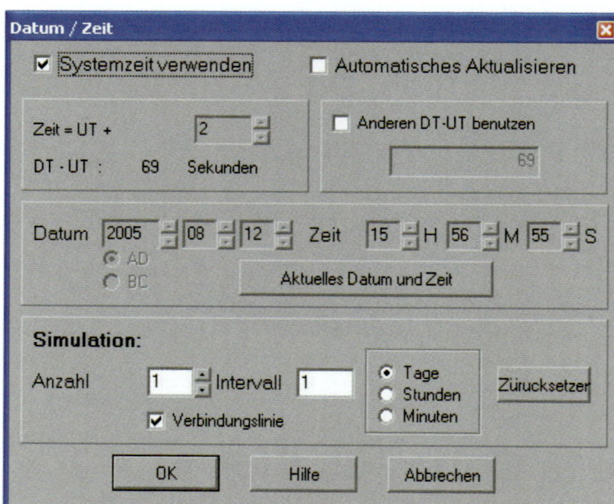

3 Stellen Sie anschließend Ihre Beobachtungsrichtung mit dem passenden Richtungssymbol N, S, E oder W ein. Alternativ können Sie die Kompassrose verwenden, um die Blickrichtung zu wählen. Zusätzlich zu der Grobeinstellung über die Richtungssymbole oder die Kompassrose können Sie den Kartenausschnitt auch mit den Pfeiltasten verschieben.

4 Haben Sie die Beobachtungsrichtung eingestellt, wählen Sie zunächst ein großes Gesichtsfeld von 50° 50° oder 90° 90°.

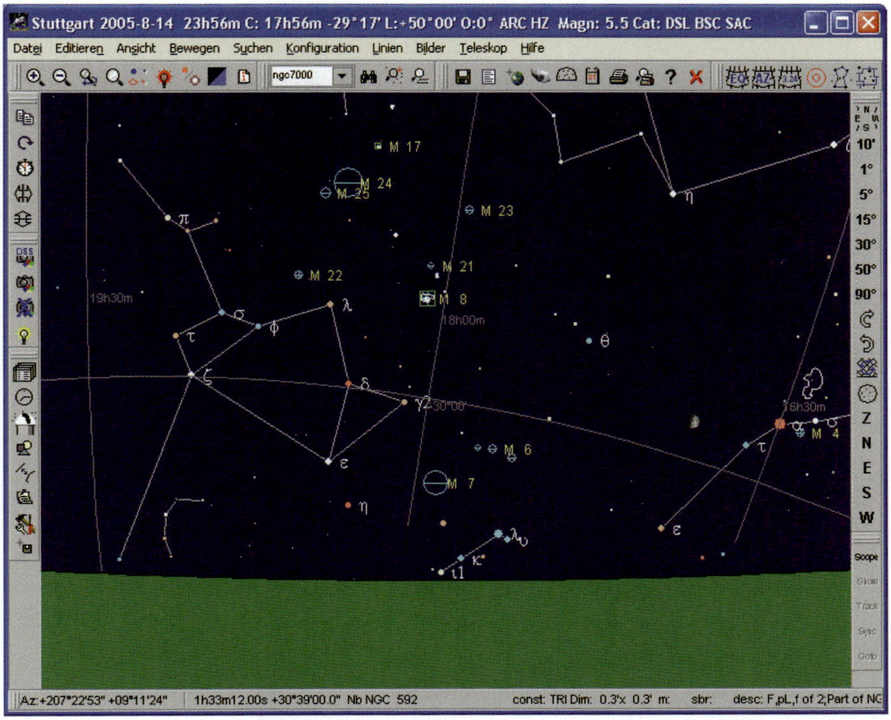

Passen Sie jetzt das Gesichtsfeld an das von Ihnen tatsächlich beobachtbare Gesichtsfeld oder an das von Ihnen gewünschte Gesichtsfeld an. Hierzu verwenden Sie *Ansicht/Skala*.

Mit dem Schieberegler stellen Sie dabei das Gesichtsfeld ein. Unterhalb des Schiebereglers sehen Sie das gewählte Gesichtsfeld in Grad und Bogenminuten angezeigt. Mit einem Klick auf *OK* wird das eingestellte Gesichtsfeld übernommen und die Anzeige entsprechend angepasst.

5 Blenden Sie mehr oder weniger Sterne ein, um den Anblick auf der Karte mit Ihrem aktuellen Himmelsanblick in Übereinstimmung zu bekommen.

Schon nach diesen wenigen einfachen Schritten haben Sie sich eine persönliche Übersichtskarte erstellt. Sie können jetzt mit den Richtungssymbolen und den Gesichtsfeld-Symbolen experimentieren und dabei beobachten, wie sich die Karte verändert.

Sternbilder in Cartes du Ciel anzeigen

In Cartes du Ciel können Sie die gedachten Sternbildlinien mit und die Sternbildgrenzen mit ein- oder ausblenden. Die Anzeige von Sternbildnamen oder Sternbildabkürzungen können unter *Konfiguration/Beschriftung/Optionen* eingestellt werden.

Mit den Pfeiltasten auf der Tastatur können Sie den Kartenausschnitt in kleineren Schritten verschieben. Experimentieren Sie auch mit der Grenzgrößeneinstellung , damit Sie ein Gefühl dafür bekommen, wie diese Einstellung funktioniert. Wenn Sie möchten, können Sie die von Ihnen erstellte Karte mit *Datei/Drucken* ausdrucken.

Nebelumrisse ein- und ausblenden

Cartes du Ciel kann Nebel durch ihren Umriss darstellen.

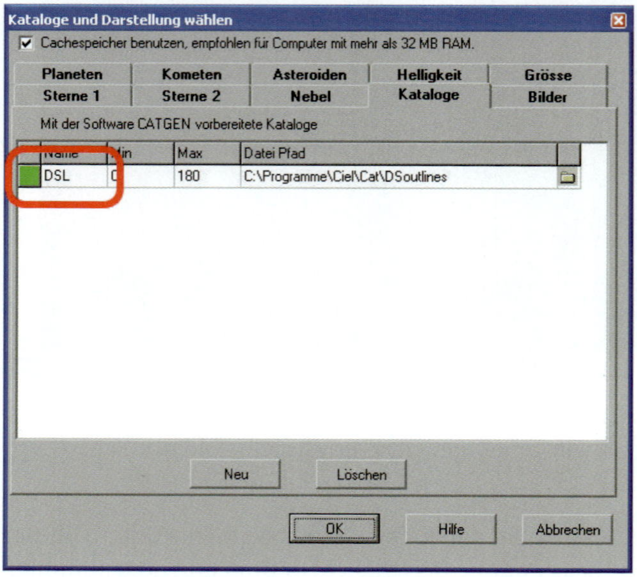

Diese Darstellung ist sehr vorteilhaft zur Planung von Astroaufnahmen, kann aber manchmal auch verwirrend sein. Zur Änderung der Anzeige rufen Sie *Konfiguration/Katalogeinstellungen* auf und wählen dort das Register *Kataloge*. Unter den Katalogen sollte auch der Katalog DSL (**D**eep**S**ky **L**ines) sein.

Durch einen Klick auf das farbige Quadrat in der ersten Spalte des Eintrags *DSL* können Sie die Objekte dieses Katalogs anzeigen oder ausblenden. Bei einem grünen Quadrat werden die Nebelumrisse angezeigt, bei einem roten Quadrat werden diese nicht dargestellt.

Himmelsobjekte suchen und Informationen abfragen

Bei der Beobachtungsplanung sucht man oft lichtschwächere Objekte, die in Übersichtskarten normalerweise nicht dargestellt werden. Um solche Objekte aufzusuchen, bietet Cartes du Ciel umfangreiche Suchfunktionen an.

Sehr einfach ist die direkte Suche. In der Werkzeugleiste *Suchen* befindet sich ein Eingabefeld, in das Sie eine gängige Objektbezeichnung, z. B. Jupiter, M31, NGC4565 etc. eingeben können. Durch Bestätigung mit [Enter] sucht Cartes du Ciel das Objekt und stellt dieses zentriert da.

> **Achten Sie auf die Maus!**
>
> Sie können in die Direktsuche nur dann eintippen, wenn sich der Mauszeiger über diesem Feld befindet. Ansonsten werden Ihre Tastendrücke als Befehlskürzel für Cartes du Ciel ausgewertet.

Versuchen Sie aber, zumindest mit der aktuellen Version 2.76, nicht, mit dieser Funktion den Mond zu suchen. Hierbei scheint sich Cartes du Ciel doch kräftig zu verlaufen. Wundern Sie sich auch nicht, wenn Sie an seltsamen Stellen des Himmels landen, wenn das gesuchte Objekt schon unter dem Horizont ist.

Sterne können in der direkten Suche nur mit Katalognummern oder der entsprechenden Bezeichnung nach Bayer gesucht werden. Letztere Bezeichnung besteht aus einem griechischen Buchstaben und der Kurzbezeichnung des Sternbildes.

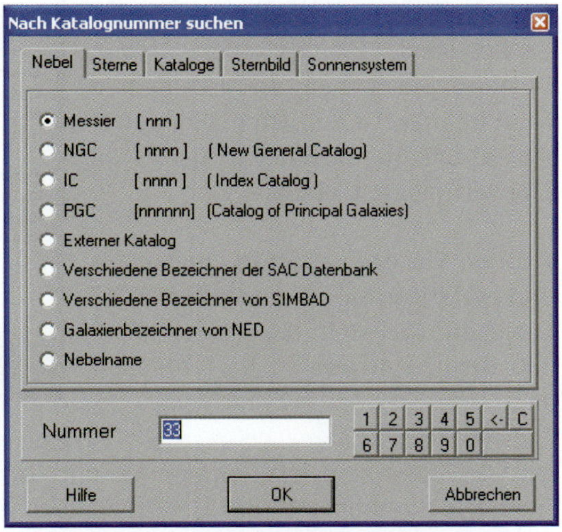

Üblicherweise ist dabei α der hellste Stern des Sternbildes, β der zweithellste usw. In der direkten Suche geben Sie natürlich ein lateinisches „a" statt einem griechischen α, ein „b" statt einem β etc. ein. Suchen Sie also z. B. den Stern Wega in der Leier (α Lyr), suchen Sie nach „a Lyr".

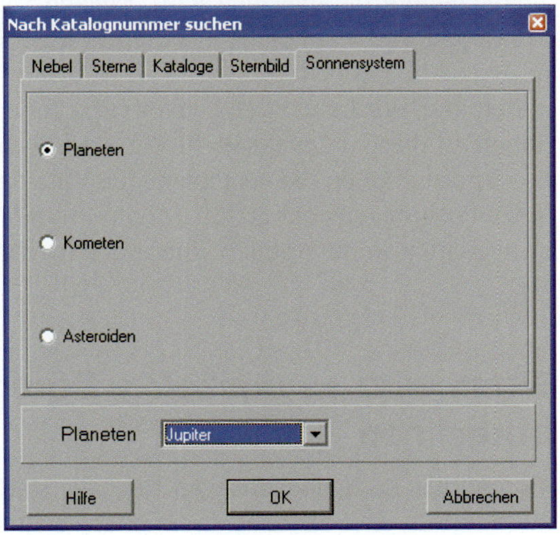

Den ausführlichen Suchdialog rufen Sie unter *Suchen/Suchen* auf. Die Register *Nebel*, *Sterne* und *Kataloge* sind dabei nach dem gleichen Schema aufgebaut. Im oberen Bereich des Dialogs wählen Sie den Katalog, aus dem Sie ein Objekt suchen wollen. Im unteren Bereich des Dialogs geben Sie die entsprechende Katalognummer ein. Eine Ausnahme stellt dabei die Auswahl *Nebelname* auf dem Register *Nebel* dar.

Bei dieser Auswahl bekommen Sie im unteren Dialogbereich ein Listenfeld mit allen momentan in Cartes du Ciel verfügbaren benannten Nebelnamen. Für Sterne ist eine Suche nach Sternnamen leider nicht vorgesehen.

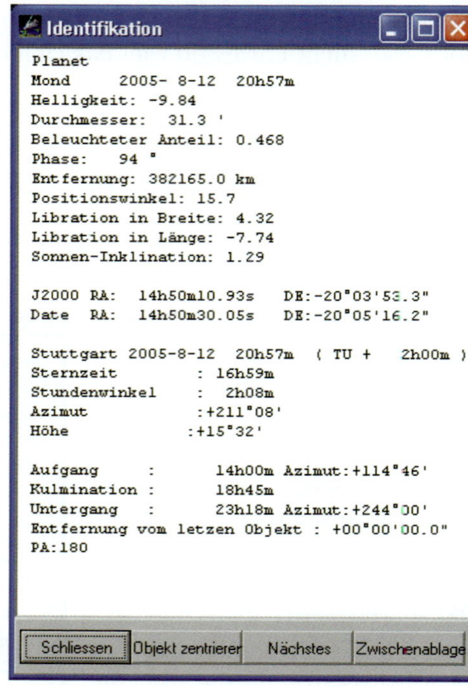

Für die Andromeda-Galaxie M31 zum Beispiel wählen Sie als Katalog *Messier* und geben als Katalognummer „31" ein. Nach einem Klick auf *OK* stellt Cartes du Ciel das gesuchte Objekt zentriert im Kartenfenster dar.

Die weiteren Register *Sternbild* und *Sonnensystem* sind ebenfalls gleichartig aufgebaut. Hier wählen Sie im oberen Bereich des Dialogs, welche Art von Objekten Sie suchen, und bekommen dann im unteren Bereich in einem Listenfeld die Auswahl der in Cartes du Ciel verfügbaren Objekte.

Wählen Sie das gesuchte Objekt aus und bestätigen Sie die Auswahl mit *OK*. Cartes du Ciel stellt das gesuchte Objekt dann zentriert im Kartenfenster dar.

Ist das Objekt zentriert, können Sie mit der Zoomfunktion oder mit den Gesichtsfeld-Symbolen 30° das Gesichtsfeld so einstellen, dass das gesuchte Objekt ausreichend groß angezeigt wird. Klicken Sie nun mit der rechten Maustaste auf das Objekt und wählen Sie aus dem Kontextmenü *Information: Nächstes Objekt*.

In dem nun erscheinenden Fenster zeigt Ihnen Cartes du Ciel an, welche Informationen zu diesem Objekt verfügbar sind. Neben dem Objektnamen finden Sie in den Informationen die verschiedenen Katalogbezeichnungen des Objekts, die aktuelle Position, sowohl in äquatorialen Koordinaten Rektaszension und Deklination wie auch in azimutalen Koordinaten Azimut und Höhe, die Objekthelligkeit etc.

Wann wird es dunkel? – Dämmerungszeiten berechnen

Astronomische Beobachtungen bei Tage sind, mit Ausnahme von Sonne, Venus und Merkur, eher selten. Daher fiebern echte Astronomen auch jeden klaren Tag der Dämmerung entgegen. Cartes du Ciel bietet als Sternkartenprogramm natürlich auch die Berechnung der wichtigsten Dämmerungszeiten an.

Hierzu rufen Sie im Menü *Datei/Kalender* auf und wählen im Kalender-Dialog das Register *Dämmerung*. Cartes du Ciel stellt zunächst die Dämmerungsdaten für den aktuellen Tag und die fünf folgenden Tage dar.

Mit den Einträgen unter *Periode vom … bis* können Sie sich die Dämmerungszeiten auch für einen beliebigen anderen Zeitraum anzeigen lassen. Die angezeigten Dämmerungszeiten gelten für den aktuell eingestellten Beobachtungsort. Möchten Sie die Dämmerungszeiten für einen anderen Ort berechnen, müssen Sie den Beobachtungsort unter *Konfiguration/Sternwarte* einstellen.

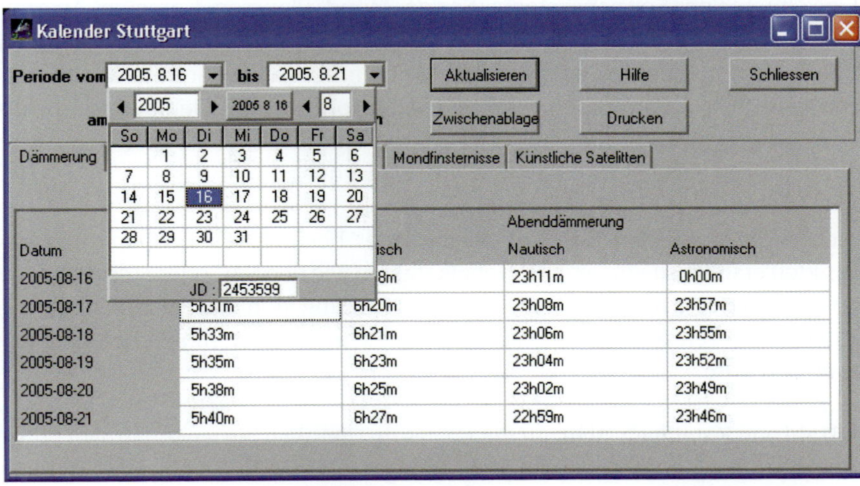

In der Tabellendarstellung von Cartes du Ciel werden die Zeiten für die bürgerliche und nautische Abend- und Morgendämmerung in lokaler Zeit angezeigt. Wenn Sie eine Beobachtungsnacht planen, müssen Sie dabei die Abenddämmerung des Beobachtungstages und die Morgendämmerung des Folgetages berücksichtigen.

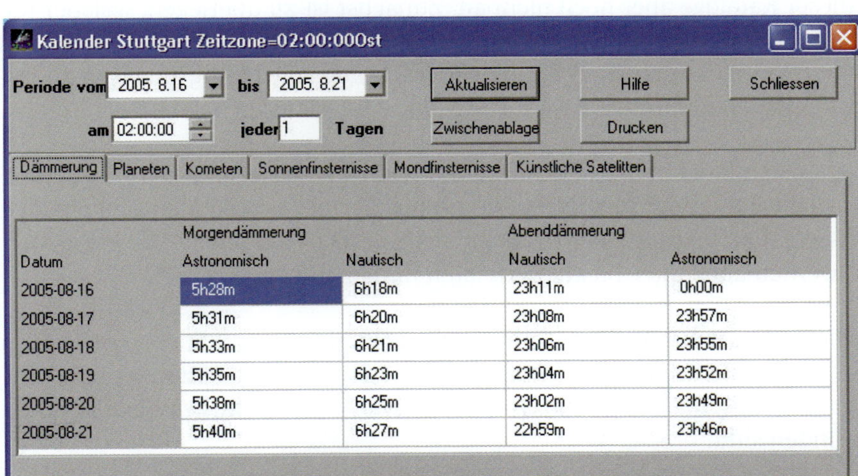

Durch einen Mausklick auf eine Tabellenzeile beendet Cartes du Ciel den Kalender und stellt automatisch die entsprechende Dämmerungszeit als aktuelle Beobachtungszeit ein.

1.5 Nahezu unbegrenzte Objektvielfalt mit Katalogen

Bis auf die Objekte des Sonnensystems (Sonne, Mond, Planeten, Kometen, Asteroiden und künstliche Satelliten) werden alle anderen Himmelsobjekte in Katalogen gespeichert. Dies ist möglich, da diese Objekte im mitbewegten äquatorialen Koordinatensystem feste Koordinaten, die Rektaszension und die Deklination, besitzen. Würde man einen Katalog aller bekannten Himmelsobjekte erstellen, wäre dieser enorm umfangreich und daher nicht mehr gut handhabbar.

Historisch bedingt wurden Kataloge meist unter bestimmten Beobachtungsgesichtspunkten erstellt, so gibt es z. B. Nebelkataloge wie den SAC oder Sternkataloge wie den GSC. Letzterer wurde erstellt, da für das Guiding, d. h. die Positionshaltung, des Hubble Space-Teleskops eine Datenbank mit schwächeren möglichen Leitsternen benötigt wurde.

Eine Vielzahl von Katalogen steht auf der Cartes du Ciel-Website www.astrosurf.org/astropc/ schon fertig aufbereitet zur Benutzung in Cartes du Ciel bereit. Sie müssen nur den entsprechenden Installer auf Ihre Platte laden und ausführen.

Nutzen Sie eine nahezu grenzenlose Objektvielfalt mit Katalogen

Die Installation der Kataloge macht diese für Cartes du Ciel verfügbar, zeigt den Inhalt dieser Kataloge aber noch nicht an. Zunächst ist zu überlegen, welcher Katalog dargestellt werden soll. Wer dabei versucht, bei einer großflächigen Ansicht des Himmelsanblicks den Hubble Guide Star-Katalog vollständig anzeigen zu lassen, wird feststellen müssen, dass sein Rechner die nächsten Tage beschäftigt ist.

Des Weiteren sind die in den verschiedenen Katalogen gespeicherten Objektkoordinaten nicht unbedingt identisch. Die gespeicherten Koordinaten entsprechen dem Wissen zum Zeitpunkt der Katalogerstellung. Durch immer verbesserte Messungen werden auch die Objektkoordinaten immer genauer erfasst.

Durch diesen Umstand bedingt kann es passieren, dass zwei Kataloge denselben Stern an leicht unterschiedlichen Stellen sehen. In diesem Fall kommt es bei höherer Vergrößerung zur Anzeige von „Doppelsternen“ die so natürlich nicht am Himmel zu finden sind.

Die größten Sternkataloge für lichtschwächere Sterne, der Hubble Guide Star Catalog und der USNO-SA2.0-Katalog, umfassen sehr große Datenmengen.

Sie können in Cartes du Ciel daher wählen, ob Sie diese Kataloge lokal installieren (wenn Sie die Daten auch offline benötigen) oder die benötigten Daten für einen kleinen Himmelsausschnitt direkt online über das Internet beziehen wollen.

Objektkataloge lokal installieren

Die Installation des Hubble Guide Star-Katalogs (GSC) oder des USNO-Katalogs ist nur dann notwendig, wenn Sie die Daten unterwegs, z. B. in einer Sternwarte ohne Internetanschluss, verfügbar haben wollen.

Ein weiterer Grund für die lokale Installation kann gegeben sein, wenn man sehr häufig auf die Daten zugreift und daher wesentlich schneller Arbeiten kann, als wenn man jedes Mal die Daten erst aus dem Internet laden müsste.

Stern- und Objektkataloge

Für den Einsteiger in die visuelle Himmelsbeobachtung sind die im Complete Installation Package enthaltenen Kataloge ausreichend. Fortgeschrittene visuelle Beobachter werden sich bei Bedarf bei den speziellen Nebelkatalogen bedienen. Die hier ausführlicher beschriebenen Sternkataloge GSC und USNO sind nur für die Auswertung von Fotografien geeignet. Sterne schwächer als Magnitude 15 sind selbst mit sehr lichtstarken Teleskopen visuell normalerweise nicht beobachtbar.

Für die „normale“ Anwendung von Cartes du Ciel empfiehlt sich die Verwendung des Onlinezugriffs auf die Daten, zumal dieser wesentlich einfach zu handhaben ist als die lokale Installation.

Direkt unterstützte Kataloge in Cartes du Ciel

Einige wichtige Kataloge werden von Cartes du Ciel direkt unterstützt. Die Konfiguration dieser Kataloge befindet sich unter *Konfiguration/Katalogeinstellungen*  unter dem Register *Nebel*.

Durch einen Haken in der ersten Spalte wird der entsprechende Katalog aktiviert und die Objekte dieses Katalogs in der Karte angezeigt. Ist ein Katalog nicht installiert und Sie versuchen, diesen anzuwählen, wird der Dateipfad rot eingefärbt.

Unter *Feld Min* und *Max* geben Sie das minimale und maximale Gesichtsfeld an, in dem Objekte dieses Katalogs dargestellt werden sollen. Den Dateipfad sollten Sie auf der Standardeinstellung belassen. Unter *Darstellung der Nebel* können Sie festlegen, wann Cartes du Ciel Nebel darstellt.

Unter *Helligkeit* tragen Sie dabei die anzuzeigende Grenzgröße in Magnituden für verschiedene Gesichtsfelder ein.

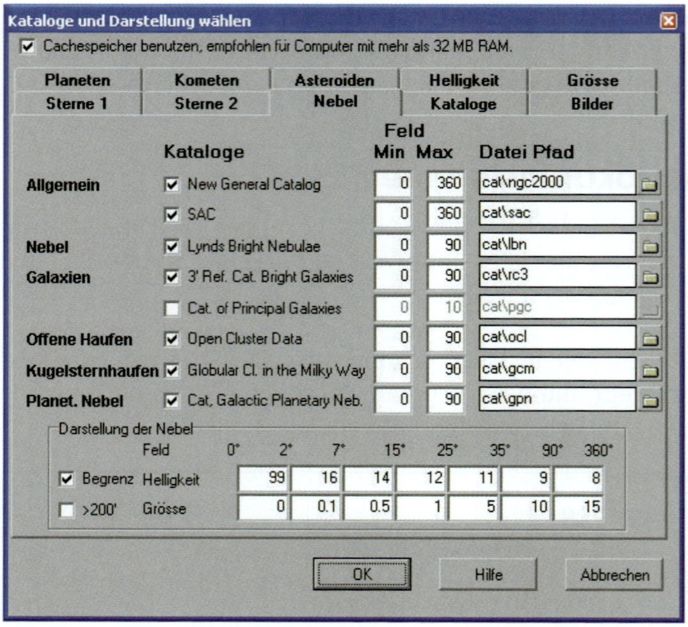

Sterne für die Planung und Auswertung von Astroaufnahmen: der GSC COMPACT

Eine Besonderheit stellt der Hubble Guide Star-Katalog (GSC) dar. Dieser extrem umfangreiche Sternkatalog mit über 19 Millionen Sternen bis Magnitude 16 kann ebenfalls in Cartes du Ciel eingebunden werden, die Installation stellt sich aber etwas aufwendiger dar. Der einfachste Weg zum GSC ist der Download der COMPACT-Version des GSC.

> **Nutzen Sie die Onlineversion**
>
> Wenn Sie den GSC oder USNO nicht ständig oder ohne Netzverbindung benötigen, können Sie viel einfacher mit den Onlinefunktionen von Cartes du Ciel direkt auf die Daten zugreifen, ohne die Kataloge installieren zu müssen.

Diese Version verwendet ein komprimiertes Datenformat, sodass das Downloadvolumen und der benötigte Speicherplatz dabei auf jeweils rund 330 MByte beschränkt sind.

1. Laden Sie mit einem FTP-Client (oder notfalls auch mit einem Webbrowser) alle Dateien und Verzeichnisse von der Internetadresse ftp://cdsarc.u-strasbg.fr/cats/I/220/ auf Ihre lokale Festplatte. Beachten Sie dabei, dass die Verzeichnisstruktur der Daten erhalten bleiben muss!

2. Gehen Sie in Cartes du Ciel unter *Konfiguration/Katalogeinstellungen* auf das Register *Sterne2*. Tragen Sie dort den Pfad zu den heruntergeladenen Dateien des GSC COMPACT ein.

3. Jetzt steht Ihnen der Hubble **G**uide **S**tar **C**atalog (GSC) auch ohne Internetzugang in Cartes du Ciel zur Verfügung.

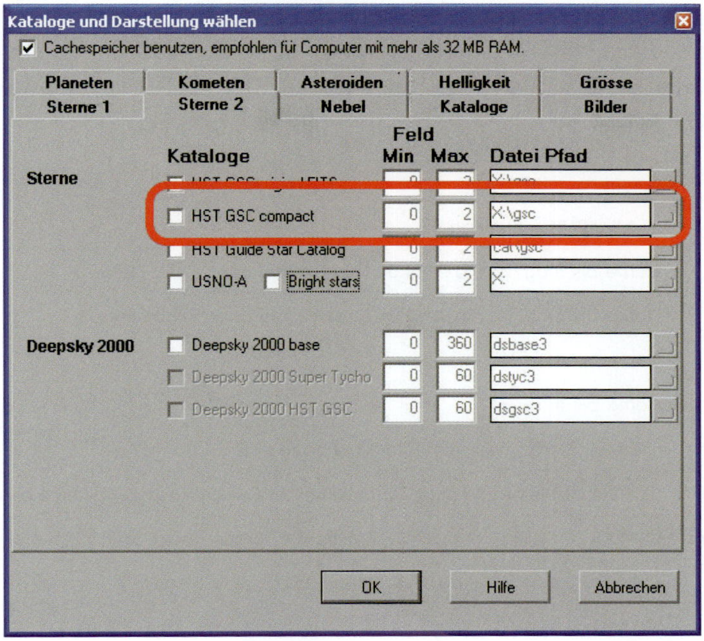

Astro- und Fotometrie lichtschwacher Objekte: der USNO-SA2.0-Katalog

In der Astro- und Fotometrie sind häufig nur sehr lichtschwache Objekte im Gesichtsfeld. Bis Magnitude 16 sind die meisten Sterne im **G**uide **S**tar **C**atalog (GSC) enthalten. Benötigt man jedoch Sterne schwächer als Magnitude 16, kommt fast nur der USNO-Katalog in Betracht.

Dieser Katalog, herausgegeben vom **U.S. N**aval **O**bservatory, kann unter www.nofs.navy.mil/projects/pmm/catalogs.html#usnoa auf zwei CDs angefordert werden. Allerdings ist das USNO wohl etwas selektiv bei der Herausgabe des Katalogs. Im USNO-SA2.0 sind etwas mehr als 50 Millionen Sterne mit Magnituden zwischen 16 und 19 enthalten. Zur Nutzung des USNO-SA2.0 legen Sie die CD in Ihr Laufwerk ein und stellen den entsprechenden Pfad in den Katalogeinstellungen von Cartes du Ciel ein. Weitere Einstellungen sind nicht notwendig. Sie können die Daten von CD natürlich auch auf die lokale Festplatte kopieren und müssen dann den entsprechenden Pfad einstellen. Der komplette USNO-SA2.0 benötigt rund 6,6 GByte Festplattenspeicher.

Sparen Sie sich Installationsaufwand und Plattenplatz: der Onlinezugriff auf die Katalogdaten

Benötigt man die Daten des GSC- oder des USNO-SA-Katalogs nur selten, ist es nicht sinnvoll, diese Kataloge lokal zu installieren. Cartes du Ciel bietet bei einem vorhandenen Internetzugang eine komfortable Möglichkeit, die benötigten Daten für einen begrenzten Himmelsbereich online zu erhalten.

Der Zugriff auf die Onlinesternkataloge erfolgt in Cartes du Ciel über das Menü *Datei/Online Ressourcen/* . Angeboten werden - in verschiedenen Versionen - der HST **G**uide **S**tar **C**atalog (GSC 1.x), die USNO-A- und -B-Kataloge sowie der sehr umfangreiche GSC 2.

Katalog	Inhalt
GSC	20 Mio. Sterne bis mag 15
GSC1 CDS VizieR	Sterne bis mag 15, maximal 5° Gesichtsfeld oder 5.000 Sterne
GSC1 ESO SkyCat	Sterne bis mag 16, maximal 2° Gesichtsfeld oder 1.000 Sterne
GSC1.1	Sterne bis mag 15
GSC1.2	Sterne bis mag 16
USNO-A	526 Mio. Sterne zwischen mag 16 und mag 20
USNO-A CDS VizieR	USNO-A2.0 Sterne bis mag 20, maximal 2° Gesichtfeld oder 5.000 Sterne
USNO-A ESO SkyCat	USNO-A1.0 Sterne bis mag 20, maximal 2" Gesichtsfeld oder 5.000 Sterne
GSC2	456 Mio. Sterne bis mag 18.5
GSC2.2 STSCI	Sterne bis mag 18.5, maximal 1° Gesichtsfeld oder 1.000 Sterne

Die Guide Star-Kataloge (GSC) und die Kataloge des **U**.**S**. **N**aval **O**bservatory (USNO) ergänzen sich sehr gut. Je nach Zusammenstellung decken die GSC-Kataloge die Sterne bis etwa Magnitude 16 ab, und die USNO-Kataloge erweitern den Bereich um Sterne mit Magnitude 16 bis 20.

Die Anzeige von Katalogobjekten ein- und ausschalten

Hat man mehrere Kataloge installiert, will man oft nur wenige davon aktuell anzeigen. In Cartes du Ciel können Sie die Anzeige der Katalogobjekte bequem unter *Konfiguration/Katalogeinstellungen* konfigurieren.

Unter dem Register *Kataloge* werden alle aktuell installierten Kataloge aufgelistet. In der ersten Spalte eines jeden Eintrags ist ein farbiges Quadrat zu sehen. Bei einem grünen Quadrat werden die Objekte des entsprechenden Katalogs in der Sternkarte angezeigt, bei einem roten Quadrat werden die entsprechenden Objekte nicht dargestellt.

Zur Änderung der Anzeige der Katalogobjekte klicken Sie in das farbige Quadrat, um die Anzeige umzuschalten.

Die Felder *Min* und *Max* in dieser Tabelle erlauben es festzulegen, bei welchem Gesichtsfeld die Objekte dieses Katalogs angezeigt werden. Ist das Gesichtsfeld kleiner als *Min* Grad oder größer als *Max* Grad, werden die Objekte des entsprechenden Katalogs nicht angezeigt.

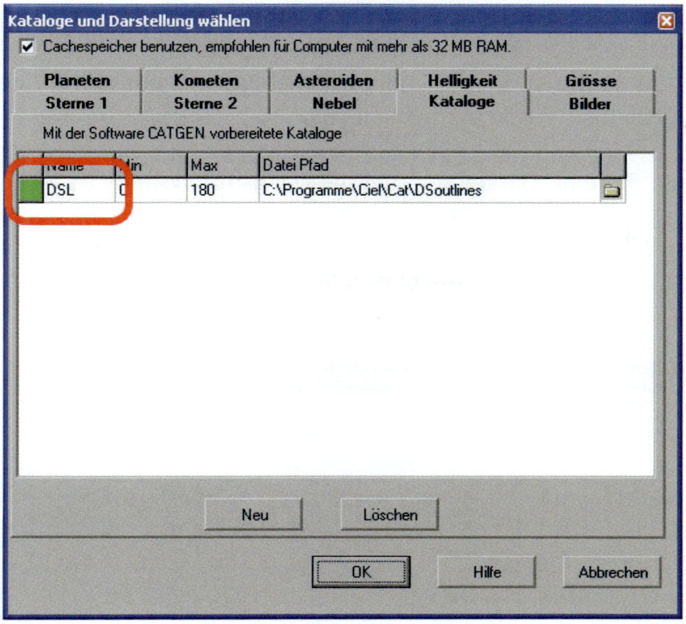

1.6 Was ist im Teleskop sichtbar? – Okulare und Kameragesichtsfelder einblenden

Für die visuelle Beobachtung kann es hilfreich sein, das Gesichtsfeld eines bekannten Okulars einzublenden, um so die Größe eines Objekts einschätzen zu können. Für die Astrofotografie ist es unentbehrlich, das Kameragesichtsfeld einzublenden und so das passende Teleskop zu wählen und eine optimale Ausrichtung des Objekts einzustellen.

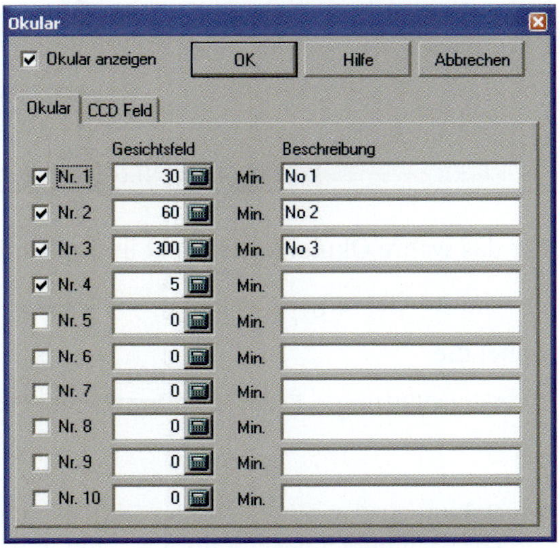

Zunächst müssen Sie jedoch Ihre Ausstattung in Cartes du Ciel definieren. Gehen Sie hierzu auf *Konfiguration/Okular* oder klicken Sie mit der rechten Maustaste auf .

In dem nun erscheinenden Dialog können Sie bis zu zehn Okulare definieren. Die Okulare, bei denen in der ersten Spalte ein Haken gesetzt ist, werden bei aktivierter Okularanzeige in der Karte eingeblendet. In der zweiten Spalte müssen Sie das wahre Okulargesichtsfeld in Bogenminuten angeben.

Dieser Wert ist abhängig von dem verwendeten Okular und Teleskop. Weiter unten werden zwei Möglichkeiten zur Bestimmung des wahren Okulargesichtsfelds beschrieben. In der dritten Spalte können Sie einen beliebigen Namen oder eine Beschreibung für das jeweilige Teleskop eingeben.

In der Abbildung sehen Sie eine Darstellung des Vierfachsternsystems ε-Lyr im Sternbild Leier mit einem passenden Okulargesichtsfeld. Kennen Sie das vom Okularhersteller angegebene scheinbare Gesichtsfeld des Okulars, können Sie das in Cartes du Ciel einzutragende wahre Gesichtsfeld anhand der Vergrößerung berechnen.

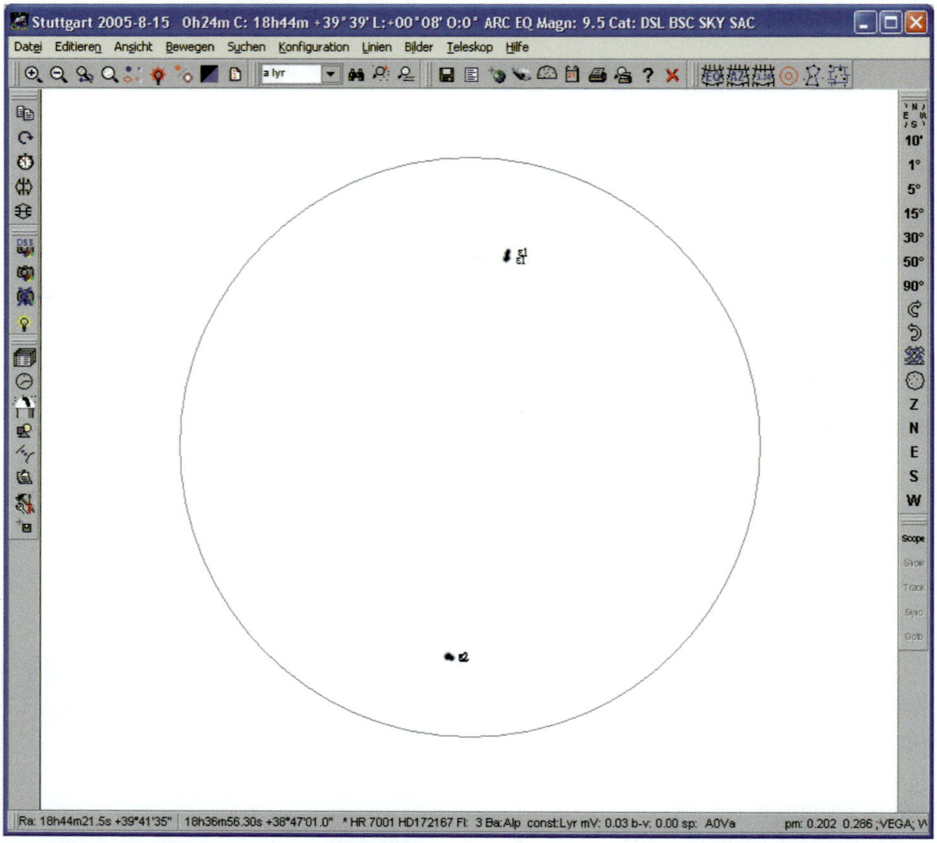

Für das wahre Okulargesichtsfeld in Bogenminuten gilt

wahres Okulargesichtsfeld = scheinbares Okulargesichtsfeld-/-Vergrößerung

wobei die

Vergrößerung = Fernrohrbrennweite / Okularbrennweite

ist.

1 Gehen wir von einem 30-mm-Okular mit einem scheinbaren Gesichtsfeld von 50° an einem Teleskop mit f = 1.200 mm Brennweite aus

2 Berechnen Sie die Vergrößerung:

Vergrößerung = 1.200 mm / 30 mm = 40

3 Berechnen Sie das wahre Gesichtsfeld:

wahres Gesichtsfeld = 50° / 40 = 1,25°

4 Rechnen Sie das wahre Gesichtsfeld in Bogenminuten um:

wahres Gesichtsfeld = 1,25° x 60"/° = 75"

5 Tragen Sie diesen Wert für Ihre Teleskopokular-Kombination in Cartes du Ciel ein und vergeben Sie einen sprechenden Namen für diese Kombination.

Oft ist das scheinbare Gesichtsfeld des Okulars aber nicht bekannt. Dann muss das wahre Gesichtsfeld Ihrer Okulare an Ihren Teleskopen experimentell bestimmt werden. Das klingt jedoch zunächst aufwendiger, als es in der Praxis ist.

1 Stellen Sie einen, am besten am Himmelsäquator gelegenen, Stern an den Rand des Gesichtsfelds, sodass dieser bei abgeschalteter Montierung durch die Mitte des Gesichtsfelds zum gegenüberliegenden Gesichtsfeldrand wandert.

2 Schalten Sie die Nachführung ab und messen Sie die Durchlaufzeit des Sterns T in Sekunden.

3 Das wahre Gesichtsfeld errechnet sich dann näherungsweise mit der Formel

wahres Gesichtsfeld = T x 15,04104 x cos(δ)

wobei δ die Deklination des Sterns ist. Für Sterne am Himmelsäquator gilt dann δ = 0 und das wahre Gesichtsfeld errechnet sich näherungsweise zu T x 0,25. Das wahre Gesichtsfeld wird hierbei direkt in Bogenminuten berechnet und kann dann direkt in Cartes du Ciel eingetragen werden.

Für Astrofotografen gibt es entsprechende Einstellungen für Kameras unter dem Register *CCD Feld*. Der Unterschied zwischen Okularen und Kameras in Cartes du Ciel ist, dass Okulare immer ein kreisrundes Gesichtsfeld haben und daher nur ein Wert zur Beschreibung des Gesichtsfelds notwendig ist, wohingegen bei Kameras die Sensoren meist rechteckig sind und daher drei Werte (Breite, Höhe und Drehung) notwendig sind.

Die Werte für Breite und Höhe sind dabei von der Kamera und dem verwendeten Teleskop abhängig, die Rotation ist von der jeweiligen Montage der Kamera am Teleskop abhängig.

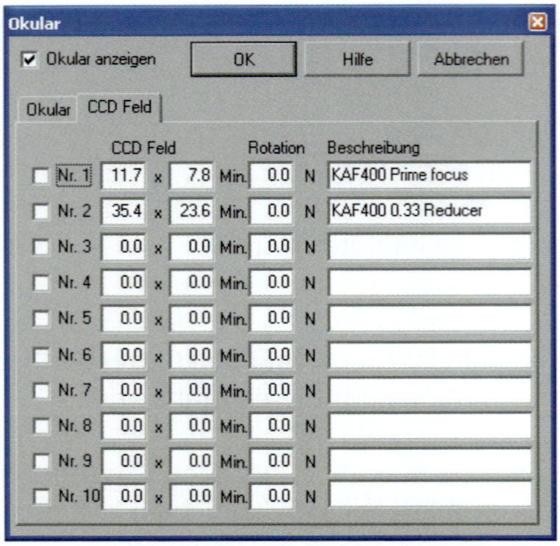

Die benötigten Werte können Sie für Kameras sehr einfach berechnen, wenn Sie die Größenabmessung des Sensors L (in mm) und die Teleskopbrennweite f (ebenfalls in mm) kennen. Die einzutragenden Werte x (in Bogenminuten) berechnen sich dann zu

$$x = 3433 \times (L / f)$$

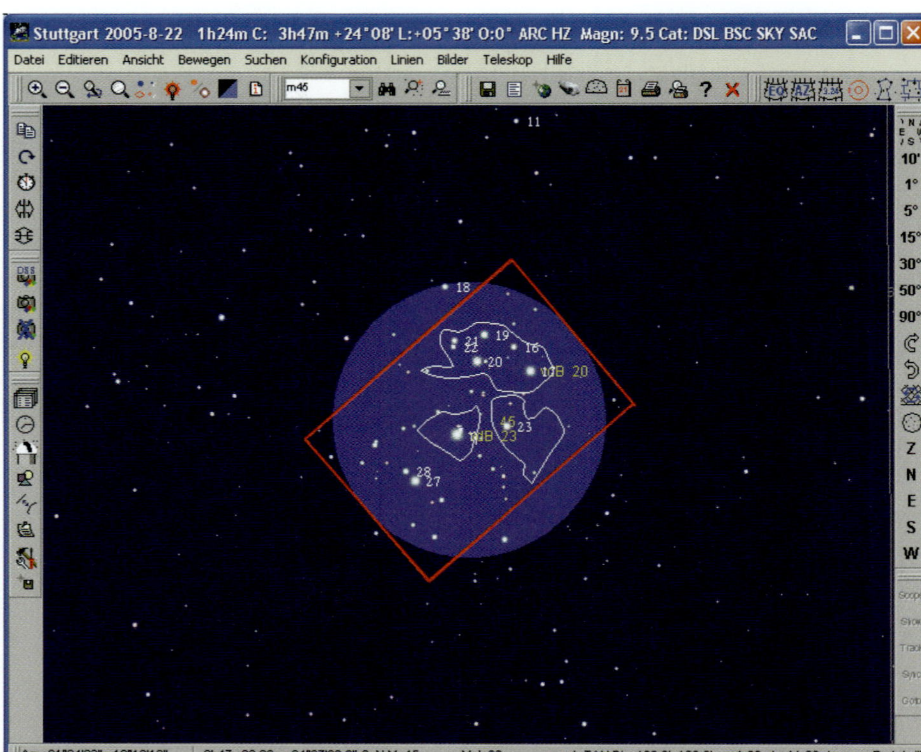

Die Plejaden M45 mit eingeblendetem Kameragesichtsfeld für eine Kleinbildkamera bei f = 1.200 mm Brennweite.

1.7 Eigenen Horizont definieren und anzeigen lassen

Kaum ein Beobachter verfügt über einen Beobachtungsplatz ohne Sichtbehinderung. So können Gebäude, Bäume oder auch Berge zwischen dem Beobachter und den Sternen stehen.

Bestimmen Sie Ihren lokalen Horizont

Sie können Ihren lokalen Horizont mit einfachen Hilfsmitteln vermessen. Mit einem Handkompass bestimmen Sie die Richtung zu markanten Punkten Ihrer Horizontlinie, und mit einer Wasserwaage mit Neigungsmesser können Sie den Höhenwinkel bestimmen.

Besitzen Sie ein Teleskop mit azimutaler Montierung, können Sie diese einsetzen, um Ihren lokalen Horizont zu bestimmen. Richten Sie das Teleskop mit einem Kompass und einer Wasserwaage waagerecht und nach Norden aus. Stellen Sie die Teilkreise auf 0. Jetzt können Sie Stück für Stück Ihren Horizont mit dem Teleskop anpeilen. Am Stundenteilkreis lesen Sie den Azimutwinkel ab (24 h entsprechen 360°) und am Deklinationsteilkreis können Sie die Höhe ablesen.

In der Standardeinstellung zeigt Cartes du Ciel einen flachen Horizont an, der meist nicht den lokalen Beobachtungsbedingungen entspricht.

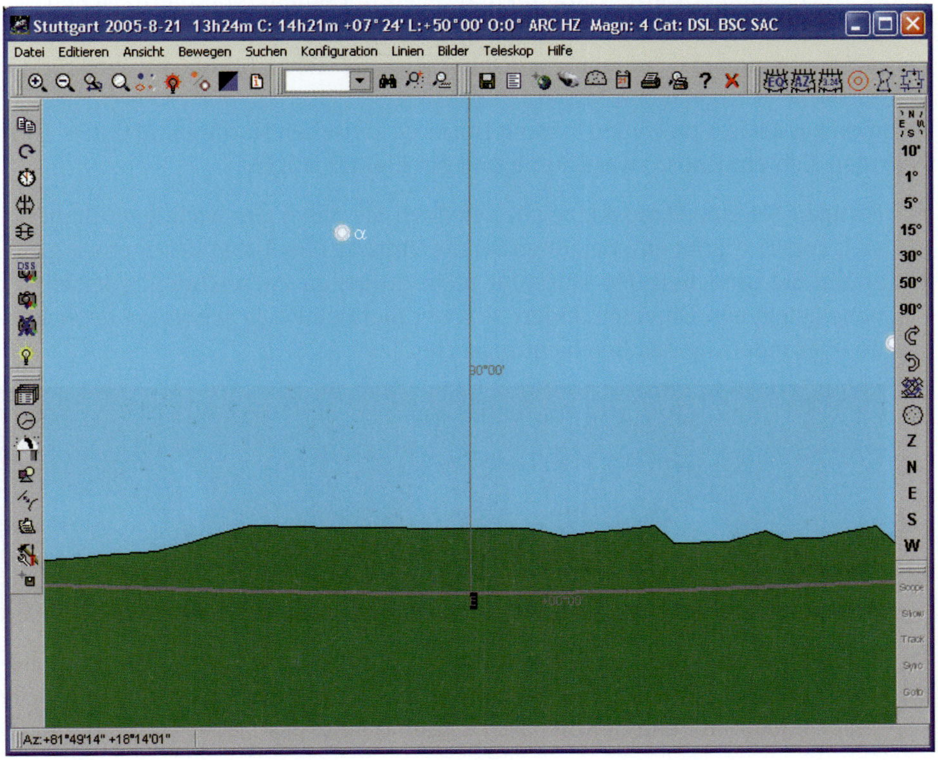

Um die Frustration einer ausgiebigen Beobachtungsplanung mit anschließender Nichtsichtbarkeit des Objekts durch irgendein Hindernis zu vermeiden, bietet Cartes du Ciel die Möglichkeit, sich einen eigenen Horizont zu definieren.

Um den lokalen Horizont zu definieren, müssen Sie eine ASCII-Datei mit den Horizontdaten anlegen.

In dieser Datei definieren Sie die Höhe des Horizonts in Winkelgrad in Abhängigkeit des Azimuts. Der Azimut wird dabei von Nord (0°) über Ost (90°), Süd (180°) und West (270°) wieder nach Nord (360° = 0°) definiert.

```
# horizon de Geneve / Aire
# le Jura au nord
0 2
5 1
# le Lac
20 0.5
60 0.5
73 2
# les Voirons
78 3.5
93 3.5
95 3
```

In der Horizontdatei werden Kommentarzeilen mit einem Nummernzeichen „#“ gekennzeichnet. Leerzeilen sind zulässig. Die eigentlichen Datenzeilen enthalten den Azimutwinkel in Grad, ein Leerzeichen und die Horizonthöhe in Winkelgrad.

Nehmen wir als Beispiel einen lokalen Horizont zwischen Norden und Osten. Dort befinden sich ein Haus, zwei Bäume und ein kleiner Hügel.

1 Fertigen Sie eine Handskizze an. Zeichnen Sie dabei alle wichtigen Elemente an Ihrem Horizont ein. Zeichnen Sie die Umrisse dabei aber lieber etwas großzügig. Sie brauchen den Horizont nicht zu genau zu zeichnen, speziell bei nahe gelegenen Objekten ändert sich der Sichtwinkel ja schon bei einer kleinen Veränderung des Beobachtungsortes.

2 In diese Handskizze zeichnen Sie nun die Himmelsrichtungen und einige Höhen über dem Horizont ein. Die Himmelsrichtung (den Azimut) können Sie dabei einfach mit einem Kompass bestimmen.

Die Höhe müssen Sie entweder schätzen oder mit einem Winkelmesser erfassen. Sie können hierzu sogar Ihr Teleskop einsetzen.

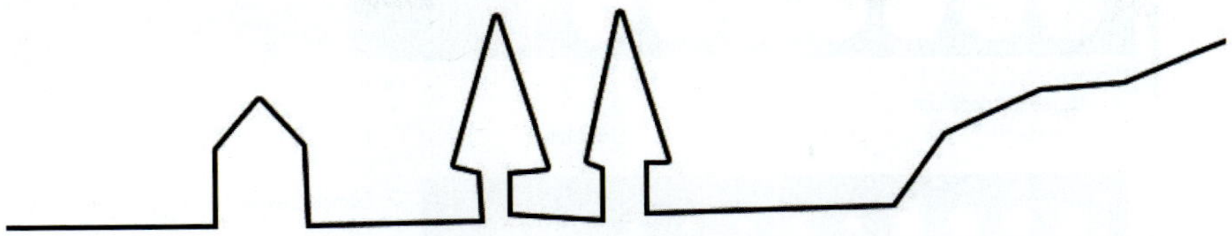

3 Übertragen Sie die Koordinaten (Azimut und Höhe) in eine ASCII-Datei.

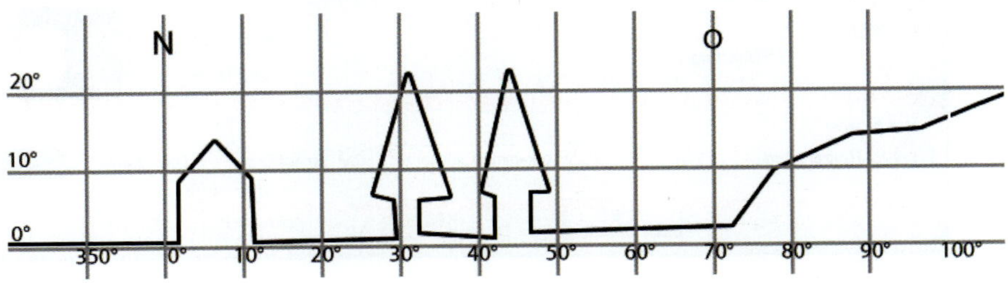

Kommentarzeilen beginnen dabei mit einem Nummernkreuz „#“. In der ersten Spalte steht der Azimutwinkel in Grad und in der zweiten Spalte, getrennt durch ein oder mehrere Leerzeichen, die Höhe, ebenfalls in Grad. Sie können diese Datei einfach mit Windows-NotePad erstellen.

```
# Mein eigener Horizont
# myHorizon.txt
0   0
1   0
2   10
7   14
10  10
11  0
25  0
30  22
38  0
43  22
52  0
72  0
78  10
85  15
96  15
110 20
340 0
350 0
```

4 Laden Sie Ihre Horizontdatei in Cartes du Ciel.

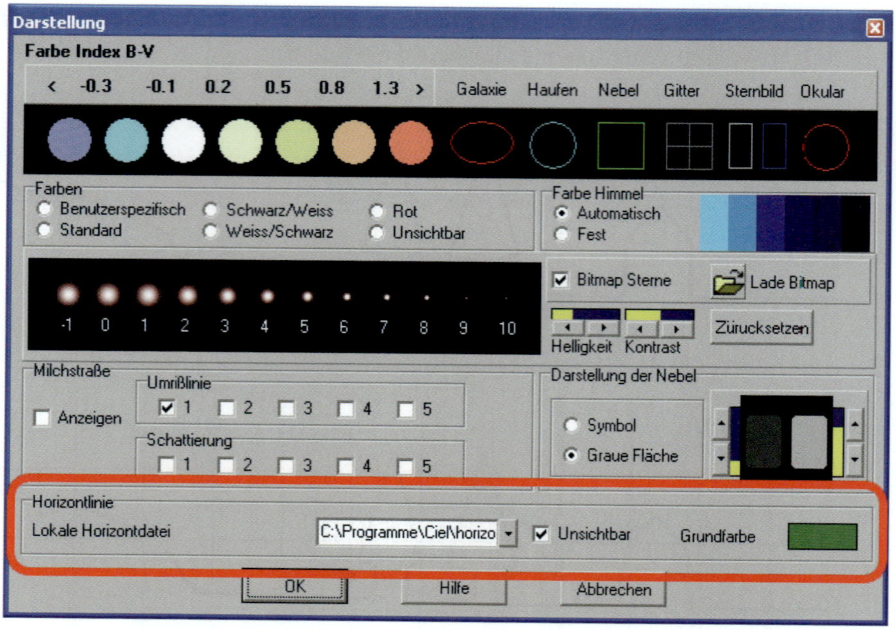

Rufen Sie *Konfiguration/Darstellung der Karte* auf. Im Bereich *Horizontlinie* können Sie unter *Lokale Horizontdatei*

Ihre Horizontdatei auswählen. Sie können sich natürlich für verschiedene Beobachtungsorte eigene Horizontdateien anlegen und diese bei Bedarf in Cartes du Ciel einladen.

5 Wählen Sie eine Farbe für die Horizontdarstellung. Unter *Grundfarbe* können Sie die farbliche Darstellung des Horizonts in Cartes du Ciel einstellen.

Nach einem Klick auf diese Schaltfläche erscheint ein Farbauswahldialog, in dem Sie die gewünschte Farbe für Ihren Horizont auswählen können.

Cartes du Ciel stellt nun den von Ihnen definierten Horizont in der gewählten Farbe dar.

6 Bei aktiviertem Menüpunkt *Unsichtbar* werden Objekte unterhalb des Horizonts nicht angezeigt. Durch Deaktivieren von *Unsichtbar* können Sie aber auch Objekte unterhalb des Horizonts in Cartes du Ciel betrachten und so feststellen, welche Objekte gerade untergegangen sind oder in Kürze aufgehen werden.

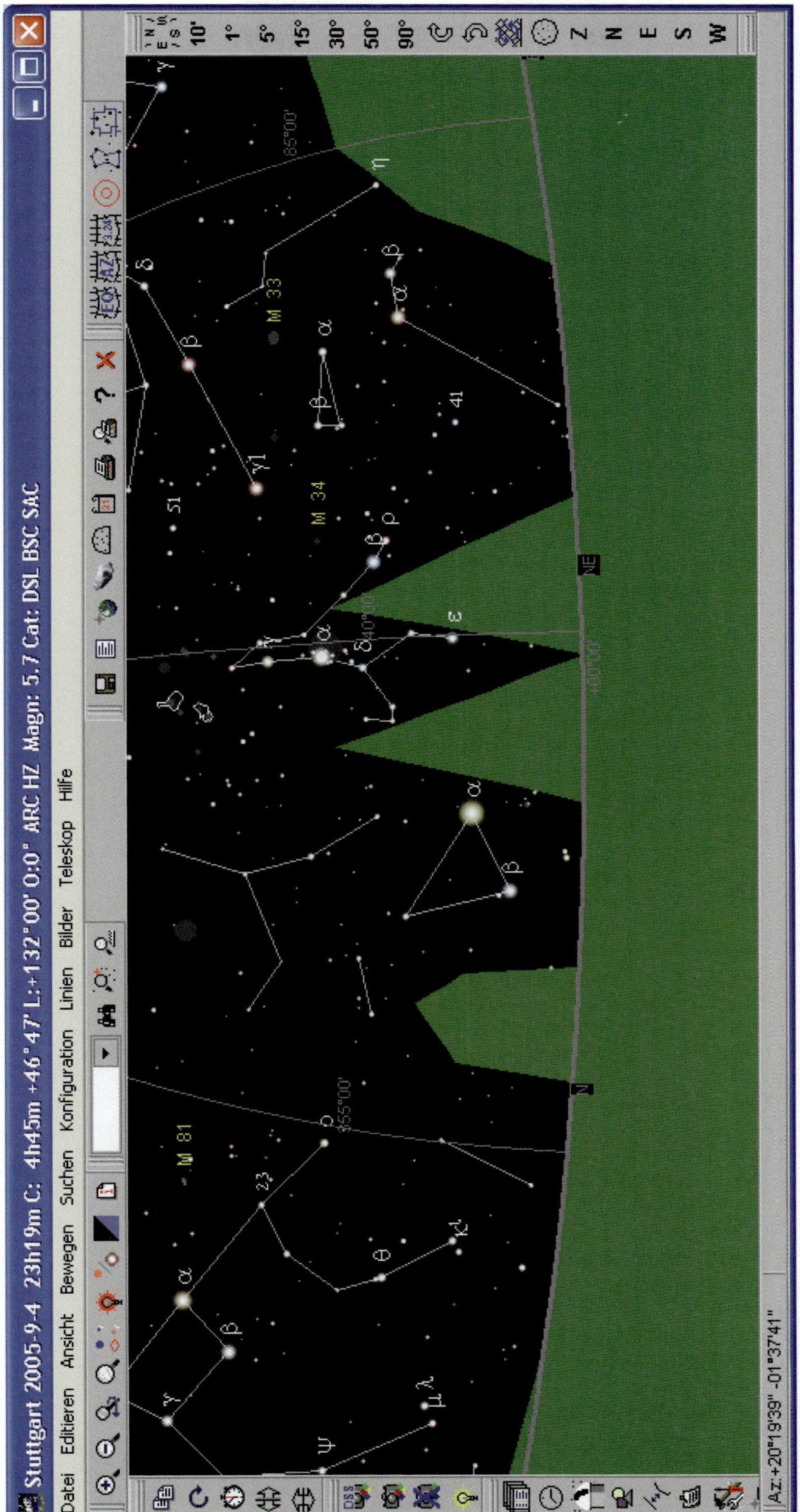
Stuttgart 2005-9-4 23h19m C: 4h45m +46°47' L:+132°00' 0:0° ARC HZ Magn: 5.7 Cat: DSL BSC SAC
Datei Editieren Ansicht Bewegen Suchen Konfiguration Linien Bilder Teleskop Hilfe
Az:+20°19'39" -01°37'41"

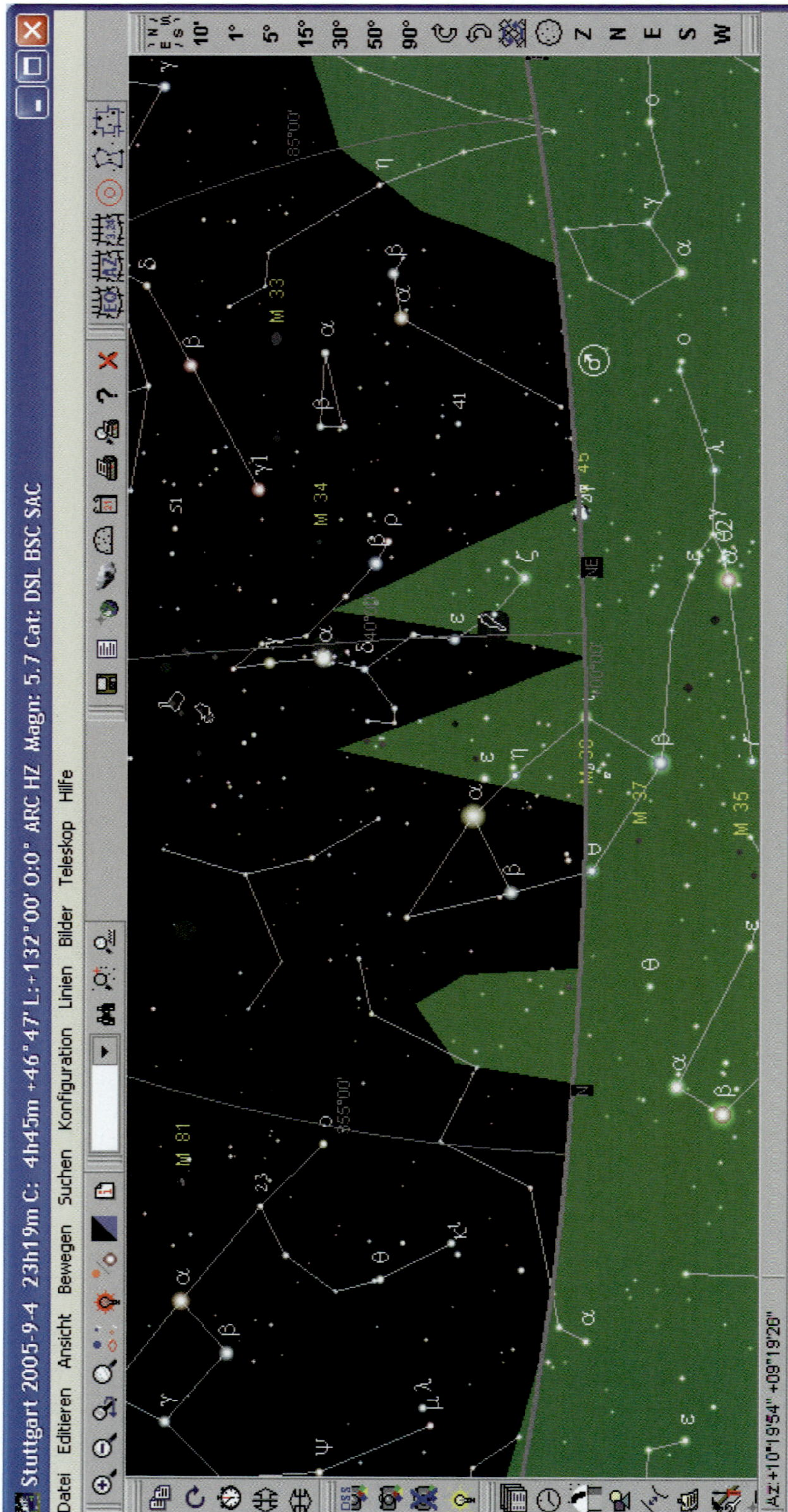
Stuttgart 2005-9-4 23h19m C: 4h45m +46°47' L:+132°00' 0:0° ARC HZ Magn: 5.7 Cat: DSL BSC SAC
Datei Editieren Ansicht Bewegen Suchen Konfiguration Linien Bilder Teleskop Hilfe
Az:+10°19'54" +09°19'26"

1.8 Planen einer Mondbeobachtung

Das der Erde am nächsten gelegene Himmelsobjekt, der Erdmond, ist das wohl bekannteste und auffälligste Objekt am Nachthimmel. Obwohl der Mond damit als Einsteigerobjekt prädestiniert ist, bietet er dem erfahrenen Mondbeobachter immer noch genug Herausforderungen, um sich Jahre und Jahrzehnte lang mit ihm zu beschäftigen.

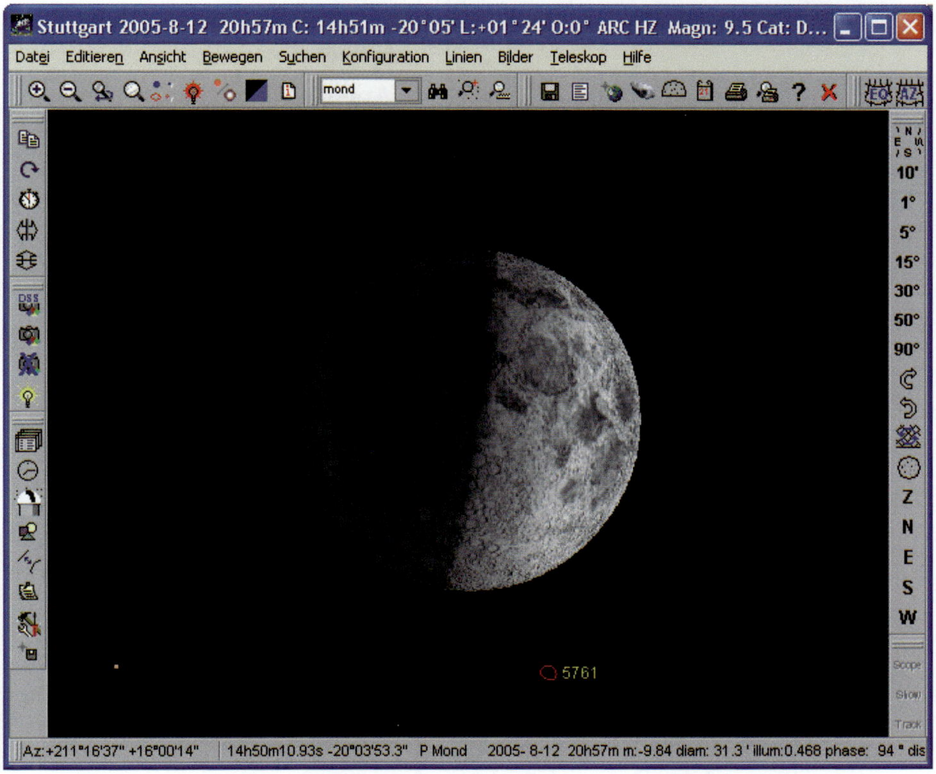

Darstellung des Mondes in Cartes du Ciel.

Cartes du Ciel stellt den Mond in nahezu fotorealistischer Darstellung mithilfe einer Textur dar.

Dabei sind Monddetails wie Mare und große Krater sichtbar und der Terminator, die Tag-Nacht-Linie auf dem Mond, wird abgebildet. Der unbeleuchtete Teil des Mondes wird in Form des aschgrauen Lichtes angezeigt, der beleuchtete Teil in voller Helligkeit.

Sonne und Mond sind Planeten?

In vielen Funktionen von Cartes du Ciel finden sich Sonne und Mond unter den Planeten. Fixstern und DeepSky-Objekte haben feste Positionen am Himmel, wohingegen Sonne, Mond und Planeten ihre Position unter den Sternen ständig verändern. Cartes du Ciel berechnet die Positionen dieser Sonnensystemobjekte gemeinsam, daher die Einsortierung von Sonne und Mond unter dem Stichwort Planeten.

Aufsuchen des Mondes

Zum Aufsuchen des Mondes wählt man im Dialog *Suchen/Suchen* das Register *Sonnensystem* und aktiviert dort den Punkt *Planeten*. Im Listenfeld *Planeten* wählt man dann *Mond* aus und bestätigt die Auswahl mit *OK*. Cartes du Ciel stellt nun den Mond zentriert im Kartenfenster dar.

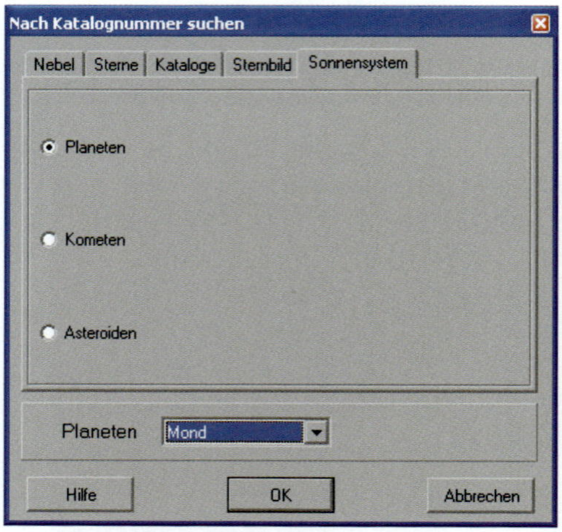

Auf- und Untergangszeiten

Die Auf- und Untergangszeiten für Himmelsobjekte werden in Tabellen immer für den jeweiligen Kalendertag angegeben. Daher ist es nicht ungewöhnlich, wenn die Untergangszeit eines Objekts vor dessen Aufgangszeit liegt.

Wann ist der Mond sichtbar?

Wie bei allen anderen Objekten auch können beim Mond die wichtigsten Informationen für den aktuellen Tag durch Auswahl von *Identifikation: Nächstes Objekt* im Kontextmenü bei Rechtsklick auf den angezeigten Mond abgefragt werden. Unter diesen Informationen finden Sie neben Angaben zur Phase, Libration und Position auch die Aufgangs-, Kulminations- und Untergangszeit für Ihren eingestellten Beobachtungsort und den aktuellen Tag.

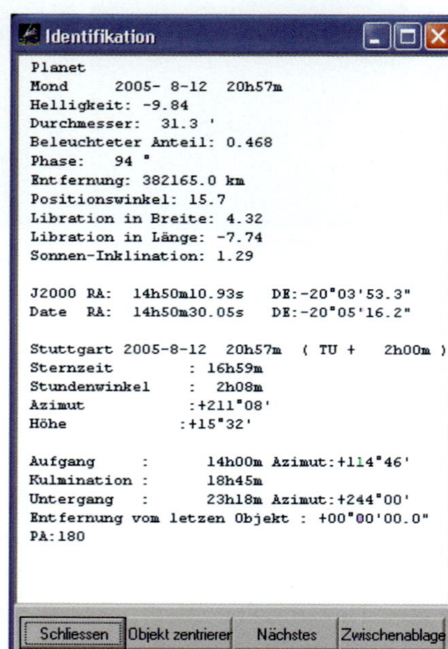

Die Information im Infofenster bezieht sich allerdings nur auf den aktuellen Tag. Es wäre mühsam, für einen längeren Zeitraum jedes Mal Datum und Zeit einzustellen, Mond aufzusuchen, das Kontextmenü aufzurufen und sich die Daten zu notieren. Für solche Aufgaben bietet Cartes du Ciel eine ausgefeilte Kalenderfunktion. Nach Aufruf von *Datei/Kalender* wählen Sie das Register *Planeten* und dort das Unterregister *Mond*. Unter *Periode vom ... bis* stellen Sie den gewünschten Zeitraum ein. Cartes du Ciel berechnet für jeden Tag in diesem Zeitraum nur einen Wert zu dem unter *am* eingestellten Zeitpunkt. Mit der Einstellung *jeder ... Tagen* kann bei längeren Zeiträumen auch eine größere Schrittweite gewählt werden. Bei Mond macht eine Schrittweite größer einem Tag jedoch keinen Sinn, da sich Mond innerhalb eines Tages schon deutlich unter den Sternen bewegt und die Beleuchtungssituation des Mondes sich deutlich sichtbar innerhalb eines Tages ändert.

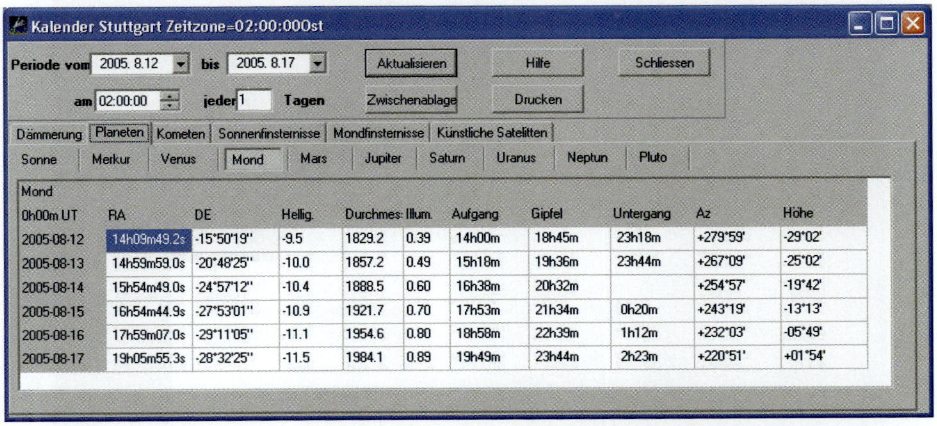

0h00m UT	RA	DE	Hellig.	Durchmes:	Illum.	Aufgang	Gipfel	Untergang	Az	Höhe
2005-08-12	14h09m49.2s	-15°50'19''	-9.5	1829.2	0.39	14h00m	18h45m	23h18m	+279°59'	-29°02'
2005-08-13	14h59m59.0s	-20°48'25''	-10.0	1857.2	0.49	15h18m	19h36m	23h44m	+267°09'	-25°02'
2005-08-14	15h54m49.0s	-24°57'12''	-10.4	1888.5	0.60	16h38m	20h32m		+254°57'	-19°42'
2005-08-15	16h54m44.9s	-27°53'01''	-10.9	1921.7	0.70	17h53m	21h34m	0h20m	+243°19'	-13°13'
2005-08-16	17h59m07.0s	-29°11'05''	-11.1	1954.6	0.80	18h58m	22h39m	1h12m	+232°03'	-05°49'
2005-08-17	19h05m55.3s	-28°32'25''	-11.5	1984.1	0.89	19h49m	23h44m	2h23m	+220°51'	+01°54'

In der Tabelle zeigt Cartes du Ciel die Mondposition in äquatorialen Koordinaten Rektaszension (*RA*) und Deklination (*DE*) an. In weiteren Spalten finden sich die Helligkeit (*Hellig.*) in Magnituden, der scheinbare Durchmesser (*Durchm.*) in Bogensekunden, der Anteil beleuchteter Fläche (*Illum.*). Danach folgen die Zeiten für *Aufgang*, Kulmination (*Gipfel*) und *Untergang* in lokaler Zeit sowie die Position in azimutalen Koordinaten Azimut (*Az*) und Elevation (*Höhe*). Mit der Schaltfläche *Zwischenablage* kann der Inhalt der Tabelle zur Verwendung in anderen Programmen in die Zwischenablage kopiert werden. Ein Ausdruck der erzeugten Tabelle ist mit der Schaltfläche *Drucken* möglich.

Detaillierte Darstellung der Mondoberfläche mit dem Virtual Moon Atlas

Für fortgeschrittene Mondbeobachter ist die texturierte Darstellung der Mondoberfläche in Cartes du Ciel nicht ausreichend. Um Cartes du Ciel zu befähigen, eine detaillierte Darstellung des Mondes anzuzeigen und die Oberflächenformationen des Mondes zu identifizieren, kann die eigenständige Software Virtual Moon Atlas in Cartes du Ciel eingebunden werden.

Visualisieren Sie Monddetails mit dem Virtual Moon Atlas

Das Programm Virtual Moon Atlas ist ein sehr umfangreiches Programm zur Darstellung des Mondes mit vielen Informationen zu den verschiedenen Monddetails. Dieses Programm hier im Detail zu besprechen würde zu weit führen.

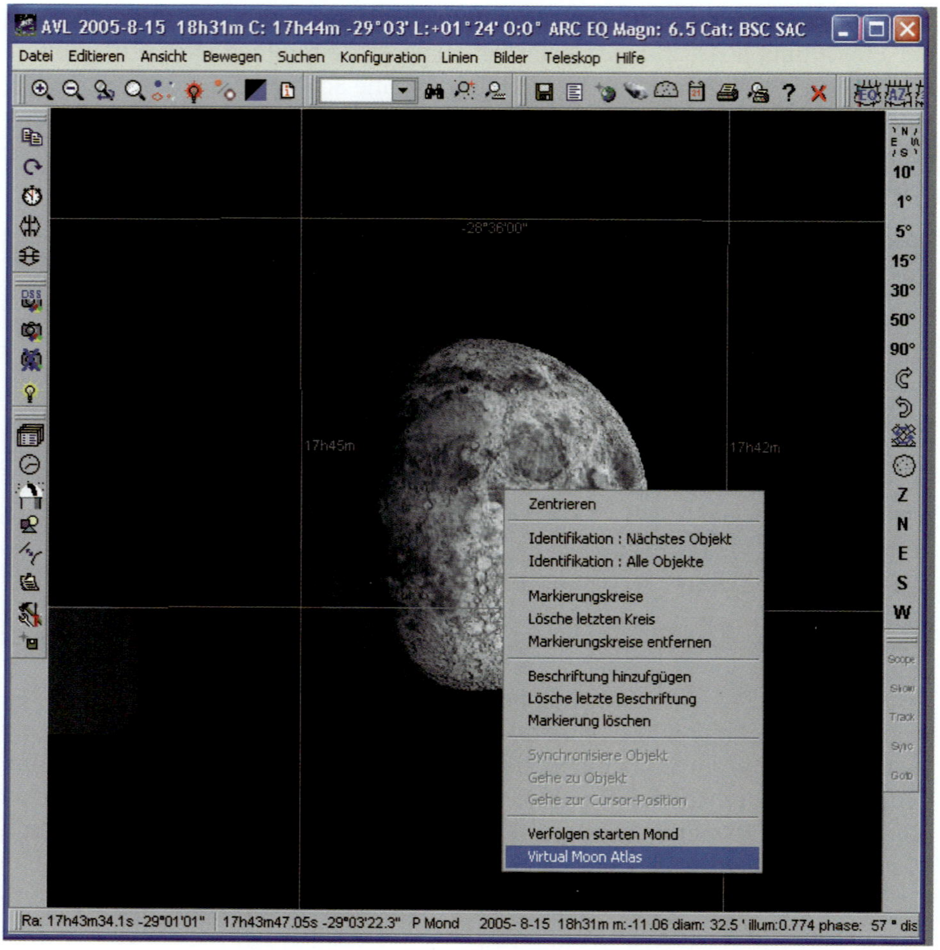

Die beiden Programme Cartes du Ciel und Atlas Virtuel de la Lune (Virtual Moon Atlas) stammen beide aus der Feder von Patrick Chevalley. Daher ist es nicht verwunderlich, dass gerade diese beiden Programme sehr gut zusammenspielen.

In Cartes du Ciel erscheint bei installiertem Virtual Moon Atlas im Kontextmenü des Mondes der Menüpunkt *Virtual Moon Atlas*. Durch Klick auf diesen Menüpunkt wird das Programm Virtual Moon Atlas gestartet.

Virtual Moon Atlas

Der Atlas Virtuel de la Lune, wie er im Original heißt, ist ein weiteres Programm des Autors von Cartes du Ciel Patrick Chevallay. Der Virtual Moon Atlas steht im Internet unter astrosurf.com/avl/ zum Download bereit. Von der deutschsprachigen Übersetzung werden immer wieder Probleme mit der Beschriftung der Monddetails berichtet. Es empfiehlt sich daher, den Virtual Moon Atlas mit der französischen oder englischen Spracheinstellung zu nutzen.

Im Virtual Moon Atlas kann mit dem Menüpunkt *File/Sky Chart* die Software Cartes du Ciel aufgerufen werden. Dabei wird dann eine Sternkarte zentriert auf den Mond angezeigt.

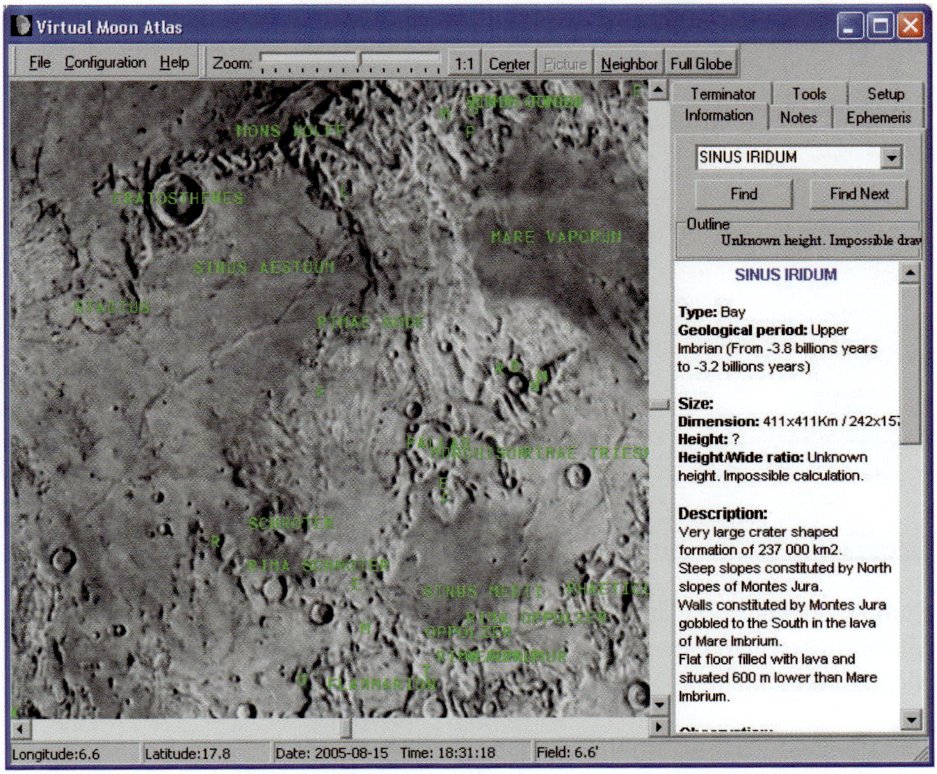

Man kann Cartes du Ciel und den Virtual Moon Atlas als optimale Ergänzungen betrachten. Cartes du Ciel stellt den gestirnten Himmel bis hin zu einer texturierten Oberfläche des Mondes dar.

Der Virtual Moon Atlas beginnt bei der texturierten Darstellung des Mondes, wie sie auch in Cartes du Ciel vorhanden ist, und bietet tiefer gehende, hochaufgelöste texturierte Darstellungen der Mondoberfläche bis hin zu kleinsten Details. Ähnlich wie Cartes du Ciel Informationen zu den verschiedenen Himmelsobjekten anbietet, sind im Virtual Moon Atlas zu den verschiedenen Oberflächenformationen des Mondes Informationen zu finden.

1.9 Wanderer am Himmel – Berechnen der aktuellen Planetenpositionen

Vielen Einsteigern in die Astronomie sind die hochaufgelösten Bilder von Jupiter, Saturn und Mars vor Augen, wenn es um die Planetenbeobachtung geht. Einen solchen Anblick wie auf einem guten Foto kann man natürlich von keinem Teleskop erwarten, dennoch ist gerade der erste Blick durch ein Teleskop auf einen dieser Planeten für viele ein Ahaerlebnis. Cartes du Ciel zeigt natürlich neben Sternen, DeepSky-Objekten und Mond auch die Planeten an. Die Vorgehensweise in Cartes du Ciel entspricht dabei der oben beschriebenen Vorgehensweise für den Mond.

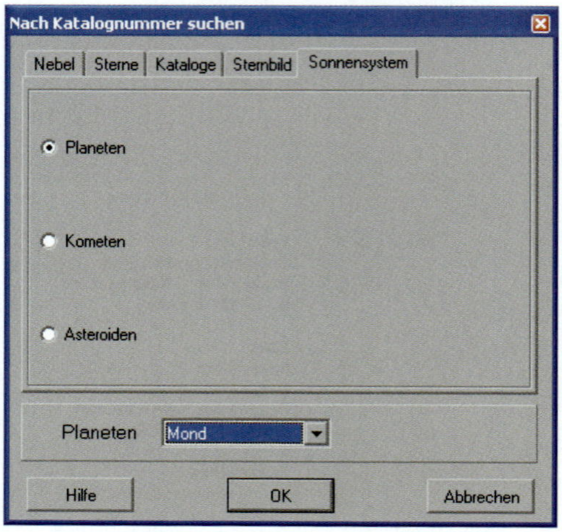

Rotation der Planeten

Cartes du Ciel berücksichtigt bei der Darstellung texturierter Oberflächen an Planeten auch deren Rotation. So können Sie einfach feststellen, ob z. B. der große rote Fleck auf Jupiter gerade sichtbar ist.

Zum Aufsuchen von Planeten nutzt man die Funktion *Suche/Suchen* und wählt im darauf erscheinenden Dialog das Register *Sonnensystem* und aktiviert dort den Menüpunkt *Planeten*.

Im Listenfeld *Planeten* wählt man dann den gewünschten Planeten, und nach einem Klick auf *OK* stellt Cartes du Ciel diesen zentriert im Kartenfenster dar.

Für die Planeten Jupiter, Saturn und Mars verfügt Cartes du Ciel über eine texturierte Oberflächendarstellung, die eine nahezu fotorealistische Darstellung ermöglicht.

Wann sind welche Planeten sichtbar?

Die Planeten, auch als Wandelsterne bezeichnet, sind nicht immer am Abend- oder Nachthimmel sichtbar. Um die Sichtbarkeit von Planeten zu überprüfen, bietet sich das Kalender-Tool in Cartes du Ciel an.

1. Starten Sie das Kalenderwerkzeug unter *Datei/Kalender*.
2. Gehen Sie auf das Register *Planeten* und wählen Sie dort das Unterregister des gewünschten Planeten.

Planeten am Taghimmel

Die Planeten Merkur und Venus können Sie mit einem Teleskop auch am Taghimmel beobachten. Beachten Sie dabei aber, dass das Teleskop **nie ungeschützt** auf die Sonne gerichtet werden darf!

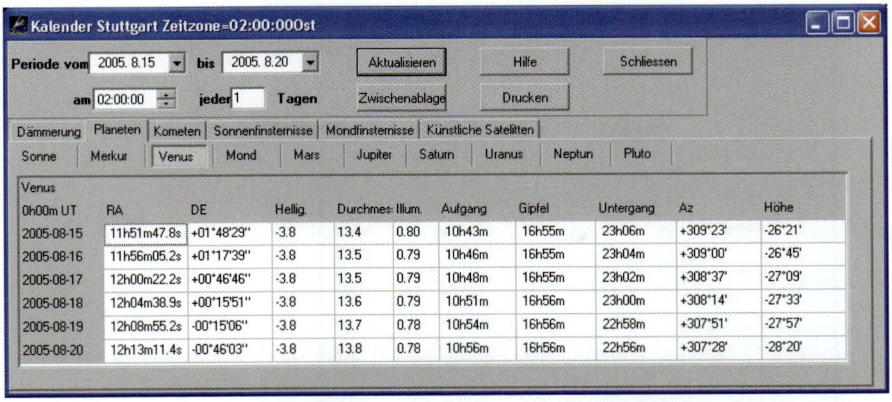

3 Stellen Sie nun den Beobachtungszeitraum, die Beobachtungsuhrzeit und die Schrittweite für die Berechnung ein und klicken Sie auf die Schaltfläche *Aktualisieren*.

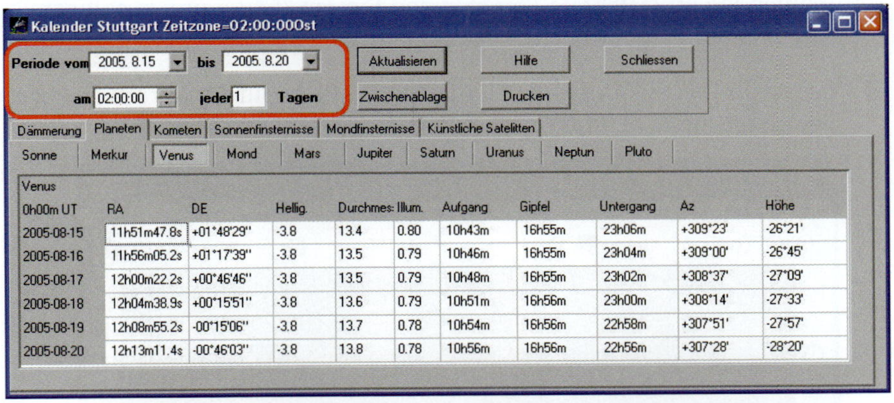

4 In der Tabelle sehen Sie jetzt unter anderem die Auf- und Untergangszeiten des gewählten Planeten. Vergleichen Sie diese Werte mit den entsprechenden Dämmerungszeiten, und Sie können die Sichtbarkeit des Planeten bestimmen.

5 Sie können nun die erzeugte Tabelle mit der Schaltfläche *Zwischenablage* in die Windows-Zwischenablage kopieren oder mit der Schaltfläche *Drucken* auf einen Drucker ausgeben.

Aufsuchen und Darstellen von Planeten

Wenn die Sichtbarkeit von Planeten geklärt ist, soll meist der Planet auch in Cartes du Ciel dargestellt werden. Im Folgenden wird die Vorgehensweise zum Aufsuchen und Darstellen von Planeten am Beispiel des Planeten Jupiters erklärt.

1 Rufen Sie *Suche/Suchen* auf und aktivieren Sie auf dem Register *Sonnensystem* den Menüpunkt *Planeten*.

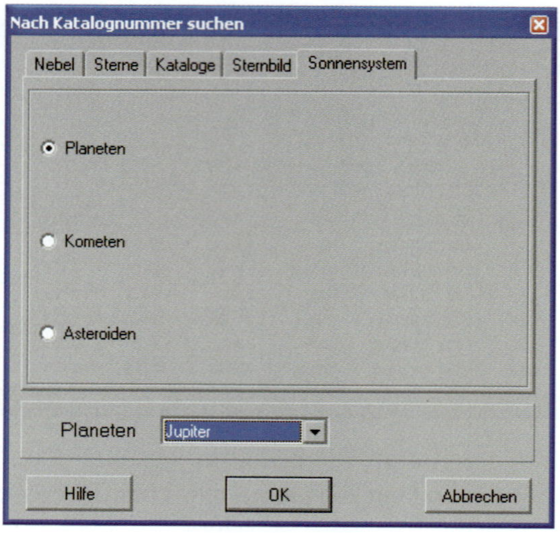

Wählen Sie im Listenfeld *Planeten* den Eintrag *Jupiter* und bestätigen Sie die Auswahl mit einem Klick auf *OK*.

2 Cartes du Ciel stellt nun die Sternkarte zentriert auf Jupiter dar. Bei geringer Vergrößerung wird Jupiter dabei nur als gelber Punkt gezeichnet.

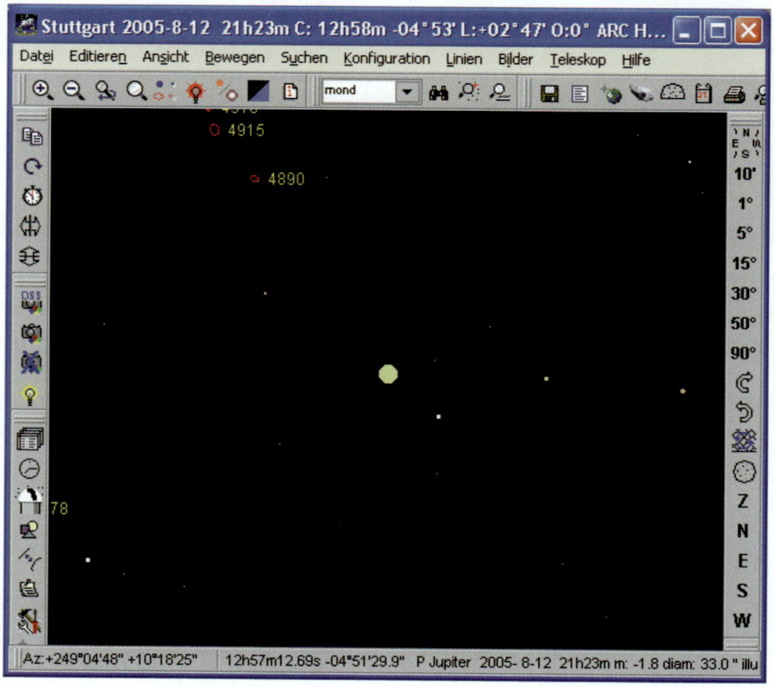

3 Rufen Sie *Konfiguration/Beschriftung/Optionen* auf und aktivieren Sie in dem Optionsdialog den Menüpunkt *Sonnensystem*, um die Objekte des Sonnensystems in der Karte zu beschriften.

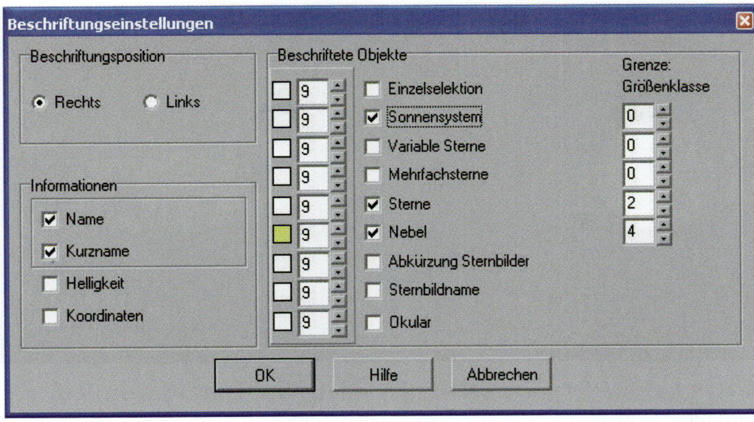

4 Zoomen Sie mit so weit, bis Sie Jupiter und seine Monde formatfüllend in der Karte sehen. Bei ausreichend kleinem Bildausschnitt stellt Cartes du Ciel Jupiter nicht mehr als gelben Punkt, sondern mit texturierter Oberfläche dar.

Neben der Rotation von Planeten berücksichtigt Cartes du Ciel auch den Blickwinkel auf den Planeten. Ganz besonders auffällig ist dies beim Planeten Saturn, bei dem wir manchmal senkrecht auf das Ringsystem blicken können, sodass der Saturnring fast zu verschwinden scheint.

Animation der Planetenbewegung

Mit dem Animationswerkzeug unter *Editieren/Animation* können Sie die Rotation der Planeten und die Bewegung der Planetenmonde animiert darstellen und als Video speichern.

Der Anblick von Saturn im Teleskop am 1. Oktober 1995 (links) und am 1. Mai 2005 (rechts), simuliert mit Cartes du Ciel.

1.10 Schweifsterne – Berechnen der aktuellen Kometenpositionen

Kometenbahnen sind nur schwer vorherzusagen und ständig werden neue Kometen entdeckt. Es ist daher notwendig, die Bahndaten für Kometen, die Ephemeriden, möglichst aktuell zu halten. Früher mussten dazu die entsprechenden Bahnelemente von Hand aus entsprechenden Veröffentlichungen abgeschrieben werden, im Zeitalter des Internets können die Bahndaten natürlich automatisch aus dem Internet geladen werden.

1 Rufen Sie in den Katalogeinstellungen das Register *Kometen* auf.

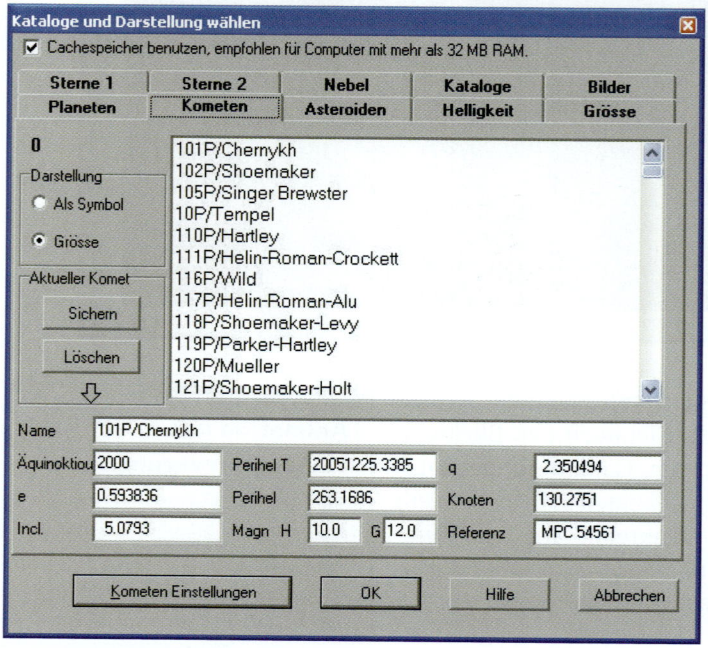

2 Rufen Sie *Kometen Einstellungen* auf, um die aktuellsten Kometenephemeriden zu installieren. Hierzu ist eine Internetverbindung notwendig.

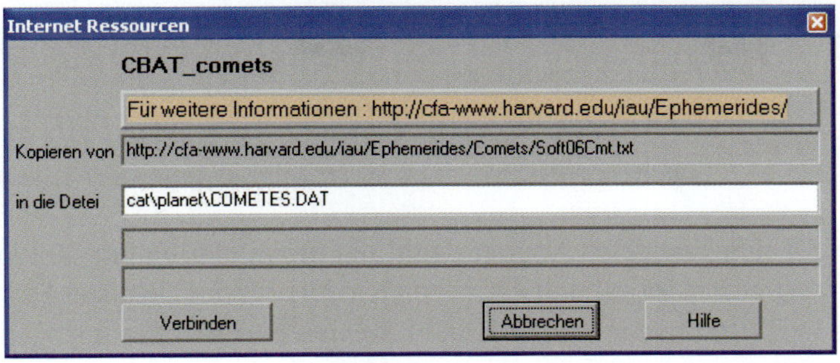

Die vorgegebene Downloadquelle, das **C**entral **B**uero for **A**stronomical **T**elegrams (CBAT), bietet die aktuellsten Kometenephemeriden und sollte daher beibehalten werden.

Starten Sie den Download durch einen Klick auf *Verbinden*. Nach Fertigstellung des Downloads ändert sich das Dialogfeld und durch einen Klick auf *OK* beenden Sie das Ephemeriden-Update.

3 Markieren Sie die Kometen, die in Cartes du Ciel verfügbar sein sollen, in den Katalogeinstellungen. Klicken Sie auf *OK*, um die Auswahl der Kometen zu übernehmen.

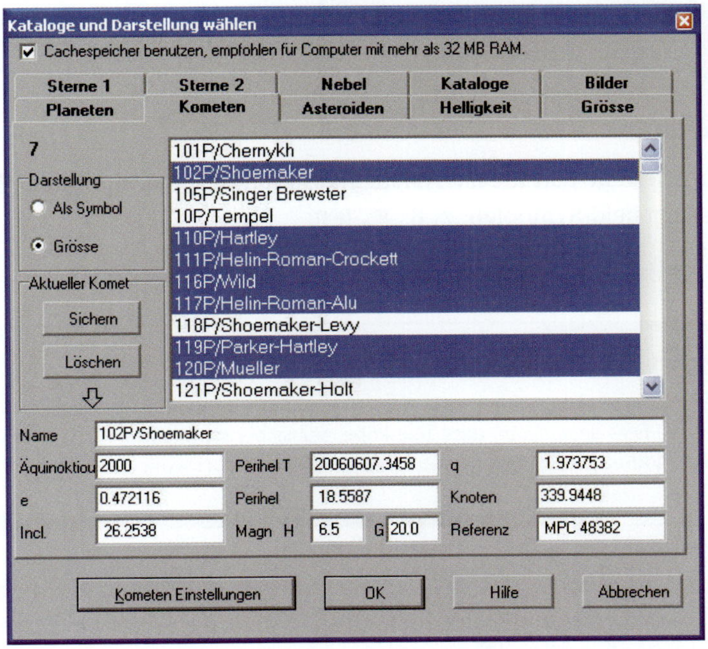

Kometenephemeriden

Kometen bewegen sich in elliptischen oder parabolischen Orbits, die durch wenige Parameter, die Ephemeriden, beschrieben werden. Da diese Beschreibung nur eine Approximation der Bahn darstellt, werden die Ephemeriden der bekannten und sichtbaren Kometen regelmäßig überarbeitet. Daher ist es notwendig, für Kometenbeobachtungen die aktuellsten Ephemeridendaten zur Verfügung zu haben.

4 Zentrieren Sie den gesuchten Kometen mithilfe der Suchfunktion. Rufen Sie hierzu *Suchen/Suchen* auf und aktivieren Sie dort auf dem Register *Sonnensystem* die Option *Kometen*. Im Listenfeld *Kometen* wählen Sie nun den gesuchten Kometen und bestätigen die Auswahl durch Klick auf *OK*.

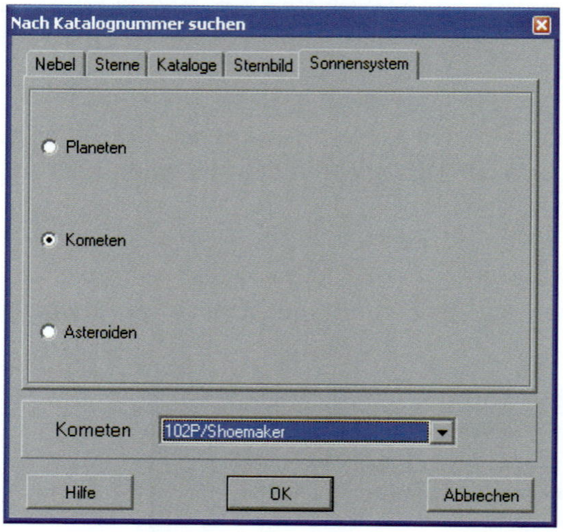

5 Legen Sie das Gesichtsfeld für die Aufsuchkarte mit der Zoomfunktion oder den Gesichtsfeld-Symbolen, z. B. 5°, fest.

6 Bestimmen Sie die Grenzgröße mittels des Sichtbarkeitssymbols.

Feldstecher statt Teleskop

Gerade die helleren Kometen liefern in einem Feldstecher ein wesentlich eindrucksvolleres Bild als in einem Teleskop. Dies liegt daran, dass Teleskope, selbst bei schwächster Vergrößerung, dann meist nur den Kometenkern zeigen und der eigentlich eindrucksvolle Schweif nicht zu Geltung kommt.

7 Stellen Sie in *Konfiguration/Darstellung der Karte* die Farben ein. Für gedruckte Aufsuchkarten empfiehlt sich die Einstellung *Weiss/Schwarz* für schwarze Sterne auf weißem Hintergrund.

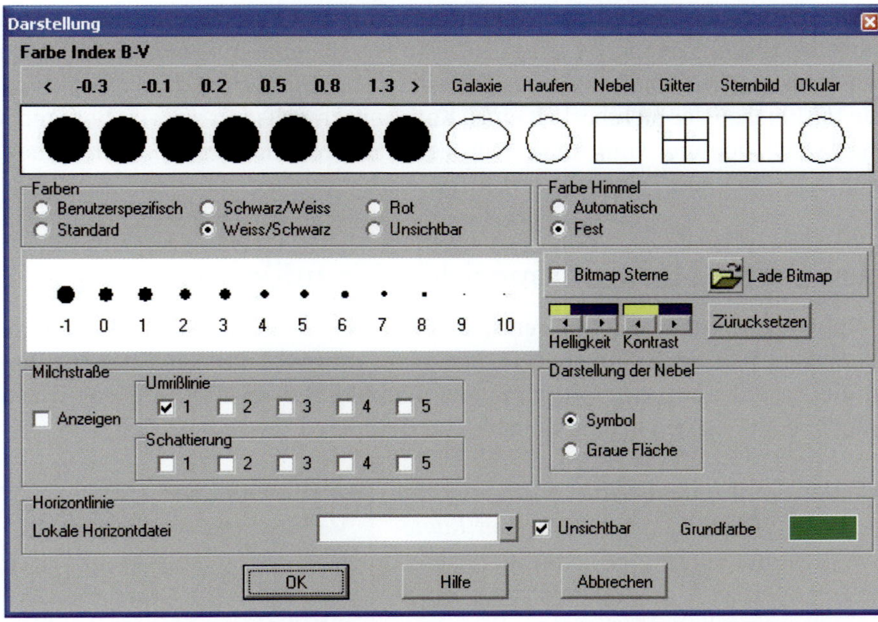

8 Drucken Sie die Karte mit der Funktion *Datei/Drucken* aus oder kopieren Sie diese in die Zwischenablage oder in eine Datei zur Weiterverwendung in digitaler Form.

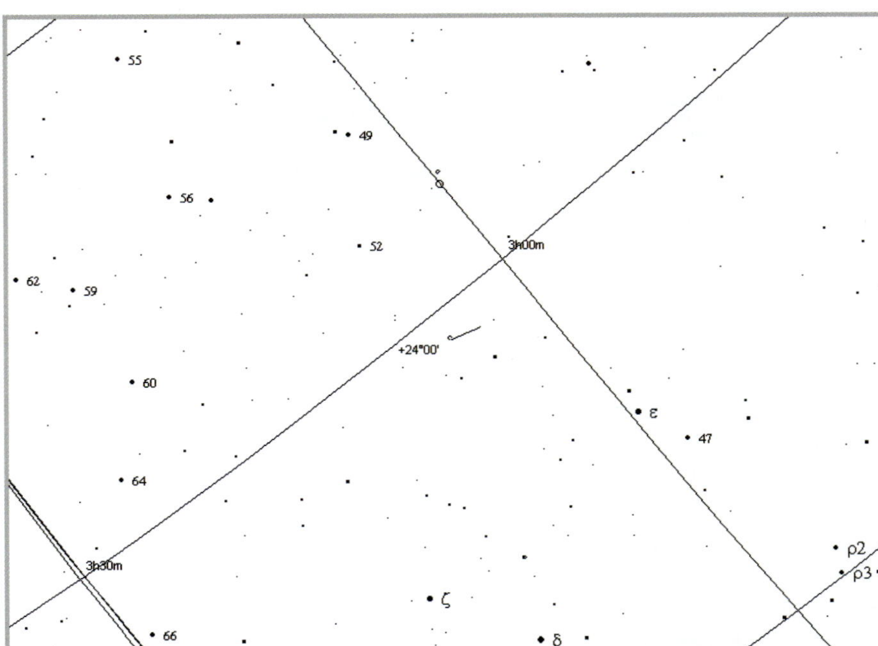

Aufsuchkarten aus Cartes du Ciel können in ausgedruckter Form eine wertvolle Hilfe bei der Beobachtung im Feld sein oder auch auf Internetseiten zur Illustration der Kometenposition eingesetzt werden.

Kometen werden in Cartes du Ciel durch einen nicht ausgefüllten Kreis dargestellt. Außerdem versucht Cartes du Ciel, den von der Sonne wegzeigenden Kometenschweif durch einen Linie aus diesem Kreis heraus anzuzeigen. Allerdings ist die Vorhersage der Sichtbarkeit eines Kometenschweifs nur sehr bedingt möglich, man sollte sich hier vom Anblick im Feldstecher oder Teleskop überraschen lassen.

Neue Kometenephemeriden hinzufügen

Es kann vorkommen, dass neu entdeckte Kometen noch nicht in der Ephemeridendatei des CBAT enthalten sind. Ebenso ist es möglich, dass Sie über das Internet an neuere oder verbesserte Bahndaten kommen. Cartes du Ciel bietet Ihnen die Möglichkeit, einfach eigene Kometen zu definieren.

Wählen Sie dazu *Konfiguration/Katalogeinstellungen* und dort das Register *Kometen*. Sie können nur im unteren Bereich einen Namen und die Ephemeriden eines Kometen eingeben oder ändern. Um einen neuen Kometen hinzuzufügen, müssen Sie einen neuen Namen eingeben. Klicken Sie anschließend auf die Schaltfläche *Sichern*, um den neuen Kometen in den Datenbestand zu übernehmen.

Vorsicht mit dem Update!

Eigene Kometendefinitionen gehen jedoch mit einem Onlineupdate der Kometenephemeriden verloren und müssen neu eingegeben werden. Laden Sie also zuerst die aktuellen Ephemeriden aus dem Internet und fügen Sie dann Ihren Kometen hinzu.

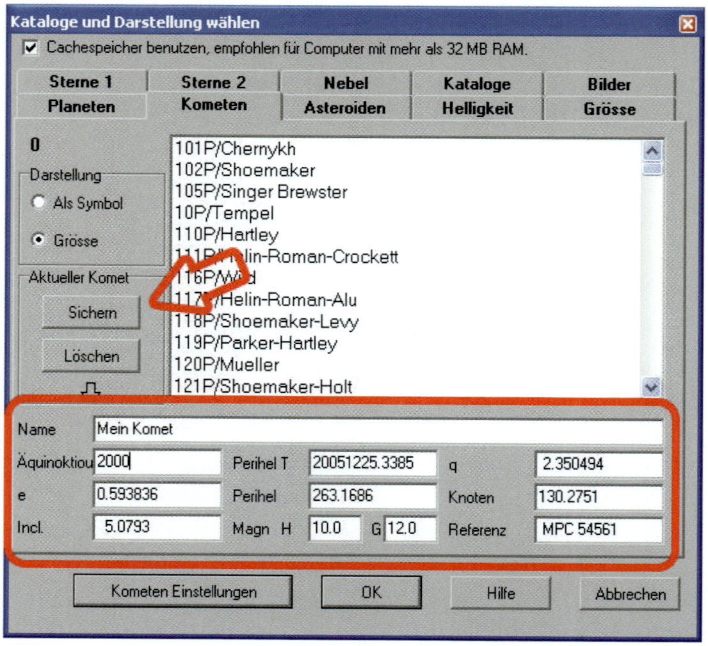

1.11 Identifizieren eines Asteroiden

Asteroiden, auch Planetoiden (kleiner Planet) oder Kleinplaneten genannt, bestehen im Gegensatz zu Kometen im Wesentlichen aus Gesteinsmaterial. Der Durchmesser von Asteroiden kann zwischen einigen Metern und rund 100 km liegen.

Die meisten Asteroiden bewegen sich im Asteroidengürtel, zwischen der Mars- und der Jupiterbahn, um die Sonne. Im Teleskop erscheinen Asteroiden als kleine Lichtpunkte, auf Himmelsaufnahmen als kleine Striche, da sie sich unter den Sternen bewegen.

Für Asteroidenjäger ist es wichtig, die bekannten Asteroiden identifizieren zu können, um bei einer vermeintlichen Neuentdeckung nicht Altbekanntes aufzuwärmen. Astrofotografen interessieren sich eher dafür, welches Himmelsobjekt die Strichspur auf der Aufnahme hinterlassen hat, oder möchten gar vermeiden, einen Asteroiden im Bildfeld zu haben.

Cartes du Ciel kann neben den anderen Himmelsobjekten auch Asteroiden darstellen.

Suchen eines bestimmten Asteroiden

1 Rufen Sie *Konfiguration/Katalogeinstellungen* auf und wählen Sie dort das Register *Asteroiden*.

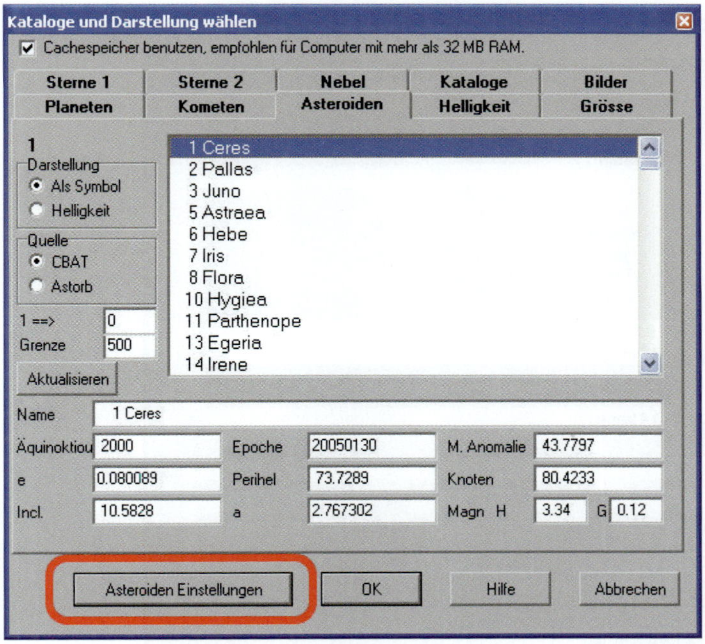

Die Asteroidenephemeriden müssen genau wie Kometenephemeriden immer wieder auf den neusten Stand gebracht werden. Cartes du Ciel bietet Ihnen dabei ein vollautomatisches Update der Kometendaten an, allerdings benötigen Sie hierzu einen Internetzugang. Um das Update der Asteroidenephemeriden zu starten, klicken Sie auf die Schaltfläche *Asteroiden Einstellungen*.

2 Belassen Sie die Einstellungen für die Downloadquelle und die Zieldatei auf den Standardvorgaben und starten Sie das Update mit einem Klick auf die Schaltfläche *Verbinden*. Während des Update-Vorgangs zeigt Cartes du Ciel den aktuellen Fortschritt des Downloads an. Nach Fertigstellung des Updates verändert sich das Dialogfeld und Sie können das Update mit einem Klick auf die Schaltfläche *OK* beenden.

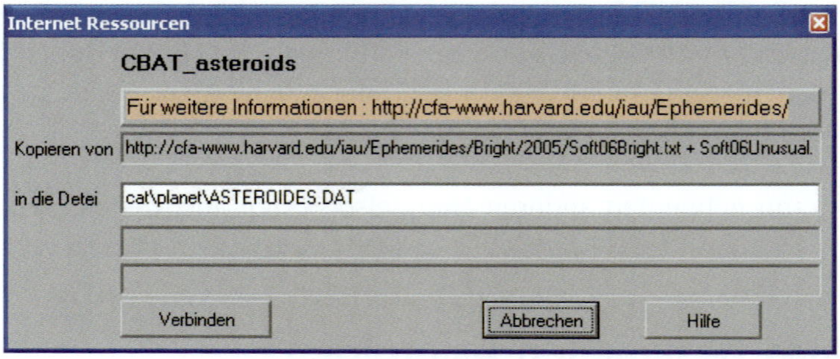

3 Wählen Sie jetzt in den Katalogeinstellungen für Asteroiden die Sie interessierenden Asteroiden aus. Sie können mehrere Asteroiden gleichzeitig auswählen. Durch diese Auswahl werden die Asteroiden noch nicht angezeigt, sondern lediglich für Cartes du Ciel verfügbar gemacht.

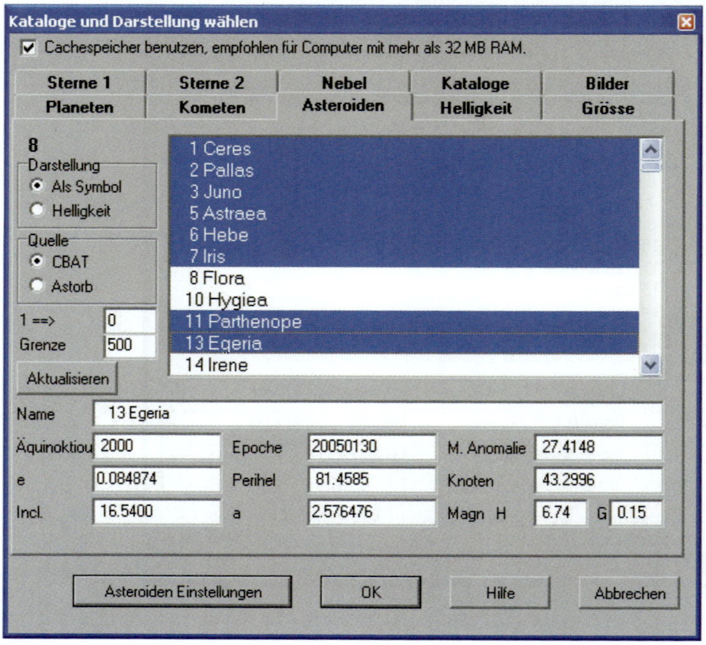

Dieser Mechanismus verhindert, dass Cartes du Ciel Ihnen einen Bildschirm voller Asteroiden anzeigt. Stellen Sie *Quelle* auf *CBAT*, das ist die Datei, die Sie soeben aktualisiert haben. Für die Darstellung der Asteroiden können Sie entweder *Als Symbol* oder *Helligkeit* wählen. Bei der Einstellung *Helligkeit* sind diese auf den ersten Blick auch in der Sternkarte nicht von Sternen zu unterscheiden und werden als schwacher Stern entsprechend ihrer Helligkeit angezeigt. Wählen Sie *Als Symbol* als Darstellung, werden die Asteroiden als heller Stern mit einem waagerechten Strich dargestellt und sind auch bei großem Gesichtsfeld zu erkennen. Bestätigen Sie Ihre Auswahl durch einen Klick auf die Schaltfläche *OK*.

4 Rufen Sie *Suchen/Suchen* auf. Im Suchdialog wählen Sie das Register *Sonnensystem* und dort die Option *Asteroiden*. Wählen Sie den gewünschten Asteroiden und bestätigen Sie die Auswahl mit *OK*. Cartes du Ciel stellt nun die Sternkarte mit dem gesuchten Asteroiden zentriert ein. Passen Sie das Gesichtsfeld an Ihre Wünsche an.

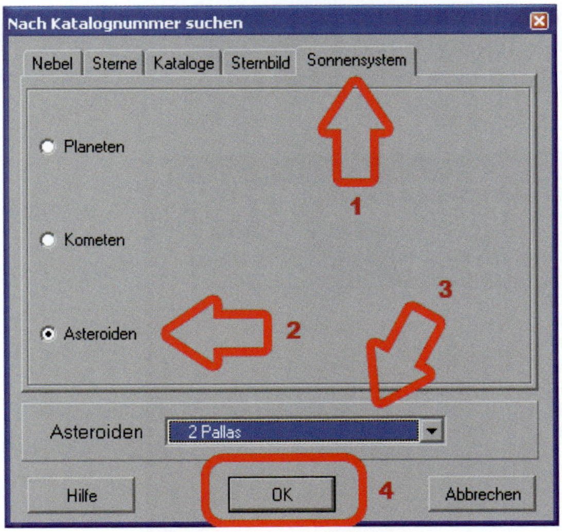

Mit ASTORB findet man über 300.000 aktuelle Kleinplanetendaten

Die beschriebene Methode nutzt eine Ephemeridendatei des CBAT, die jährlich aktualisiert wird und nur die hellsten Asteroiden und Asteroiden, die im laufenden Jahr ihre Opposition erreichen, enthält. Für fortgeschrittene Kleinplanetenbeobachter bietet sich die Verwendung der Ephemeridendatei ASTORB von Edward Brown, Lowell Observatory, an.

ASTORB

ASTORB ist eine sehr umfangreiche Sammlung von fast 300.000 Kleinplanetenephemeriden. Sie benötigt über 20 MByte Downloadvolumen und ca. 80 MByte Festplattenspeicher.

1 Rufen Sie *Datei/Online Ressourcen/Asteroiden Einstellungen Astorb* auf. Belassen Sie die Einstellungen für Downloadquelle und Zieldatei auf den Standardwerten. Speziell der Zieldateiname darf nicht verändert werden, da Cartes du Ciel sonst die neue Datei nicht erkennt.

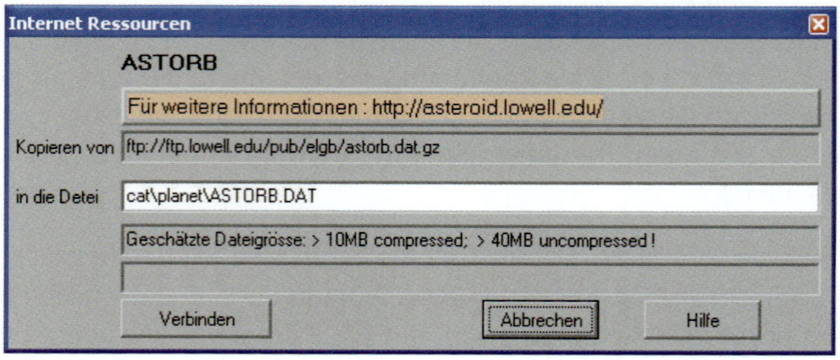

Während des Downloadvorgangs zeigt Cartes du Ciel den Fortschritt an. Nach Fertigstellung des Downloads verändert sich der Dialog und Sie können das Update durch einen Klick auf die Schaltfläche *OK* beenden.

2 Wählen Sie *Konfiguration/Katalogeinstellungen* und dort das Register *Asteroiden*.

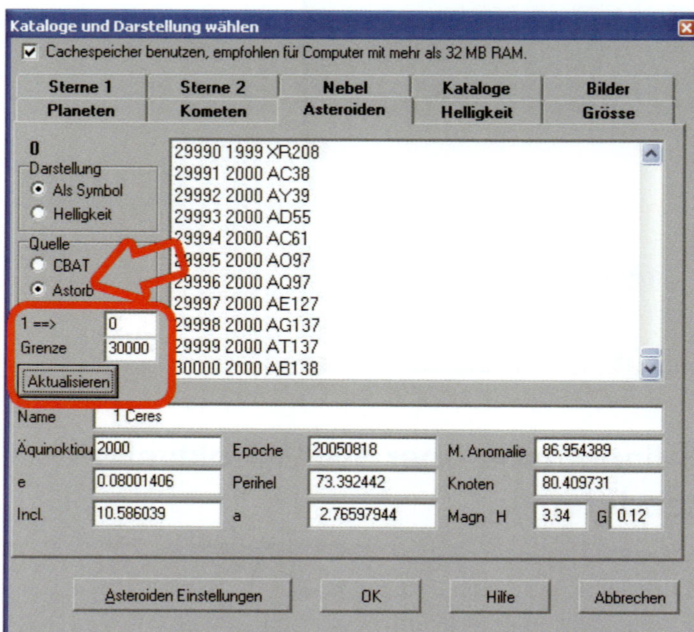

Wählen Sie *Astorb* bei *Quelle* und passen Sie den Anzeigebereich an. Hierbei bedeutet der Wert unter *1 ==>* den ersten und *Grenze* den letzten anzuzeigenden Asteroiden. Nach einer Änderung des Anzeigebereichs müssen Sie die Asteroidenliste mit einem Klick auf die Schaltfläche *Aktualisieren* neu erstellen.

Cartes du Ciel kann maximal 30.000 Asteroiden gleichzeitig in der Liste darstellen.

3 Wählen Sie Ihre gewünschten Asteroiden aus und bestätigen Sie die Auswahl mit *OK*.

4 Zum Auffinden eines Asteroiden gehen Sie wie bei der Benutzung der CBAT-Datei vor und nutzen die Suchfunktion unter *Suchen/Suchen* .

Berechnung aller Kleinplanetenpositionen zu einem bestimmten Datum

Cartes du Ciel bietet eine sehr komfortable Funktion zur Berechnung aller in Cartes du Ciel bekannten Kleinplanetenpositionen zu einem Datum an. Rufen Sie dazu *Datei/Asteroiden Position* auf und belassen Sie die Einstellungen für die ASTORB-Datei und Zieldatei auf den Standardeinstellungen. Cartes du Ciel stellt automatisch das aktuelle Kartendatum ein. Möchten Sie die Asteroidenpositionen zu einem anderen Zeitpunkt berechnen, ändern Sie *Datum* und *Zeit* entsprechend ab.

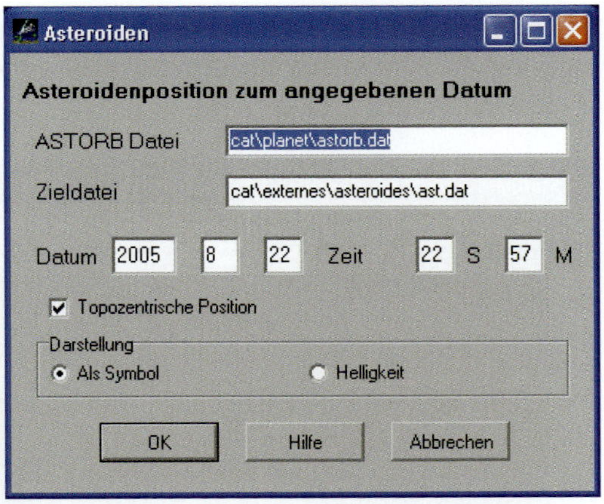

Bei aktiviertem Kontrollkästchen *Topozentrische Position* wird die topozentrische Parallaxe in die Positionsberechnung mit einbezogen. Wählen Sie die Darstellung als Symbol oder nach Helligkeit und starten Sie die Berechnung der Asteroidenpositionen mit einem Klick auf die Schaltfläche *OK*.

Während der Berechnung sehen Sie im Feld *ASTORB Datei* einen Zähler hochlaufen. Dieser zeigt Ihnen den Fortschritt der Berechnung an.

Nach erfolgreicher Berechnung der Asteroidenpositionen zeigt Cartes du Ciel alle berechneten Asteroiden in der Karte an.

Obige Abbildung zeigt einen Kartenausschnitt um den Stern Arktur (α Boo) bei aktivierter Ansicht *Symbol*. Wenn Sie alle Asteroidenpositionen berechnen lassen, sollten Sie daher mit kleinen Gesichtsfeldern arbeiten und die Darstellung *Helligkeit* wählen.

Bei der Einstellung *Helligkeit* werden die Asteroiden wie Sterne entsprechend ihrer Helligkeit dargestellt, sind also auf den ersten Blick in der Sternkartendarstellung nicht als Asteroiden zu erkennen.

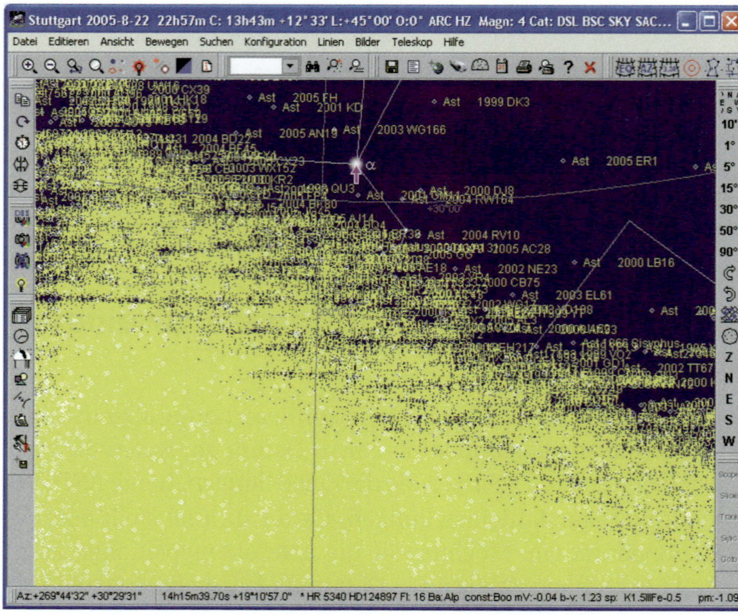

Die folgende Darstellung zeigt einen Ausschnitt der obigen Sternkarte mit der Einstellung *Als Symbol*, wobei durch das geringere Gesichtsfeld die einzelnen Asteroiden auch identifizierbar sind.

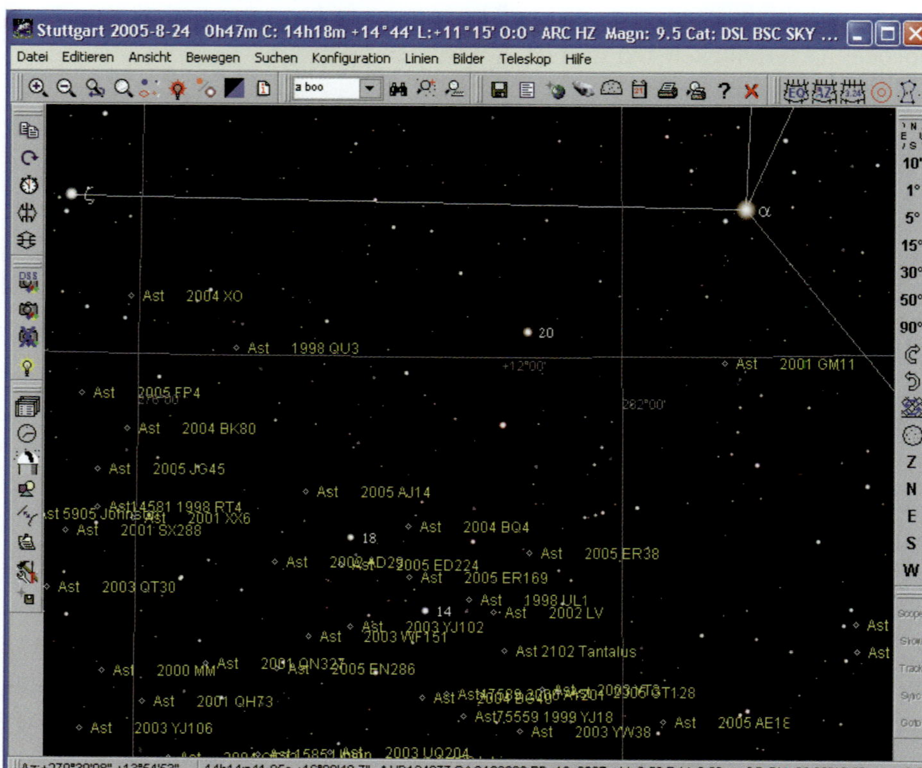

1.12 Wann ist die ISS sichtbar? – Satellitenbahnen mit Cartes du Ciel berechnen und darstellen

Wer in einer klaren und dunklen Nacht schon den Himmel beobachtet hat, wird dort auch wandernde Lichtpunkte entdeckt haben. Die blinkenden Objekte sind dabei Flugzeuge und die konstant leuchtenden Objekte meist Satelliten. Spektakulär sind natürlich Überflüge der internationalen Raumstation ISS und die nur sehr kurz, aber dafür teilweise sehr hell aufleuchtenden Iridium-Flares.

Die Beschreibung von Satellitenbahnen: TLEs

Satellitenbahnen werden üblicherweise über Two Line Elements (TLEs) beschrieben.

Diese Bahnbeschreibung wurde durch das US-NORAD entwickelt und ist heute der Standard zur Beschreibung von Satellitenbahnen.

Zur Darstellung künstlicher Satelliten ist es notwendig, das Tool TLE Download Version 2.0 von der Cartes du Ciel-Downloadsite zu installieren. Der in Cartes du Ciel eigentlich vorgesehene Mechanismus, die Dateien manuell aus dem Internet zu laden, funktioniert nicht mehr, da die entsprechende Webseite keine TLEs mehr bereitstellt.

Das Programm TLE Download ist leider nicht sonderlich gut programmiert. Es kann notwendig sein, dass Sie die VisualBasic Runtimes und einige OCX-Controls nachinstallieren müssen. Haben Sie kein Microsoft Office auf Ihrem Rechner installiert, werden Sie auch das unnötigerweise von TLE Download referenzierte *mscal.ocx* benötigen.

Fehlende OCX-Controls suchen Sie am besten mit Google im Internet und installieren diese nach. Wundern Sie sich auch nicht, wenn der TLE-Downloader den ganzen Bildschirm einnimmt oder nicht vollständig zu sehen ist. Der TLE-Downloader ist leider fest auf 800 x 600 Punkte programmiert und daher mit geringeren Bildschirmauflösungen nicht nutzbar.

Space Track

Aufgrund neuster US-Gesetze sollen Satellitenbahndaten nicht mehr frei im Internet zugänglich sein. Als Ersatz bietet das US-Verteidigungsministerium (DoD) Satellitendaten über ein registrierungspflichtiges Programm namens Space Track (http://www.space-track.org/) an. Dort können Sie die nötigen Dateien manuell herunterladen. Vor der Nutzung in Cartes du Ciel müssen diese aber noch bearbeitet werden. Eine aktuelle Anleitung hierzu finden Sie auf der Cartes du Ciel-Homepage. Beachten Sie dabei unbedingt die Nutzungsbedingungen von Space Track, vor allem bezüglich der Veröffentlichung und Weitergabe von berechneten Satellitenpositionen.

Ist TLE Download installiert, können Sie die aktuellen Satellitenbahndaten aus dem Internet herunterladen und in Cartes du Ciel darstellen.

1 Gehen Sie unter *Datei/Kalender* auf das Register für künstliche Satelliten.

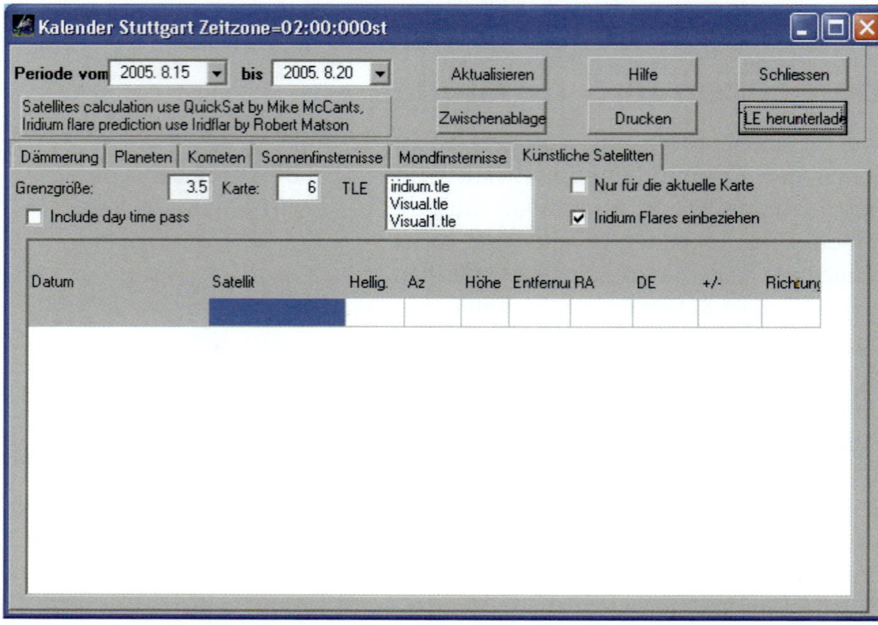

2 Starten Sie TLE Download mit einem Klick auf die Schaltfläche *TLE herunterladen.*

3 Wählen Sie in TLE Download die Dateien *iridium.txt* und *visual.txt* und aktivieren Sie das Kontrollkästchen *TLE-Format*.

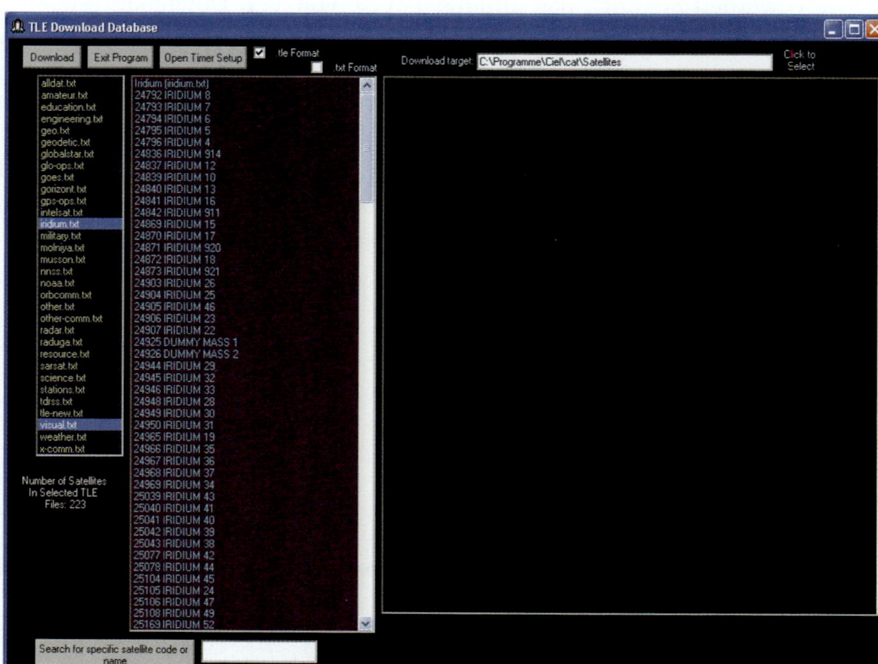

Stellen Sie als Zielverzeichnis *C:\Programme\Ciel\cat\Satellites* ein. Wenn Sie Cartes du Ciel nicht in das Standardverzeichnis *C:\Programme\Ciel* installiert haben, müssen Sie den Pfad entsprechend anpassen.

Starten Sie den Download der TLE-Dateien mit einem Klick auf die Schaltfläche *Download*. Während des Downloads wird ein Informationsfenster eingeblendet, in dem Sie den Fortschritt des Downloads sehen und überprüfen können, ob die Dateien auch ordnungsgemäß heruntergeladen werden.

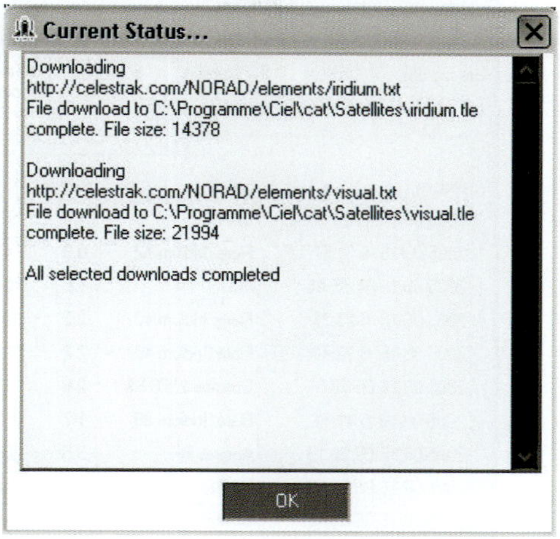

Nach Beendigung des Downloads können Sie TLE Download mit einem Klick auf die Schaltfläche *Exit Program* beenden.

4 Benennen Sie die heruntergeladenen Dateien von **.txt* um nach **.tle*. Hierzu können Sie entweder den Datei-Explorer verwenden oder eine Eingabeaufforderung öffnen. Beachten Sie dabei, dass die beiden Dateien dann *visual.tle* und *iridium.tle* benannt sein müssen. Auch wenn Cartes du Ciel eine Auswahl anbietet, kommt das im Hintergrund laufende Programm zur Berechnung der Satellitenpositionen nur mit diesen Dateinamen klar.

5 Anschließend müssen Sie Cartes du Ciel beenden und neu starten, damit die neuen TLE-Dateien erkannt werden.

6 Rufen Sie wieder unter *Datei/Kalender* das Register *Künstliche Satelliten* auf. Dort markieren Sie im Feld *TLE* die beiden neuen Dateien und lassen Cartes du Ciel durch einen Klick auf die Schaltfläche *Aktualisieren* die aktuellen Satellitenpositionen berechnen.

Zur Aktualisierung der Satellitendaten startet Cartes du Ciel ein externes Programm im Hintergrund. Sie werden einige DOS-Fenster aufgehen und sich wieder schließen sehen, bevor die Aktualisierung beendet ist.

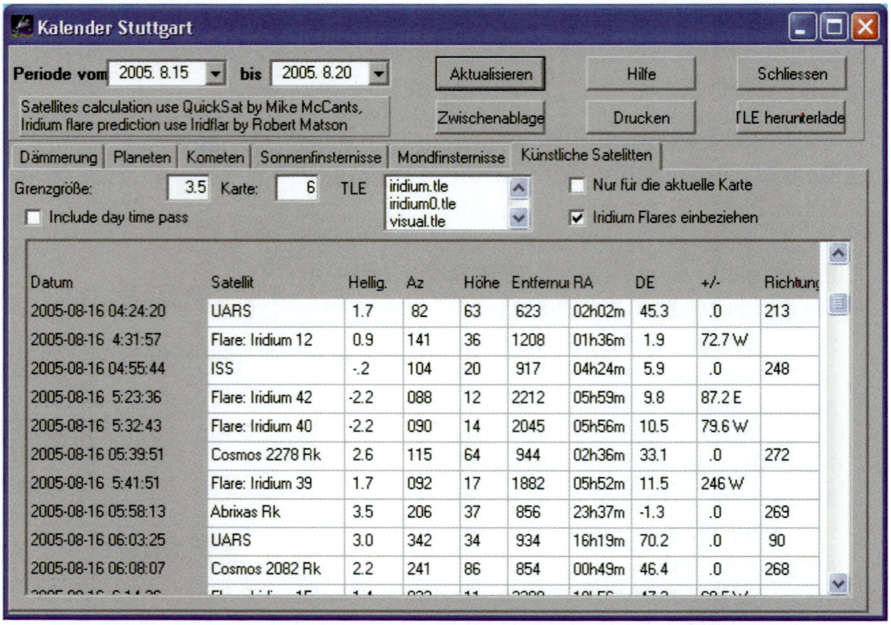

7 In der Liste können Sie jetzt den Satellitendurchgang anklicken, der Sie interessiert. Durch einen Klick auf ein Element dieser Liste wird dieser Satellitendurchgang mit einer Spur der letzten Positionen in der Karte dargestellt.

8 Jetzt können Sie das Gesichtsfeld entsprechend Ihren Wünschen anpassen und die so generierte Karte ausdrucken, in eine Datei speichern oder in die Zwischenablage kopieren.

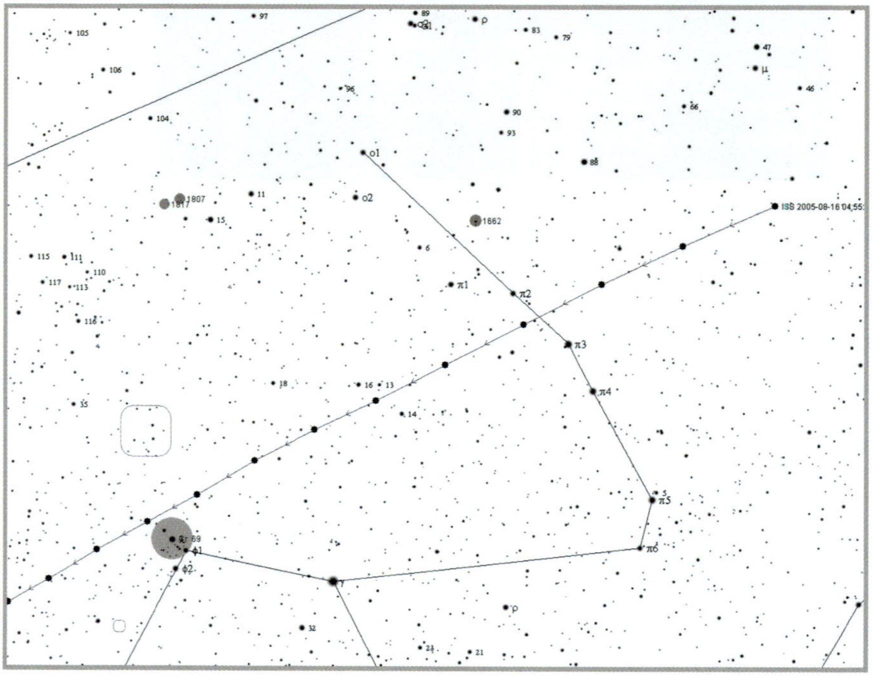

1.13 Steuern des eigenen Teleskops mit GoTo

Moderne computergesteuerte Teleskopmontierungen verfügen meist über ein eingebautes GoTo, mit dem - nach einer notwendigen Kalibrierung - eingespeicherte Objekte automatisch angefahren werden können. Trotz dieser eingebauten Funktion kann es nützlich und sinnvoll sein, das Teleskop vom PC aus fernzusteuern.

ASCOM – die Schnittstelle von Cartes du Ciel zu Ihrem Teleskop

Die ASCOM-Initiative verfolgt das Ziel, eine einheitliche Softwareschnittstelle zu astronomischen Geräten wie Teleskopmontierungen, Kameras, Wetterstationen etc. bereitzustellen. ASCOM-kompatible Software kann über die ASCOM-Plattform jede Hardware ansprechen und nutzen, für die ein entsprechender ASCOM-Treiber existiert.

Mehr Informationen zu ASCOM und die ASCOM-Plattform zum Download finden Sie im Internet unter www.ascom-standards.org/.

Diese PC-Fernsteuerung ist sehr komfortabel, da meist Beobachtungen am PC geplant werden. In diesem Fall kann mit wenigen Mausklicks das Teleskop auf das gewünschte Objekt ausgerichtet werden.

Wirklich notwendig ist die PC-Fernsteuerung des Teleskops, wenn z. B. in der Astrofotografie dunkle Objekte, die oft nicht in den Steuerungen eingespeichert sind, angefahren werden sollen oder wenn eine komplette Fernsteuerung des Teleskops aus einem Steuerraum oder gar über das Internet erfolgen soll.

Cartes du Ciel unterstützt mit seiner eingebauten Fernsteuermöglichkeit eine Vielzahl von Teleskopen. Über das einfache und stabile LX200-Protokoll können die meisten Teleskope direkt mit Bordmitteln von Cartes du Ciel angesteuert werden. Für Teleskope, die andere Ansteuerungen verwenden, kann Cartes du Ciel auf die ASCOM-Plattform zurückgreifen.

Keine serielle Schnittstelle am Notebook?

Moderne Notebooks verfügen oft über keine serielle Schnittstelle mehr. In diesem Fall können Sie das Teleskop dennoch mit einem günstigen USB2-seriell-Konverter an der USB-Schnittstelle Ihres Notebooks anschließen.

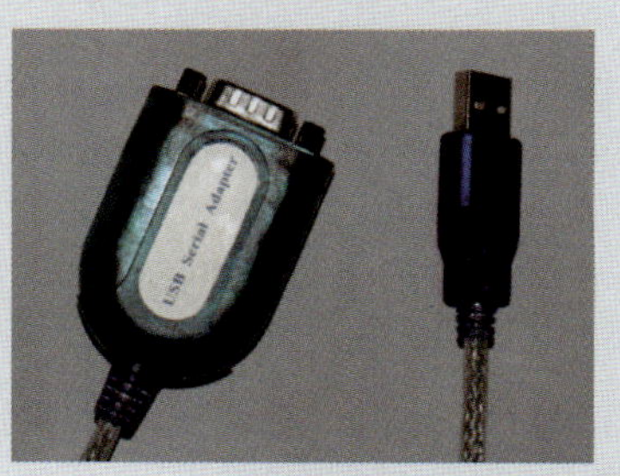

Konfiguration

Der aufwendigste Schritt zur erfolgreichen Fernsteuerung eines Teleskops vom PC aus ist die Konfiguration der notwendigen Parameter. Glücklicherweise müssen diese Einstellungen nur einmal am Programmstart vorgenommen werden, danach kann mit einfachen Funktionen im Kontextmenü direkt im Kartenfenster das Teleskop angesteuert werden.

Das Standardprotokoll: Meade LX200

Das von Meade entwickelte LX200-Protokoll hat sich zu einem weit reichenden Standard zur Teleskopansteuerung entwickelt. Das Teleskop wird dabei über eine serielle Schnittstelle mit dem PC verbunden und über leicht verständliche ASCII-Sequenzen angesprochen. Leider ist der Konfigurationsdialog nicht ins Deutsche übersetzt, sodass hier grundlegende Englischkenntnisse von Vorteil, aber nicht unbedingt notwendig sind. Aufgrund der fehlenden deutschsprachigen Übersetzung wird die Konfiguration des Teleskops hier ausführlicher dargestellt.

1 Wählen Sie zunächst im Menü *Teleskop/Teleskopinterface auswählen/Meade* an. Ist Cartes du Ciel so konfiguriert, dass nicht die aktuelle Systemzeit verwendet wird, erscheint ein Warnhinweis, den Sie mit *Ja* bestätigen, um die aktuelle Systemzeit zu verwenden. Ein Einsatz der GoTo-Funktionalität macht nur Sinn, wenn die Karte auch für den aktuellen Beobachtungsort und die aktuelle Uhrzeit eingestellt ist.

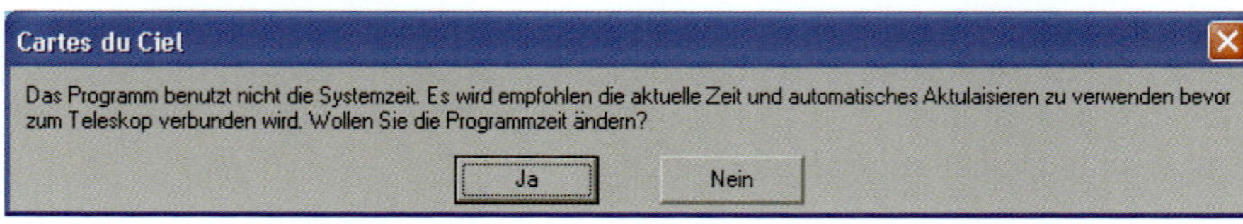

2 Konfigurieren Sie die Teleskopparameter unter *Teleskop/Konfigurieren*. Wenn Sie diese Konfiguration aufrufen, während Cartes du Ciel den Taghimmel anzeigt, erscheint folgender Sicherheitshinweis:

Diesen sollten Sie auch unbedingt beachten. Schon ein kurzer Moment der ungeschützten Sonnenbeobachtung durch ein Teleskop kann Ihr Augenlicht gefährden oder Okulare und Kameras beschädigen!

3 Konfigurieren Sie als Erstes die Verbindungsparameter auf dem Register *Comm Settings*. Unter *Serial Port* stellen Sie die serielle Schnittstelle ein, an der das Teleskop angeschlossen ist.

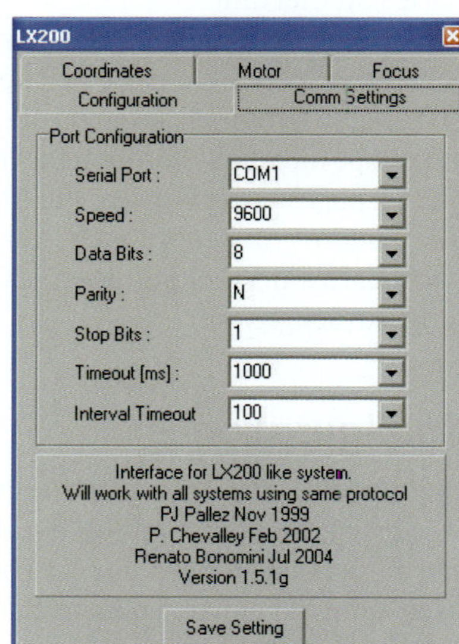

Bei der Verwendung eines USB2-seriell-Konverters ist hierzu ein Blick in die Windows-Systemsteuerung sinnvoll, um sicherzustellen, welche Schnittstelle dem Konverter zugewiesen wurde. Die Parameter für *Speed, Data Bits, Parity, Stop Bits, Timeout* und *Interval Timeout* können normalerweise wie abgebildet übernommen werden.

Sollten diese Standardparameter nicht funktionieren, entnehmen Sie die entsprechenden Werte der Dokumentation Ihrer Teleskopsteuerung. Übernehmen Sie die Einstellung der Schnittstelle mit einem Klick auf *Save Setting*. Der Dialog wird hierdurch nicht geschlossen.

4 Konfigurieren Sie die Funktionalität Ihres Teleskops. Wählen Sie dazu das Register *Configuration*.

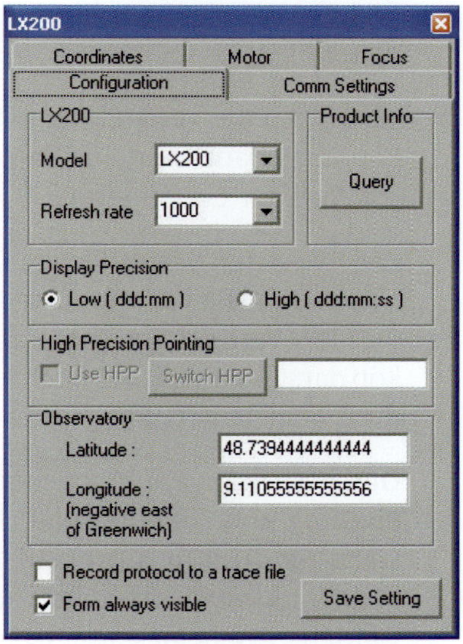

Unter *LX200 Model* wählen Sie das Modell Ihrer Montierung aus. Für die meisten Montierungen ist die Auswahl *LX200* richtig.

Wählen Sie nur dann einen anderen Eintrag, wenn Sie auch über die entsprechende Steuerung verfügen.

Refresh rate ist die Zeit (in Millisekunden) zwischen zwei Positions-Updates in der Karte. Durch Herabsetzen dieser Zahl können Sie, wenn Ihre Teleskopsteuerung dies unterstützt, eine gleichmäßigere Bewegung des Positionszeigers auf der Karte einstellen. Unter *Display Precision* können Sie auswählen, ob Cartes du Ciel die aktuelle Position in einer Genauigkeit von Bogenminuten oder Bogensekunden angezeigt wird.

Für die visuelle Beobachtung sollten Sie *Low* anwählen. Das kurze Format ist übersichtlicher und normalerweise mehr als ausreichend genau für visuelle Beobachtungen. Positionieren Sie das Teleskop für die Astrofotografie, kann es sinnvoll sein, mit der Einstellung *High* auch die Bogensekunden darzustellen.

Modell	Beschreibung
LX200	Standard -X200-Protokoll. Dieses Protokoll wird von den meisten Teleskopsteuerungen, die ein LX200- oder LX200-ähnliches Protokoll verwenden, verstanden.
Autostar	Eine modernere Teleskopsteuerung der Firma Meade
Magellan I	Ältere Meade-Teleskopsteuerung
Magellan II	Ältere Meade-Teleskopsteuerung
Scope.exe	Steuerung nach Mel Bartels für motorisierte Dobson-Teleskope

Den Punkt *High Precision Pointing* können Sie erst anwählen, wenn das Teleskop verbunden ist. Diese Einstellung macht nur bei einem originalen Meade LX200-Teleskop Sinn.

Unter *Observatory Latitude* und *Observatory Longitude* geben Sie die geografische Breite und Länge Ihres Beobachtungsstandortes an. Hierbei sind nördliche Breiten und westliche Längen positiv anzugeben. Typische geografische Längen im deutschsprachigen Raum sind daher negativ anzugeben. Da es sich bei der Teleskopansteuerung in Cartes du Ciel um ein Plug-In handelt, werden die Ortsdaten des Beobachtungsortes leider nicht automatisch aus Cartes du Ciel übernommen, sondern müssen hier nochmals manuell eingetragen werden.

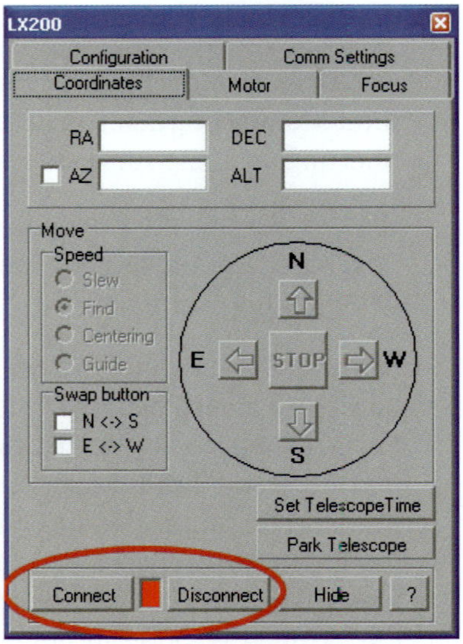

5 Jetzt kann die Verbindung mit dem Teleskop aufgebaut werden. Wählen Sie dazu das Register *Coordinates*.

Zwischen den Schaltflächen *Connect* und *Disconnect* ist eine rote Anzeige zu sehen, die den Verbindungszustand zum Teleskop darstellt. Da bisher noch keine Verbindung aufgebaut wurde, ist die Anzeige rot.

Durch Klick auf *Connect* bauen Sie die Verbindung zum Teleskop auf. Die Anzeige sollte auf Grün springen und das Teleskop kann nun von Cartes du Ciel gesteuert werden. Erscheint stattdessen eine Fehlermeldung, kontrollieren Sie die Teleskopeinstellungen unter den Registern *Comm Settings* und *Configuration* und stellen sicher, dass die Teleskopsteuerung angeschaltet ist.

Steht die Verbindung zum Teleskop, werden die vorher inaktiven (ausgegrauten) Steuerschalter im oberen Teil dieses Dialogs aktiviert. Sie können nun die Teleskopsteuerung mit Cartes du Ciel austesten, indem Sie mit den Richtungstasten im Dialog das Teleskop verfahren. Gelingt dies, können Sie das Fenster mit einem Klick auf *Hide* unsichtbar machen und das Teleskop aus Cartes du Ciel fernsteuern.

ASCOM-Plattform

Unterstützt Ihre Teleskopsteuerung das LX200-Protokoll nicht, können Sie Ihr Teleskop meist dennoch mithilfe der ASCOM-Plattform ansprechen. Voraussetzung dafür ist, dass für Ihre Teleskopsteuerung ein ASCOM-Treiber existiert und Sie die Plattform und den Treiber installiert haben.

Die Teleskoptreiber der ASCOM-Plattform bringen jeweils einen eigenen Konfigurationsdialog mit. Die wichtigsten Einstellungen sind die schon beim LX200-Protokoll beschriebenen, die Bezeichnungen der Felder sollten zumindest ähnlich sein.

Arbeiten mit der Teleskopsteuerung

Synchronisieren von Objekten

Hin und wieder kann es passieren, dass durch mechanische Ungenauigkeiten und Ungenauigkeiten in der Teleskopkalibrierung das gewünschte Objekt nicht mehr sauber angefahren wird.

In diesem Fall ist es zum Glück nicht notwendig, die komplette Kalibrierungssequenz nochmals durchzuführen, sondern es genügt, ein Objekt im Teleskop mit den Handsteuertasten oder den Steuertasten im Teleskopsteuerungsdialog von Cartes du Ciel zu zentrieren.

Anschließend klickt man mit der rechten Maustaste auf das Objekt in der Karte und wählt im Kontextmenü die Funktion *Synchronisiere Objekt*. Cartes du Ciel passt nun die Kalibrierungsdaten entsprechend an, und bei der nächsten Verfahrung auf ein neues Objekt sollte dies auch wieder zentriert im Gesichtsfeld des Teleskops auftauchen.

Karte dem Teleskop anpassen

Nutzt man die Möglichkeiten der Teleskopsteuerung, um Objekte anzufahren oder das Teleskop zu verstellen, kann Cartes du Ciel so konfiguriert werden, dass die Kartendarstellung immer der aktuellen Teleskopposition nachgeführt wird. Um diese Funktion zu nutzen, aktivieren Sie den Menüpunkt *Teleskop/Verfolge Teleskopposition*.

1.14 Anzeigen von Bildern aus dem Internet

Normalerweise stellt Cartes du Ciel Nebel und Galaxien durch Umrisse oder durch Schattierung dar. Speziell für die Vorbereitung bei der Astrofotografie ist diese Darstellung sehr unhandlich, da die gezeichneten Umrisse nicht unbedingt dem auf dem Bild sichtbaren Objekt entsprechen. Cartes du Ciel unterstützt dabei die Darstellung von Bildern aus ausgewählten Internetquellen.

Durch eine vollständige Integration des Internetdownloads in Cartes du Ciel ist die Bedienung denkbar einfach. Zentrieren Sie das gewünschte Objekt oder die gewünschte Himmelsregion im Kartenfenster.

Zoomen Sie ausreichend an das Objekt. Die Downloadquellen erlauben meist nur einen begrenzten Bereichen zu laden, falls Sie einen zu großen Ausschnitt gewählt haben, bekommen Sie beim Download eine entsprechende Fehlermeldung. Wählen Sie dann einen kleineren Himmelsausschnitt.

Das virtuelle Teleskop HEASARC SkyView im Internet

SkyView ist ein Onlinedienst der NASA, der Bilder aus verschiedenen Himmelsdurchmusterungen und Katalogen zum Download bereitstellt. Sie starten den Download mittels SkyView unter *Datei/Online Ressourcen/Bilder/HEASARC Sky View* .

Belassen Sie die Parameter auf den Standardeinstellungen und starten Sie den Download mit einem Klick auf die Schaltfläche *Suchen*. Cartes du Ciel lädt dann ein Bild der entsprechenden Himmelsregion auf Ihren Rechner und stellt das Bild als Hintergrundbild dar.

Die von SkyView angebotenen Himmelsdurchmusterungen und Kataloge stammen aus den verschiedensten Datenquellen und wurden aus verschiedensten Gründen aufgebaut. Dementsprechend unterschiedlich ist der Inhalt dieser Kataloge.

SkyView

Ausführliche Informationen zu SkyView und zu den angebotenen Katalogen finden Sie unter http://skyview.gsfc.nasa.gov/.

Für die meisten Anwendungsfälle dürfte die **D**igitized **S**ky **S**urvey DSS geeignet sein. Diese Himmelsdurchmusterung im visuellen Spektralbereich umfasst den gesamten sichtbaren Himmel.

Andere Kataloge in SkyView bieten Bilder in speziellen Wellenlängenbereichen, so sind z. B. Kataloge mit Bildern aus radioastronomischen Beobachtungen, im Infrarot- oder UV-Spektralbereich verfügbar.

ESO SkyCat, das europäische virtuelle Teleskop

Neben der NASA bietet auch die europäische Südsternwarte ESO Bildmaterial zum Download an. Cartes du Ciel unterstützt dabei die ESO Digitized Sky Survey 1 und 2. Der Unterschied zwischen beiden Versionen ist die Scanauflösung von 25 µm/Pixel bei Version 1 und 15 µm/Pixel bei Version 2.

Version 1 stellt dabei Integralbilder bereit, wohingegen Version 2 die Bilder nach Wellenlängenbereichen (Rot, Grün, Blau) getrennt bereitstellt. Die ESO Digitized Sky Survey begrenzt die Bildgröße auf 1.600 Quadratbogenminuten.

Zoom und Verschieben deaktiviert

Während Cartes du Ciel ein aus dem Internet geladenes Hintergrundbild verwendet, ist es nicht möglich, den Bildausschnitt zu verändern. Möchten Sie weiterarbeiten, müssen Sie zunächst das Hintergrundbild löschen.

Zum Anzeigen von Bilddaten aus der ESO Digitized Sky Survey starten Sie *Datei/Online Ressourcen/Bilder/ESO SkyCat DSS XXX*, wobei *XXX* für „1", „2 Infrared", „2 Red" oder „2 Blue" steht, je nachdem, welche Version und welchen Spektralbereich Sie anzeigen möchten.

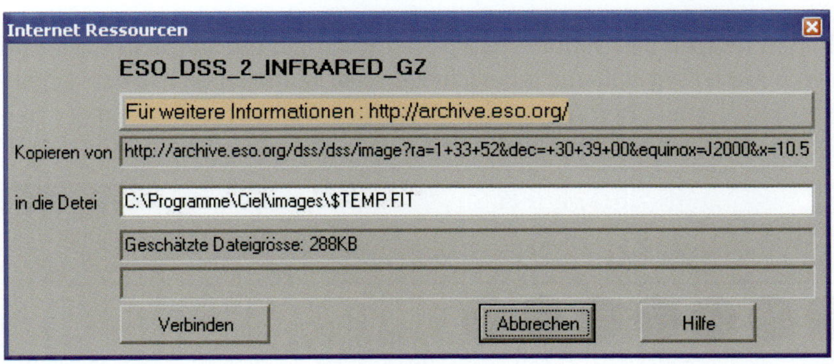

Klicken Sie auf die Schaltfläche *Verbinden*, um den Download zu starten. Nach Beendigung des Downloads ändert sich der Dialog und Sie können den Dialog mit einem Klick auf die Schaltfläche *OK* beenden: Cartes du Ciel stellt jetzt die geladene Grafik als Hintergrund zur Karte dar.

1.15 Was habe ich aufgenommen? – Eigene Bilder mit der Himmelskarte verbinden

Cartes du Ciel bietet die Möglichkeit, eigene Aufnahmen als Hintergrundbilder in Sternkarten einzublenden und entsprechend der Karte auszurichten und zu skalieren.

Diese Funktion ist besonders praktisch, um eigene Aufnahmen mit den Katalogdaten in Cartes du Ciel gemeinsam darzustellen.

Häufig ist es so, dass neben dem eigentlichen Hauptobjekt der Aufnahme noch eine Anzahl kleinerer Objekte mit auf der Aufnahme ist. Um festzustellen, welche dieser Objekte man mit aufgenommen hat, ist die überlagerte Darstellung von Bild und Karte sehr vorteilhaft.

1 Stellen Sie in der Karte den gewünschten Ausschnitt in äquatorialer Projektion ein. Ob die äquatoriale Projektion eingestellt ist, können Sie an der Zeichenfolge *EQ* in der Fenstertitelzeile überprüfen.

2 Deaktivieren Sie unter *Darstellung/Konfiguration der Karte* die Option *Bitmap Sterne*. Normalerweise stellt Cartes du Ciel Sterne möglichst realistisch mit Bitmaps dar.

Wenn Sie nun die Karte über ein Hintergrundbild legen, können Sie unter Umständen nicht mehr erkennen, welche Sterne von der Karte gezeichnet wurden und welcher Stern von Ihrer Aufnahme stammt.

Durch Deaktivieren der Option *Bitmap Sterne* werden die Sterne in Cartes du Ciel sehr einfach dargstellt und unterscheiden sich damit deutlich in der Darstellung von den Sternen Ihrer Aufnahme. In Schritt 3 werden Sie diese Unterscheidung zur Referenzierung des Bildes benötigen.

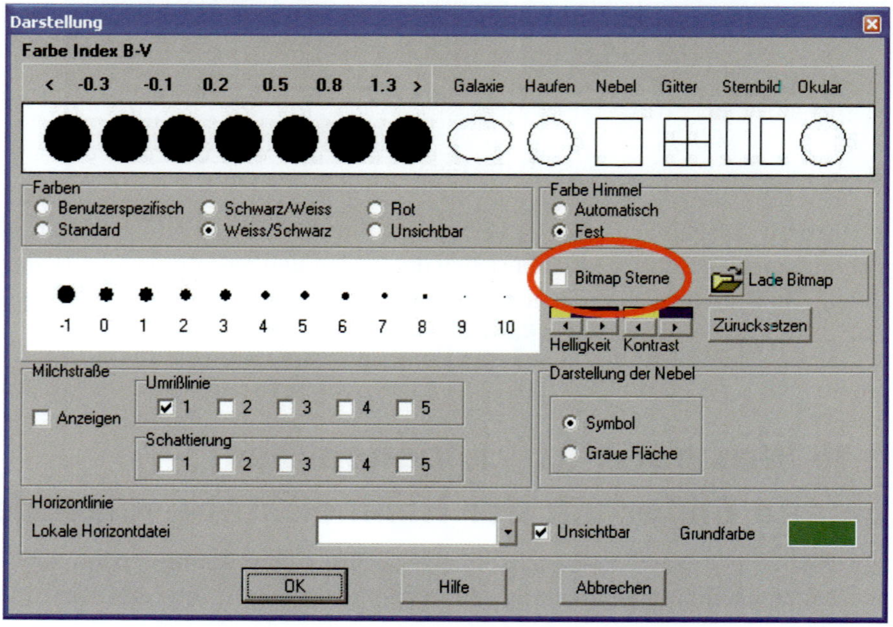

3 Mit der Funktion *Bilder/Laden/Ändern eines Hintergrundsbildes* können Sie jetzt Ihre Aufnahme in Cartes du Ciel einladen. In der Standardeinstellung *Modifizierbare Paletten* rechnet Cartes du Ciel Ihre Grafik in eine Graustufendarstellung um.

Möchten Sie ein Farbbild darstellen, müssen Sie, bevor Sie eine Datei auswählen, die Option *Bitmap Palette* aktivieren. Nach der Auswahl Ihrer Datei erscheint im rechten Fenster eine Vorschau.

Mit den beiden Schiebereglern *Min.* und *Max.* unterhalb der Vorschau können Sie die Intensität des Bildes nochmals einstellen.

Die weiteren Einstellungen in diesem Dialog können Sie einfach ausprobieren, da diese Einstellungen keine Veränderung der Quelldatei bewirken. Das Ergebnis Ihrer Einstellungen sehen Sie im Vorschaufenster. Wenn das Bild Ihren Vorstellungen entspricht, klicken Sie auf *OK*.

4 Cartes du Ciel stellt nun Ihre Grafik als Hintergrundbild der Karte dar. Allerdings stimmt die Ausrichtung normalerweise noch nicht, Sie müssen also das Hintergrundbild noch referenzieren.

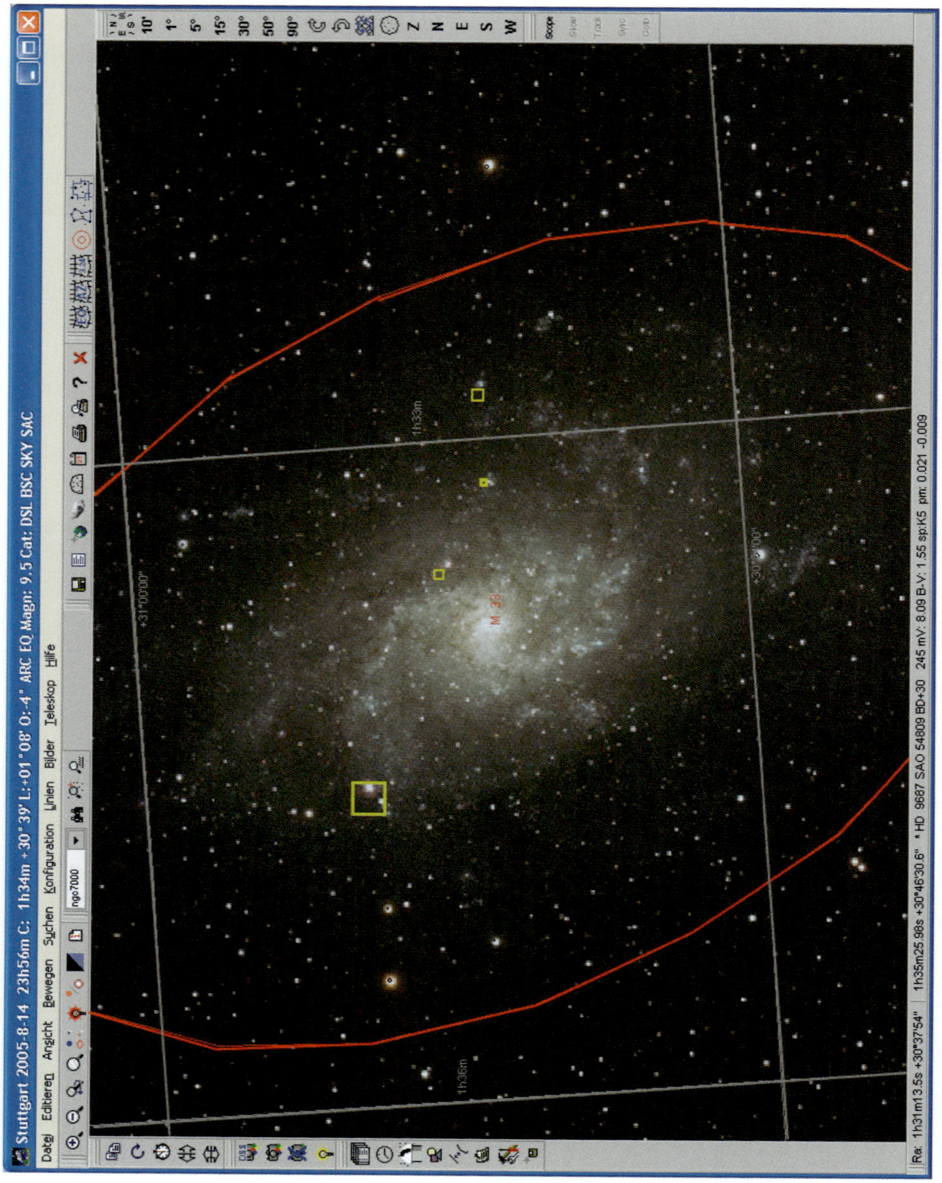

Hierzu stellen Sie zunächst in den Darstellungseigenschaften von Cartes du Ciel die Einstellung *Bitmap Sterne* aus.

Durch diese Einstellung unterscheiden sich die Sterndarstellung von Cartes du Ciel und die Sterne auf Ihrer Aufnahme deutlicher.

Wählen Sie nun einen Stern in der Kartendarstellung durch einen Mausklick aus. Cartes du Ciel zeigt als Bestätigung den Namen des Sterns an. Klicken Sie nun bei gedrückt gehaltener Strg-Taste auf den gleichen Stern in Ihrer Aufnahme.

Diesen Vorgang wiederholen Sie für einen zweiten Stern, möglichst weit von dem ersten Stern entfernt. Anschließend errechnet Cartes du Ciel die Verschiebung, Drehung und Skalierung zwischen Karte und Hintergrundbild und passt die Kartendarstellung an die Hintergrundgrafik an.

Von jetzt an dürfen Sie keinesfalls den Bildausschnitt verändern, bevor Sie die Karte gespeichert und kopiert haben. Cartes du Ciel merkt sich die Referenzierung des Hintergrundbildes nicht und die Ausrichtung wäre verloren.

5 Fügen Sie gewünschte Beschriftungen hinzu und wählen Sie, ob und welche Koordinatengitter eingeblendet werden sollen.

6 Jetzt können Sie die Karte mit Hintergrundbild drucken, in die Zwischenablage kopieren oder in eine Datei speichern.

7 Bevor Sie mit Cartes du Ciel weiterarbeiten, sollten Sie das Hintergrundbild wieder entfernen, um Verwirrung zu vermeiden. Mit der Funktion *Bilder/Bild entfernen* können Sie das Hintergrundbild wieder aus der Karte entfernen.

Grenzgröße Ihrer Aufnahme bestimmen

Mithilfe der Einblendung von Hintergrundbildern in Cartes du Ciel können Sie die Grenzgröße Ihrer Aufnahme einfach bestimmen. Stellen Sie Ihr Bild wie beschrieben als Hintergrundbild dar, wählen Sie einen ausreichend tief gehenden Sternkatalog (GSC oder USNO). Passen Sie die Kartendarstellung so an, dass genau die auf Ihrer Aufnahme vorhandenen Sterne angezeigt werden. Die Helligkeit des dunkelsten angezeigten Sterns ist die Grenzgröße Ihrer Aufnahme.

Zur Kontrolle der Ausrichtung Ihres Bildes mit der Sternkarte können Sie die Funktion *Bilder/Blinkendes Bild* verwenden.

Mit dieser Funktion wird die Kartenansicht vor dem Hintergrundbild blinkend dargestellt, sodass Sie sehr gut die Sterne und Objekte der Karte mit denjenigen auf Ihrer Aufnahme vergleichen können.

1.16 Objektlisten zur Astro- und Fotometrie mit Cartes du Ciel erzeugen

Cartes du Ciel selbst bietet keine Astrometrie- oder Fotometriefunktionen, stellt jedoch Objektlisten als Schnittstelle zu entsprechenden Spezialprogrammen, z. B. Astrometrica, bereit.

Die Erstellung dieser Objektlisten in Cartes du Ciel ist kinderleicht. Erzeugen Sie eine Karte, die dem zu untersuchenden Bildausschnitt entspricht und die alle gewünschten Objekte beinhaltet. Mit der Funktion *Datei/Objektliste* wird eine Liste aller in der aktuellen Karte sichtbaren Objekte erzeugt.

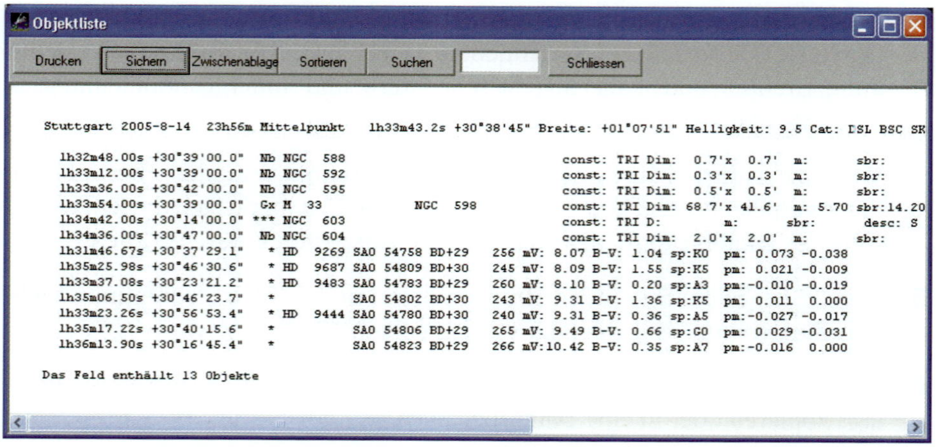

Sie können die erzeugte Objektliste drucken, in die Zwischenablage kopieren oder sichern.

Beim Sichern in eine Datei haben Sie die Möglichkeit, die Objektliste als ASCII-Datei oder im Astrometrica-Katalogformat zu speichern.

> **Astrometrica**
>
> Astroemtrica ist eines der leistungsfähigsten Werkzeuge zur Astrometrie. Die Shareware ist unter der Adresse www.astrometrica.at erhältlich.

Im Menü unter *Konfiguration/Objektliste* können Sie festlegen, welche Objekte (Sterne, Nebel, Objekte des Sonnensystems und veränderliche und Mehrfachsterne) in die Objektliste mit aufgenommen werden.

1.17 Planen von Finsternisbeobachtungen

Das wohl eindrucksvollste astronomische Event ist eine totale Sonnenfinsternis. Aber auch schon eine ringförmige Sonnenfinsternis, eine partielle Sonnenfinsternis oder eine totale Mondfinsternis sind beeindruckende Ereignisse.

Da diese Finsternisse nur sehr selten beobachtbar sind, ist dabei eine genaue Vorbereitung der Beobachtung unbedingt zu empfehlen. Cartes du Ciel ist als Sternkartenprogramm geradezu dafür prädestiniert, eine solche Vorbereitung durch entsprechendes Zahlenmaterial, aber vor allem durch geeignete Visualisierungen zu unterstützen.

Cartes du Ciel bietet leider keine Spezialfunktionen, um die Kontaktdaten bei Finsternissen zu berechnen. Dennoch kann Cartes du Ciel, speziell mit der Animationsfunktion, Gewinn bringend eingesetzt werden.

Vorbereitung von Finsternissen

Eine der besten Quellen zu Sonnen- und Mondfinsternissen ist die Webseite von Fred Espenak sunearth.gsfc.nasa.gov/eclipse/eclipse.html. Auf dieser Seite finden Sie umfassende Informationen zu den Finsternissen, insbesondere auch Finsternispfade zur Planung einer Finsternisexkursion. Trotz dieser hervorragenden Informationen ist es sinnvoll, sich mit einem Sternkartenprogramm wie Cartes du Ciel über die lokalen Verhältnisse genau für den eigenen Beobachtungsort Klarheit zu verschaffen.

Sonnenfinsternisse anzeigen lassen mit Cartes du Ciel

Nehmen wir als Beispiel die totale Sonnenfinsternis am 29. März 2006. Der Finsternispfad dieser totalen Sonnenfinsternis geht über Zentralafrika, Libyen, die Türkei bis nach Asien. Auch wenn der Finsternispfad sehr lang ist, ist seine Breite, also das Gebiet, in dem die Finsternis als totale Sonnenfinsternis zu beobachten ist, nur wenige Kilometer breit.

Beste Beobachtungsverhältnisse für diese Finsternis werden in Libyen und in der Türkei erwartet. Wählen wir aus der Liste der in Cartes du Ciel bekannten Städte demnach die Stadt Adana in der Türkei als unseren Beobachtungsstandort aus.

1 Nutzen Sie die Kalenderfunktion *Datei/Kalender*, um eine Liste der nächsten Sonnenfinsternisse anzuzeigen. Gehen Sie dazu im Kalender auf das Register *Sonnenfinsternisse*.

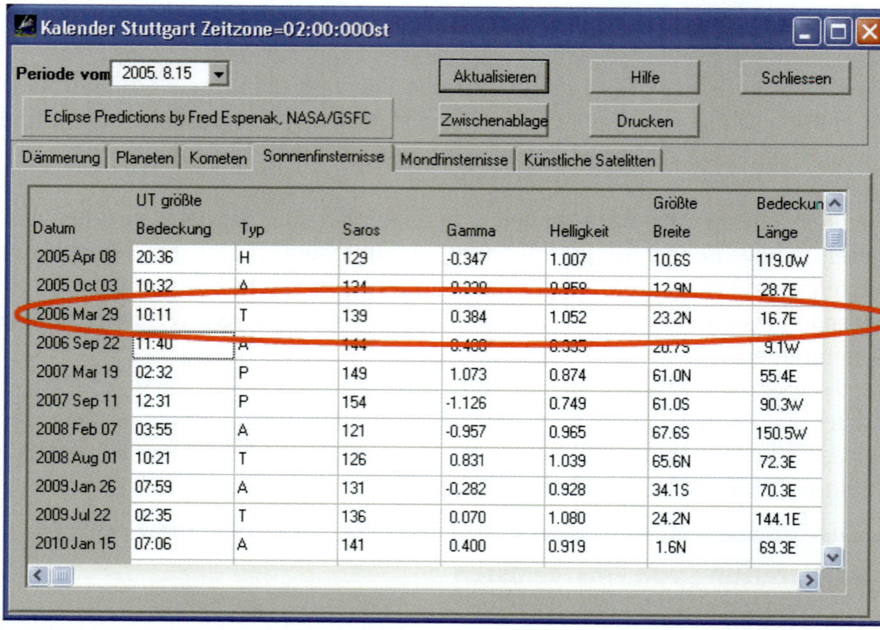

Datum	UT größte Bedeckung	Typ	Saros	Gamma	Helligkeit	Größte Breite	Bedeckun Länge
2005 Apr 08	20:36	H	129	-0.347	1.007	10.6S	119.0W
2005 Oct 03	10:32	A	134	0.330	0.958	12.9N	28.7E
2006 Mar 29	10:11	T	139	0.384	1.052	23.2N	16.7E
2006 Sep 22	11:40	A	144	-0.406	0.935	20.7S	9.1W
2007 Mar 19	02:32	P	149	1.073	0.874	61.0N	55.4E
2007 Sep 11	12:31	P	154	-1.126	0.749	61.0S	90.3W
2008 Feb 07	03:55	A	121	-0.957	0.965	67.6S	150.5W
2008 Aug 01	10:21	T	126	0.831	1.039	65.6N	72.3E
2009 Jan 26	07:59	A	131	-0.282	0.928	34.1S	70.3E
2009 Jul 22	02:35	T	136	0.070	1.080	24.2N	144.1E
2010 Jan 15	07:06	A	141	0.400	0.919	1.6N	69.3E

In dieser Darstellung sehen Sie, wenn eine Sonnenfinsternis stattfindet, ob es sich um eine totale (*T*), ringförmige (*A*), partielle (*P*) oder eine hybride (*H*) Finsternis handelt. Klicken Sie auf den Eintrag *2006 Mar 29* für die totale Sonnenfinsternis vom 29. März 2006.

Beobachten Sie die Sonne nie ungeschützt!

Sehen Sie nie mit ungeschützten Augen oder gar einem Feldstecher oder Teleskop in die Sonne! Sie würden sofort Ihren Augen schädigen!

Im Fachhandel erhalten Sie Sonnenfinsternisbrillen zur gefahrlosen Beobachtung der Sonne mit bloßen Augen und spezielle Sonnenfilter und Sonnenfilterfolien zur Beobachtung der Sonne mit optischen Geräten. Der Filter muss dabei immer vor der Optik montiert sein!

Sollten Sie mit einem Teleskop einen Okularsonnenfilter mitgeliefert bekommen haben, entsorgen Sie dieses Teil umgehend und dauerhaft. Okularsonnenfilter sitzen nahe des Brennpunkts der Optik und erhitzen sich daher sehr stark und können dadurch direkt vor Ihrem Auge zerspringen.

Durch die Auswahl einer Finsternis aus dem Kalender wird automatisch die Verfolgung des entsprechenden Objekts in Cartes du Ciel aktiviert. Bei einer Sonnenfinsternis bleibt dann die Karte auf die Sonne zentriert und bei einer Mondfinsternis bleibt die Karte auf den Mond zentriert.

2 Wählen Sie unter *Konfiguration/Sternwarte* aus der Liste *Städte* den Eintrag *Turkey: Adana* aus.

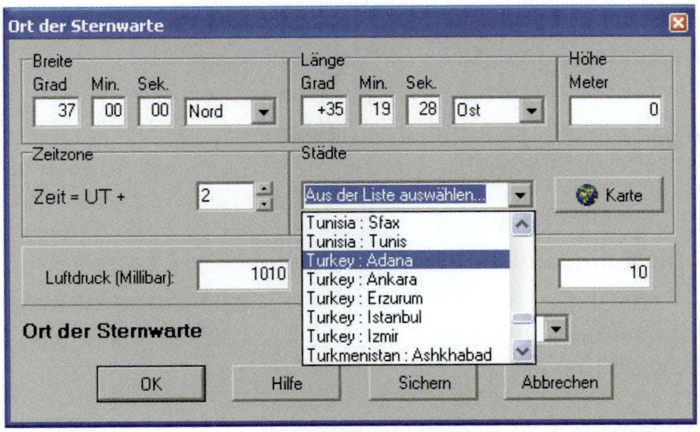

3 Der Anblick in Cartes du Ciel sollte jetzt diesem Bild entsprechen:

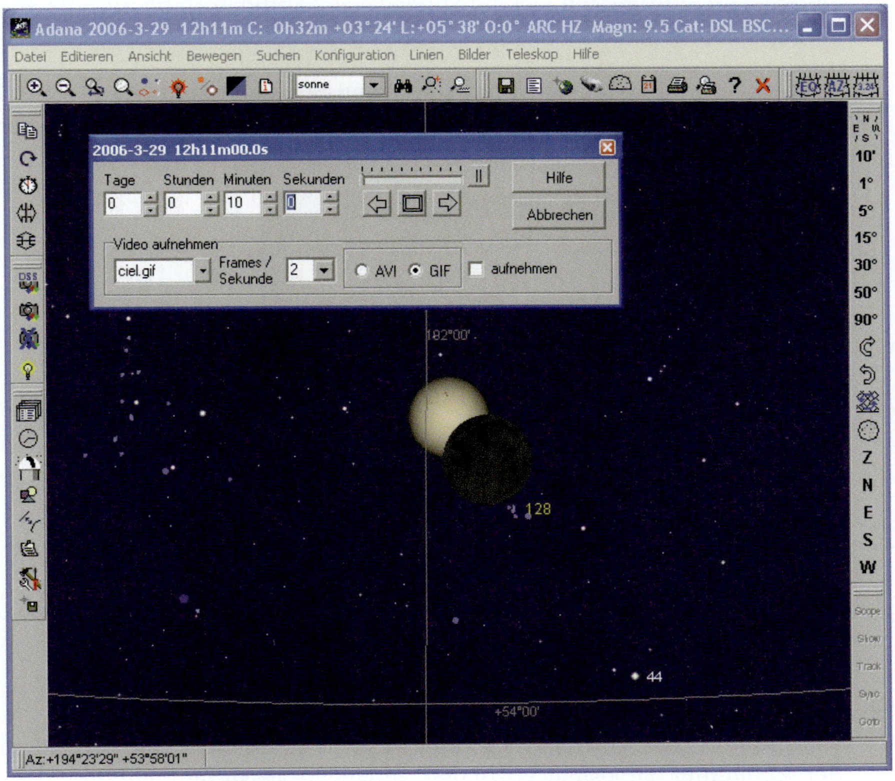

4 Jetzt können Sie sich in einer Animation den Verlauf der Sonnenfinsternis ansehen. Durch Klick auf das Animationssymbol können Sie im folgenden Dialog als Schrittweite zwei Minuten einstellen.

Durch Klick auf den Pfeil nach rechts starten Sie die Animation, durch Klick auf stoppen Sie die Animation und mit dem Pfeil nach links lassen Sie die Animation rückwärts laufen.

Mit den Funktionen unter *Video aufnehmen* im Animationsdialog können Sie die Animation der Finsternis als AVI oder als Animated GIF abspeichern und z. B. auf einer Webseite einbinden.

Zur Kartendarstellung des Verlaufs einer Finsternis ist die Animationsfunktion natürlich nicht geeignet. Hier bietet Cartes du Ciel die Simulation in der Datums- und Zeiteinstellung an.

Sternkarte zur Sonnenfinsternis

Fertigen Sie sich vor einer totalen Sonnenfinsternis eine Sternkarte der hellsten Sterne an. Sie werden während der Totalität in der Lage sein, die hellsten Sterne am Taghimmel zu sehen.

5 Gehen Sie in den Dialog *Konfiguration/Datum/Zeit* und stellen Sie dort unter *Simulation* ein, dass Sie beginnend ab 10 Uhr (Einstellung *Zeit*) für *4* Zeitpunkte (*Anzahl*) im Zeitabstand von jeweils *2* Stunden (*Intervall*) die Simulation gezeichnet haben wollen.

Bestätigen Sie Ihre Auswahl mit *OK*. Wenn Sie keine Simulation wünschen, setzen Sie *Anzahl* auf 1. Cartes du Ciel ignoriert dann die Intervalleinstellungen und zeigt nur die Ansicht zu der eingestellten Zeit in der Karte an.

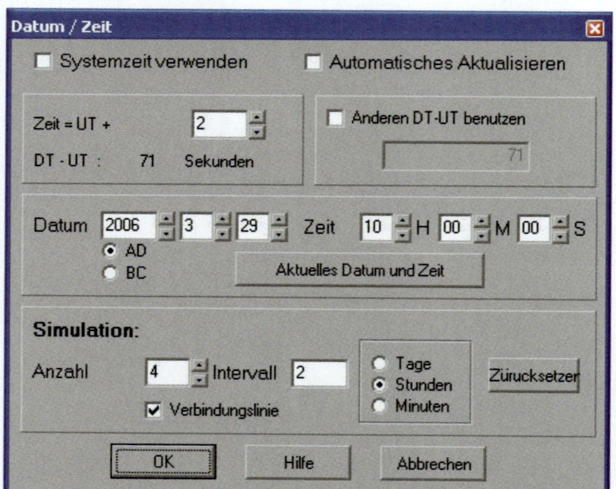

6 Gehen Sie zu *Suchen/Suchen* und suchen Sie unter *Planeten* die Sonne, sodass die Sonne zentriert dargestellt wird. Sie sollten nun eine Ansicht wie in der Abbildung dargestellt vorfinden, möglicherweise müssen Sie dazu aber noch das Gesichtsfeld anpassen.

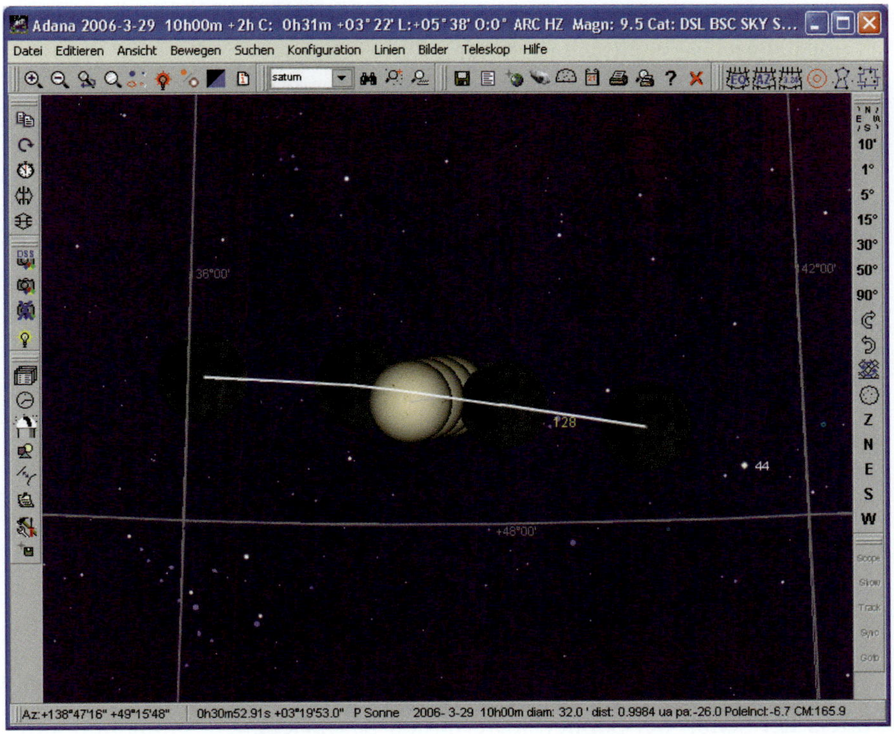

Bereiten Sie eine Mondfinsternis mit Cartes du Ciel vor

Im Gegensatz zu Sonnenfinsternissen sind Mondfinsternisse von der ganzen Nachtseite der Erde aus beobachtbar und daher von einem Ort aus wesentlich öfter zu beobachten. Bei Mondfinsternissen steht die Erde zwischen Sonne und Mond, d. h., Mondfinsternisse treten nur zu Vollmond auf. Aufgrund der Neigung der Mondbahn gegenüber der Erdbahn wandert der Mond aber nicht bei jedem Vollmond durch den Erdschatten, sodass nicht bei jedem Vollmond eine Mondfinsternis auftritt. In Cartes du Ciel können Sie Mondfinsternisse sehr einfach planen. Rufen Sie *Datei/Kalender* und dort das Register *Mondfinsternisse* auf. Im Kalender erscheint eine Liste der nächsten Mondfinsternisse. Unter *Typ* können Sie erkennen, wie sich die Mondfinsternis darstellen wird. Hierbei steht *T* für eine totale Mondfinsternis, *P* für eine partielle Mondfinsternis und *N* für eine sehr schwierig zu beobachtende Halbschattenfinsternis.

Wählen Sie z. B. die totale Mondfinsternis vom 3. März 2007 durch Klick auf den Listeneintrag aus. Cartes du Ciel stellt den Zeitpunkt des Mittelpunkts der Finsternis ein und zeigt den Mond zentriert an. Cartes du Ciel zeigt dabei um den Mond zwei Kreise, die den Erdschatten beschreiben, an. Der innere Kreis beschreibt dabei den Kernschatten und der Bereich zwischen dem inneren und dem äußeren Kreis den Halbschatten. Nur der Teil des Mondes im Kernschatten der Erde kann als verfinstert wahrgenommen werden, der Helligkeitsabfall im Halbschatten ist visuell normalerweise nicht wahrnehmbar.

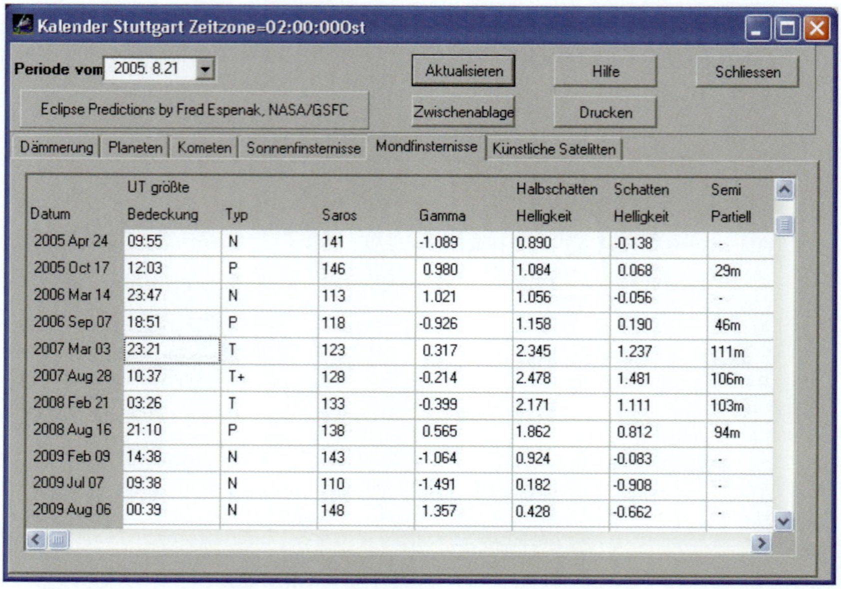

Datum	UT größte Bedeckung	Typ	Saros	Gamma	Halbschatten Helligkeit	Schatten Helligkeit	Semi Partiell
2005 Apr 24	09:55	N	141	-1.089	0.890	-0.138	-
2005 Oct 17	12:03	P	146	0.980	1.084	0.068	29m
2006 Mar 14	23:47	N	113	1.021	1.056	-0.056	-
2006 Sep 07	18:51	P	118	-0.926	1.158	0.190	46m
2007 Mar 03	23:21	T	123	0.317	2.345	1.237	111m
2007 Aug 28	10:37	T+	128	-0.214	2.478	1.481	106m
2008 Feb 21	03:26	T	133	-0.399	2.171	1.111	103m
2008 Aug 16	21:10	P	138	0.565	1.862	0.812	94m
2009 Feb 09	14:38	N	143	-1.064	0.924	-0.083	-
2009 Jul 07	09:38	N	110	-1.491	0.182	-0.908	-
2009 Aug 06	00:39	N	148	1.357	0.428	-0.662	-

Mittels der schon bei Sonnenfinsternissen beschriebenen Simulation kann der Verlauf der Mondfinsternis in Cartes du Ciel dargestellt werden.

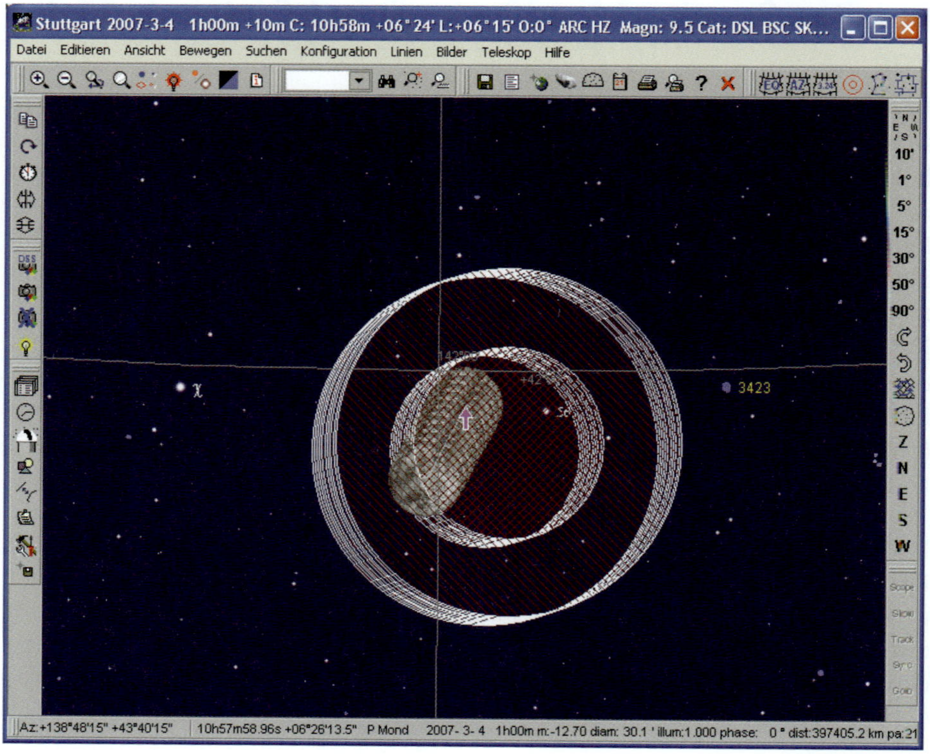

> **Der Sternhimmel während einer Mondfinsternis**
>
> Beobachten Sie während einer totalen Mondfinsternis auch den Sternenhimmel. Sie werden überrascht sein, wie viele Objekte durch das helle Licht des Vollmondes überstrahlt und zum Zeitpunkt der Totalität plötzlich am Himmel sichtbar werden.

1.18 Sternkarten drucken und kopieren

Es gibt verschiedene Gründe, Karten aus Cartes du Ciel zu drucken oder als Grafiken zu speichern oder in andere Programme zu kopieren. So kann oder will nicht jeder Beobachter einen Laptop mit ins Feld nehmen, sodass man sich die notwendigen Aufsuchkarten zu Hause ausdruckt und dann die gedruckten Karten mit ins Feld nimmt.

Bei Aufnahmen oder Informationen zu aktuellen Kometen- oder Asteroidenbeobachtungen kann es sinnvoll sein, entsprechende Aufsuchkarten auf Internetseiten zusammen mit Beobachtungsberichten und Aufnahmen zu zeigen.

Sternkarte ausdrucken

Cartes du Ciel druckt immer den aktuellen Bildschirmausschnitt. Stellen Sie also zunächst die Karte auf dem Bildschirm so dar, dass das Gesichtsfeld (der Bildausschnitt) und die angezeigten Objekte dem entsprechen, was Sie ausdrucken möchten. Mit dem Menü *Datei/Drucken* starten Sie den Druckvorgang.

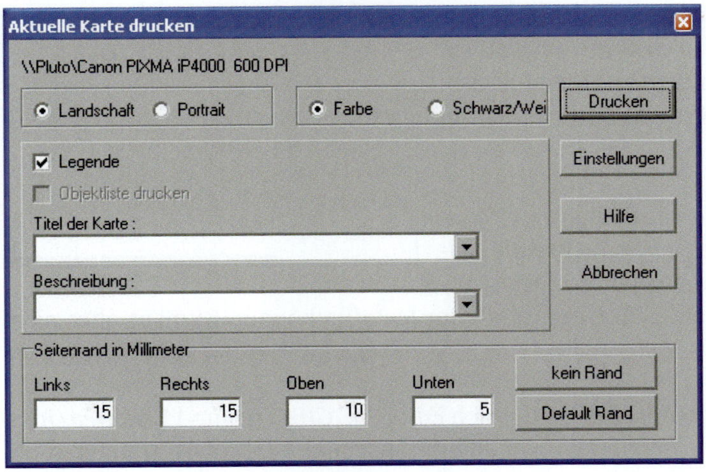

Sie können im Druckdialog die Ausrichtung des Papiers (*Landschaft* oder *Portrait*) und Farb- oder Schwarzweißdruck auswählen. Ist die Option *Legende* aktiviert, wird auf der Karte eine Legende gedruckt.

Weiterhin können Sie einen Titel und eine Beschreibung eingeben, die auf die Karte gedruckt werden, und die Seitenränder festlegen. Die Schaltfläche *Einstellungen* führt zu den Druckereinstellungen, wie sie auch aus anderen Windows-Programmen bekannt sind.

Wenn die Seitenausrichtung *Portrait* gewählt ist, können Sie wahlweise auch die Liste der auf der Karte enthaltenen Objekte (*Objektliste drucken*) mitdrucken. Überprüfen Sie dabei aber vorher in der Kartenansicht mit *Datei/Objektliste* die Anzahl der in der Objektliste enthaltenen Objekte.

Durch einen Klick auf die Schaltfläche *Drucken* beginnt der Ausdruck der aktuellen Karte auf dem gewählten Drucker.

Sternkarte kopieren und z. B. in einem Beobachtungsbericht weiterverwenden

Soll die Sternkarte in einem anderen Programm oder für das Internet weiterverwendet werden, sind die Kopierfunktionen von Cartes du Ciel besser geeignet als die Druckfunktion. Die Kopierfunktionen sind im Menü unter *Editieren/Kopiere Karte in* erreichbar.

Mit *Editieren/Zwischenablage* wird die aktuelle Karte in die Windows-Zwischenablage kopiert und steht dabei anderen Programmen zur Verfügung.

Mit *Editieren/Windows-Metafile* speichern Sie die Karte in eine Metadatei. Dieses Dateiformat enthält Zeichenanweisungen für Windows, es handelt sich daher um ein Vektorgrafikformat. Grafiken aus Metafiles lassen sich in anderen Programmen verlustfrei skalieren.

Kopieren erzeugt ein exaktes Abbild

Leider sind die Kopierfunktionen in Cartes du Ciel nicht konfigurierbar. Es wird immer ein Abbild der aktuellen Kartenansicht erzeugt. Invertierte Darstellung oder das Einblenden einer Legende werden in Cartes du Ciel nicht unterstützt.

Editieren/Bitmap-Datei erzeugt eine Windows-BMP-Datei. Dieses verlustfreie Pixelgrafikformat wird von vielen Windows-Anwendungen unterstützt. Im Gegensatz zum Metafile können Bitmaps aber nicht verlustfrei skaliert werden.

Für die Nutzung auf Webseiten bieten sich *Editieren/GIF-Datei* und *Editieren/Jpeg-Datei* an. Beide Formate werden von allen grafischen Webbrowsern unterstützt. Das GIF-Format braucht dabei mehr Speicherplatz als das JPEG-Format, ist aber im Gegensatz zu diesem verlustfrei. Gerade bei Sternkarten ist das GIF-Format aufgrund der höheren Qualität zu bevorzugen.

Sternkartenbeispiele

Im Folgenden werden einige Beispiele für mit Cartes du Ciel erzeugte Karten als Ideensammlung für eigene Experimente wiedergegeben.

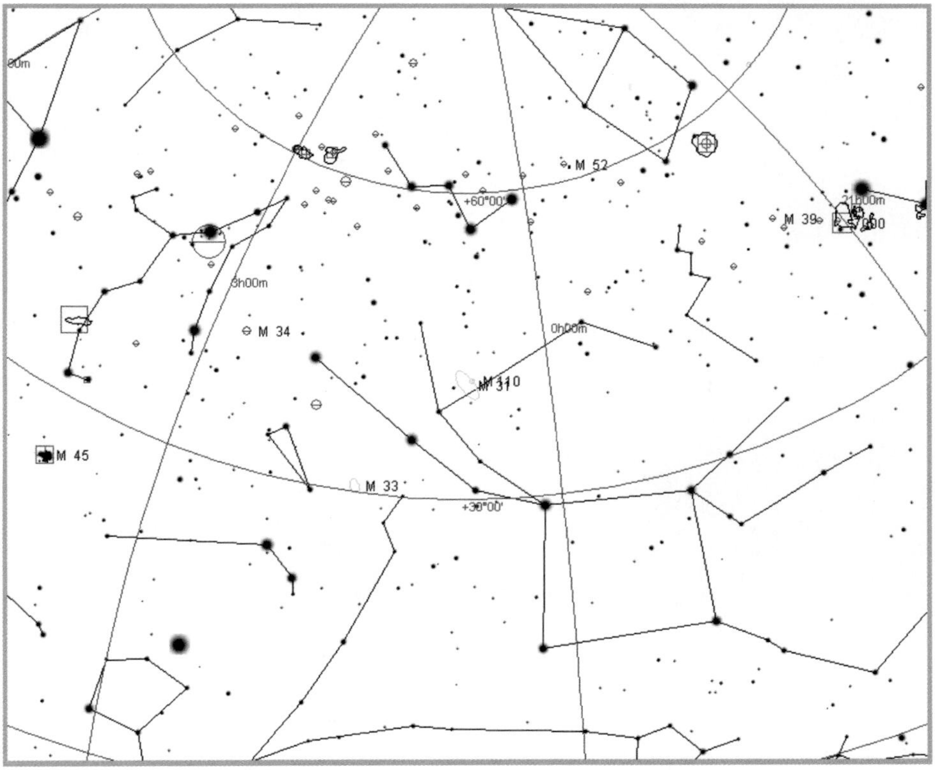

Aufsuchkarte für die Andromeda-Galaxie M31.

Einstellung	Wert
zentriert auf	M31
Gesichtsfeld	100°
Projektion	äquatorial
Koordinatengitter	äquatorial
Kartendarstellung, Farben	Weiß/Schwarz

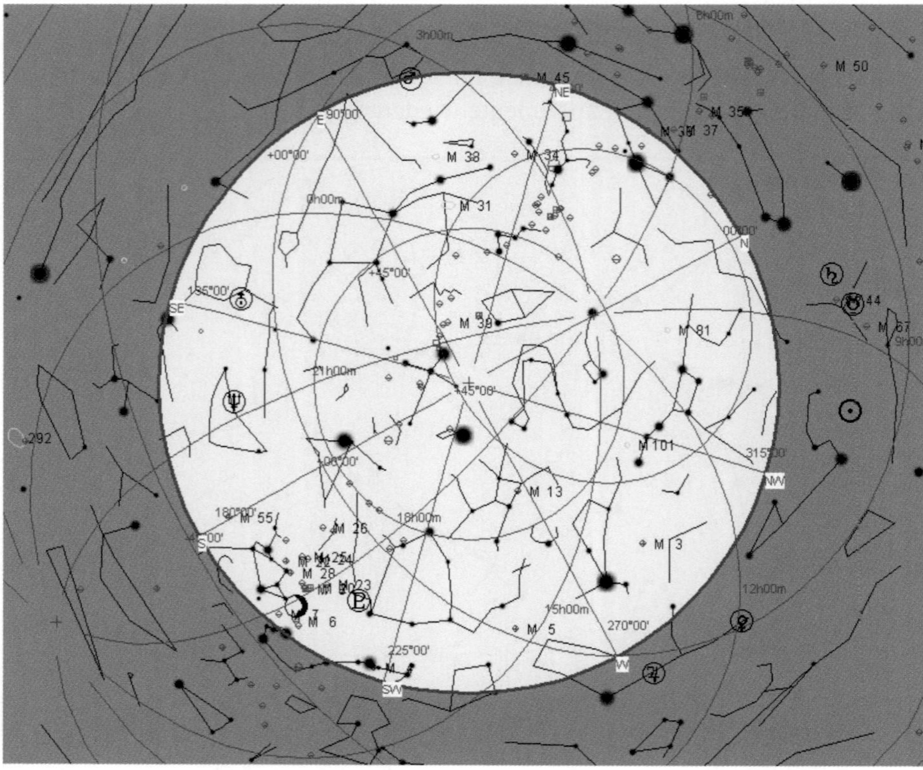

Übersichtskarte über den aktuellen Sternhimmel.

Einstellung	Wert
zentriert auf	Zenit
Gesichtsfeld	360°
Projektion	azimutal
Koordinatengitter	azimutal
Kartendarstellung, Farben	Weiß/Schwarz
Kartendarstellung, Unsichtbar	aus

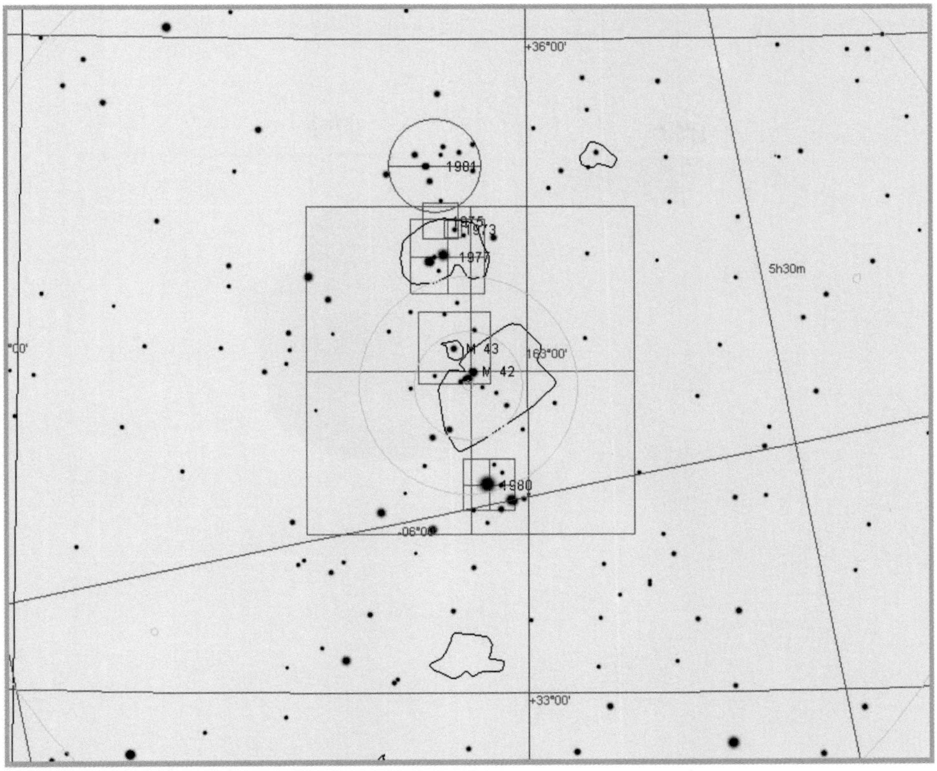

Aufsuchkarte für den Orionnebel M42 mit eingeblendeten Okulargesichtsfeldern.

Einstellung	Wert
zentriert auf	M42
Gesichtsfeld	5°
Projektion	äquatorial
Koordinatengitter	äquatorial und azimutal
Kartendarstellung, Farben	Weiß/Schwarz

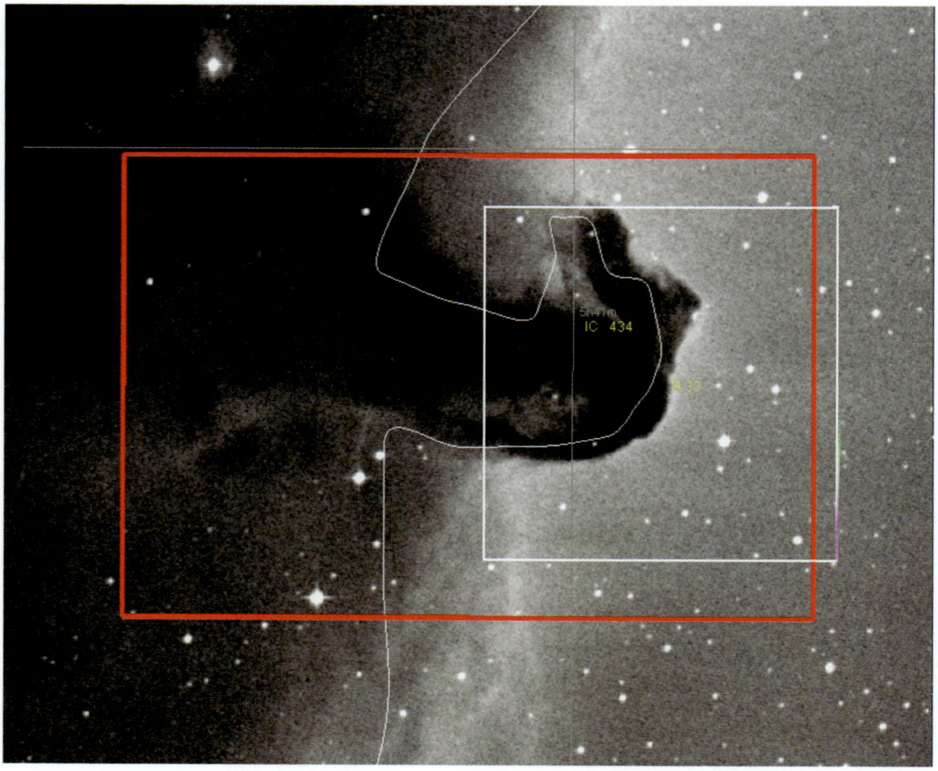

Der Pferdekopfnebel IC434/B33 mit eingeblendetem Kameragesichtsfeld und eingeblendetem Hintergrundbild aus dem ESO SkyCat zu Planung von Astroaufnahmen.

Einstellung	Wert
zentriert auf	IC434
Gesichtsfeld	30′
Bildquelle	ESO SkyCat DSS 1
Kameragesichtsfeld	eingeblendet

1.19 Cartes du Ciel Version 3 – ein Ausblick

Cartes du Ciel wurde bis Version 2 von Patrick Chevalley entwickelt. Die Weiterentwicklung von Cartes du Ciel wird mittlerweile von einem ganzen Programmierteam vorangetrieben. Die Homepage der zukünftigen Version 3, die bisher nur als Alpha-Version vorliegt, ist unter skychart.sourceforge.net/ zu erreichen.

Im Gegensatz zu Version 2, die nur für Windows verfügbar ist, wird Version 3 auch auf verschiedenen UNIX-Derivaten, allen voran Linux und FreeBSD, lauffähig sein.

In weiten Teilen wird die Funktionalität von Version 3 wohl identisch mit Version 2 sein, allerdings ist geplant, einige Verbesserungen in der Benutzerführung umzusetzen. Des Weiteren wird Version 3 mit einer Datenbank im Hintergrund arbeiten, was sich hoffentlich positiv auf die Arbeitsgeschwindigkeit auswirkt, aber leider auch erhöhte Hardwareanforderungen mit sich bringen wird.

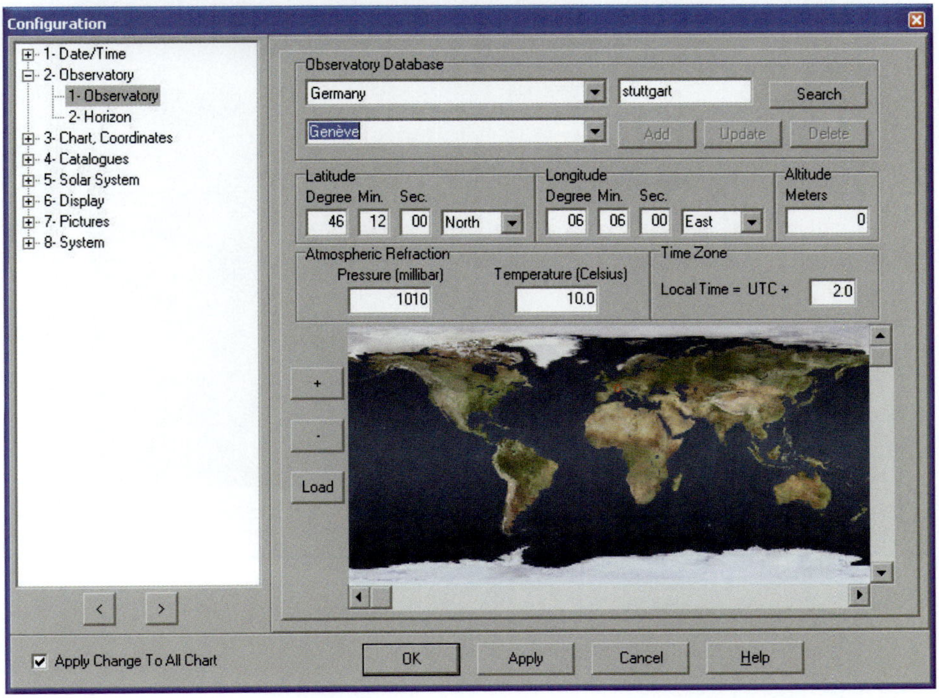

Cartes du Ciel Version 3 wird zur Ansteuerung von Teleskopen statt der schwerfälligen ASCOM-Schnittstelle die modernere Indi-Schnittstelle nutzen, die auch für Linux verfügbar ist (siehe: indi.sourceforge.net).

Der Download aktueller Kometen- und Asteroidenephemeriden wird auf aktuellere Internetadressen und Dateiformate umgestellt. Eine sehr interessante Neuerung in Version 3 ist ein MDI-Interface, das die gleichzeitige Anzeige mehrerer Karten erlaubt.

Leider sind bisher (Version Alpha 0.0.8) noch bei Weitem nicht alle Funktionen von Cartes du Ciel Version 2.75 in Version 3 implementiert, sodass davon auszugehen ist, dass Version 3 als Release noch einige Zeit auf sich warten lassen wird.

Achtung!

Die Alpha-Versionen von Cartes du Ciel Version 3 zerstören eine existierende Installation von Cartes du Ciel 2.75. Nach Installation einer der Alphas von Version 3 kann Version 2 nicht mehr gestartet werden!

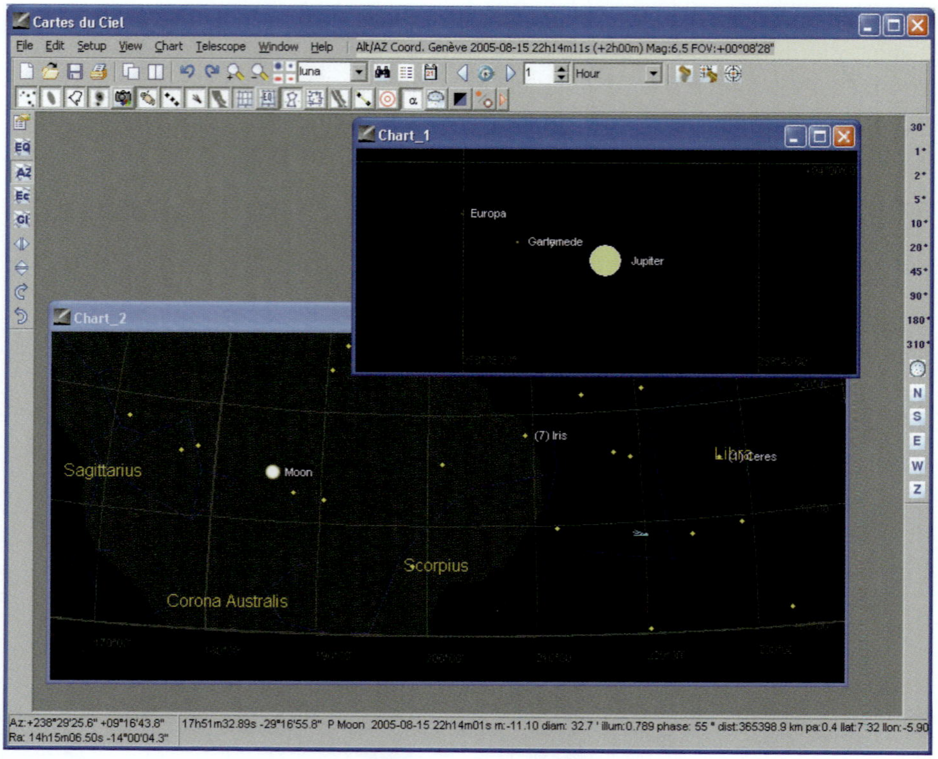
Cartes du Ciel
File Edit Setup View Chart Telescope Window Help
Alt/AZ Coord. Genève 2005-08-15 22h14m11s (+2h00m) Mag:6.5 FOV:+00°08'28"
Chart_1
Europa
Ganymede
Jupiter
Chart_2
Sagittarius
Moon
(7) Iris
Libra
Ceres
Scorpius
Corona Australis
Az:+238°29'25.6" +09°16'43.8"
Ra: 14h15m06.50s -14°00'04.3"
17h51m32.89s -29°16'55.8" P Moon 2005-08-15 22h14m01s m:-11.10 diam: 32.7 ' illum:0.789 phase: 55 ° dist:365398.9 km pa:0.4 lat:7.32 lon:-5.90

2. Beobachtungsplanung online

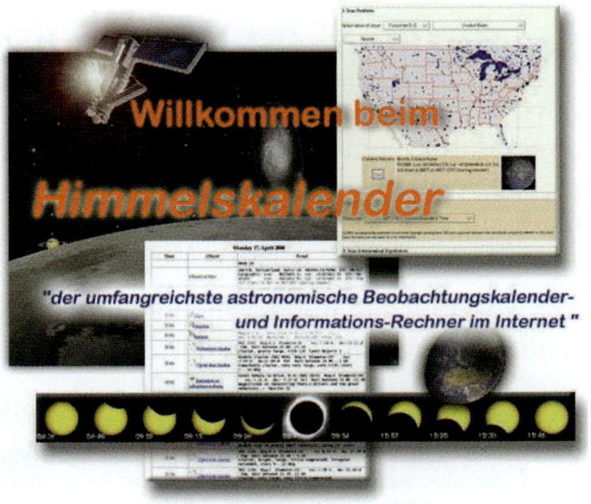

Für die tägliche Beobachtungsplanung können Sie Sternkartenprogramme wie das bereits beschriebene Cartes du Ciel einsetzen. Allerdings ist es meist mühsam, alle benötigten Informationen zusammenzutragen, da sich diese an verschiedensten Stellen in diesen Programmen abrufen lassen. Aktuelle Ereignisse wie ISS-Überflüge, Iridium-Flares, aber auch Kometen oder Supernovä erfordern ein ständiges Update der zugrunde liegenden Daten aus dem Internet. Hier bietet sich ein Onlinebeobachtungsplaner wie CalSKY.de oder heavens-above.com an.

2.1 Der Onlinebeobachtungsplaner CalSKY.de

CalSKY.de bietet Ihnen alle wichtigen Rahmendaten zur Planung einer Beobachtungsnacht in einer einfach zu bedienenden Weboberfläche. Das Onlineangebot von CalSKY.de geht aber weit über die einfache Beobachtungsplanung hinaus. Eine besondere Stärke von CalSKY.de sind die sehr umfangreichen Informationen zu den Planeten und die fotorealistische Darstellung der aktuellen Planetenansicht.

Beobachtungsplanung mit CalSKY.de

Zur Planung einer Beobachtungsnacht sind vor allem Dämmerungszeiten und interessante Ereignisse der Nacht wichtig. Im Folgenden wird die Erstellung eines einfachen Beobachtungsplaners für Einsteiger vorgestellt, Sie können aber an vielen Stellen zusätzliche Optionen nach Bedarf anwählen.

Zur Nutzung von CalSKY.de brauchen Sie einen Internetzugang und müssen während der Nutzung von CalSKY.de mit dem Internet verbunden bleiben.

1 Öffnen Sie einen Webbrowser und rufen Sie die Seite www.calsky.de/ auf.

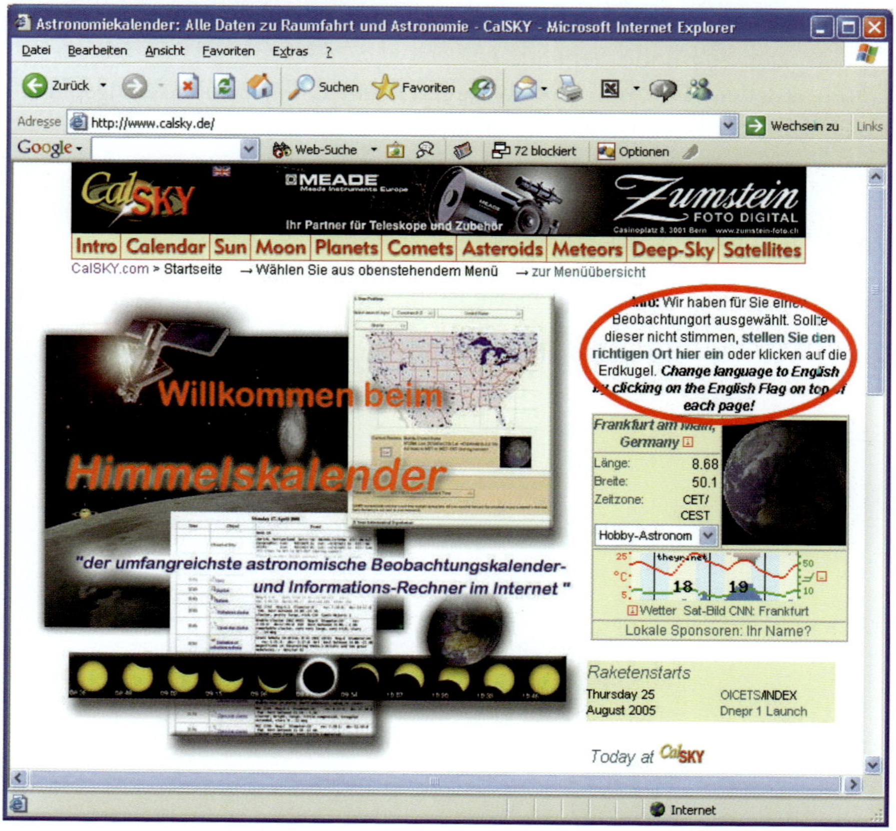

2 Stellen Sie Ihren Beobachtungsort ein. Klicken Sie dazu auf *stellen Sie den richtigen Ort hier ein*. Scrollen Sie auf der erscheinenden Seite etwas nach unten, bis Sie den Ausschnitt *geografischer Standort* sehen. Geben Sie dort Ihr Land, also z. B. *Germany* für Deutschland, ein und geben Sie den Ihrem Beobachtungsort am nächsten gelegenen Ort in das Suchfeld ein.

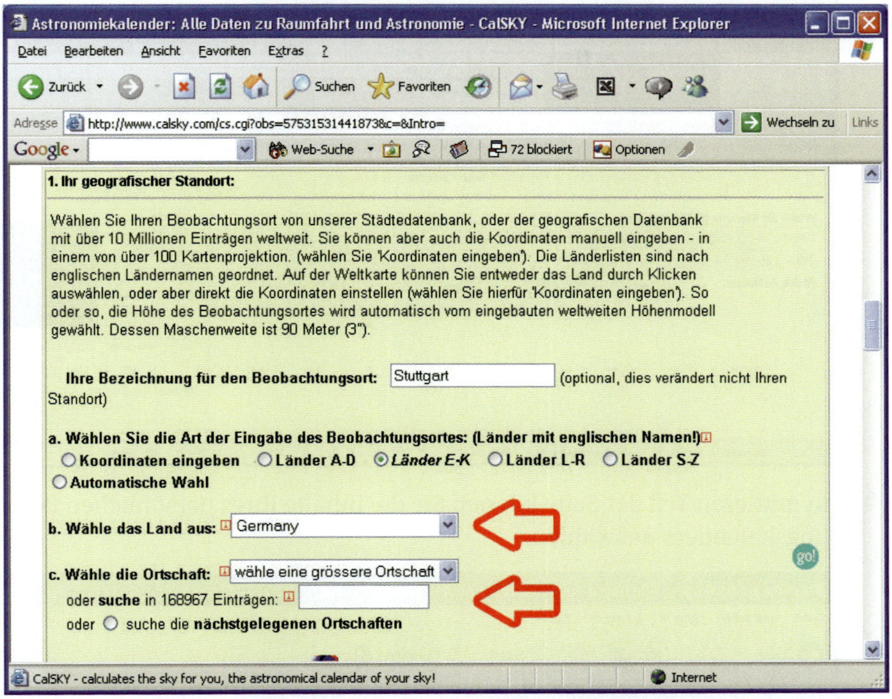

Klicken Sie auf go! auf der rechten Seite, um die Koordinaten Ihres Beobachtungsortes zu bestimmen.

Fortgeschrittene Benutzer können die weiteren Optionen auf dieser Seite, u. a. die Zeitzone, farbliche Darstellung etc., konfigurieren. Für einen ersten Besuch bei CalSKY.de belassen Sie diese Optionen auf den Standardeinstellungen.

Registrieren Sie sich!

Bei einer Registrierung bei CalSKY.de werden Ihre Einstellungen, z. B. der Beobachtungsort, gespeichert. So brauchen Sie nicht bei jedem Besuch von CalSKY.de alle Einstellungen neu vorzunehmen.

3 Jetzt können Sie in der Menüzeile von CalSKY.de den Punkt *Calendar* anwählen, um Ihren persönlichen Beobachtungskalender zu erstellen.

Im oberen Bereich der nun erscheinenden Webseite können Sie einstellen, für welchen Zeitraum Ihr persönlicher Astrokalender erstellt werden soll. Auf der rechten Seite sehen Sie, welchen Beobachtungsort Sie gewählt haben.

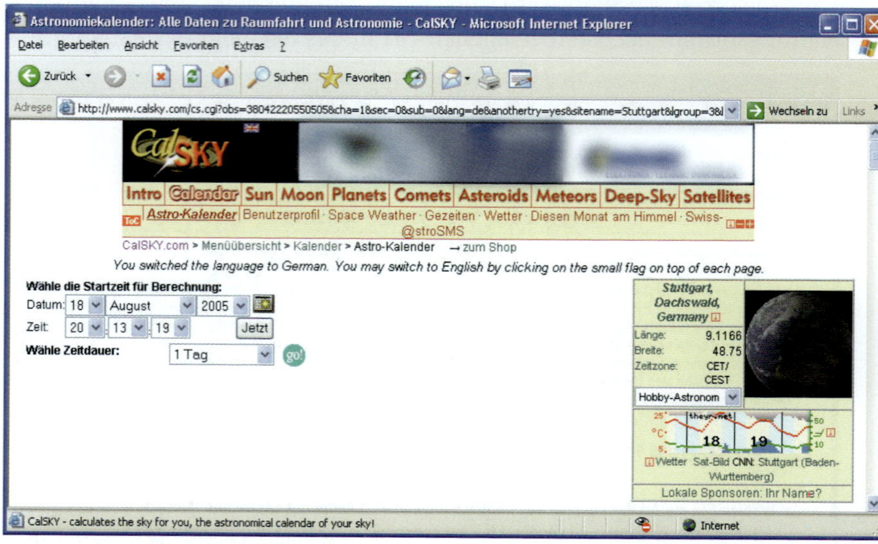

4 Im mittleren Teil der Seite können Sie die Inhalte Ihres persönlichen Beobachtungskalenders auswählen.

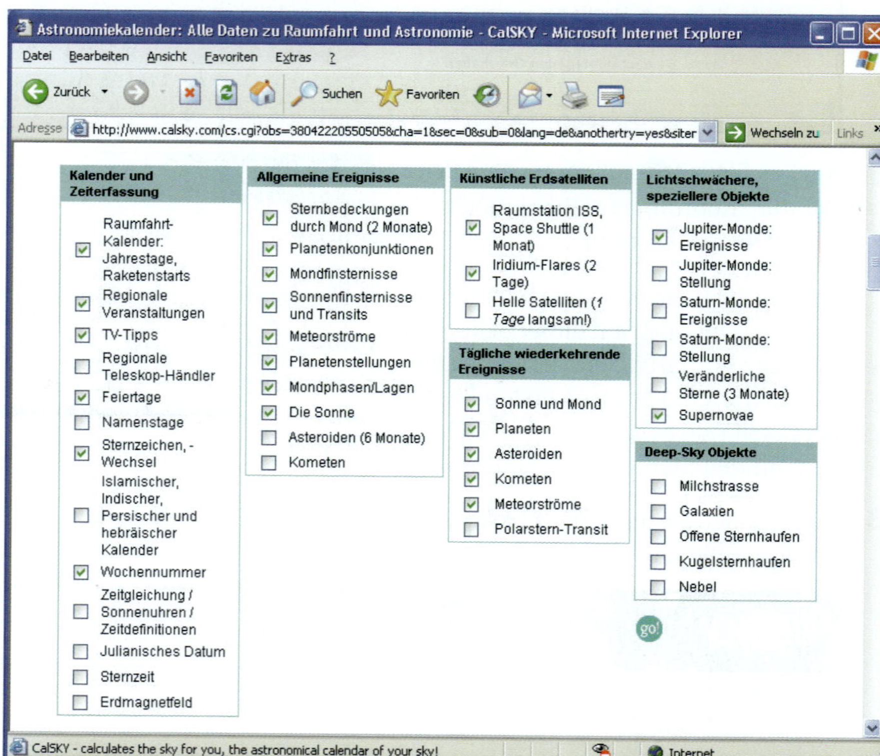

Ihr erster persönlicher Beobachtungskalender befindet sich auf der Webseite direkt unter diesen Einstellungen. Sie sollten aber zunächst die Einstellungen überprüfen, ob die Sie interessierenden Ereignisse angezeigt werden und die für Sie uninteressanten Ereignisse deaktiviert sind. Bei Änderungen dieser Einstellungen müssen Sie die Seite mit einem Klick auf go! neu erstellen lassen.

Drucken Sie Ihren Beobachtungskalender

Drucken Sie sich Ihren persönlichen, von CalSKY.de erzeugten Beobachtungskalender vor einer Beobachtungsnacht aus. Gerade nachts im Feld ist es einfacher, auf einem Blatt Papier die Informationen abzulesen, als jedes Mal einen Computer mit Internetzugang griffbereit zu haben.

Den aktuellen Himmelsanblick darstellen

CalSKY.de bietet unter dem Menüpunkt *DeepSky* die Darstellung der aktuellen Himmelsansicht für den eingegebenen Standort an.

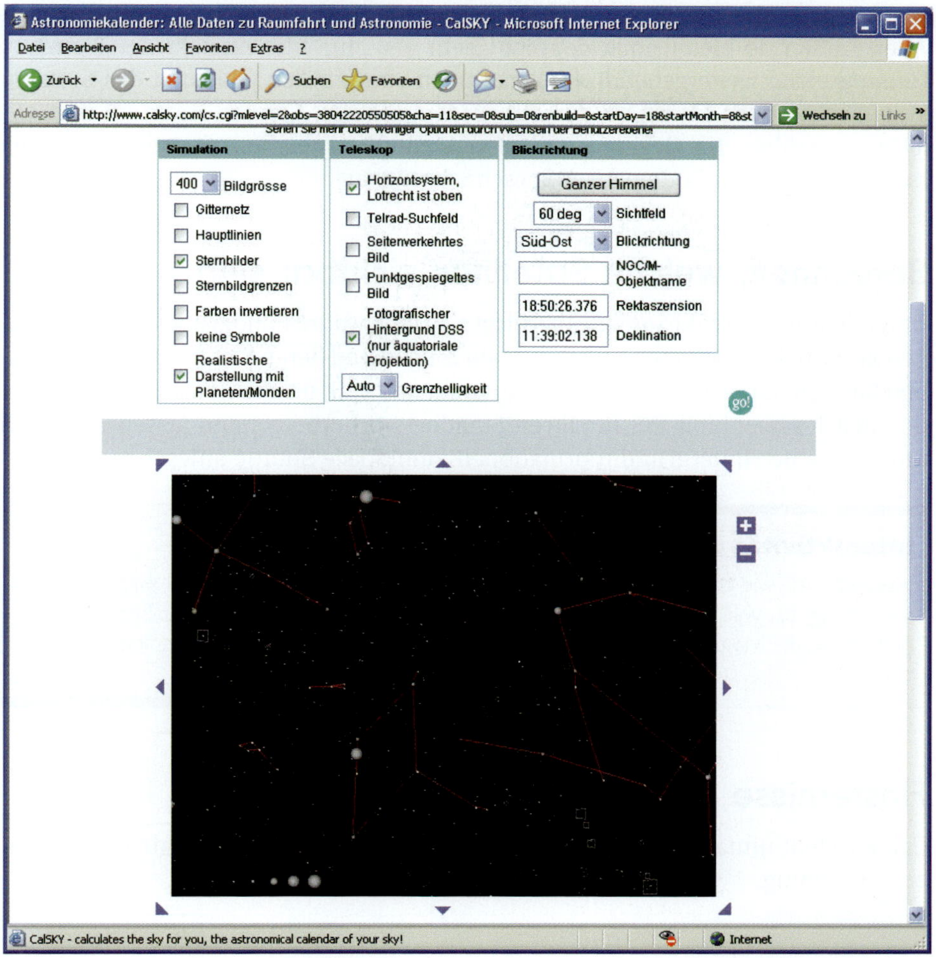

Diese Funktion ähnelt der grundlegenden Funktion von Sternkartenprogrammen wie Cartes du Ciel, ist aber nicht so leistungsfähig wie ein lokal installiertes Sternkartenprogramm. Dafür ist diese Darstellung der Himmelsansicht von jedem PC mit Internetzugang aus abrufbar, sodass man auch unterwegs, z. B. in einem Internetcafé, seine Beobachtungen planen kann. Die Anzahl der dargestellten Objekte variiert dabei entsprechend dem eingestellten Benutzerlevel. Ist dieser auf „Astronom" konfiguriert, werden alle CalSKY bekannten Objekte dargestellt.

Lassen Sie sich den aktuellen Anblick der Planeten anzeigen

Eine besondere Stärke von CalSKY.de ist die aktuelle und fotorealistische Darstellung der aktuellen Planetenansichten. So können Sie in CalSKY.de schon vorher sehen, was Sie eventuell erst Stunden später am Teleskop bewundern können. Besonders hilfreich ist diese Funktion, um in Nächten mit bescheidenem Seeing beobachtete oder aufgenommene Details mit einer gut aufgelösten Darstellung abgleichen zu können, um so festzuhalten, was man beobachtet hat.

Aber CalSKY.de bietet noch deutlich mehr als „nur" die Ansicht der Planeten. Umfangreiche weitergehende Informationen sind zu den Objekten des Sonnensystems unter den Menüpunkten *Sun, Moon, Planets, Comets, Asteroids* und *Meteors* erreichbar. Im Gegensatz zu den Menüüberschriften sind die einzelnen Informationsseiten in deutscher Sprache verfügbar.

Berechnen, welche Satelliten sichtbar sind

Unter dem Menüpunkt *Satellites* verbirgt sich eine wahre Fundgrube an Informationen zu aktuellen Satelliten und Raumfahrzeugen und deren Sichtbarkeit. Dort können Sie sich auf einen längeren Zeitraum hinaus z. B. die Sichtbarkeit der internationalen Raumstation ISS für Ihren Standort vorherberechnen lassen oder sich umfangreiche Hintergrundinformationen zum Space Shuttle anlesen.

Interaktivität und Dynamik

Internetseiten wie CalSKY.de sind sehr dynamische Informationsquellen. Daher macht eine Beschreibung des vollständigen Funktionsumfangs in einem statischen Buch nur begrenzt Sinn. Nutzen Sie die Möglichkeit, die Seite von CalSKY.de über die vielfältigen Hyperlinks zu erkunden.

Finsternisse planen mit CalSKY

CalSKY stellt umfangreiche Funktionen zur Planung einer Finsternis(expedition) zur Verfügung.

1 Rufen Sie www.calsky.de auf und wählen Sie in der oberen Menüleiste erst *Sun* und dort den Punkt *Sonnenfinsternisse*. CalSKY zeigt Ihnen die nächsten Sonnenfinsternisse an. Anschließend wählen Sie den Punkt *Klick-Karten für alle Finsternisse 1900-2100*.

2 Wählen Sie in dem Auswahlfeld die Sie interessierende Sonnenfinsternis aus. CalSKY stellt dann den Finsterniskorridor grafisch in einer Weltkarte dar.

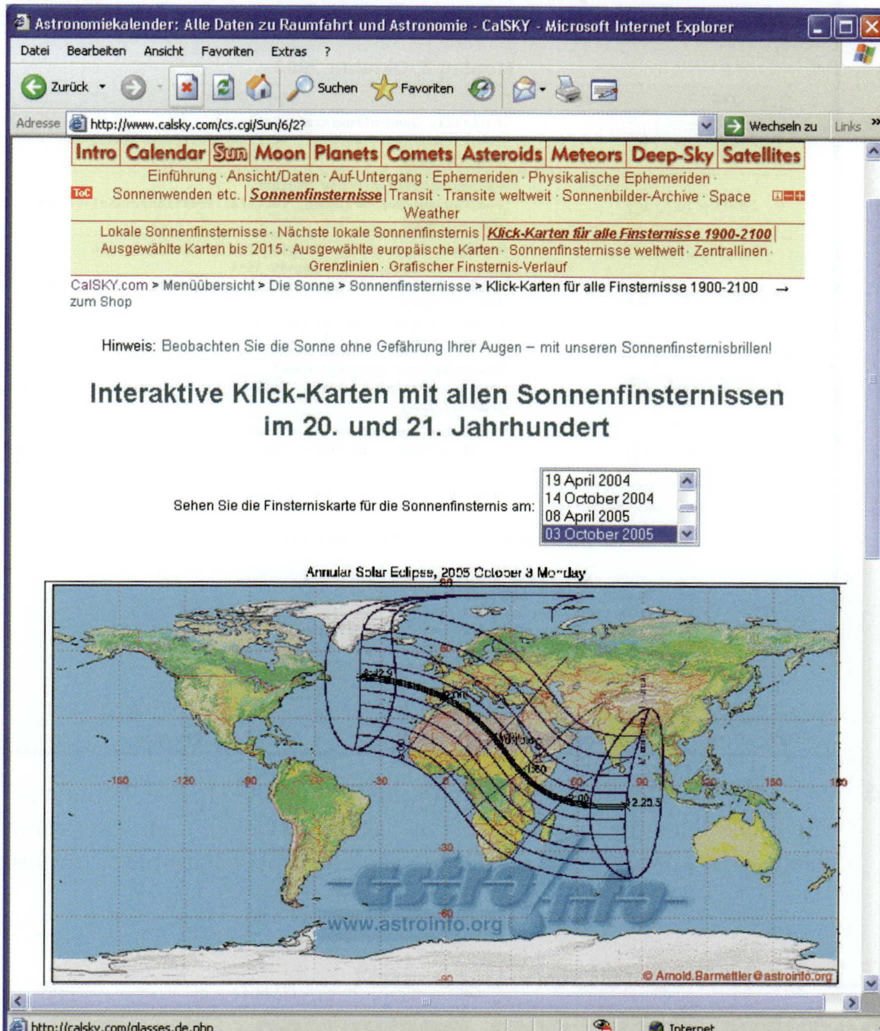

Finsternisexpeditionen

Planen Sie Finsternisexpeditionen sehr sorgfältig, damit Sie auch wirklich in den Genuss der geplanten Beobachtungen kommen. Hierzu gehören neben der exakten Lage bezüglich der Zentrallinie vor allem auch Wetterprognosen und politische Unsicherheiten. Planen Sie immer mindestens einen Ausweichort ein.

3 Klicken Sie auf Sie interessierende Orte in der interaktiven Weltkarte. CalSKY öffnet dann ein Fenster mit dem lokalen Verlauf der Finsternis.

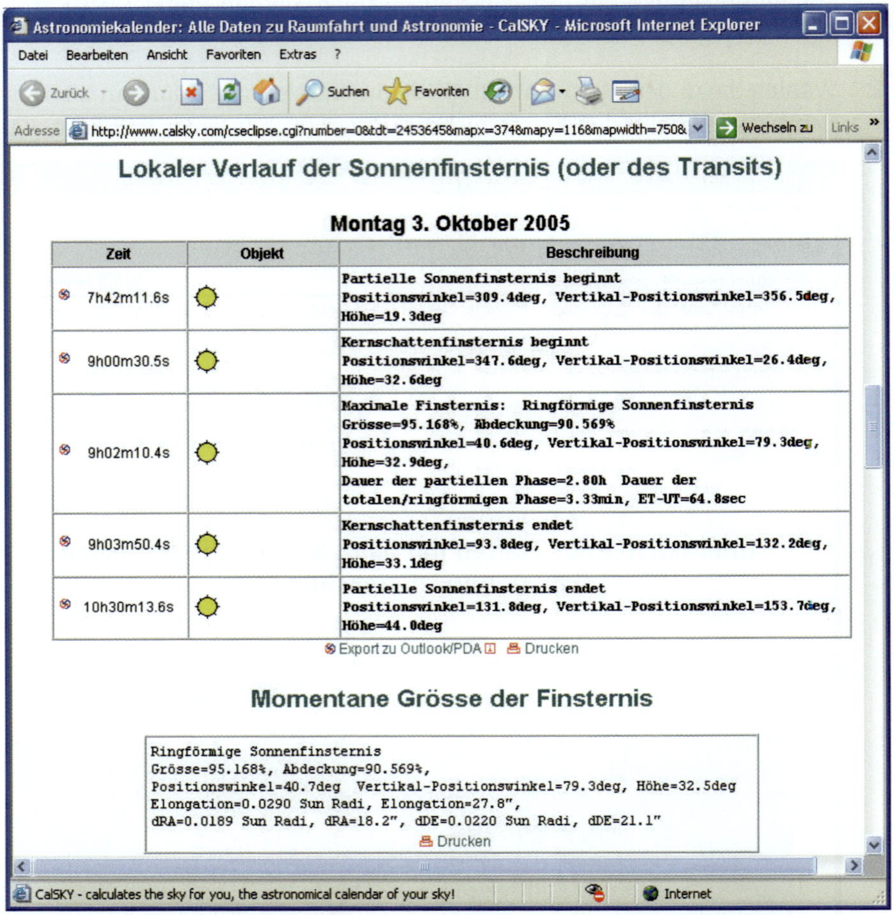

4 Wenn Sie sich für einen Beobachtungsort entschieden haben, können Sie diesen als aktuellen Beobachtungsort in CalSKY einstellen und den genauen lokalen Verlauf der Finsternis für Ihren geplanten Beobachtungsort ermitteln.

2.2 Satellitenüberflüge mit heavens-above.com bestimmen

Im Gegensatz zu CalSKY.de, das eine umfangreiche Sammlung von Daten und Informationen zur Beobachtungsplanung und -auswertung bietet, hat sich die Internetseite heavens-above.com auf die Berechnung und Anzeige von Satelliten- und Raumfahrzeugüberflügen spezialisiert. Wie auch bei CalSKY.de bietet sich bei heavens-above.com eine Registrierung an, dann müssen Sie die Daten Ihres Beobachtungsortes nicht ständig neu eingeben.

1 Starten Sie einen Webbrowser und rufen Sie die Internetadresse www.heavens-above.com/ auf. Auf der Startseite sehen Sie sofort eine Grafik, die die aktuelle Position der internationalen Raumstation ISS über der Erdkugel veranschaulicht, und einige Erklärungen zu heavens-above.com. Im unteren Bereich der Webseite finden Sie die Möglichkeit, sich anzumelden oder als sich Gast einen Beobachtungsort auszusuchen.

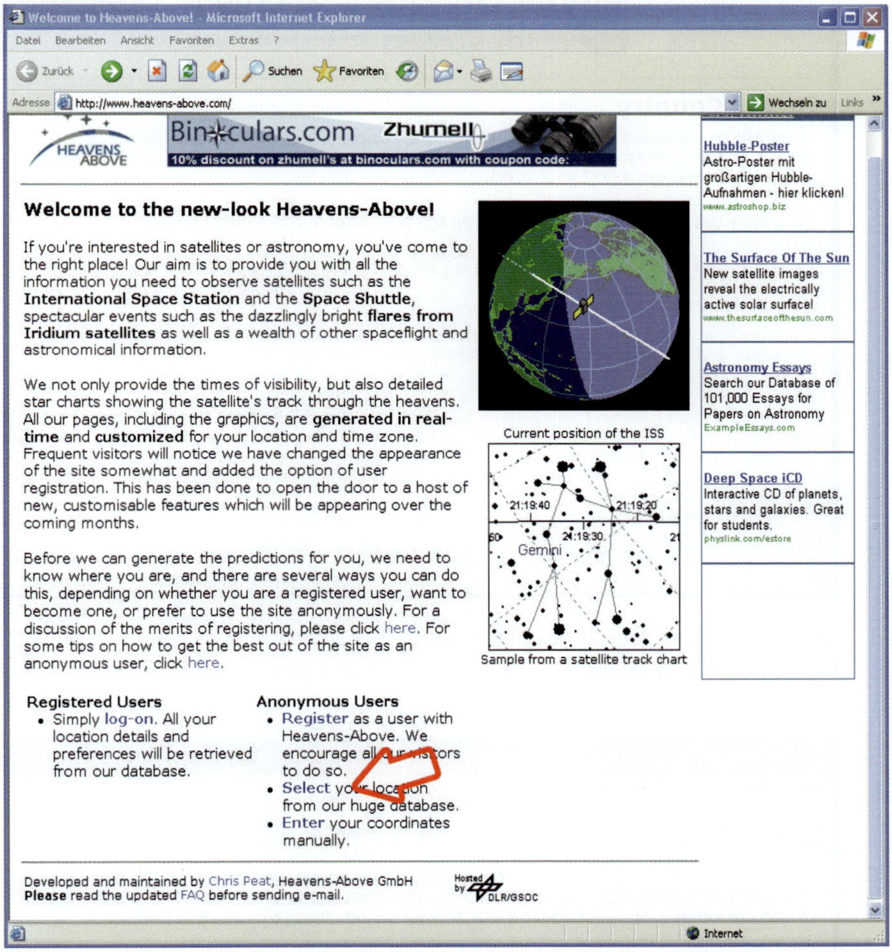

Wenn Sie sich schon bei heavens-above.com registriert haben, können Sie sich mit einem Klick auf *log-on* anmelden. Ansonsten klicken Sie auf *Select your location*, um Ihren Beobachtungsstandort auszuwählen.

2 Wenn Sie als Gast heavens-above.com besuchen, müssen Sie zunächst Ihren Beobachtungsort auswählen. Gerade für die bekannten Iridium-Flares ist es wichtig, Ihren Beobachtungsort möglichst genau anzugeben. Schon eine Abweichung von wenigen Kilometern kann hier über die Sichtbarkeit eines solchen Flares entscheiden.

Wählen Sie daher zuerst Ihr Land und dann den Beobachtungsort aus.

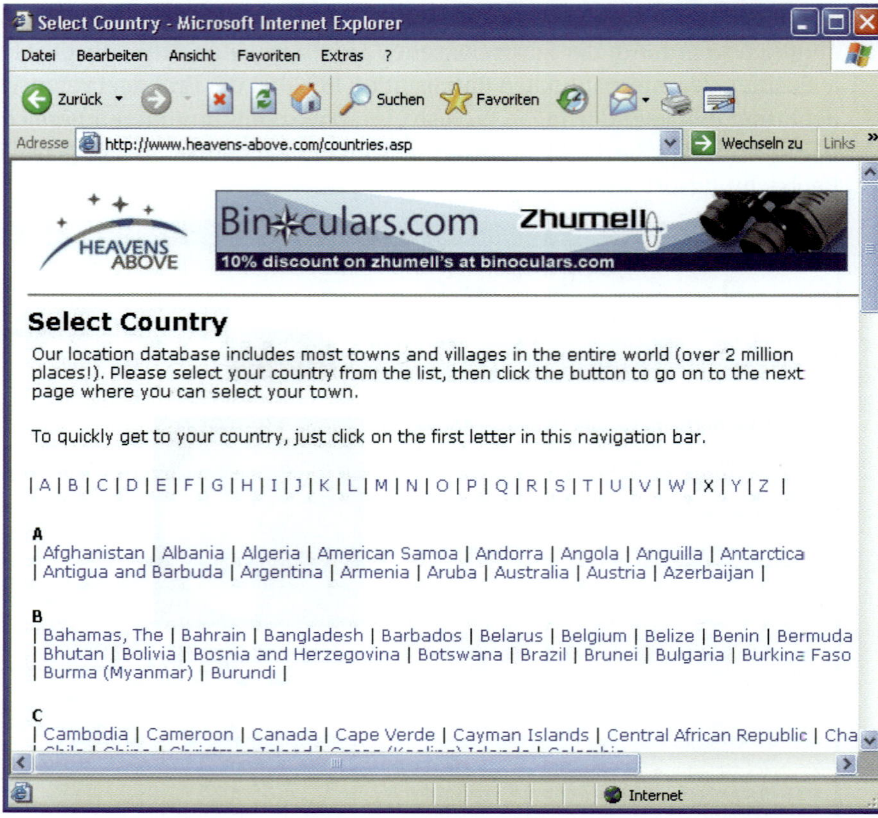

Nutzen Sie bei der Ortssuche auch die Möglichkeit, nach Nachbarorten (*Neighbours*) zu suchen. So können Sie Ihren Beobachtungsort möglichst genau bestimmen.

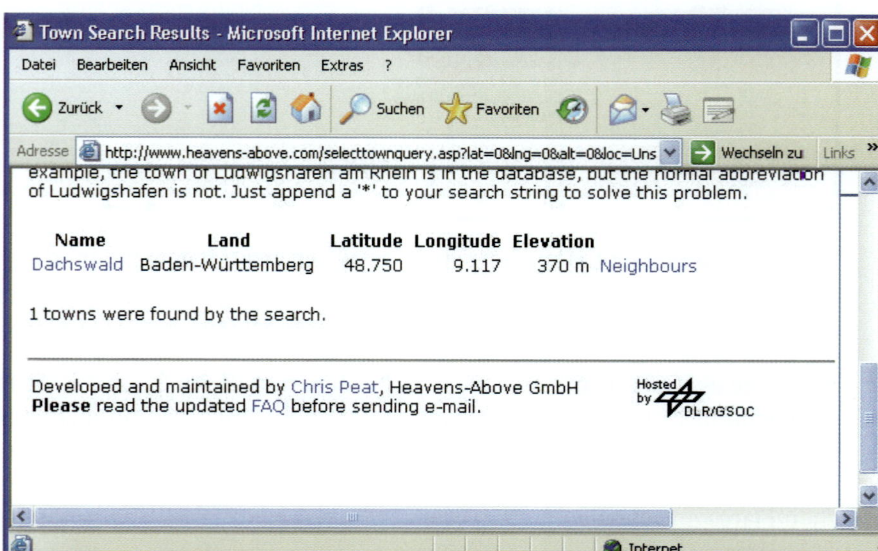

3 Sie sind jetzt im Hauptmenü von heavens-above.com. Sie können im Punkt *Configuration* einen neuen Beobachtungsort wählen oder sich als Benutzer registrieren lassen.

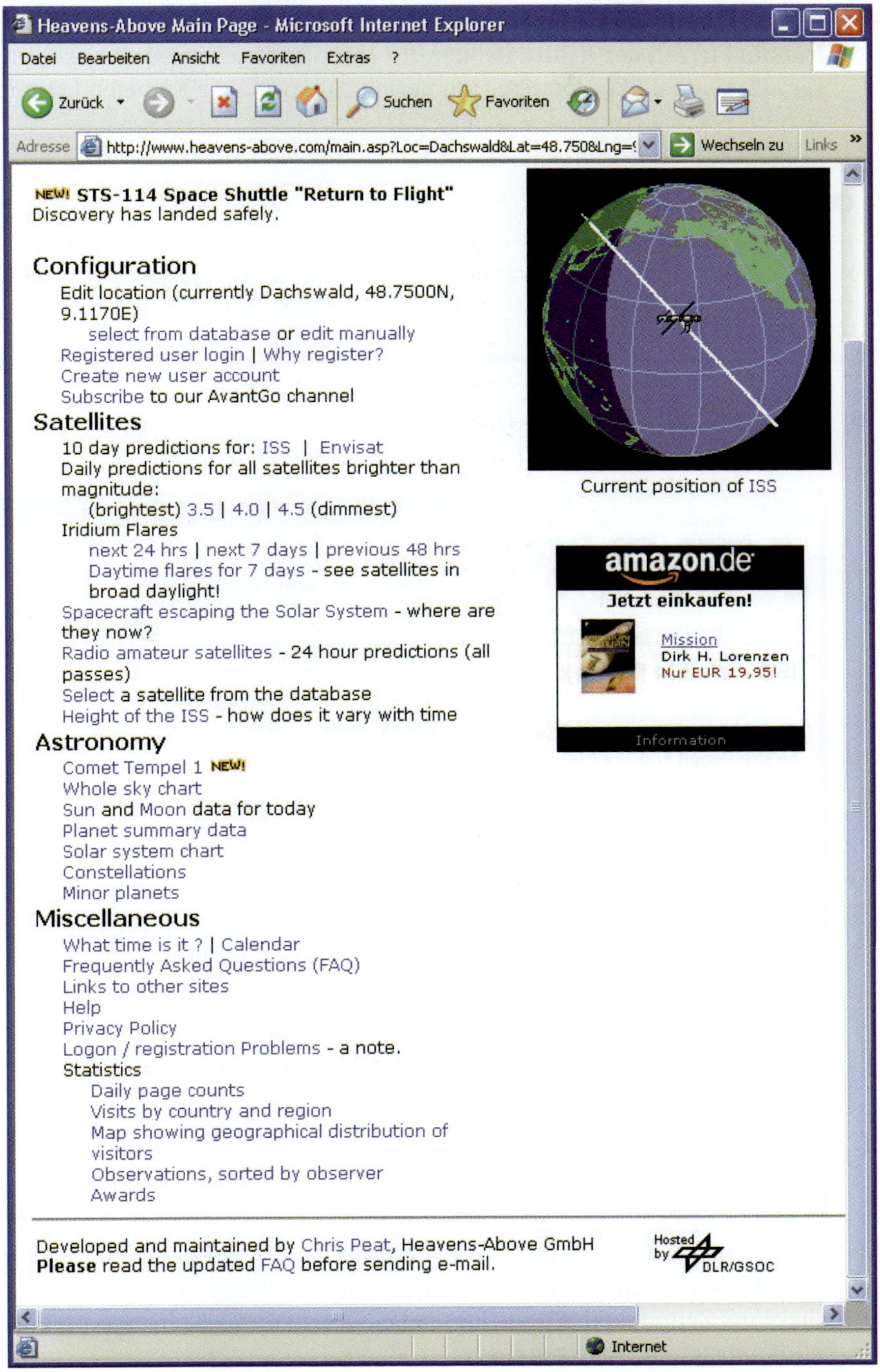

Gerade wenn Sie heavens-above.com öfter nutzen, sollten Sie sich registrieren lassen. Sie brauchen dann nicht jedes Mal Ihren Beobachtungsort neu einzugeben.

Im Bereich *Satellites* können Sie sich für die nächsten Tage die ISS-Überflüge, Iridium-Flares oder helle Satelliten für Ihren Beobachtungsort anzeigen lassen. Planeten und besondere Himmelsobjekte wie helle Kometen können Sie sich im Bereich *Astronomy* anzeigen lassen.

Ortsdatenbank

Heavens-above.com bietet eine der umfassendsten Ortsdatenbanken im Internet. Sie können diese Ortsdatenbank auch nutzen, um die Koordinaten für einen Beobachtungsort zu bestimmen, und diese Koordinaten dann in Programme mit kleinerer Ortsdatenbank, z. B. Cartes du Ciel, übernehmen.

4 Klicken Sie auf *ISS*, um die Überflüge der internationalen Raumstation anzuzeigen.

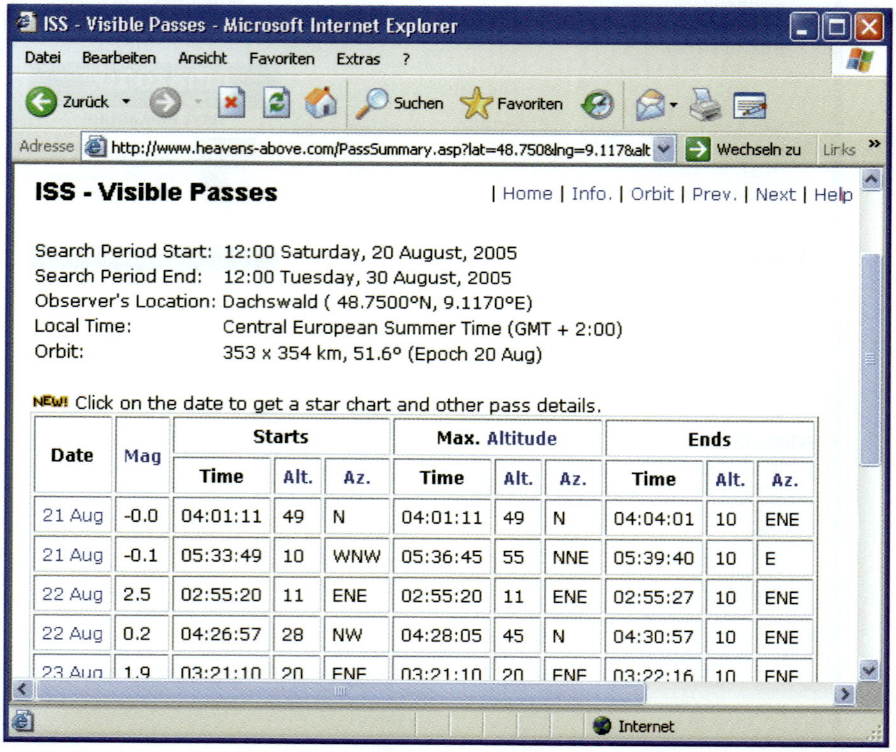

Durch einen Klick auf das Datumsfeld eines Überflugs können Sie weitere Informationen zu diesem Überflug, u. a. eine Sternkarte mit dem Himmelsanblick zum Zeitpunkt des Überflugs mit eingezeichneter Bahn der internationalen Raumstation, anzeigen lassen.

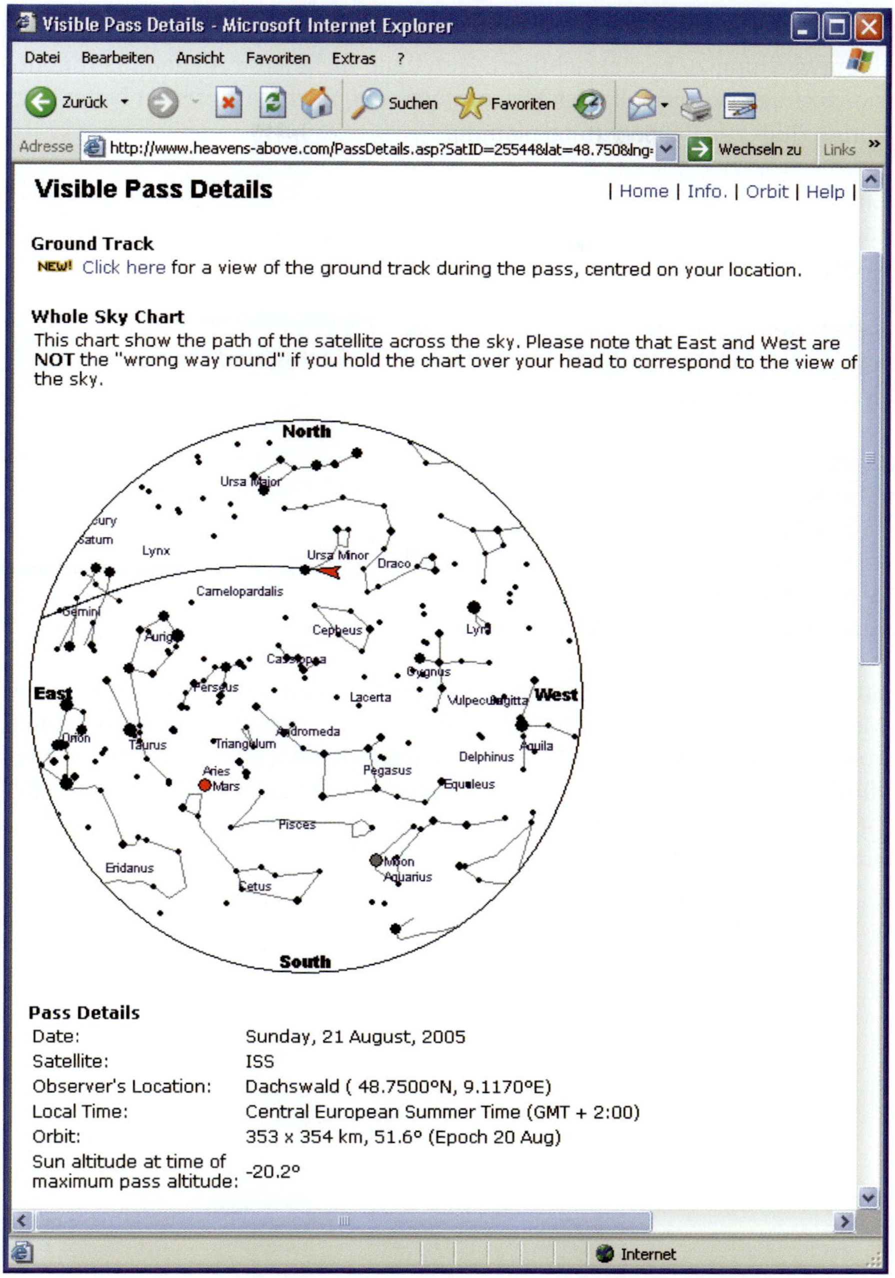

2.3 Wetterdaten aus dem Internet nutzen

Für eine gelungene Beobachtungsnacht sind gute Wetterbedingungen eine unabdingbare Voraussetzung. DeepSky-Beobachtungen verlangen dabei nach einer guten Transparenz der Atmosphäre und mindestens mittelmäßigem Seeing, Planeten- und Mondbeobachtungen sind dagegen hauptsächlich auf gutes Seeing angewiesen. Daher ist es auch in der Beobachtungsplanung wichtig, die aktuelle Wetterentwicklung zu berücksichtigen. Nun kann nicht jeder Amateurastronom auch gleichzeitig ein ausgebildeter Meteorologe sein, doch das Internet bietet hier vielfältige Hilfe zur Beobachtungsplanung.

Eine erste Anlaufstelle ist www.wetter.com/. Diese Seite bietet eine Wettervorhersage für viele Orte weltweit. Neben der Vorhersage für den Ort und das aktuelle Wetter bietet wetter.com auch Satellitenaufnahmen und Regionalradarbilder.

Neben wetter.com sind speziell die Webseiten von regionalen und lokalen Radiosendern zu empfehlen.

Diese stellen meist zwischen 19 und 20 Uhr eine Nachtwettervorhersage ins Internet. Durch die zeitliche Nähe zur Beobachtungszeit sind diese Vorhersagen oft zutreffend. Großräumiges Nachtwetter können Sie beim ZDF unter www.zdf.de/ abrufen.

Seeing und Transparenz

Unter Seeing versteht man die Luft (un-)ruhe, bedingt durch Luftaustausch in der Atmosphäre. Die Transparenz beschreibt, wie durchsichtig die Atmosphäre ist, d. h., wie wenig Licht die Atmosphäre absorbiert.

Speziell an Astronomen richten sich die Webseiten www.astrowetter.com/ und Metoblue pages.unibas.ch/geo/mcr/3d/meteo/index.htm. Astrowetter.com bietet vor allem für die Wochenenden und besondere Beobachtungs-Highlights eine ausführliche Astrowettervorhersage für Deutschland und die Alpenländer. Meteoblue ist ein Projekt der Uni Basel und bietet neben einer Bewölkungsvorhersage auch eine Seeing-Vorhersage.

3. Geniale Planeten- und Mondaufnahmen mit Webcam und Giotto

Mit die besten Planeten- und Mondaufnahmen der letzten Jahre wurden nicht mit teuren Spezialkameras, sondern mit handelsüblichen Webcams aufgenommen.
Eine ausreichende Bildqualität und Empfindlichkeit bei gleichzeitig hoher Framerate sind neben den geringen Anschaffungskosten die Vorteile einer Webcam. Allerdings sind gerade bei Webcam-Aufnahmen die Einzelbilder meist unbrauchbar, sodass eine spezielle Nachbearbeitung, das „Stacking", notwendig ist. Glücklicherweise ist die dazu notwendige Software kostenlos im Internet verfügbar: Giotto.

3.1 Voraussetzungen und Installation

Giotto 2.x setzt schon einiges an Hard- und Software voraus. Ein aktueller PC mit 512 MByte oder besser 1 GByte Hauptspeicher sollte es zur Bearbeitung längerer Filmsequenzen sein. Als Betriebssystem kommen Windows 98/98SE/2000 und XP in Betracht. Nicht lauffähig ist Giotto unter Windows 95/NT oder gar noch älteren Versionen oder Nicht-Windows-Betriebssystemen.

Nehmen Sie Ihre eigenen Planetenaufnahmen auf

Um mit Giotto auch Videos direkt von der Kamera aufnehmen zu können, sollte unbedingt das aktuellste DirectX (momentan 9.0c) auf dem Rechner installiert sein. Des Weiteren muss der zur Kamera gehörende Windows Media-Treiber auf dem Rechner installiert sein.

> **Achten Sie beim Webcam-Kauf auf den CCD-Sensor!**
>
> Günstige Webcams nutzen statt einem hochwertigen CCD-Sensor einen wesentlich unempfindlicheren und stärker rauschenden CMOS-Sensor. Mit diesen CMOS-Webcams wird die Aufnahmequalität von CCD-Webcams bei Weitem nicht erreicht. Achten Sie daher unbedingt darauf eine Webcam mit CCD-Sensor zu kaufen, z. B. die Philips ToUCam **Pro** II.

Als Aufnahmegeräte kommen bei Giotto meist Webcams oder DV-Videokameras zum Einsatz. Sehr verbreitet ist der Einsatz der Philips ToUCam Pro II mit einem im Astronomie-Fachhandel erhältlichen speziellen Teleskopadapter. Dazu wird die Kameraoptik durch Ausschrauben entfernt und durch das Teleskop ersetzt.

Dieser Umbau ist kinderleicht und vollständig reversibel. Durch diese Modifikation kann die Kamera im Primärfokus des Teleskops betrieben und so die Leistungsfähigkeit und Qualität Ihres Teleskops optimal ausgenutzt werden.

Giotto kennt keine Installation im üblichen Sinn. Sie können die notwendigen Dateien unter www.videoastronomy.org bei Georg Dittié herunterladen. Die gepackte ZIP-Datei entpacken Sie in ein Verzeichnis Ihrer Wahl und können dort durch Doppelklick auf *giotto.exe* Giotto starten.

Es hat sich bewährt, auf dem Desktop eine Verknüpfung auf *giotto.exe* einzurichten, um nicht jedes Mal erst mit dem Explorer in das Giotto-Verzeichnis wechseln zu müssen, um Giotto zu starten. Sehr positiv ist dabei, dass Giotto keinerlei Spuren (abgesehen von den erstaunlichen Ergebnisbildern) auf Ihrer Festplatte außerhalb seines eigenen Verzeichnisses hinterlässt. Weder das Windows-Verzeichnis noch die Registry werden von Giotto angetastet.

3.2 Aufnahmen am Teleskop mit Webcam und Giotto

Der Weg zu guten Planetenaufnahmen beginnt mit einer guten Planung der Aufnahmen. Der aufzunehmende Planet sollte möglichst hoch am Himmel stehen, um die atmosphärische Refraktion zu vermindern.

Außerdem müssen die Wetterverhältnisse auch mitspielen. Für gute, hochaufgelöste Planetenaufnahmen braucht man unbedingt eine Nacht mit sehr gutem Seeing, d. h. sehr ruhiger Luft.

Anschluss einer Webcam ans Teleskop

Zusätzlich zur Webcam (1) benötigen Sie zum Anschluss an ein Teleskop einen passenden Adapter (3). Dieser Adapter wird in die Webcam anstelle des Originalobjektivs (2) eingeschraubt. Zusätzlich ist ein UV-/IR-Sperrfilter (4) dringend anzuraten.

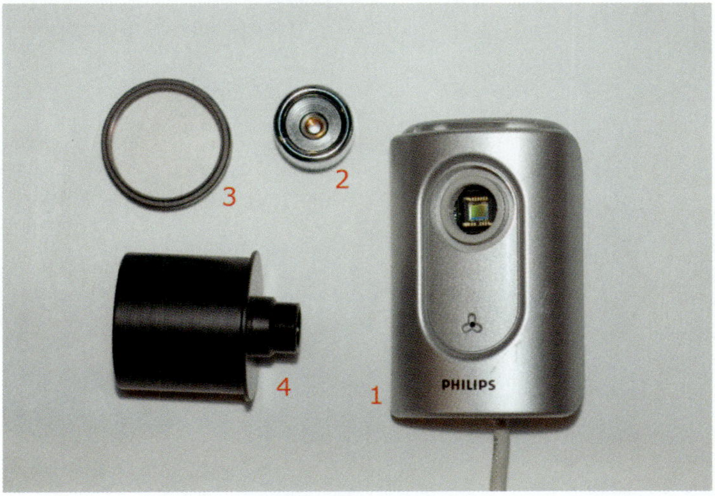

Die Webcam-Adapter werden in zwei Varianten angeboten. Der 1¼"-Adapter ist weit verbreitet und kann an fast jedem Teleskop eingesetzt werden. Der T2(M42 x 0,75)-Adapter kann eingesetzt werden, wenn auch andere Zubehörteile wie z. B. Digitale Spiegelreflexkameras über das T2-Gewinde an das Teleskop angeschlossen werden.

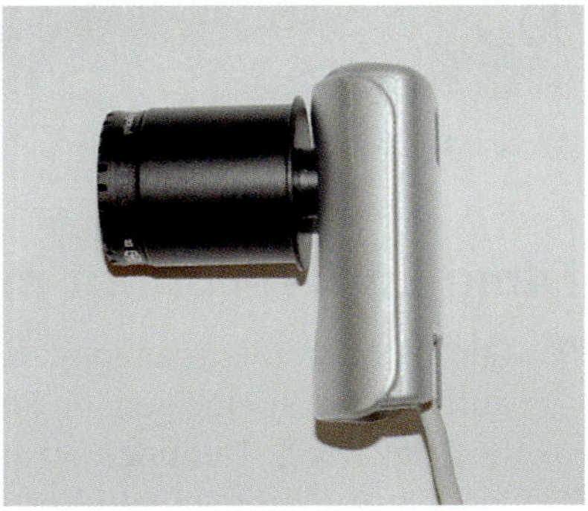

Da der Webcam-Adapter nur eingeschraubt wird, kann die Kamera jederzeit mit dem Originalobjektiv auch bei Tageslicht eingesetzt werden. Der Einsatz des Adapters sollte also die Gewährleistung der Webcam nicht beeinträchtigen.

Ein UV-/UR-Sperrfilter ist bei Refraktoren unbedingt notwendig, da diese in diesem Spektralbereich nicht korrigiert sind und so kein scharfer Fokus zu erreichen wäre. Aber auch bei reinen Spiegeloptiken ist der UV-/IR-Sperrfilter als Staubschutz für den Webcam-Sensor zu empfehlen.

Wenn sich dennoch Staub und Dreck auf dem Sensor niedergelassen haben, reinigen Sie diesen, indem Sie den Sensor mit einem Blasebalg abblasen. Sollte der Dreck fest sitzen, können Sie den Sensor mit in Isopropylalkohol getränkten Wattestäbchen vorsichtig reinigen.

Benutzen Sie jedoch nie Druckluft aus der Dose, Industriedruckluft, Airbrush-Druckluft oder Ähnliches. Bei dieser Art Druckluft ist nicht gewährleistet, dass kein Öl oder andere Verunreinigung zusätzlich auf den Sensor kommen.

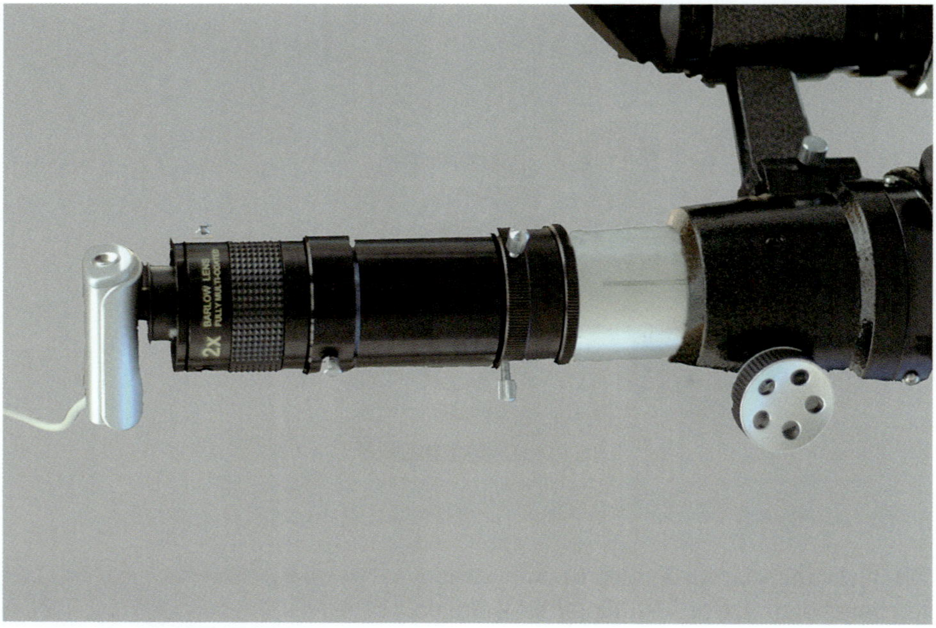

Webcam mit Barlow-Linse am Teleskop.

Filme im AVI-Format mit Giotto aufnehmen

1 Stimmen die Voraussetzungen, können Sie Ihr Teleskop aufbauen. Für Planetenaufnahmen ist eine genaue Polausrichtung der Teleskopmontierung nicht unbedingt nötig. Dennoch ist eine zumindest grobe Polausrichtung auch bei Planetenaufnahmen von Vorteil.

Wichtig ist, dass während der Aufnahme keine Bildfeldrotation auftritt, d. h., der Planet sich nicht auf den Bildern dreht. Giotto kann diese Drehung nicht ausgleichen! Verhindern können Sie eine Bildfelddrehung durch eine ausreichende Polausrichtung der Montierung oder durch entsprechend kurze Videosequenzen.

2 Webcams besitzen nur einen sehr kleinen Sensor, sodass es sehr mühevoll sein kann, das Teleskop bei angeschlossener Webcam so einzustellen, dass der Planet auf dem Sensor sichtbar ist. Denken Sie daran, wenn die Webcam am Teleskop angeschlossen ist, können Sie nicht mehr durch das Teleskop sehen! Nutzen Sie stattdessen zuerst ein Okular (am besten zwischen 10 und 25 mm Brennweite), um den Planeten im Okular zu zentrieren. Dann sollte bei einer halbwegs ausgerichteten Montierung und einer motorischen Nachführung auch auf dem Webcam-Bild etwas zu sehen sein.

Verfügen Sie über keine motorisierte Nachführung, führen Sie trotzdem die Zentrierung mit einem kurzbrennweitigen Okular durch. Wenn die Polausrichtung der Montierung auch nur halbwegs stimmt, brauchen Sie das Teleskop dann nur in der Stundenachse zu bewegen, um den Planeten in das Gesichtsfeld der Webcam zu bekommen.

3 Befestigen Sie die Webcam mit dem Adapter am Teleskop und setzen Sie eine geeignete Barlow-Linse, also ein brennweitenverlängerndes Element, ein, um eine ausreichende Brennweite zu erhalten. (Sowohl den Adapter wie auch Barlow-Linsen bekommen Sie im Astronomiefachhandel.)

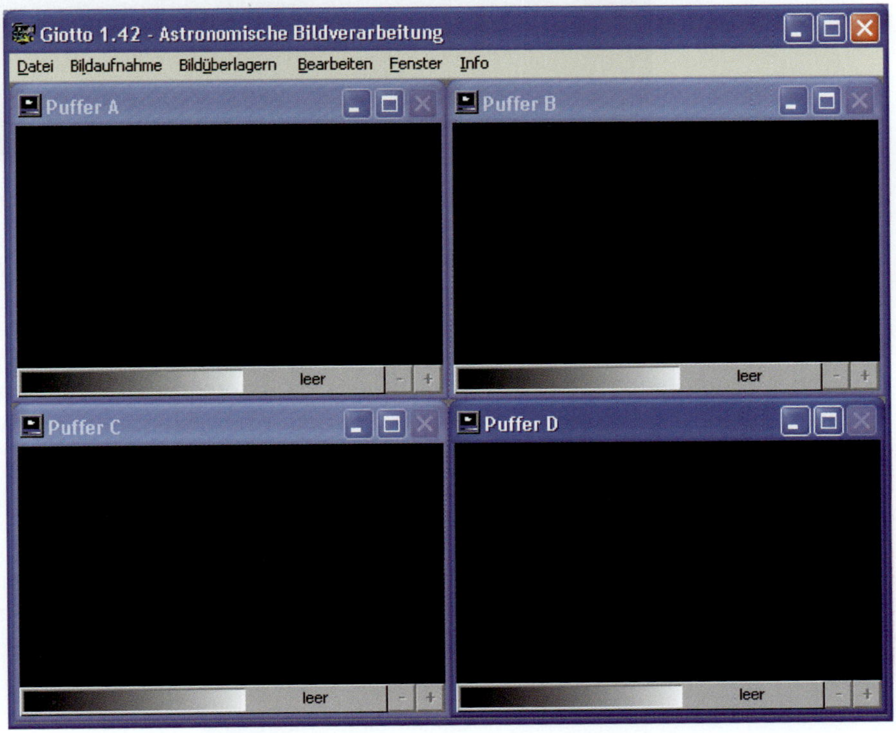

Für Planetenaufnahmen empfiehlt es sich dabei, die Konfiguration auf f/15 bis f/30 auszurichten. Diese Öffnungszahl beschreibt den Quotienten aus Teleskopöffnung und effektiver Brennweite.

4 Starten Sie Giotto und wählen Sie *Bildaufnahme/Aufnahme von AVIs*. Sie sehen ein Vorschaufenster, in dem der Planet jetzt, möglicherweise sehr unscharf, zu sehen sein sollte. Sehen Sie keinen Planeten auf dem Bild, kann dies daran liegen, dass Sie den Planeten nicht sauber im Okular zentriert haben oder Ihre Montierung sehr schlecht nachführt. Es kann aber auch daran liegen, dass die Webcam sehr weit vom Fokus entfernt ist, auch dann ist der Planet auf dem Bild nicht zu erkennen. Außerdem könnte es noch an unpassenden Einstellungen der Kamera liegen.

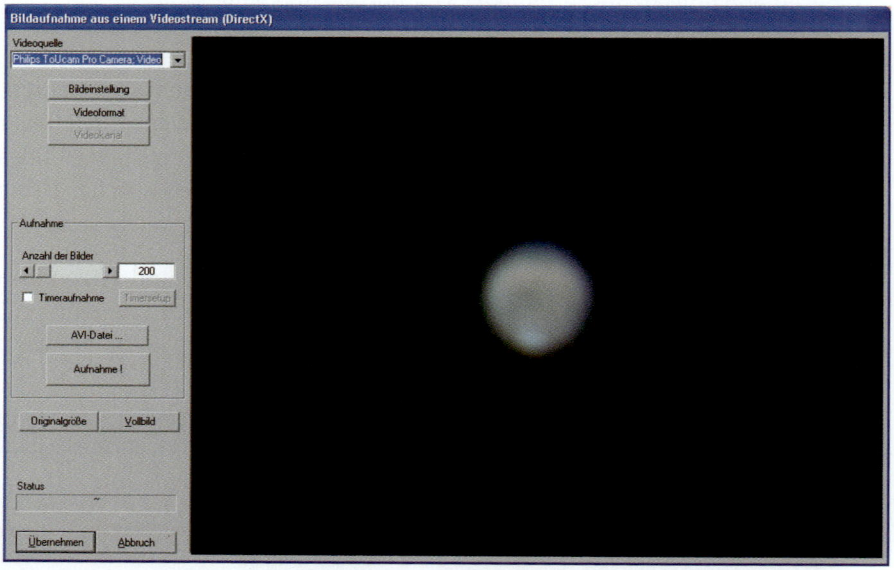

5 Wählen Sie die von Ihnen verwendete Kamera unter *Videoquelle*. Wenn Sie mehrere Kameras an Ihrem Rechner angeschlossen haben oder Ihr Rechner über eine Video- oder TV-Karte verfügt, können hier mehrere Geräte zur Auswahl stehen.

6 Klicken Sie auf die Schaltfläche *Bildeinstellung* und schalten Sie dort unter dem Register *Bildregler* als Erstes den Modus *Vollautomatisch* aus. Stellen Sie dann die Regler *Helligkeit*, *Gamma* und *Sättigung* auf einen mittleren Wert. Zum Fokussieren können Sie den Modus *Schwarz und Weiß* aktivieren, vergessen Sie aber nicht, vor der eigentlichen Aufnahme wieder auf Farbe zurückzuschalten.

Die in diesem Fenster wählbare Bildrate wird nur für die Vorschau verwendet, für die eigentliche Aufnahme wird die Bildrate im Dialog *Videoeinstellungen* verwendet.

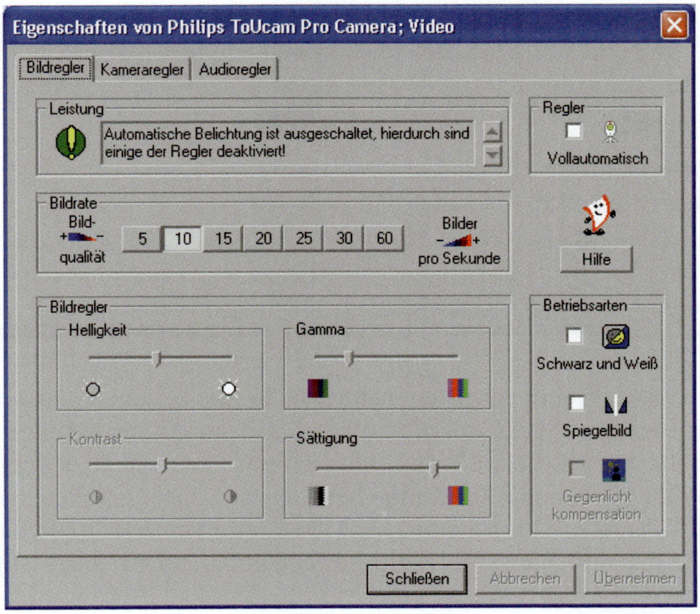

7 Wechseln Sie auf das Register *Kameraregler*. Deaktivieren Sie dort zunächst unter *Belichtung* den Punkt *Auto*, um die Belichtungseinstellungen manuell vornehmen zu können. Stellen Sie dann *Gewinn* (Gain) auf 100 % und regeln Sie die Belichtungszeit so, dass das Bild weder überbelichtet noch zu dunkel ist. Drehen Sie dann am Fokussierknopf des Teleskops und beobachten Sie das Vorschaubild. Hier sollte der Planet sichtbar werden. Fokussieren Sie den Planeten so gut wie möglich.

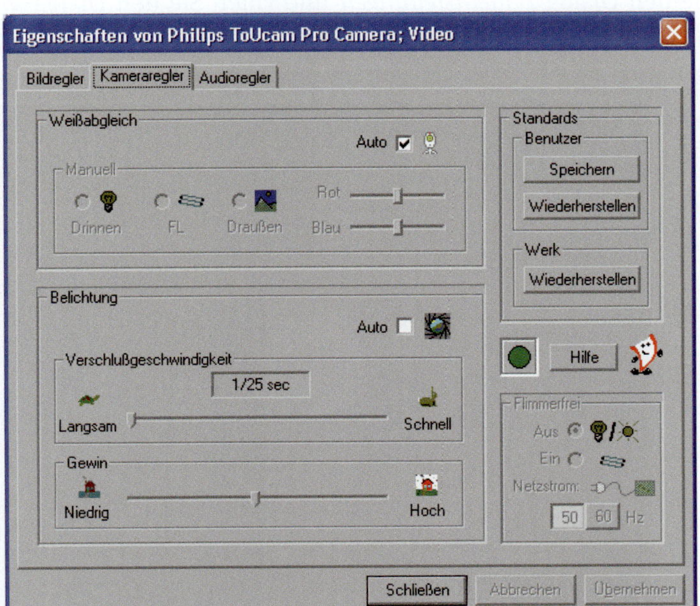

Oft ist das Seeing so schlecht, dass es nicht den einen Fokuspunkt gibt, sondern das Planetenbild wabert. Unter solchen Bedingungen sollten Sie einen Fokus einstellen, der in der Mitte des Waberns liegt, also möglichst viele scharfe Einzelbilder liefert.

Wenn die Kamera streikt

Manchmal passiert es, dass die Kamera auf keinerlei Einstellungen mehr reagiert oder kein Bild mehr anzeigt. Dann hilft es meist, Giotto zu beenden, die Kamera aus und wieder einzustecken und Giotto neu zu starten.

8 Wenn Sie den Fokus sauber eingestellt haben, stellen Sie *Gewinn* auf maximal 50 % ein. Der hierüber gesteuerte Ausleseverstärker rauscht bei höheren Verstärkungen sehr stark. Regeln Sie die Helligkeit des Planetenbildes über die Belichtungszeit, sodass genug Signal aufgezeichnet wird, aber ohne dass irgendeine Stelle des Planeten überbelichtet wird. Da Giotto keine Histogrammanzeige während der Aufnahme anbietet, sind Sie hierbei auf ein gutes Augenmaß angewiesen.

Der automatische Weißabgleich funktioniert an Planeten nicht unbedingt. Sind Sie mit den Farben unzufrieden, sollten Sie gleich in den Aufnahmeeinstellungen den Weißabgleich manuell so einstellen, dass Sie mit den Farben zufrieden sind. Eine nachträgliche Korrektur der Farben ist zwar möglich und meist auch trotz manuellen Weißabgleichs nötig, bedingt aber starke Verluste an der Bildqualität.

9 Schließen Sie den Dialog *Bildeinstellungen* und rufen Sie den Dialog *Videoformat* auf.

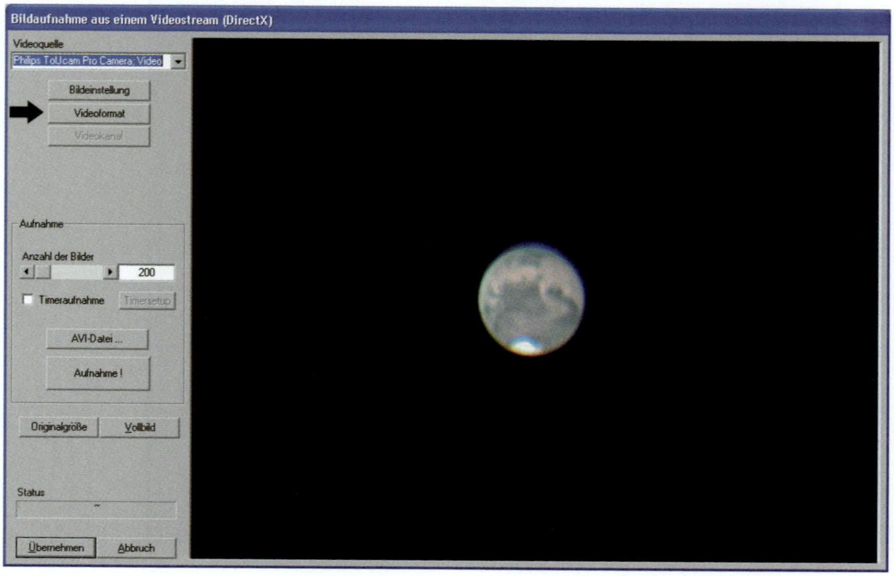

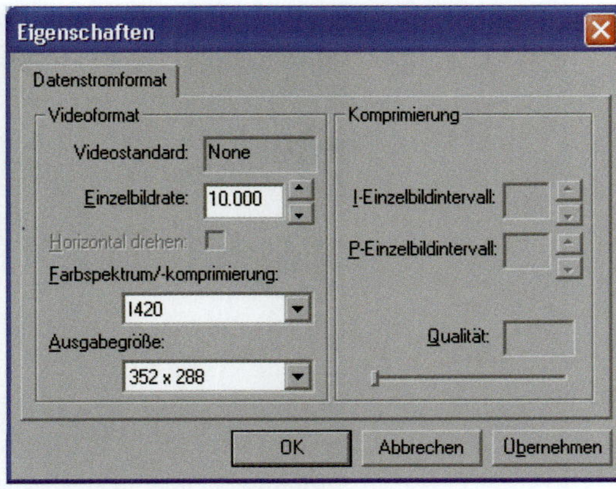

Stellen Sie die Bildauflösung ein. Wird der Planet eher klein auf dem Sensor abgebildet, wählen Sie 352 x 288 Pixel. Hierbei wird nur die Mitte des Sensors aufgezeichnet und man spart sich unnötiges Datenvolumen im Download von der Kamera und Speicherplatz der erzeugten AVIs. Ist der Planet größer abgebildet oder will man bewusst z. B. Planetenmonde mit aufnehmen, ist die Auflösung 640 x 480 Pixel zu bevorzugen.

Die Wahl von 320 x 240 Pixel führt, zumindest bei der ToUCam, zu einem so genannten Binning, bei dem immer 2 x 2 Pixel zu einem Bildpixel zusammengefasst werden. Dies führt zu einer Erhöhung der Empfindlichkeit bei gleichzeitigem Auflösungsverlust.

Die mit Webcams aufnehmbaren Planeten sind aber so hell, dass die Empfindlichkeitserhöhung nicht notwendig ist und die Auflösungsverminderung sich kontraproduktiv auf die Bildqualität auswirkt.

Das AVI-Format und ungeeignete Codecs

Das von Microsoft entwickelte AVI-Format für Videos ist streng genommen kein eigenes Format, sondern ein Container für verschiedenste Formate, Codecs genannt. Für Planetenaufnahmen ist es wichtig, einen möglichst verlustfrei komprimierenden Codec zu verwenden. Die oft gebräuchlichen MPEGs-Codecs sind für normale Filme ausgelegt und führen bei Planetenaufnahmen zu extrem schlechten Ergebnissen. Giotto wählt automatisch einen geeigneten Codec. Wenn Sie in anderen Programmen die Auswahl haben, verwenden Sie am besten unkomprimierte Einzelbilder, um die beste Bildqualität zu erhalten.

10 Stellen Sie die Bildrate ein. Für höchste Qualität sollten Sie zehn Bilder/Sekunde oder noch besser fünf Bilder/Sekunde auswählen. Sind die Aufnahmebedingungen aber eher schlechter, ist es meist vorteilhaft, mit 20 Bilder/Sekunde zu arbeiten, um möglichst viele Bilder innerhalb kürzester Zeit aufzuzeichnen. Beenden Sie den *Videoformat*-Dialog mit einem Klick auf die Schaltfläche *OK*.

11 Wählen Sie die Anzahl aufzunehmender Bilder. Denken Sie dabei daran, dass Sie zwar möglichst viele Bilder aufnehmen wollen, aber die Planeten eine Eigenrotation aufweisen und daher ein einzelnes Video typischerweise nicht länger als einige Minuten sein sollte.

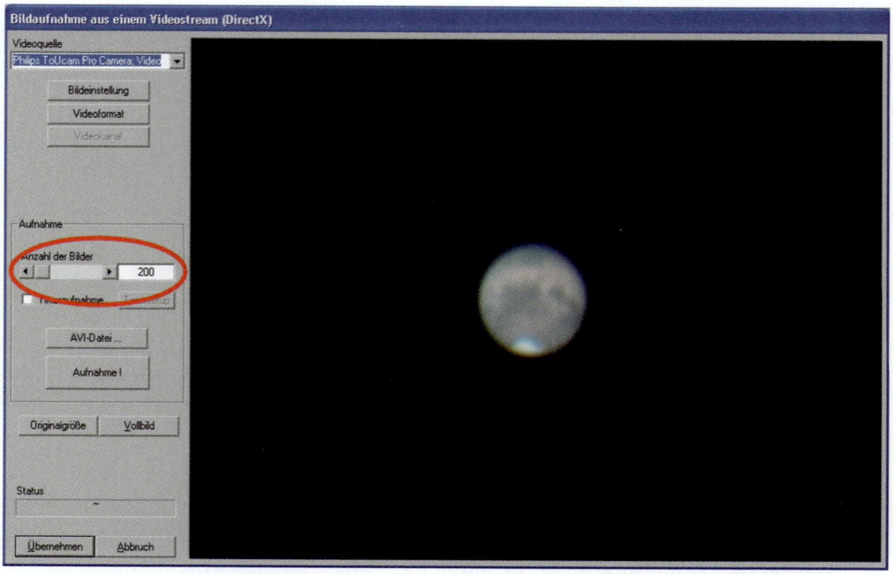

12 Wählen Sie den Namen der zu speichernden Datei durch Klick auf die Schaltfläche *AVI-Datei* aus.

13 Starten Sie die Aufnahme mit Klick auf die Schaltfläche *Aufnahme*. Giotto startet denn automatisch die Aufnahmesequenz und beendet diese, wenn die gewünschte Anzahl Bilder (Frames) aufgezeichnet wurde.

14 Nehmen Sie mehr als ein Video auf. Experimentieren Sie auch mit der Aufnahmebrennweite. Denken Sie daran, dass Sie für jedes Video unter *AVI-Datei* einen neuen Namen vergeben müssen, ansonsten werden schon gespeicherte Videos überschrieben.

Wählen Sie sprechende Dateinamen

Wählen Sie einen möglichst aussagekräftigen Dateinamen für Ihre Videos. Zumindest das aufgenommene Objekt und das Aufnahmedatum sollten aus dem Dateinamen hervorgehen. Zusätzlich können Sie Aufnahmezeit und die Anzahl enthaltener Frames oder die Aufnahmedauer mit in den Dateinamen aufnehmen. Nutzen Sie das ISO-Datumsformat JJJJ-MM-TT statt dem deutschen Format TT.MM.JJJJ, dann sortiert der Explorer die Dateien automatisch in zeitlicher Abfolge. Ein einfaches Beispiel für ein Marsvideo vom 1. Dezember 2005 wäre *2005-12-01-mars.avi* oder *mars-20051201.avi*.

Timergesteuerte Aufnahmen – die Zeitrafferfunktion

Manchmal kann es sinnvoll sein, nicht ein einzelnes AVI mit einer gewissen Anzahl Bilder/Sekunde aufzunehmen, sondern timergesteuert z. B. ein Bild alle zehn Minuten anzufertigen.

Bei Planeten mit schneller Eigenrotation wie z. B. Jupiter kann es interessant sein, z. B. alle zehn Minuten ein Video aufzuzeichnen, um so in einer späteren Nachbearbeitung eine Animation der Jupiterrotation erstellen zu können.

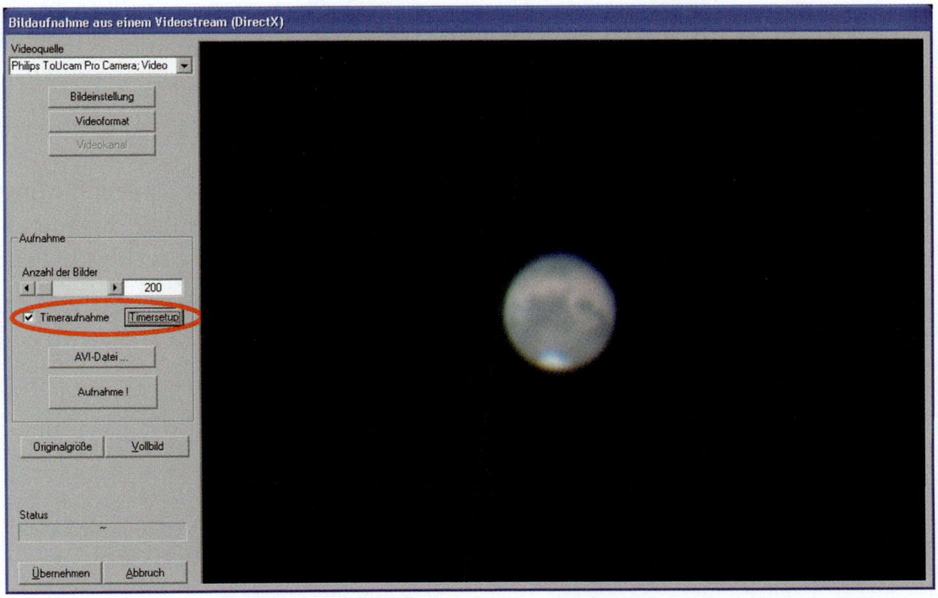

Für timergesteuerte Aufnahmen aktivieren Sie den Punkt *Timeraufnahme*. Die timergesteuerte Aufnahme können Sie bei aktivierter Timeraufnahme mit einem Klick auf die Schaltfläche *Timersetup* konfigurieren.

Bei den Timer-Einstellungen haben Sie drei Möglichkeiten:

- *keine Timeraufnahme (einzelnes AVI-Video)* – die bisher schon bekannte Möglichkeit, ein einzelnes Video sofort aufzunehmen.

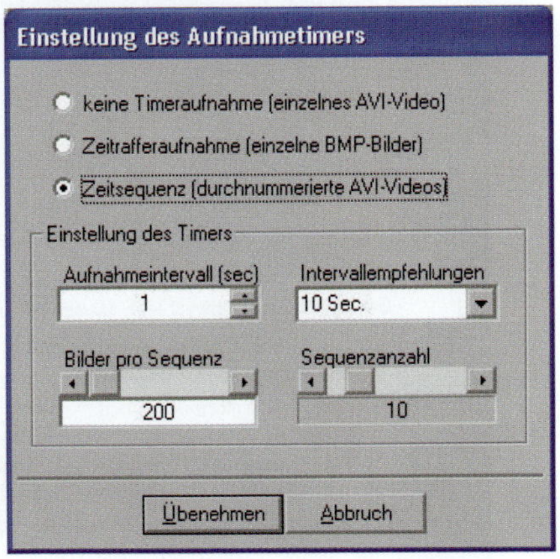

- *Zeitrafferaufnahme (einzelne BMP-Bilder)* – hierbei wird jeweils nach der im Feld *Aufnahmeintervall (sec)* eingegebenen Zeitspanne (in Sekunden) eine einzelne Aufnahme ausgelöst und als Bitmap-Grafik gespeichert. Dieser Modus bietet sich hauptsächlich für Tageslichtaufnahmen an.
- *Zeitsequenz (durchnummerierte AVI-Videos)* – zeichnet jeweils nach der im Feld *Aufnahmeintervall (sec)* eingegebenen Zeitspanne (in Sekunden) ein Video mit der im Feld *Bilder pro Sequenz* angegebenen Anzahl Einzelbilder (Frames) auf. Es werden insgesamt so viele Videos aufgezeichnet, wie unter *Sequenzanzahl* ausgewählt.

3.3 Stacken von Einzelbildern zum Summenbild

Um aus aufgenommenen Video- oder Bildersequenzen ein präsentables Ergebnis zu erstellen, müssen die Aufnahmen selektiert und gestackt werden.

Stacking im Schnelldurchgang

1 Wählen Sie einen der vier von Giotto angebotenen Bildpuffer als Ziel für Ihre Bildverarbeitung. In diesem Puffer enthaltene Bildinhalte werden dabei überschrieben, prüfen Sie also, ob Sie die entsprechenden Daten gesichert haben.

Stacking

Unter Stacking versteht man das Ausrichten und Überlagern einer größeren Anzahl Bilder, um das Signal-Rausch-Verhältnis (SNR) zu verbessern. Die Ausrichtung ist notwendig, da auch der beste Autoguider immer kleine Abweichungen in der Position der einzelnen Aufnahmen erzeugt. Einzelaufnahmen sind, speziell bei einfachen Aufnahmegeräten wie Webcams, stark verrauscht, sodass erst durch ein gezieltes Überlagern mehrerer Aufnahmen ein befriedigendes Ergebnis entsteht. Gerade bei Planetenaufnahmen kommt auch noch das Seeing dazu, sodass bei einer Videosequenz immer nur ein kleiner Teil der Aufnahmen wirklich scharf ist. Programme wie Giotto und RegiStax beherrschen daher auch die Auswahl scharfer Bilder aus einer Videosequenz.

2 Rufen Sie in Giotto den Menüpunkt *Bildüberlagern/Addiere Bilder automatisch* auf.

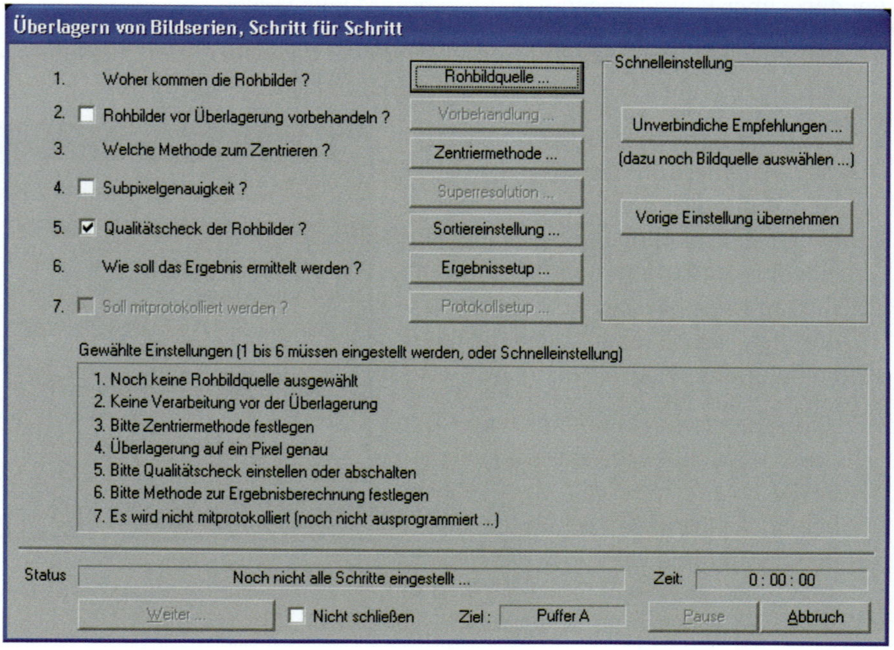

3 Um die Grundeinstellungen festzulegen, wählen Sie *Unverbindliche Empfehlungen* und wählen dort die Grundeinstellungen entsprechend dem Objekt, das Sie bearbeiten wollen. Mit diesen unverbindlichen Empfehlungen werden verschiedene Einstellungen auf definierte Werte gesetzt, dennoch müssen alle Einstellungen überprüft und gegebenenfalls angepasst werden.

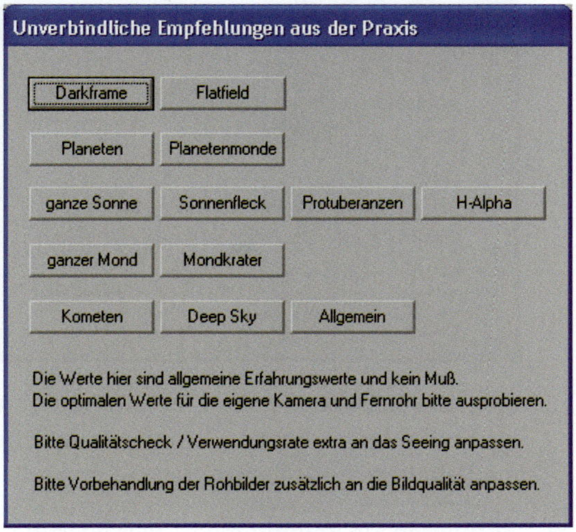

4 Wählen Sie die Schaltfläche *Rohbildquelle*, um die Art der Quelldatei(en) und deren Herkunft festzulegen.

Bildpuffer

Giotto hält immer genau vier Bilder im Speicher. Diese sind als die vier Bildpuffer auf dem Startbildschirm zu sehen. Über die Bildpuffer können Sie das Ergebnis einer Bildbearbeitung in einen neuen Puffer speichern und so mit dem unbearbeiteten Bild vergleichen.

Wählen Sie *Alle Einzelbilder im AVI-File* und mit dem daneben liegenden Schieberegler, ob Bilder ausgelassen werden sollen, wenn Ihre Aufnahme als AVI-Videodatei vorliegt.

Wählen Sie das richtige Dateiformat

Giotto liest und schreibt Dateien in den Formaten BMP, GIF, TIFF, JPEG, PCX (jew. 8 Bit pro Farbe) und FITS (in beliebiger Farbtiefe). Für AVIs muss der entsprechende Codec auf dem Rechner installiert sein. AVIs mit MPEG- oder DivX-Kompression können von Giotto nicht gelesen werden, da diese ein spezielles Frameformat verwenden und von Giotto nicht in Einzelbilder zerlegt werden können.

Liegen die Aufnahmen als Einzelbilder im Bitmap-Format (BMP) vor, können Sie entweder *Alle Bilder in einem Ordner* verwenden, oder wählen Sie *Bilder fortlaufend durchnummeriert*, wenn Sie nicht alle Bilder in einem Ordner verwenden wollen, die zu verwendenden Bilder jedoch fortlaufend nummeriert sind.

Verbessern Sie die Ergebnisse durch manuelle Auswahl

Für optimale Ergebnisse zerlegen Sie die Videosequenz mittels *Bildaufnahme/AVI zerlegen* in einzelne Grafikdateien und sortieren manuell mit einem Bildbetrachter die Aufnahmen aus, sodass Giotto nur gelungene Rohbilder als Eingabedaten bekommt.

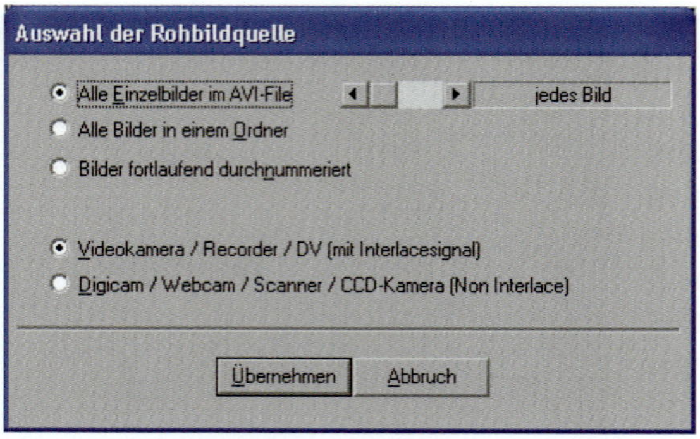

Sie müssen auch angeben, ob die Aufnahmen als Halbbilder (Interlaced) oder als Vollbilder vorliegen. Bestätigen Sie Ihre Einstellungen mit einem Klick auf die Schaltfläche *Übernehmen*.

5 Aktivieren Sie *Rohbilder vor Überlagerung vorbehandeln* und aktivieren Sie im entsprechenden Dialog den Punkt *Randausschluss*. Damit wird nur der allen gestackten Bildern gemeinsame Bereich ausgegeben.

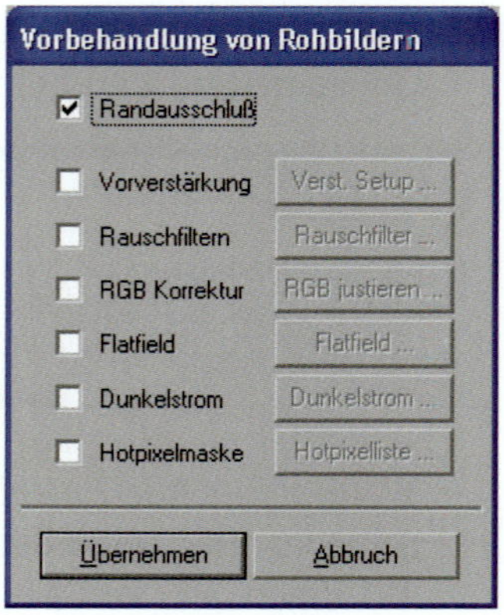

Mit den weiteren Einstellungen können Sie eine Vorverstärkung bei sehr dunklen Bildern aktivieren, einen Rauschfilter über die Rohbilder legen, die Verschiebung der Farbkanäle durch die atmosphärische Refraktion korrigieren (*RGB Korrektur*), ein Flatfield abziehen, ein Dunkelbild abziehen (*Dunkelstrom*) oder Hotpixel korrigieren (*Hotpixelmaske*). Diese Einstellungen werden weiter unten gesondert beschrieben.

Lassen Sie zunächst die restlichen Auswahlpunkte deaktiviert und bestätigen Sie Ihre Einstellungen mit einem Klick auf die Schaltfläche *Übernehmen*.

6 Stellen Sie unter *Zentriermethode* den Algorithmus zur Ausrichtung der Einzelbilder ein. *Keine Zentrierung* wählen Sie normalerweise nur, um Dunkelbilder oder Flatfields zu stacken. Für Planeten können Sie *Helligkeitsschwerpunkt suchen (helle Einzelobjekte)* oder besser *Planetenscheibchen zentrieren* auswählen. Die Optionen *Passmuster im ganzen Bild suchen* und *Nachgeführtes Passmuster in Umgebung suchen* werden für Deep-Sky-Aufnahmen verwendet.

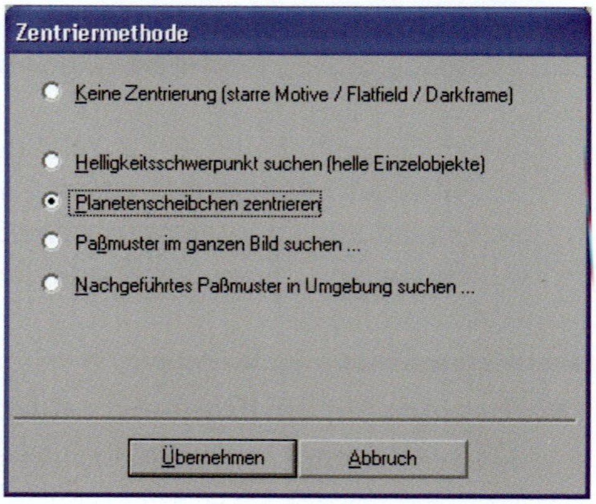

Interlace und Halbbilder – was ist das?

TV-Bilder und damit auch Videosignale sind üblicherweise als Interlace-Signale aufgebaut. Dabei besteht ein Einzelbild aus zwei aufeinander folgenden Halbbildern, von denen eines die geraden und eines die ungeraden Zeilen des Bildes enthält. Digitale Kameras wie auch Webcams liefern üblicherweise Vollbilder, d. h., jeder Frame besitzt die vollständigen Informationen eines Rohbildes. Giotto kann automatisch Rohbilder aus Halbbildern zusammensetzen, wenn Sie die entsprechende Option wählen.

Bestätigen Sie Ihre Einstellungen mit einem Klick auf die Schaltfläche *Übernehmen*.

7 Die Einstellung *Subpixelgenauigkeit* erlaubt es, Bilder mit höherer Genauigkeit als ein Pixel auszurichten. Die verwendeten Algorithmen zur Bestimmung der Ausrichtung erlauben eine Bestimmung der Verschiebung zwischen Bildern mit einer Genauigkeit von Zehntelpixeln.

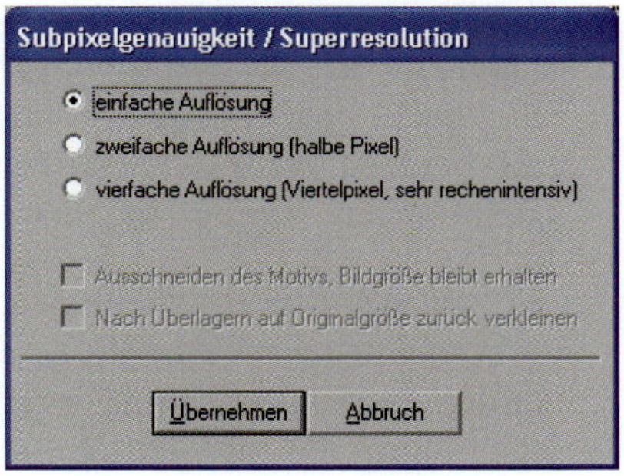

Giotto bietet die Möglichkeit, Bilder mit doppelter oder vierfacher Auflösung zu stacken und so die höhere Genauigkeit auszunutzen. Verfügen Sie über eine große Anzahl guter Einzelbilder, können Sie mit dieser Methode sogar ein Ergebnisbild mit höherer Auflösung als die Einzelbilder erstellen. Meist sind allerdings nicht genügend gute Rohbilder vorhanden, sodass die erhöhte Auflösung dennoch während des Stacking genutzt werden kann. Am Ende der Bearbeitung muss das Bild aber dann wieder in die Originalauflösung der Einzelbilder umgerechnet werden, um ein scharfes Ergebnis zu bekommen.

Wählen Sie *einfache Auflösung*, wenn Sie nur wenige gute Rohbilder haben. Verfügen Sie über eine größere Anzahl guter Rohbilder, können Sie die Superresolution in zweifacher oder vierfacher Auflösung einstellen. Beachten Sie dabei, dass die vierfache Auflösung sehr viele gute Rohbilder voraussetzt und sehr rechenintensiv ist.

Haben Sie die Superresolution gewählt, können Sie noch bestimmen, ob am Ende des Stacking-Vorgangs das Motiv ausgeschnitten oder ob das Bild auf die Größe der Rohbilder verkleinert werden soll. Bestätigen Sie Ihre Einstellungen mit einem Klick auf die Schaltfläche *Übernehmen*.

8 Aktivieren Sie *Qualitätscheck der Rohbilder* und stellen Sie im zugehörigen Dialog *Sortiereinstellungen* die Auswahlkriterien für die zu verwendenden Rohbilder ein. Wählen Sie unbedingt *Autosortierung*. Die Option *Kein Check* verhindert eine Überprüfung der Rohbilder, d. h., es werden alle Einzelbilder verwendet. Dies können Sie auch erreichen, indem Sie den Gesamtpunkt *Qualitätscheck der Rohbilder* deaktivieren.

Wählen Sie als Startwerte eine passende Einstellung aus dem Bereich *Praxisempfehlungen für Verwendungsrate* und eine weitere Einstellung aus dem Bereich *Praxisempfehlungen für Prüfausschnitt*. Hiermit werden für die drei Parameter *Schärfe/Verzerrung*, *Verwendungsrate* und *Prüfausschnitt* gängige Parameter eingetragen.

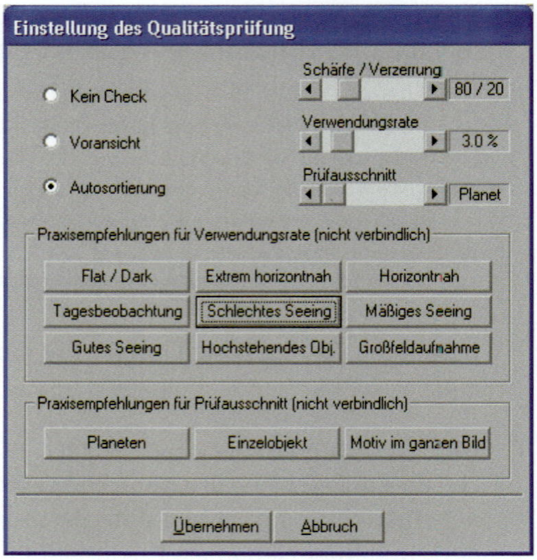

Die Einstellung *Schärfe/Verzerrung* legt fest, wie diese beiden Parameter bei der Bewertung der Rohbilder gewichtet werden.

Giotto berechnet für jedes Rohbild einen Schärfeindex und einen Verzerrungsindex, die jeweils beschreiben, wie gut das Bild bezüglich der entsprechenden Bildstörung ist. Für jedes Bild wird dann ein Qualitätsindex gebildet, in den die beiden Werte für Schärfe und Verzerrung entsprechend der hier eingestellten Gewichtung eingehen.

Die Verwendungsrate legt fest, wie viele Bilder gestackt werden sollen. Giotto verwendet hierzu eine Prozentangabe bezogen auf die Gesamtzahl der Rohbilder. Der Prüfausschnitt legt fest, wie groß der Bereich des Bildes ist, der zur Bewertung der Bildqualität herangezogen wird.

Diese drei Parameter müssen immer wieder angepasst werden. Die oben genannten Praxisvorschläge geben dabei sinnvolle Startwerte, aber die optimalen Einstellungen müssen Sie iterativ für jede Aufnahmesequenz einzeln bestimmen.Bestätigen Sie Ihre Einstellungen mit einem Klick auf die Schaltfläche *Übernehmen*.

9 Unter *Ergebnissetup* legen Sie fest, wie Giotto aus den Einzelbildern das Ergebnisbild ermittelt.

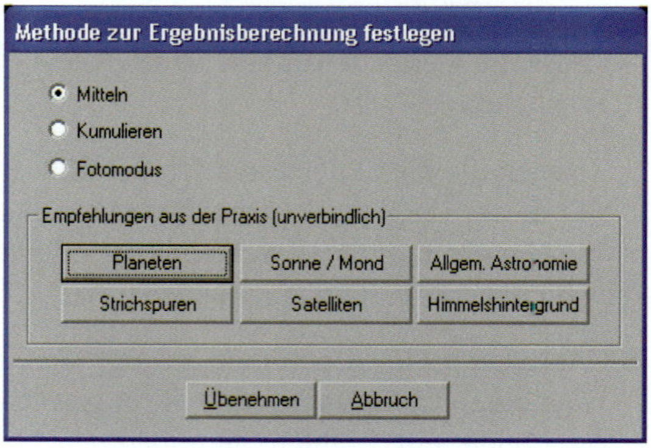

Sie können sich hier getrost auf die Empfehlungen aus der Praxis verlassen. Der Modus *Mitteln* erzeugt ein Ergebnisbild aus dem arithmetischen Mittel der Einzelbilder.

Hierbei wird das Signal nicht verändert, das Signal-Rausch-Verhältnis jedoch deutlich verbessert. Die Einstellung *Kumulieren* ist nur für sehr dunkle Bilder, z. B. DeepSky-Aufnahmen mit kurzer Belichtungszeit, empfehlenswert.

Hierbei wird das Ergebnisbild als Summenbild aus den ausgewählten Rohbildern ermittelt, wodurch das Signal ansteigt, was sehr leicht zum Ausbrennen führen kann. Der Wertebereich für jedes Pixel ist begrenzt, und wenn der maximale Wert erreicht ist, erfolgt keine weitere Addition. Im schlimmsten Fall ist das Ergebnisbild nur noch eine weiße Fläche.

Bestätigen Sie Ihre Einstellungen mit einem Klick auf die Schaltfläche *Übernehmen*.

10 Haben Sie alle notwendigen Einstellungen vorgenommen, wird die Schaltfläche *Weiter* aktiv.

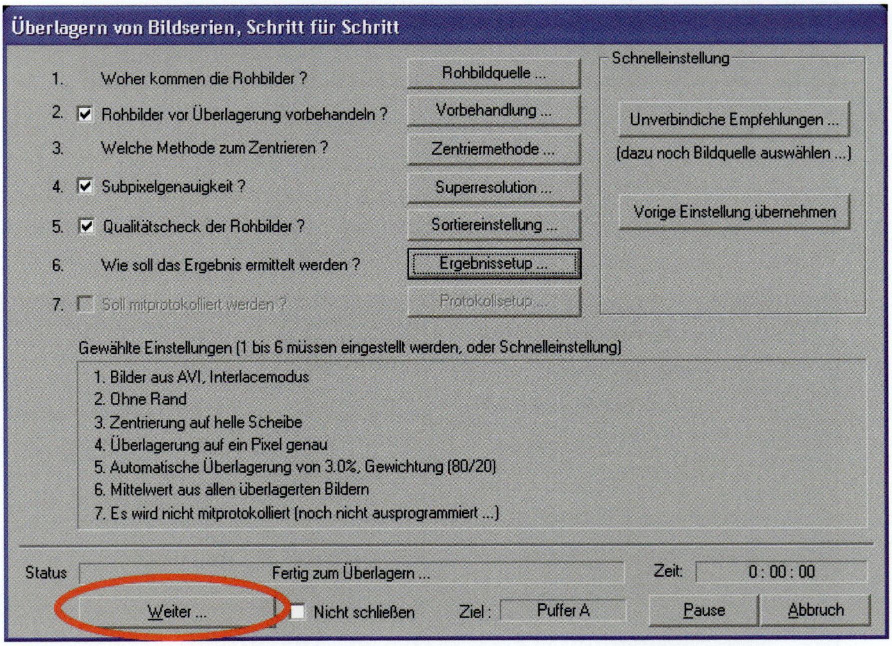

Überprüfen Sie nochmals Ihre Einstellungen im Feld *Gewählte Einstellungen* und starten Sie den Stacking-Vorgang durch einen Klick auf die Schaltfläche *Weiter*.

11 Wählen Sie die Quelldatei. Das Dateiformat muss dabei natürlich dem unter *Rohbildquelle* eingestellten Format entsprechen.

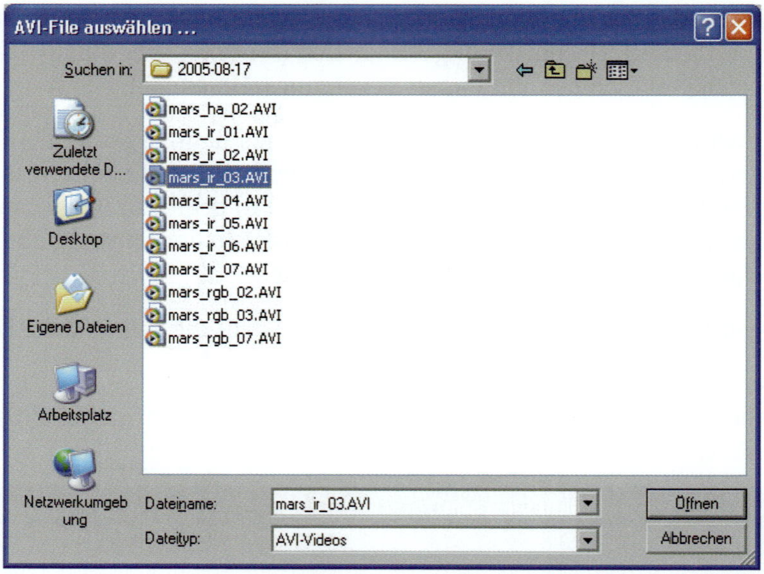

12 Giotto startet nun die Verarbeitung der Rohbilder. Zunächst werden die Bilder aufeinander ausgerichtet (zentriert) und auf ihre Qualität geprüft. Anschließend werden die besten Bilder entsprechend der von Ihnen gewählten Verwendungsrate ausgewählt und gemittelt oder addiert, je nach Einstellung im Ergebnis-Setup.

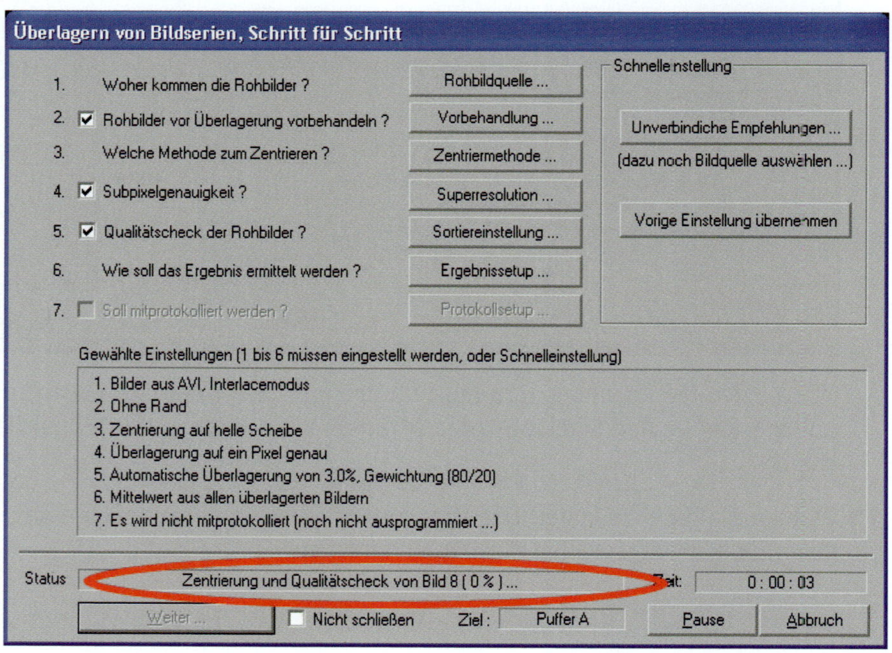

Im Feld *Status* zeigt Giotto den aktuellen Fortschritt an. Die Bearbeitung gerade längerer Videosequenzen kann durchaus auch auf aktuellen Rechnern einen längeren Zeitraum in Anspruch nehmen.

13 Das Ergebnis des Stacking wird in dem von Ihnen gewählten Puffer angezeigt. Speichern Sie das Ergebnisbild aus dem Stacking mit der Funktion *Datei/Bild speichern*, können Sie jederzeit auf das Ergebnis des Stacking wieder zurückgreifen, ohne die Zeit raubende Prozedur des Stacking jedes Mal wieder durchlaufen zu müssen.

Erweiterte Einstellungen zur Optimierung des Stacking

Unter den Einstellungen zur Vorbehandlung von Bildern gibt es einige erweiterte Optionen, die für erste Schritte bei Mond- und Planetenaufnahmen unwichtig sind, bei fortgeschrittener Nutzung aber Giotto eine immense Leistungsfähigkeit verleihen.

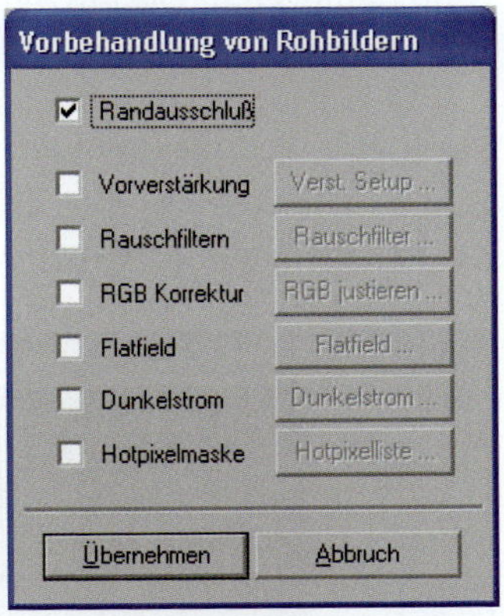

Die Option *Vorverstärkung* erlaubt es, zu dunkle Aufnahmen vor der Verarbeitung aufzuhellen. Mit einem Klick auf die Schaltfläche *Verst.Setup* öffnet sich ein Dialogfenster, in dem Sie die Aufhellung der Rohbilder einstellen können.

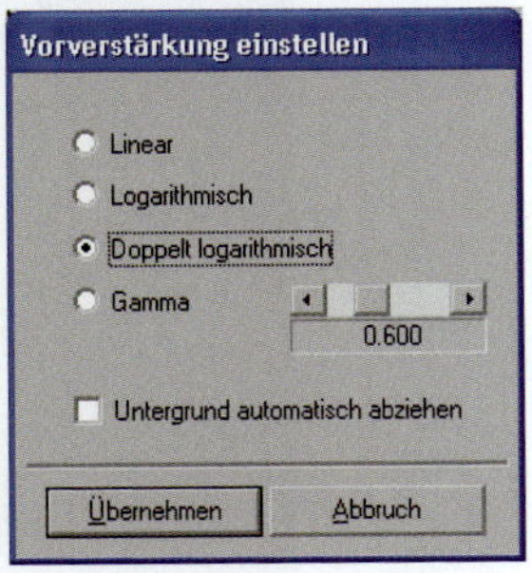

Die Einstellung *Linear* verändert die Rohbilder dabei linear, d. h., die Bilder werden mit dem am Schieberegler eingestellten Wert multipliziert.

Mit *Logarithmisch* und *Doppelt logarithmisch* können die Bilder nichtlinear aufgehellt werden.

Die Einstellung *Gamma* erlaubt eine Gamma-Korrektur durch eine entsprechende Gradationskurve.

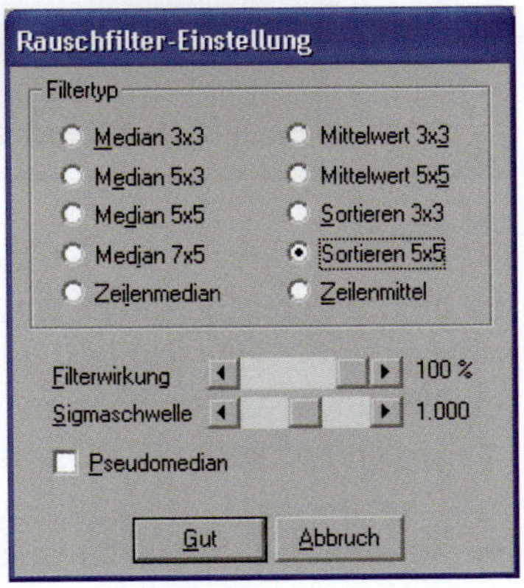

Ein Wert von 1.00 am Schieberegler entspricht dabei keiner Veränderung der Rohdaten, Werte kleiner 1.00 entsprechen einer Abdunklung und Werte größer 1.00 einer Aufhellung der Rohbilder.

Mit der Option *Untergrund automatisch abziehen* versucht Giotto, die Helligkeit des Himmelshintergrunds zu ermitteln, und subtrahiert diesen aus den Rohbildern.

Diese Funktion ist mit sehr viel Vorsicht zu genießen, leicht werden dabei schwache Bilddetails unterdrückt.

Wenn Sie auf die Rohbilder einen Rauschfilter anwenden möchten, können Sie diesen unter *Rauschfilter* konfigurieren.

Es stehen in Giotto Median- und Mittelwertfilter mit verschiedener Filtergröße bereit. Je größer die Filtergröße, desto stärker die Filterwirkung. Ein Feintuning des Rauschfilters können Sie mit den Parametern *Filterwirkung* und *Sigmaschwelle* vornehmen.

Bei tief stehenden Planeten macht sich die atmosphärische Refraktion extrem störend bemerkbar. Die einzelnen Farbauszüge für Rot, Grün und Blau sind dabei auf den Aufnahmen gegeneinander verschoben.

Sie haben die Möglichkeit, diesen Effekt schon vor der Qualitätsbewertung der Bilder in der Vorverarbeitung mit der RGB-Korrektur zu beheben. Wählen Sie dazu die Schaltfläche *RGB justieren*.

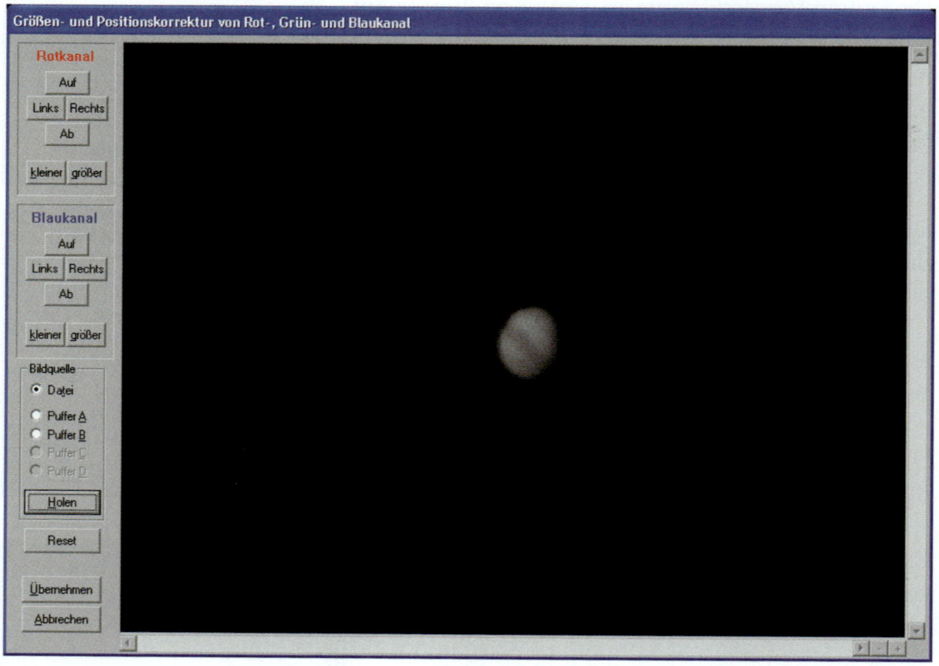

Um die Korrekturen zu definieren, müssen Sie zunächst ein Bild laden. Wählen Sie hierzu unter *Bildquelle* entweder *Datei* und wählen die zu verarbeitende Videosequenz aus, oder wählen Sie ein schon in einem Puffer vorhandenes Bild, falls Sie die Videosequenz schon einmal gestackt haben. Durch Klick auf die Schaltfläche *Holen* wird das entsprechende Bild angezeigt.

Sie können mit den Schaltflächen links oben nun den Rot- und den Blaukanal gegenüber dem Grünkanal verschieben. Stellen Sie die Verschiebung so ein, dass alle drei Farbkanäle möglichst deckungsgleich sind. Mit den Schaltflächen *kleiner* und *größer* können Sie den Rot- und den Blaukanal auch in der Größe linear skalieren, sodass auch auftretende Größenverzerrungen ausgeglichen werden können. Sind die drei Farbkanäle aufeinander ausgerichtet und Sie mit dem Ergebnis zufrieden, bestätigen Sie die RGB-Korrekturparameter durch einen Klick auf die Schaltfläche *Übernehmen*.

Elektronische Bildsensoren besitzen ein thermisches Rauschen, das auch Dunkelstrom genannt wird. Dieses thermische Rauschen ist systematisch und kann durch ein Dunkelbild korrigiert werden. Hierzu wird eine Aufnahme bei abgedeckter Kamera und gleichen Aufnahmeeinstellungen wie die Rohbilder aufgenommen. Besser als eine einzelne Aufnahme als Dunkelbild zu verwenden, ist es, mehrere Dunkelbilder, z. B. als Videosequenz, aufzunehmen und zunächst wie Bilder, allerdings ohne Ausrichtung, zu stacken. Das Ergebnis dieses Stacks kann dann in einer Grafikdatei als Dunkelbild bereitgestellt werden. Mathematisch werden Dunkelbilder von den Rohbildern abgezogen.

Optische Fehler wie Vignettierung der Optik oder Staub auf dem Sensor können mit einem so genannten Flatfield korrigiert werden. Ein Flatfield ist eine Aufnahme einer gleichmäßig weißen Fläche durch die verwendete Optik (die Kamera muss noch in genau derselben Orientierung montiert sein wie bei der Aufnahme). Flatfields müssen durch die Wahl der Belichtungsparameter so ausgesteuert werden, dass kein Pixel den Wert 0 hat und kein Pixel gesättigt ist.

Ebenso wie beim Dunkelbild ist es vorteilhaft, mehrere einzelne Flatfield-Aufnahmen zu mitteln und als Grafikdatei bereitzustellen. Mathematisch werden die Rohbilder durch die Flatfields geteilt.

Giotto kann über die Optionen *Flatfield* und *Dunkelstrom* entsprechende Korrekturen der Rohbilder vornehmen. Bei einem Klick auf die Schaltfläche *Flatfield* bzw. *Dunkelstrom* öffnet sich ein Dateiauswahlfeld, in der Sie die Datei für das Flatfield bzw. Dunkelstrombild angeben können.

Elektronische Bildsensoren können defekte Pixel aufweisen. Diese Pixel können keinerlei Informationen aufnehmen („dead pixel") oder liefern immer ein relativ hohes Signal oder sind gar ständig gesättigt („hot pixel").

Diese Bildfehler kann Giotto mit einer Hotpixel-Liste korrigieren. Dabei werden die Pixelwerte der defekten Pixel durch eine Interpolation der Nachbarpixel ersetzt und so der Defekt kosmetisch korrigiert.

3.4 Der Feinschliff für die Bilder

Giotto kann nicht nur Bildsequenzen aufzeichnen und diese Sequenzen stacken, sondern bietet auch umfangreiche Spezialfunktionen zur Bearbeitung der erzeugten Bilder an.

Nur selten sind die Ergebnisbilder des Stacking-Vorgangs schon in einer präsentablen Form, meist muss noch umfangreiche Nachbearbeitung vorgenommen werden. Gerade in diesem Stadium zeigt sich die Stärke des Pufferkonzepts in Giotto, hier können Sie Bearbeitungsvarianten ausprobieren und gegenüberstellen, ohne dabei das Rohbild zu verlieren.

Bilder richtig schärfen

Gerade Planeten- und Mondaufnahmen wirken nach dem Stacking meist noch unscharf und müssen erst noch geschärft werden. Giotto bietet hierzu unter *Bearbeiten/Schärfen und Filtern* die notwendigen Funktionen. Wählen Sie zum Schärfen der Aufnahme das Register *Nur Schärfen*.

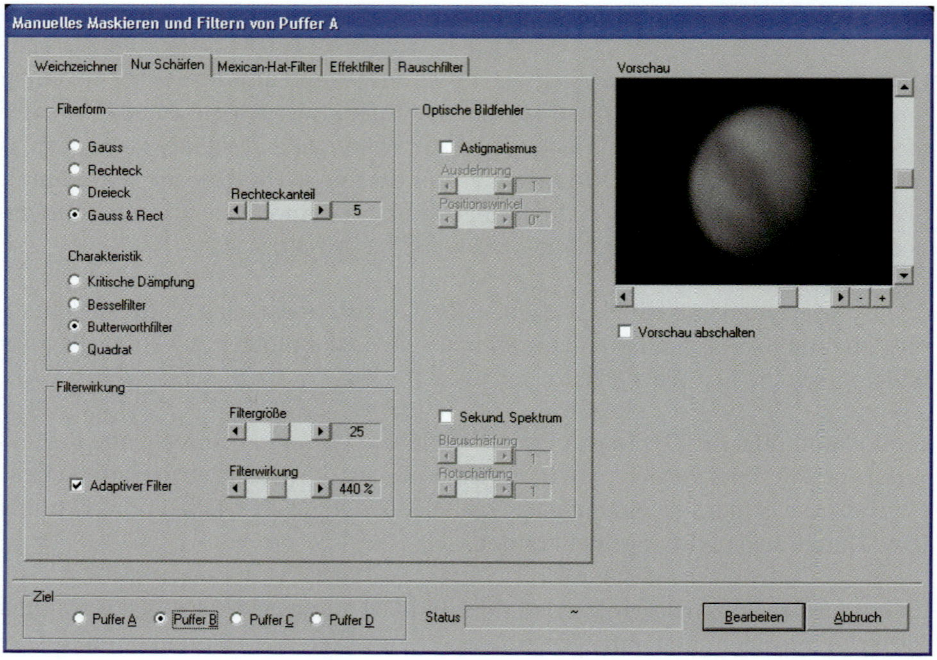

Rechts oben sehen Sie ein Vorschaubild des aktuell eingestellten Filters. Da die Filteroperationen teilweise sehr rechenintensiv sind, können Sie die Vorschaufunktion mit der Option *Vorschau abschalten* deaktivieren.

Die Schärfung in Giotto basiert auf einer inversen Faltung, d. h., die angenommene Luftunruhe, die für die Unschärfe verantwortlich ist, wird aus dem Bild herausgerechnet. Da der Einfluss der Luftunruhe nicht wirklich bekannt ist, wird dafür eine so genannte **P**oint **S**pread **F**unction (PSF) angenommen.

Überschreiben Sie keine Bilder!

Wählen Sie einen freien Bildpuffer als Ziel der Operation. So vermeiden Sie, dass Ihr Originalbild überschrieben wird, und Sie können das Ergebnis direkt mit dem Ausgangsbild vergleichen.

Diese beschreibt, wie eine Punktlichtquelle bedingt durch Luftunruhe und andere äußere Einflüsse auf mehrere Pixel verteilt wird.

Die Einstellungen *Gauß*, *Rechteck*, *Dreieck* und *Gauß & Rect* bestimmen dabei die anzunehmende Point Spread Function (PSF). Die geeignete Wahl der Filters hängt sehr stark von den Bilddaten ab, sodass hier meist nur Ausprobieren zur besten Auswahl führt.

Die Reaktion des Filters auf Helligkeitswechsel wird über die Charakteristik beeinflusst. Hierbei erzeugt die kritische Dämpfung die schwächste Reaktion und das Quadrat die stärkste Reaktion.

Mit den Reglern *Filtergröße* und *Filterwirkung* kann die Schärfung sehr fein beeinflusst werden. Bedenken Sie dabei, dass zu viel Schärfung zu sehr unschönen Resultaten führt. Gerade bei der Schärfung von Aufnahmen gilt oft: Weniger ist mehr.

Nach demselben Muster wie *Nur Schärfen* funktioniert auch das Register *Mexican-Hat-Filter*.

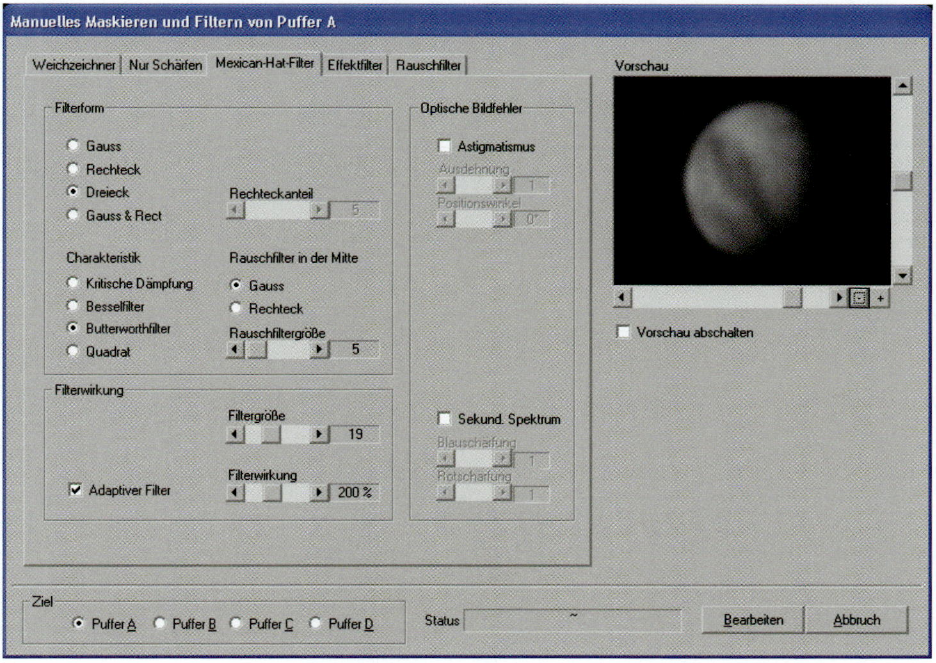

Vergleichbare Register wie zur Schärfung gibt es auch zum Weichzeichnen und Rauschfiltern des Bildes sowie ein Register mit Effektfiltern, die Planetendetails auf sehr interessante Art und Weise herausarbeiten können.

Feintuning in Photoshop

Oft wird das Feintuning von Bildern nicht in Giotto durchgeführt, sondern das Ergebnisbild wird in einem verlustfreien Format (BMP, TIFF, keinesfalls JPEG!) gespeichert und dann in einem Bildbearbeitungsprogramm wie Photoshop weiterbearbeitet. Durch die spezielle Auslegung der Schärfungsalgorithmen in Giotto auf astronomische Aufnahmen ist es dennoch sinnvoll, eine erste, leichte Schärfung in Giotto vorzunehmen.

4. Professionelles Stacking mit RegiStax

Wie schon das im voherigen Kapitel vorgestellte Giotto ist auch RegiStax ein Programm zum Stacken von Bilddaten. Wo Giotto mit eingebauter Aufnahmefunktion und der Möglichkeit, Digitalkamerarohdaten zu verarbeiten, punkten kann, hat RegiStax eine enorme Geschwindigkeit, hohe Stabilität und eine einzigartige Wavelet-Filterung vorzuweisen.

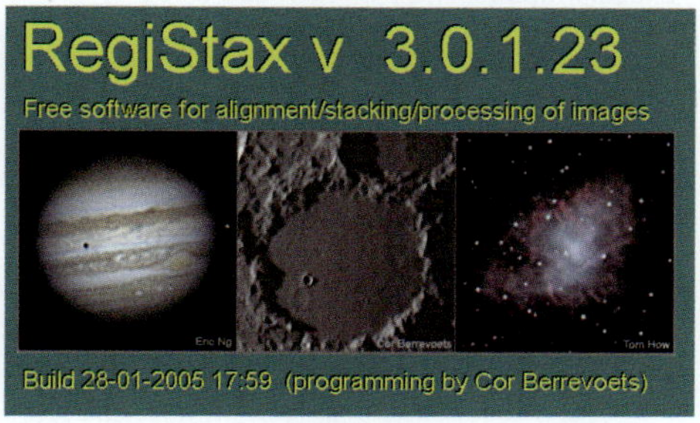

4.1 Installation – deutsche Sprachversion

RegiStax sollte auf jedem aktuellen Windows-Rechner lauffähig sein, allerdings muss die Bildschirmauflösung mindestens 1.024 x 768 Punkte betragen. Als Hauptspeicher werden mindestens 256 MByte empfohlen.

Hardware	Anforderung
Bildschirmauflösung	mind. 1.024 x 768
Hauptspeicher	mind. 256 MByte empfohlen
Betriebssystem	Windows 95 oder neuer
Bildgröße	max. 4.000 x 4.000 Pixel
Anzahl Einzelbilder	max. 10.000

RegiStax V3 unterstützt die gebräuchlichsten Dateiformate:

- AVI (passender Codec muss für Windows installiert sein)
- mehrere AVIs (umgeht das 2-GByte-Dateigrößenlimit)
- RAW-AVI (Webcam-Rohdatenformat)
- **P**ortable **N**etwork **G**raphics PNG (8/16 Bit)
- Windows-**Bit**m**ap** BMP (8 Bit)
- JPEG (8 Bit)
- TIFF (8/16 Bit)
- FIT (16/32 Bit) – nur Einzelkanaldateien
- Fits (Meade DSI-Dateien)

Hier finden Sie RegiStax im Internet

Die aktuelle RegiStax-Version erhalten Sie unter registax.astronomy.net/. Laden Sie sich von dort den Installer und führen Sie diesen auf Ihrem Rechner aus, um RegiStax V3 zu installieren. Zur Installation der deutschen Sprachdateien laden Sie sich von registax.ccdastro.de/ die deutsche Sprachdatei *lang_de.txt* und kopieren diese Datei in das RegiStax-Programmverzeichnis (meist *C:\Programme\RegiStax*).

Beim ersten Start von RegiStax können Sie dann unter dem Register *Language* (auf der rechten Seite des RegiStax-Fensters) die deutsche Sprachdatei *lang_de.txt* auswählen. Wenn Sie dabei den Menüpunkt *als Standard* aktivieren, startet RegiStax in Zukunft immer direkt mit der deutschen Spracheinstellung.

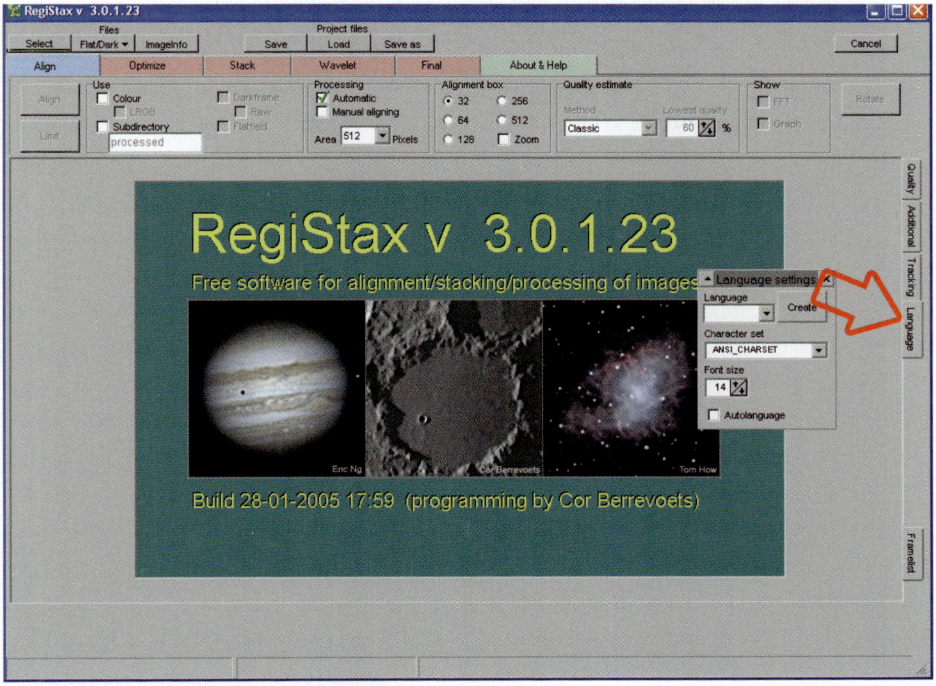

Auf der RegiStax-Homepage registax.astronomy.ne/ gibt es weitere Sprachdateien für andere Sprachen, die Sie genauso installieren können wie die deutsche Sprachversion.

4.2 Die Vollautomatik – Klick & Go

RegiStax V3 bietet eine hervorragende Automatikfunktion, bei der Sie (fast) keine Einstellungen vornehmen müssen. Diese Vollautomatik bietet sich vor allem für einen ersten Durchlauf der Daten an, um beurteilen zu können, welche Ergebnisse aus dem Datenmaterial erwartet werden können.

1 Wählen Sie die Quelldateien aus. Klicken Sie hierzu auf die Schaltfläche *Auswahl* und wählen Sie im folgenden Dateiauswahldialog die Quelldateien. Sie können dabei auch mehrere AVIs anwählen. Allerdings müssen diese das gleiche Objekt in identischer Größe aufweisen, ansonsten wird die Verarbeitung in RegiStax scheitern.

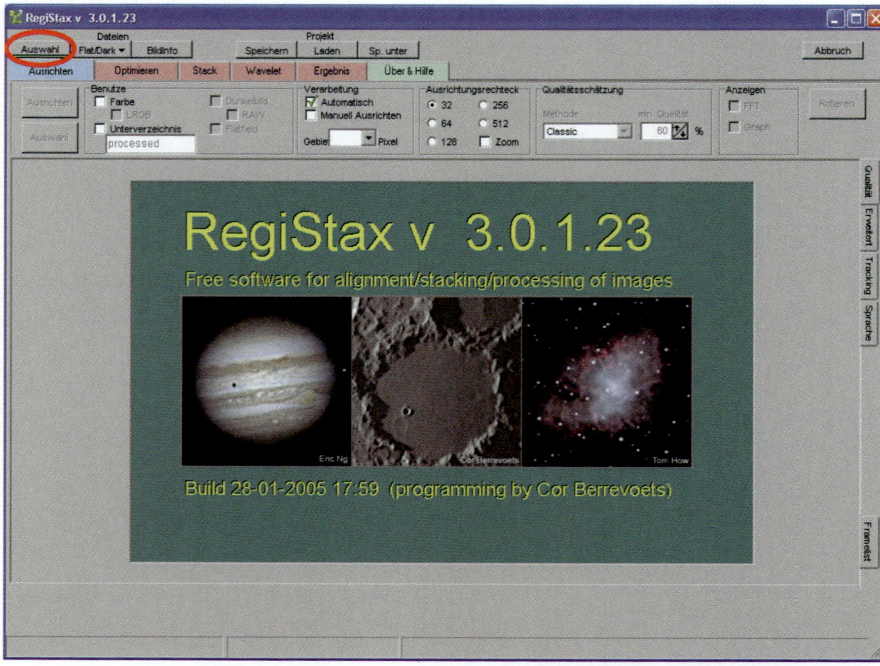

Es kann sein, dass RegiStax Sie nach der Auswahl der Quelldaten fragt, ob die Bilder in Farbe oder schwarzweiß bearbeitet werden sollen. Schwarzweiß bedeutet dabei Graustufenbilder mit nur einem Kanal, Farbbilder besitzen drei Farbkanäle, je einen für Rot, Grün und Blau.

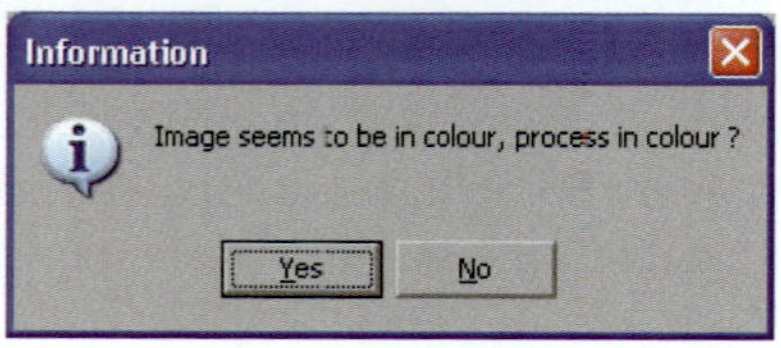

RegiStax versucht, in den Quelldaten automatisch zu erkennen, ob diese als Graustufen- oder als Farbbilder vorliegen, fragt aber bei einem Wechsel sicherheitshalber nach.

2 Wählen Sie die Größe des Auswahlrechtecks. RegiStax verwendet einen rechteckigen Bildausschnitt zur Ausrichtung der Einzelbilder und zur Qualitätsschätzung.

Dieses Auswahlrechteck sollte das aufgenommene Objekt umschließen. Beachten Sie aber, dass größere Auswahlrechtecke auch mehr Rechenzeit benötigen.

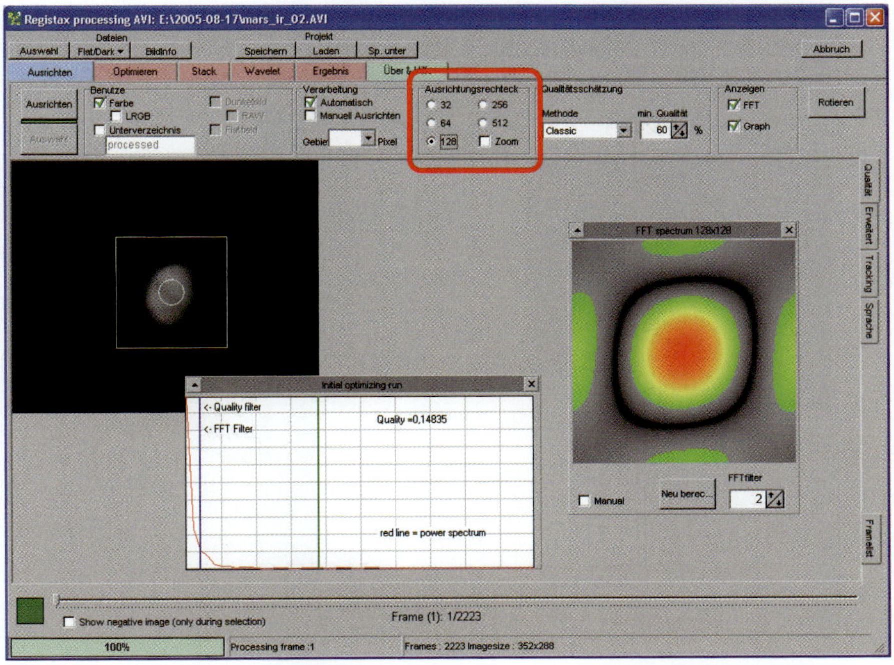

3 Wählen Sie ein Referenzbild aus. Sie können mit dem Schieberegler am unteren Bildschirmrand durch die Einzelbilder scrollen. Wählen Sie mit diesem Schieberegler ein Referenzbild aus, das möglichst scharf ist.

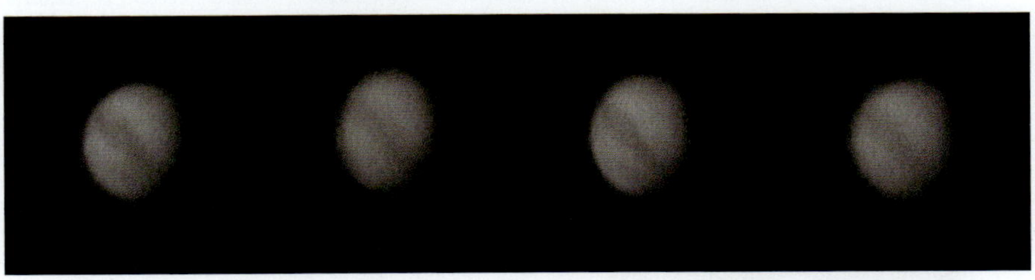

Vier Einzelbilder aus einer Aufnahmesequenz. Bedingt durch schlechtes Seeing sind nur wenige Aufnahmen wirklich scharf.

Die Auswahl eines Referenzbildes ist wichtig, damit RegiStax einen Anhaltspunkt hat, wie gute Aufnahmen aussehen. Alle Einzelbilder werden dabei mit dem Referenzbild verglichen und geordnet.

Die ungeeignete Wahl eines Referenzbildes kann zu schlechten Ergebnissen der Bildverarbeitung führen, allerdings ist für einen ersten Durchlauf die Wahl des Referenzbildes nicht kritisch.

4 Positionieren Sie das Ausrichtungsrechteck auf das aufgenommene Objekt. RegiStax rechnet jetzt einen kurzen Moment die FastFourier-Transformation des Objekts und zeigt diese in einem kleinen Fenster an. Für eine optimale Ausrichtung der Bilder sollte ein eng begrenzter roter Bereich in der Mitte des Objekts zu sehen sein.

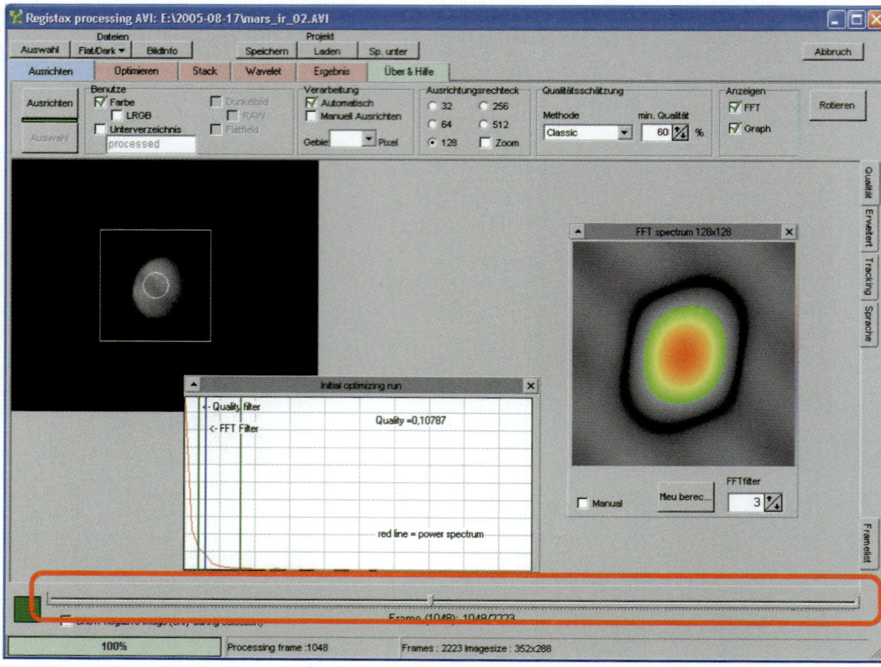

5 Aktivieren Sie die Option *Automatisch*, um die Vollautomatikfunktion nutzen zu können.

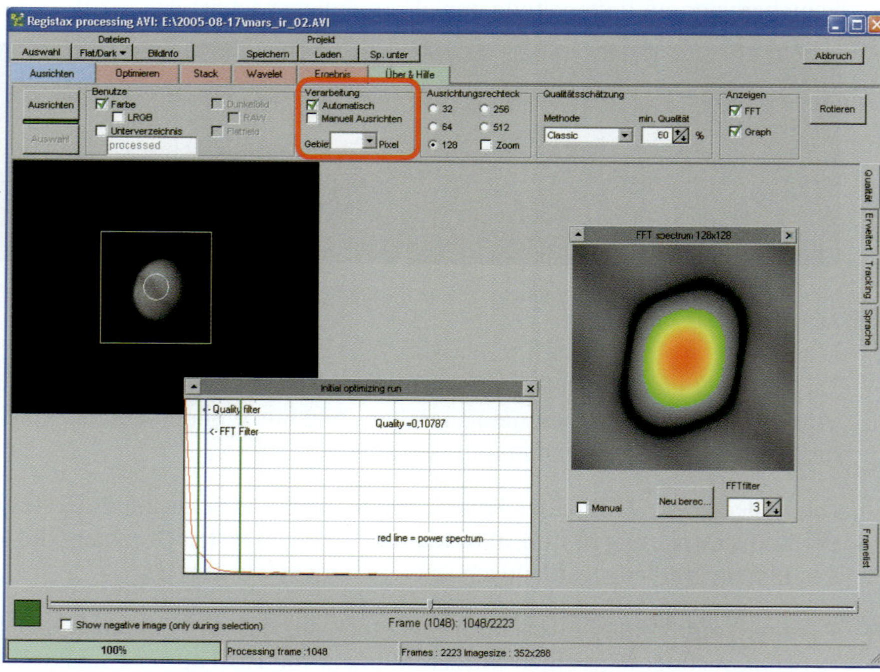

6 Starten Sie die automatische Verarbeitung der Rohbilder durch Klick auf die Schaltfläche *Ausrichten*. RegiStax zeigt Ihnen die Zwischenschritte visuell an und geht dann direkt in den Schritt *Wavelet*.

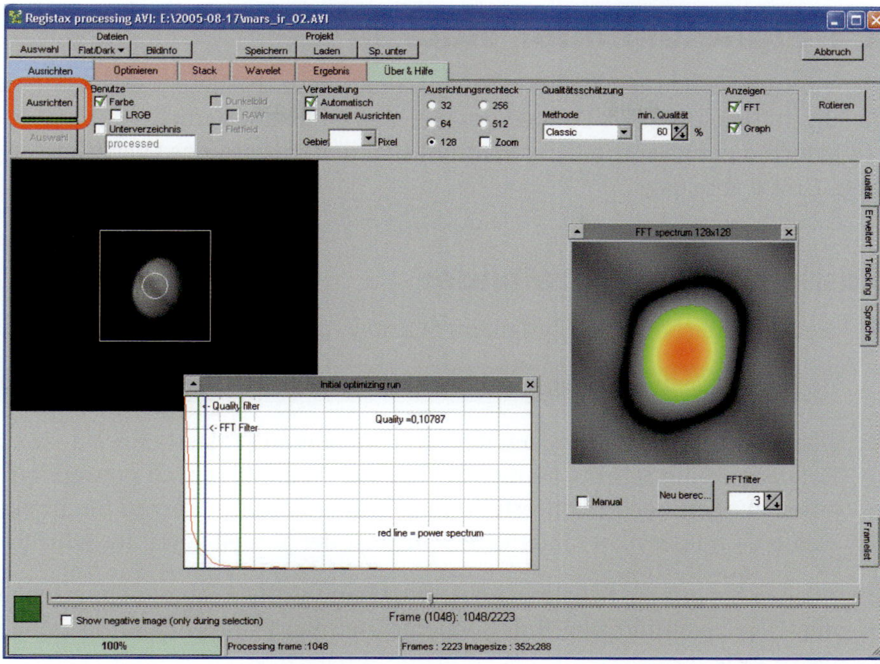

7 Die Wavelet-Filterung ist etwas komplexer und wird daher erst später vorgestellt. Speichern Sie das Ergebnis Ihrer ersten Bildverarbeitung mit RegiStax, indem Sie auf die Schaltfläche *Speichern* klicken.

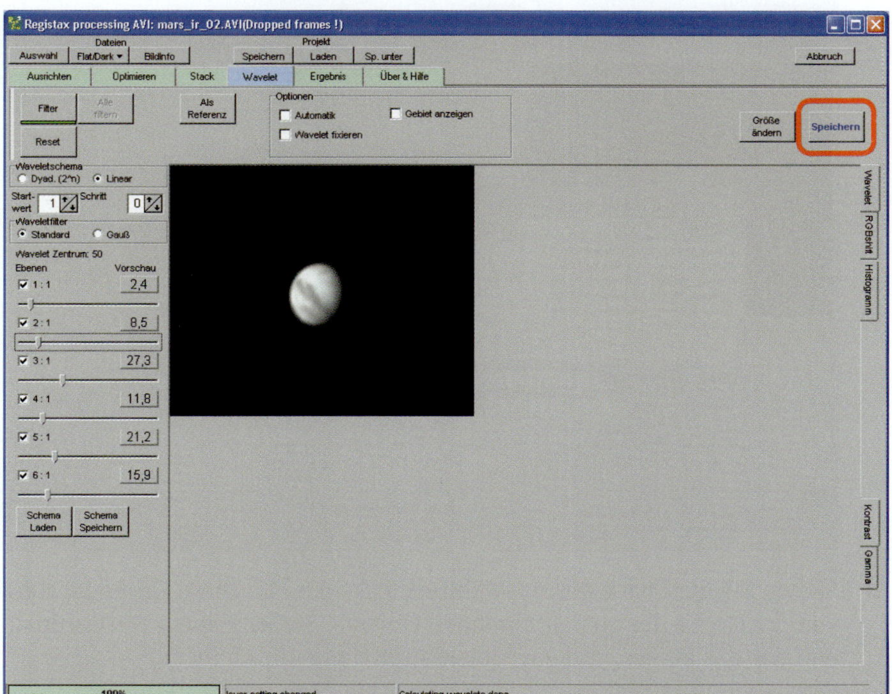

4.3 Planetenbilder stacken

Planetenaufnahmen liegen meist als AVI-Dateien, also als Filme, vor. RegiStax kann gleichzeitig mehrere AVI-Dateien des gleichen Objekts verarbeiten. Die AVIs dürfen jedoch nicht gegeneinander verdreht sein und müssen das Objekt in der gleichen Größe abbilden.

Ausrichten der Einzelbilder

1 Stellen Sie sicher, dass Sie sich im Schritt *Ausrichten* befinden.

Den Schritt können Sie in den Registern im oberen Fensterbereich auswählen. Rot dargestellte Schritte können Sie noch nicht anwählen, da notwendige Voraussetzungen noch nicht erfüllt sind. Grüne Schritte können Sie direkt anwählen, und der blau hinterlegte Schritt ist der aktuell gewählte Schritt.

2 Klicken Sie auf die Schaltfläche *Auswahl* und wählen Sie in dem erscheinenden Dateiauswahldialog Ihre Rohdaten aus. Bei Planeten sind dies üblicherweise AVIs.

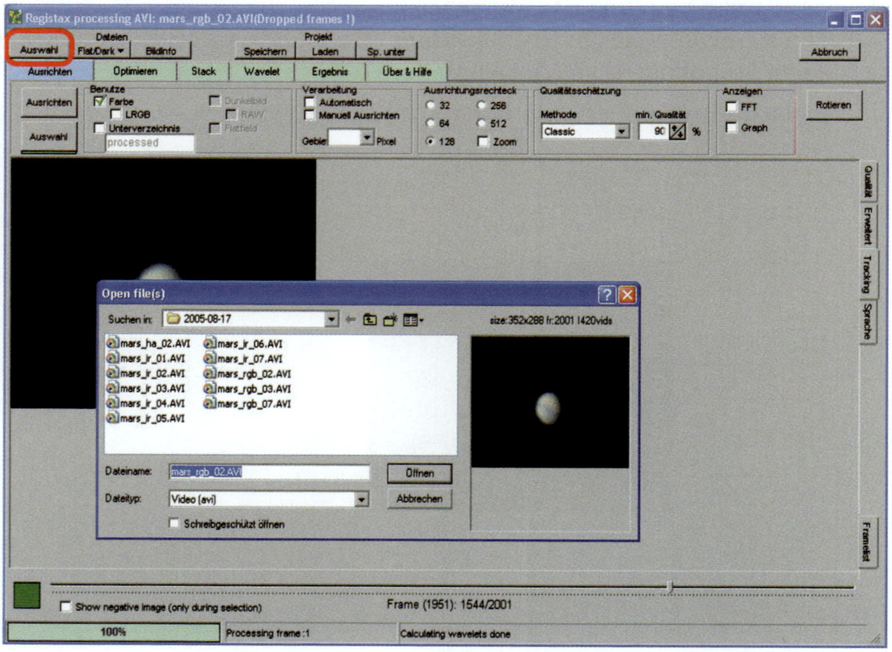

3 Stellen Sie die Größe des Auswahlrechtecks ein (1). Diese Größe ist abhängig von der Größe des auszurichtenden Objekts. Stellen Sie ein Auswahlrechteck ein, das das aufgenommene Objekt großzügig umschließt.

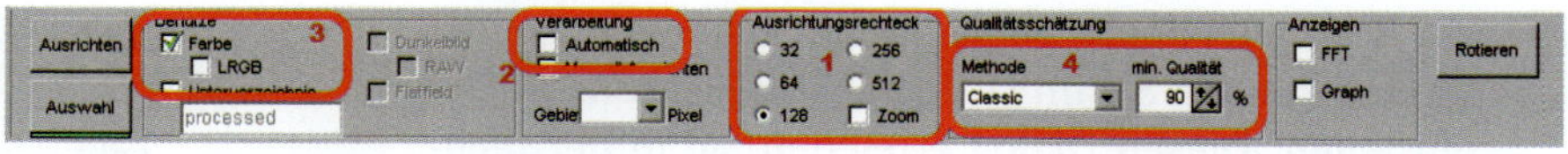

Deaktivieren Sie den Menüpunkt *Automatisch* (2), um die volle Kontrolle über die Bildverarbeitung zu erhalten.

Aktivieren Sie den Punkt *Farbe* (3), wenn Sie Farbbilder verarbeiten, deaktivieren Sie diesen Menüpunkt, wenn Sie Graustufenbilder verarbeiten.

Wählen Sie eine geeignete Methode zur Qualitätsschätzung (4) und bestimmen Sie, welcher Anteil der Rohbilder zur Berechnung des Ergebnisbildes herangezogen werden soll.

Das am höchsten bewertete Rohbild wird dabei mit 100 % bewertet, alle anderen besitzen entsprechend niedrigere Prozentwerte. Es wird also nicht ausgewählt, wie viele Rohbilder verwendet werden sollen, sondern, ab welcher geschätzten Qualität Bilder zur Berechnung des Ergebnisbildes herangezogen werden sollen.

Floating Windows

RegiStax stellt die aus der Sidebar aufgerufenen Dialoge als Floating Windows dar. Diese können frei im RegiStax-Fenster platziert werden. Zum Schließen dieser Floating Windows klicken Sie nochmals auf den entsprechenden Eintrag in der Sidebar.

Die zur Verfügung stehenden Methoden sind:

- *Classic*: Die Qualität der Einzelbilder wird anhand des Leistungsspektrums abgeschätzt. Als Parameter muss bei dieser Methode eingestellt werden, welcher Bereich des Leistungsspektrums bewertet werden soll.
- *Human*: entspricht weit gehend der Methode *Classic*, gewichtet jedoch das Leistungsspektrum entsprechend der räumlichen Sensitivität des menschlichen Auges.
- *Compress*: Die Einzelbilder werden als komprimierte JPEGs gespeichert. Die bei fester Komprimierungsstufe erzeugte Dateigröße wird dabei als Maß für die Qualität des Bildes verwendet. Je größer die Datei, desto mehr Details sind im Bild und desto höher wird die Qualität des Bildes eingeschätzt. Als Parameter ist bei der Methode *Compress* die Kompressionsstufe der JPEGs einstellbar. Diese Methode ist besonders für Graustufenbilder zu empfehlen.
- *Local Contrast*: ermittelt den geschätzten lokalen Kontrast im Ausrichtungsrechteck in jeweils 8 x 8 Pixel großen Ausschnitten.
- *Gradient*, *Deviation* und *DLL*: Diese Methoden sind bisher leider nicht dokumentiert, dennoch kann es sich, gerade in kritischen Fällen, auch lohnen, diese Qualitätsschätzer auszuprobieren.

4 Die Parameter der einzelnen Qualitätsbewertungsmethoden können Sie im Dialog *Qualitätseinstellungen* einstellen. Diesen Dialog erreichen Sie in der rechten Sidebar unter dem Menüpunkt *Qualität*.

Die Einstellung *Autofilter* wirkt sich nur auf die Methoden *Classic* und *Human* aus. Ist *Autofilter* aktiviert, werden der Bandstart und die Bandbreite automatisch aus dem Leistungsspektrum ermittelt. Ist *Autofilter* deaktiviert, können die entsprechenden Einstellungen manuell vorgenommen werden.

4a Bei der Methode *Classic* wird nach der Platzierung des Auswahlrechtecks das Leistungsspektrum angezeigt. Im Leistungsspektrum werden zwei dünne, senkrechte grüne Linien angezeigt.

Diese beiden Linien stellen die Grenzen des zu bewertenden Bereichs dar. Sie können in den Qualitätseinstellungen die Position der linken Linie und den Abstand der rechten Linie von der linken einstellen.

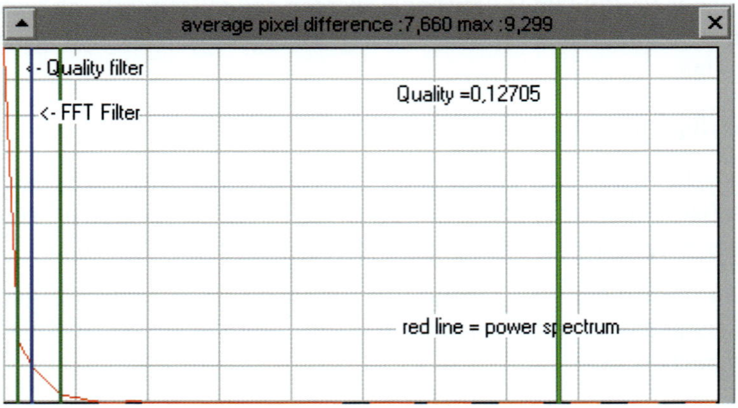

Die linken Bereiche des Leistungsspektrums stellen grobe Strukturen dar, die für die Qualitätsbewertung weniger von Bedeutung sind. Nach rechts hin stellt das Leistungsspektrum immer feinere Details dar.

Je schärfer die Rohbilder sind, desto weiter rechts (bei feineren Strukturen) sollte das ausgewählte Band liegen. Bedenken Sie dabei aber, dass gerade feine Details oft sehr verrauscht sind und die Qualitätsschätzung ein schlechtes Ergebnis liefern würde.

4b Das Leistungsspektrum bei der Methode *Human* ist verglichen mit der Methode *Classic* im mittleren Bereich stärker betont. Dies rührt aus der Gewichtung entsprechend dem räumlichen Sehvermögen des menschlichen Auges.

Bei der Methode *Human* können Sie nur den Startwert für den Filter festlegen.

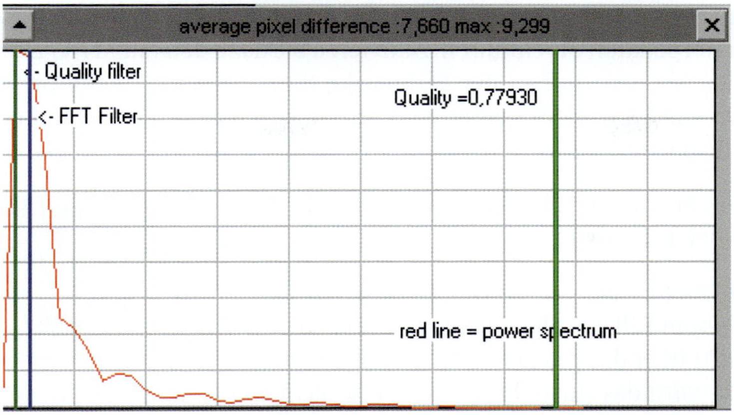

4c Der Parameter bei der Methode *Compress* ist eine JPEG-Kompressionsstufe und nimmt Werte zwischen 0 (maximale Kompression) und 100 (minimale Kompression an). Ein sinnvoller Wert für den Kompressionsfaktor ist 60.

5 Überprüfen Sie die erweiterten Einstellungen, die Sie in der rechten Sidebar unter *Erweitert* finden.

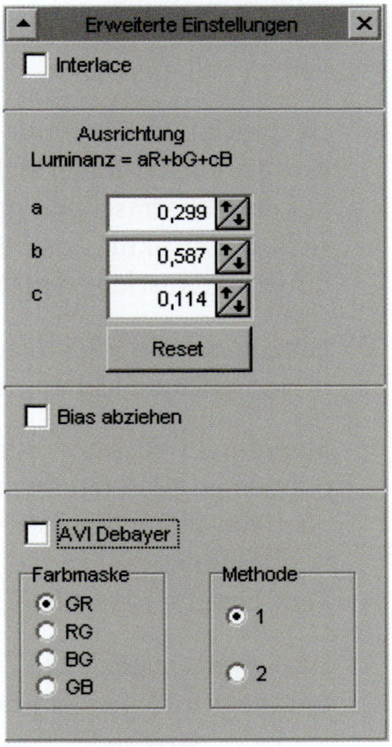

Aktivieren Sie *Interlace*, wenn Ihre Rohdaten als Halbbilder vorliegen. Dies kann z. B. bei Aufnahmen mit Videokameras der Fall sein. Webcams liefern Vollbilder, die Option *Interlace* sollte demnach deaktiviert sein.

Für die Ausrichtung und Optimierung der Einzelbilder wird die Luminanz verwendet. Bei Farbbildern wird diese als gewichtete Summe der einzelnen Farbkanäle (Rot, Grün und Blau) gebildet.

Die Werte für *a*, *b* und *c* unter *Ausrichtung Luminanz* stellen die Standardwerte für diese Gewichte dar und können hier vom Benutzer angepasst werden. Eine Anwendung sind z. B. Marsbilder, bei denen es vorteilhaft ist, den Rotkanal stärker zu gewichten als Grün oder Blau. Durch Klick auf die Schaltfläche *Reset* werden die Standardwerte wiederhergestellt.

Sie können von den Rohbildern einen Bias(Offset-)Wert abziehen. Hiermit können Sie Kamera- und Hintergrundrauschen minimieren, allerdings auf die Gefahr hin, auch Details Ihrer Aufnahme zu löschen. Nach Aktivierung der Option *Bias abziehen* erscheint ein zusätzliches Eingabefeld, in dem Sie den abzuziehenden Offset eingeben können.

Betreiben Sie eine Webcam im RAW-Modus, kann RegiStax direkt die notwendige Farbinterpolation durchführen. Aktivieren Sie dazu den Punkt *AVI Debayer* und wählen Sie den Aufbau der Farbmaske Ihrer Webcam. Wenn Sie nicht wissen, was ein RAW-Modus einer Webcam ist, können Sie diesen Punkt ohne Weiteres deaktiviert lassen.

6 Überprüfen Sie die Verfolgungseinstellungen in der rechten Sidebar unter *Tracking*.

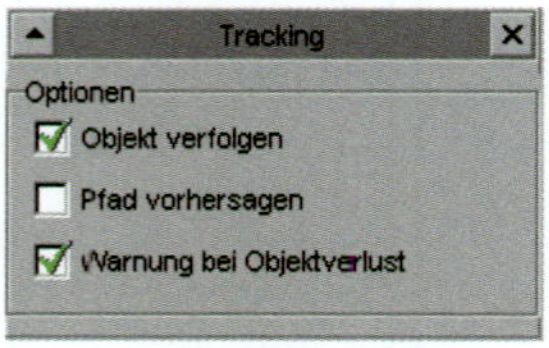

Standardmäßig ist die Option *Objekt verfolgen* aktiviert. In diesem Fall verfolgt RegiStax das auszurichtende Objekt über das gesamte Bild. Ist diese Option deaktiviert, wird das Ausrichtungsrechteck nicht weiter als seine eigene Größe in jede Richtung bewegt.

Die Option *Pfad vorhersagen* ist für schnell bewegte Objekte mit vorhersagbarem Pfad durch das Bild gedacht, z. B. für Aufnahmen der internationalen Raumstation ISS. Bei einer chaotischen Bewegung des Objekts, wie es z. B. bei Planeten- und Mondaufnahmen der Fall ist, dürfen Sie diese Option auf keinen Fall aktivieren.

Ist die Option *Warnung* aktiviert, gibt RegiStax eine Meldung aus, falls die Korrelation der Bilder sich plötzlich verschlechtert. Dies deutet üblicherweise auf eine überraschend große Verschiebung oder das Verschwinden der Ausrichtungsstruktur aus dem Bild hin. Diese Option erlaubt es nach der Meldung, die Ausrichtungsstruktur über einen Mausklick wieder aufzunehmen.

7 Nutzen Sie die Bilderliste. Diese finden Sie in der rechten Sidebar unter *Framelist*.

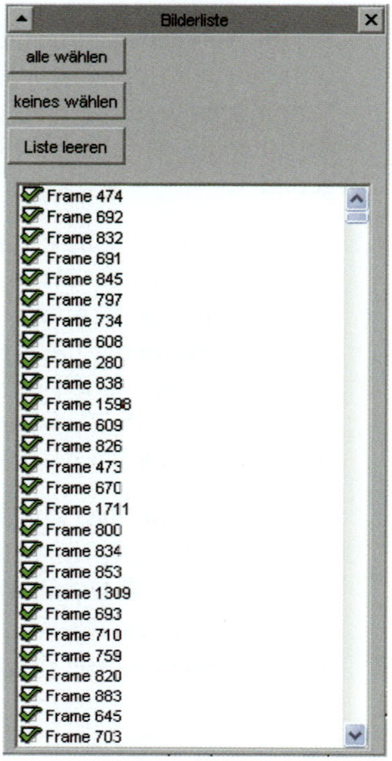

Sie können einzelne Bilder aus einem AVI oder einer größeren Anzahl Einzelbilder an- oder abwählen. Mit dieser Funktion können Sie besonders schlechte Rohbilder von der Verarbeitung ausschließen.

Das jeweils angeklickte Einzelbild wird blau unterlegt und im Verarbeitungsfenster von RegiStax dargestellt. So können Sie einfach die schlechten Rohbilder aussortieren.

Mit *alle wählen* selektieren Sie alle Einzelbilder, mit *keines wählen* werden alle Einzelbilder deselektiert. Mit *Liste leeren* entfernen Sie alle Einzelbilder aus RegiStax, Sie müssen dann neue Eingabedaten auswählen.

8 Wählen Sie mit dem Schieberegler am unteren Bildschirmrand ein möglichst gut gelungenes Rohbild als Referenzbild aus.

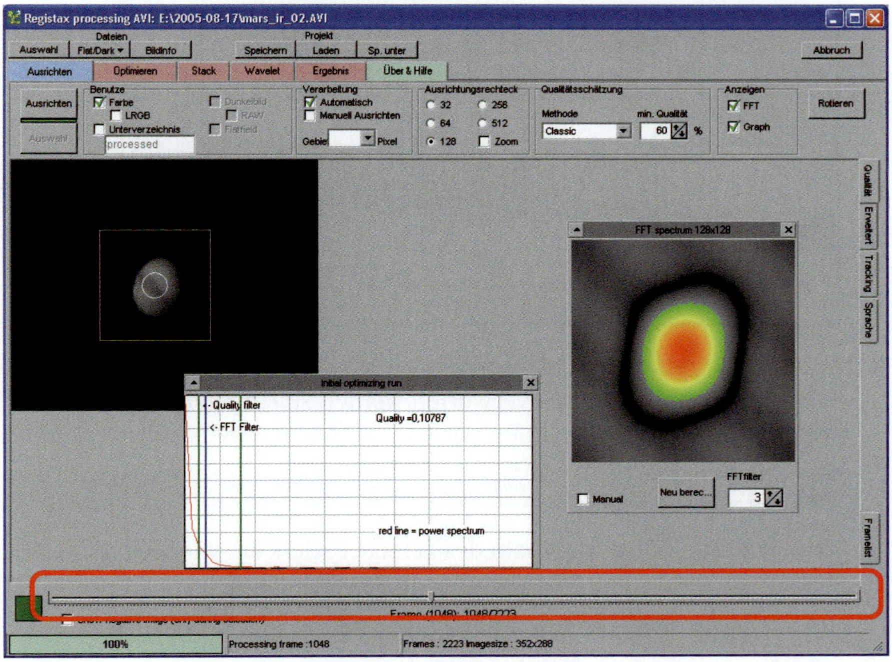

RegiStax vergleicht alle Einzelbilder in der Qualität mit dem Referenzbild, sodass dieser Auswahl eine zentrale Bedeutung zukommt. Verfügen Sie über kein optimales Referenzbild, können Sie in einem späteren Schritt aus den besten Aufnahmen ein neues Referenzbild erstellen und mit diesem die Auswahl nochmals durchführen.

9 Klicken Sie auf die Schaltfläche *Ausrichten*, um die Einzelbilder gegeneinander auszurichten.

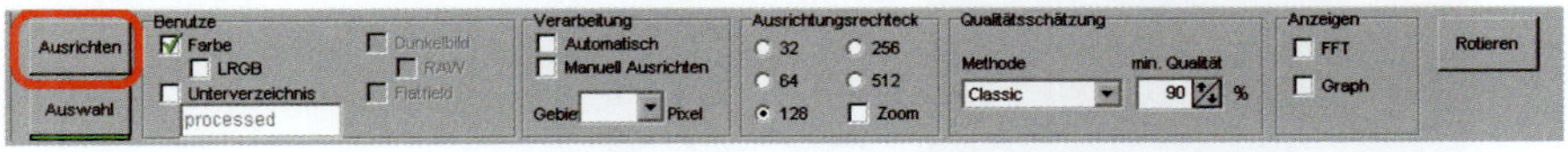

Während der Ausrichtung zeigt RegiStax die Verschiebung zwischen den Einzelbildern grafisch an.

Hierbei stellt die blaue Kurve die Ausrichtungsdifferenz (Verschiebung) der Einzelbilder gegenüber dem Referenzbild dar. Die rote Kurve stellt die Bildqualität, verglichen mit dem Referenzbild dar. Die grüne senkrechte Linie ist die momentane Auswahl, nur Bilder links dieser Linie werden zur Berechnung des Ergebnisbildes genutzt.

Bei einer guten Wahl des Referenzbildes, der Qualitätsbewertungsmethode oder deren Parameter sollte die rote Kurve der Bildqualität kontinuierlich sinken, während die blaue Kurve der Ausrichtungsdifferenz stetig ansteigt.

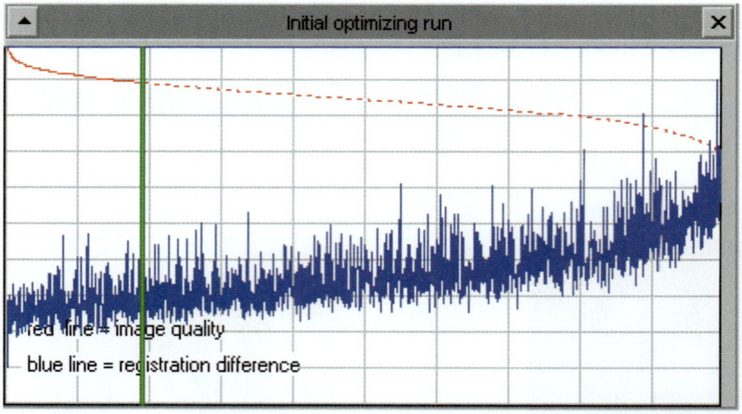

10 Wählen Sie mit dem Schieberegler am unteren Bildschirmrand aus, welche Bilder genutzt und welche verworfen werden sollen. Stellen Sie den Schieberegler auf das letzte von Ihnen noch als ausreichend scharf bewertete Bild.

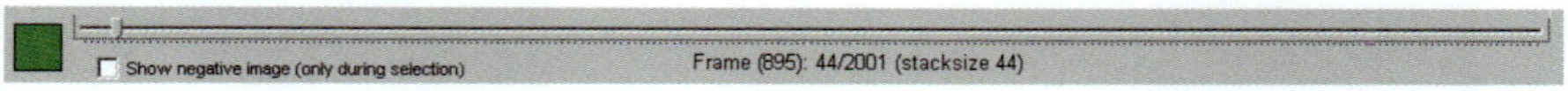

RegiStax zeigt dabei unterhalb des Schiebereglers an, wie viele Bilder Sie aus der Gesamtmenge zur Verarbeitung ausgewählt haben.

Optimierung der Bildausrichtung

1 Starten Sie einen ersten Lauf des Optimierers durch Klick auf die Schaltfläche *Auswahl*.

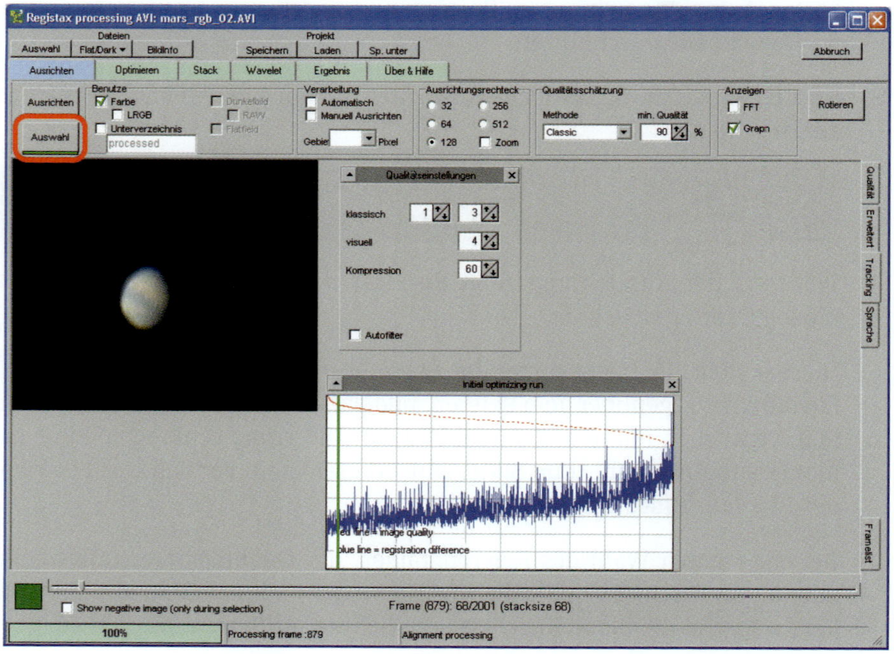

2 Der Optimierer in RegiStax verbessert die Ausrichtung der Einzelbilder zueinander. Es gibt zwei Möglichkeiten, den Optimierer zu verwenden. Die einfachere Option ist es, mit einem Klick auf die Schaltfläche *Optimiere & Stack* den Optimierer zu starten und dann automatisch die Bilder aufzuaddieren.

Deutlich mehr Einflussmöglichkeiten ergeben sich bei der Verwendung der Schaltfläche *Optimiere*. Hierbei wird ein Durchlauf des Optimierers ausgelöst, anschließend können die Optimierungsparameter verändert und der Optimierer neu gestartet werden.

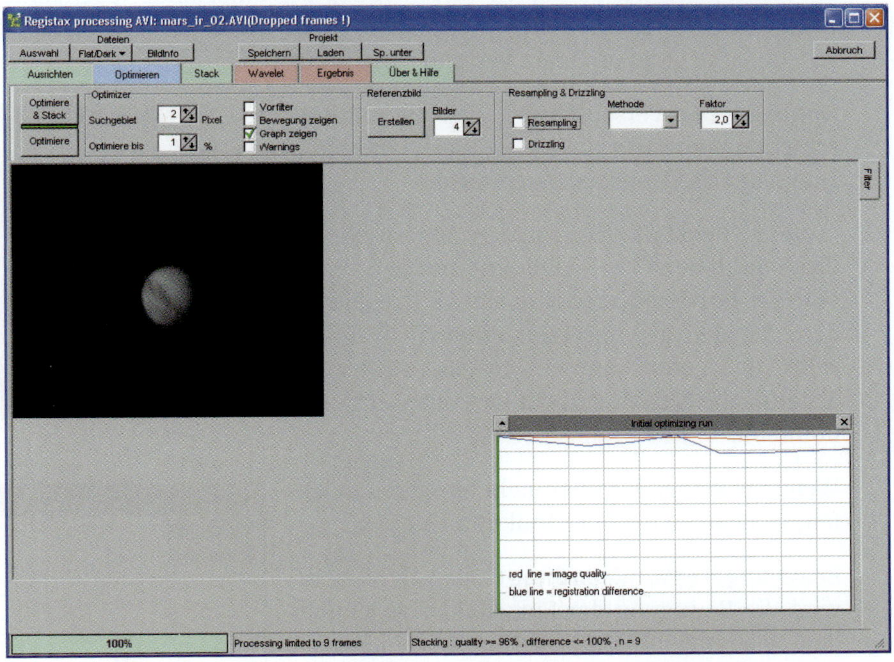

Wenn die Option *Graph zeigen* aktiviert ist, zeigt RegiStax während eines Optimierungslaufs ein Fenster mit den aktuellen Ausrichtungswerten an. Die rote Linie zeigt dabei die geschätzte Bildqualität und die blaue Linie die Verschiebung des Bildes zum Referenzbild an.

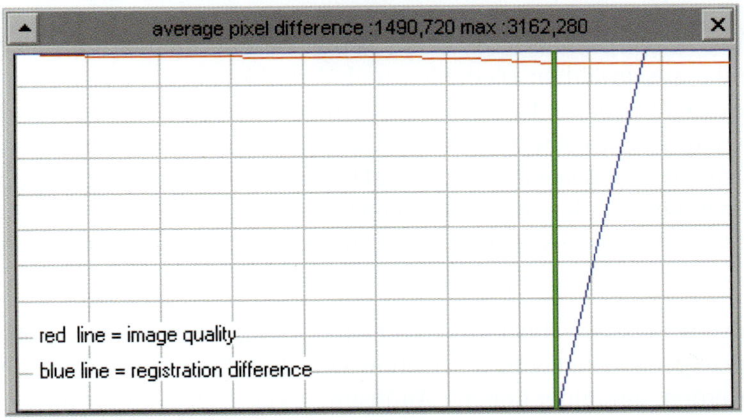

Sind die Parameter zur Qualitätsschätzung gut gewählt, sinkt die Bildqualität während gleichzeitig die Ausrichtungsdifferenz ansteigt.

3 Stellen Sie die Optimierungsparameter ein.

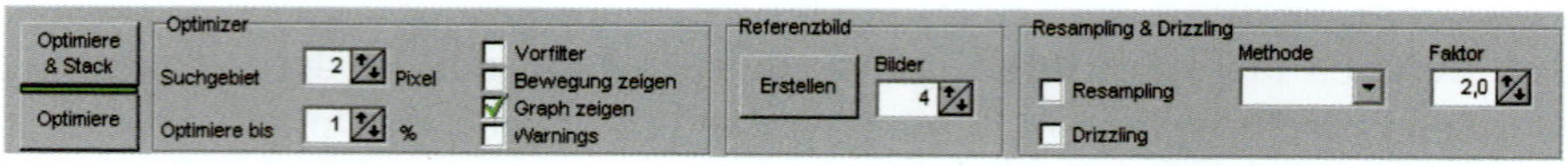

Suchgebiet: Dieser Wert beschreibt, wie in den verschiedenen Raumrichtungen die Suche nach der optimalen Verschiebung der Einzelbilder zueinander erfolgt. Große Werte erhöhen die Rechenzeit, steigern aber gleichzeitig die Wahrscheinlichkeit, die optimale Verschiebung zu finden.

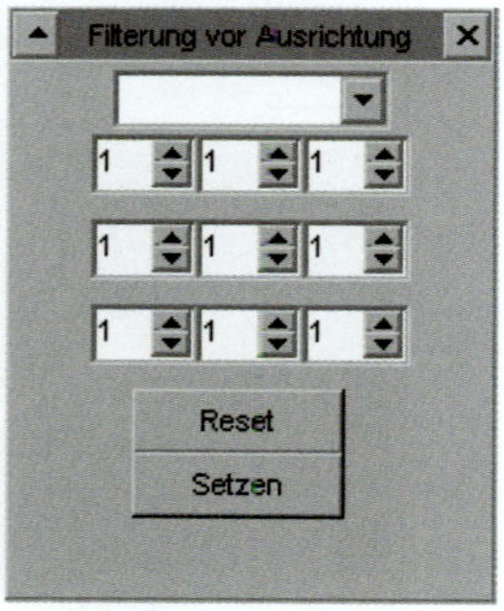

Optimiere bis: Verschlechtert sich die mittlere Verschiebung um mehr als diesen Wert, wird ein neuer Durchlauf des Optimierers gestartet.

Vorfilter: Bei stark verrauschten Bildern können Sie diese mit einem 3 x 3-Filter entrauschen. Wenn Sie *Vorfilter* aktivieren, erscheint ein Werkzeugfenster, in dem Sie den gewünschten Filter auswählen oder selbst definieren können. Mit einem Klick auf die Schaltfläche *Setzen* wird der gewählte Vorfilter übernommen.

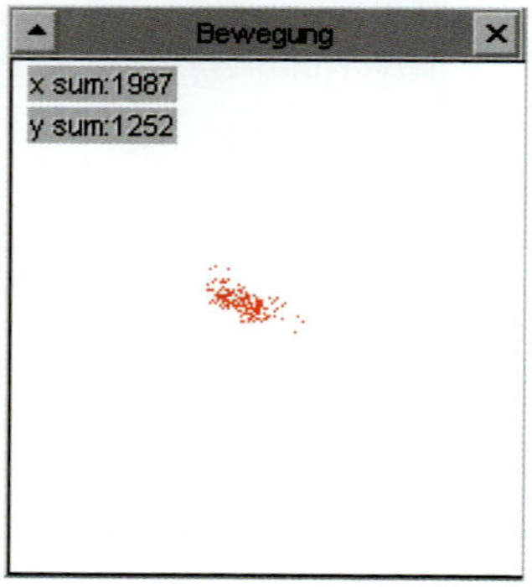

Wenn Sie keinen Vorfilter mehr einsetzen möchten, wählen Sie die Filterfunktion *Flat*.

Bewegung zeigen: Wenn diese Option aktiviert ist, wird die Bewegung der Einzelbilder gegenüber dem Referenzbild (Mittenposition) in einem kleinen Fenster angezeigt. Maximal kann eine Verschiebung von 100 Pixel angezeigt werden. Die numerisch angezeigten Werte *x_sum* und *y_sum* entsprechen der Summe aller Verschiebungen bezogen auf die Referenz

Resampling: Ist diese Funktion aktiviert, werden bei der Optimierung und beim Stacking die ausgewählten Methoden und Vergrößerungen verwendet. Vier Methoden (Bell, Bspline, Lanczos, Mitchell) sind verfügbar und der Vergrößerungsfaktor *Faktor* sollte zwischen 1,1 und 4,0 liegen. Diese Option verlängert die benötigte Rechenzeit, da jedes Bild für den Optimierungs- und Stacking-Schritt vergrößert werden muss. Beachten Sie beim Setzen dieser Option, dass die maximale Bildgröße von 4.000 x 4.000 Pixel nicht überschritten werden darf!

Drizzling: RegiStax berechnet die Verschiebung zwischen zwei Einzelbildern mit Subpixelgenauigkeit. Mit der Option *Drizzling* kann diese Genauigkeit genutzt werden, um Bilder höherer Auflösung zu erzeugen, indem die Einzelbilder um Pixelbruchteile genau zueinander verschoben werden. Hierzu werden die ausgerichteten Bilder in einem höher aufgelösten Bild platziert. Die Ergebnisse dieser Methode hängen stark von der Anzahl verwendeter Rohbilder ab (mehr = besser).

4 Starten Sie die Optimierung durch einen Klick auf die Schaltfläche *Optimiere*. Wiederholen Sie dies so oft, bis Sie mit dem Ergebnis der Optimierung zufrieden sind.

Addition der Bilder

1 Gehen Sie zum Arbeitsschritt *Stack*, um die ausgerichteten Bilder zu addieren.

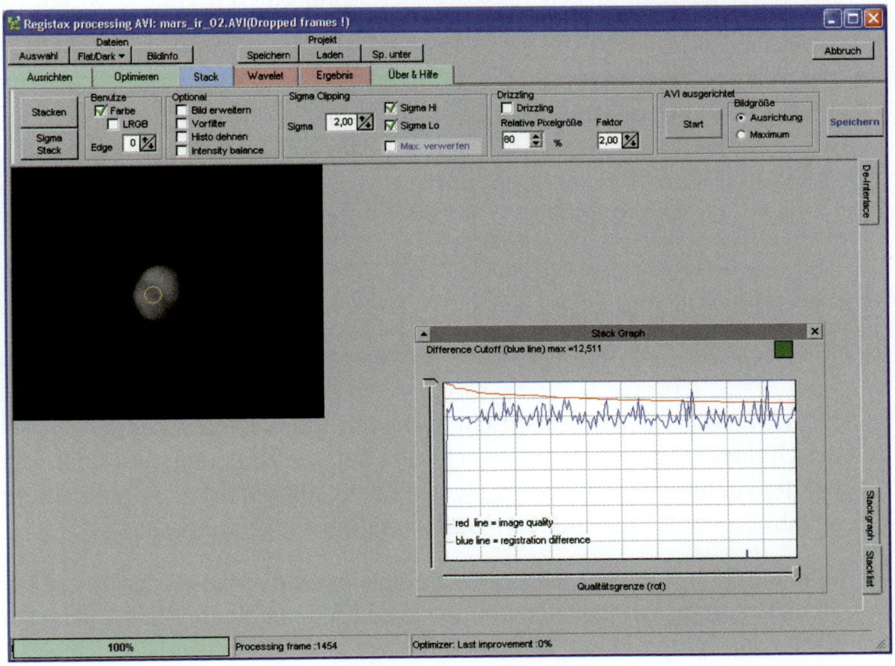

Hier können Sie folgende Einstellungen vornehmen:

Bild erweitern: Das Summenbild wird, basierend auf den geschätzten Verschiebungen, so groß wie möglich dargestellt.

Vorfilter: Wie bei der Optimierung kann auch beim Stacking ein Vorfilter aktiviert werden. Der an dieser Stelle gewählte Vorfilter hat im Gegensatz zum Vorfilter in der Optimierung direkten Einfluss auf die Qualität des Summenbildes.

Histo dehnen: Ist diese Option aktiviert, wird das Ergebnisbild automatisch auf den Wertebereich 0-255 gedehnt.

Sigma Clipping: Zur Unterdrückung von Rauschen kann RegiStax die Bilddaten nach statistischen Gesichtspunkten bewerten und ungeeignete Daten verwerfen. Hierzu berechnet RegiStax die Standardabweichung des Luminanzwertes des Summenbildes und definiert einen Bereich akzeptabler Werte. Vorgabe ist, dass dieses Band akzeptabler Werte der doppelten Standardabweichung entspricht. Statistisch bedeutet dies, dass erwartet wird, 95 % der Pixelwerte zu berücksichtigen. Anders herum formuliert bedeutet dies, dass bei jedem Pixel etwa 5 % der Bilder nicht in die Addition mit eingehen, da deren Pixelwert zu stark vom Mittelwert abweicht.

Die *Sigma Hi/ Sigma Lo*-Optionen sind standardmäßig aktiviert. Ist lediglich *Sigma Hi* aktiviert, werden nur Pixel verworfen, die oberhalb des ausgewählten Bandes liegen. Ist nur *Sigma Lo* aktiviert, werden nur Pixelwerte verworfen, die unterhalb des ausgewählten Bandes liegen. Die Funktion *Max. verwerfen* ist geeignet, um so genannte Cosmics zu eliminieren. Hierbei wird für jedes Pixel der jeweils höchste Pixelwert verworfen.

Drizzling – relative Pixelgröße

Relative Pixelgröße: Drizzling unterscheidet sich deutlich von der üblichen Mittelwertbildung beim Stacken. Um das (größere) Ergebnisbild zu erhalten, werden die Pixel über das Ergebnisbild verteilt. Diese Pixel müssen aber nicht größer als ein Standardpixel sein, sondern können auch kleiner sein, sodass jedes Einzelbild Lücken im Ergebnisbild hinterlässt. Eine kleinere relative Pixelgröße erzeugt größere Lücken und benötigt daher eine höhere Anzahl Bilder, um das Ergebnisbild vollständig zu füllen. Drizzling verwendet dabei nur Informationen aus den Rohbildern, ohne wie bei Resampling eine Interpolation zwischen den Pixeln durchzuführen.

Drizzling: Diese Option entspricht exakt der Option *Drizzling* im Arbeitsschritt der Optimierung. Durch die Berechnung der Verschiebung der Bilder gegenüber dem Referenzbild in Subpixelgenauigkeit können bei einer hohen Rohbildanzahl Ergebnisbilder höherer Auflösung berechnet werden.

2 Wählen Sie mit dem Stack Graph die zu verwendenden Bilder aus. Wird der Stack Graph nicht angezeigt, können Sie diesen mit einem Klick auf die Schaltfläche *Stackgraph* in der rechten Toolleiste anzeigen lassen.

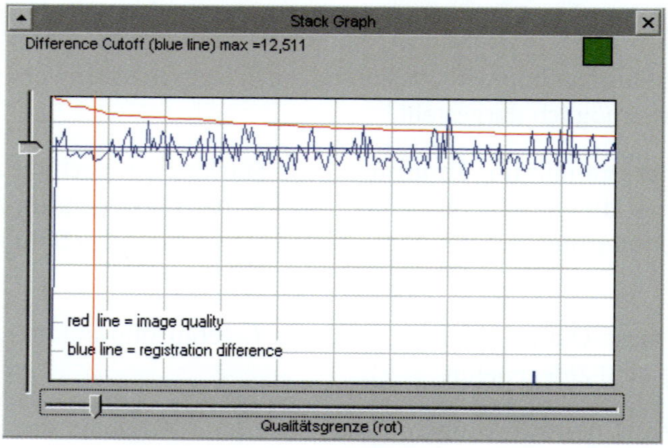

Wählen Sie mit dem horizontalen Regler die minimale Bildqualität aus. Im Stack Graph wird hierzu eine senkrechte rote Linie angezeigt.

Beschränken Sie die maximale Abweichung vom Referenzbild mit dem vertikalen Schieberegler. Eine waagerechte blaue Linie zeigt Ihnen, wo Sie die Schwelle gewählt haben.

Nur Bilder mit einer Qualität besser als mit der roten Linie eingestellt (also links der roten Linie) und gleichzeitig einer Verschiebung kleiner als mit der blauen Linie eingestellt (also unterhalb der blauen Linie) werden zur Addition verwendet. In der Statuszeile wird Ihnen angezeigt, wie viele Bilder aktuell verwendet werden.

Mit *Stacklist* (in der rechten Werkzeugleiste) können Sie einzelne Bilder von der Addition ausschließen.

3 Addieren Sie die Bilder mit einem Klick auf die Schaltfläche *Stacken* oder nutzen Sie das Sigma-Stacking mit einem Klick auf die Schaltfläche *Sigma Stack*. Nach kurzer Rechenzeit zeigt RegiStax Ihnen das Ergebnis der Addition an. Sind Sie damit nicht zufrieden, können Sie die Parameter der Addition verändern oder auch zu den Schritten *Ausrichten* oder *Optimieren* zurückgehen und diese anpassen.

Sind Sie mit dem Ergebnis zufrieden, können Sie das Bild mit dem Wavelet-Filter schärfen und dann als Bilddatei speichern.

Scharfe Bilder ohne Kompromisse mit dem Wavelet-Filter

RegiStax bietet zur Schärfung der Aufnahmen einen besonderen Filter an. Während die meisten anderen Programme Schärfungsalgorithmen basierend auf unscharfer Maske und/oder Dekonvolution anbieten, hat RegiStax einen einzigartigen Wavelet-Filter eingebaut.

Wavelets stellen wie auch die Fourier-Transformation eine Integraltransformation des (Bild-)Signals dar. Während die Fourier-Transformation eines Bildes nur die Frequenzinformationen darstellt, können Wavelets gleichzeitig Frequenz- und Ortsinformationen darstellen.

Mittels des in RegiStax verfügbaren Wavelet-Filters können einzelne Bildbereiche selektiv geschärft werden, ohne das Rauschen zu sehr anzuheben.

Den Wavelet-Filter von RegiStax versteht man am besten durch eigenes Ausprobieren. Allerdings sollten Sie die Regler nur sehr vorsichtig einsetzen, ein zu großer Wert bei den Schiebereglern führt sehr schnell zur Überschärfung des Bildes.

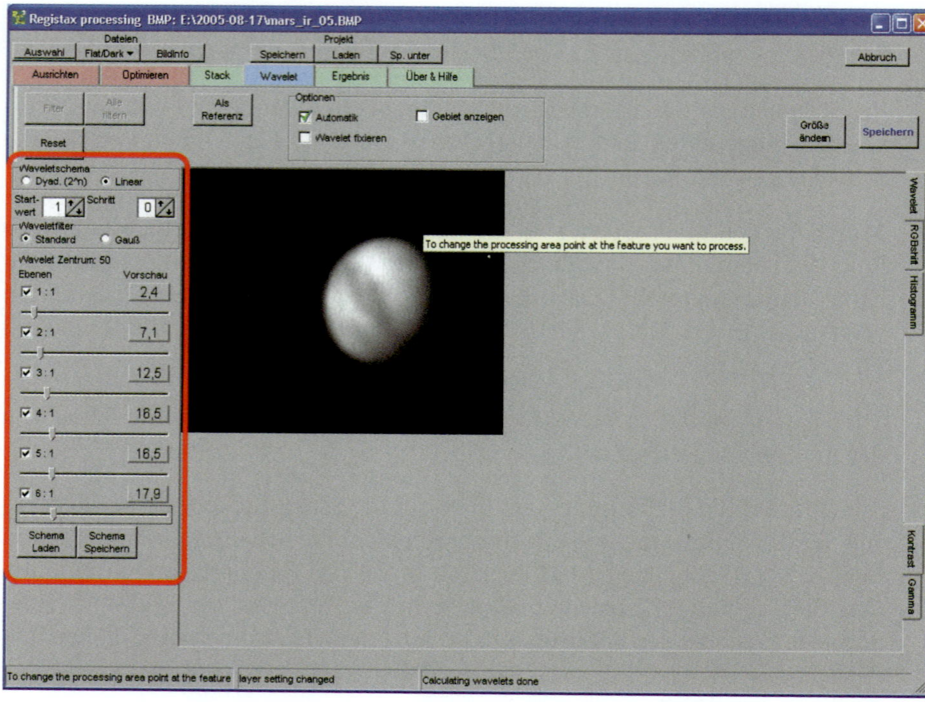

Der oberste Regler ist für die feinsten Details zuständig, der unterste Regler für die Grobstrukturen. Die Bezeichnung *1:1* am Regler bedeutet dabei, dass für Ebene 1 der gewählte Filter in einfacher Größe eingesetzt wird.

Ist also ein 5 x 5-Filter gewählt, werden 5 x 5 Pixel verwendet, um den neuen Wert eines Pixels zu berechnen. Bei einem Wert von *1:2* werden dementsprechend 10 x 10 Pixel verwendet, d. h., es werden gröbere Strukturen bearbeitet.

Die Abstufung der Regler kann in RegiStax linear erfolgen. Hierbei werden die Werte für *Startwert* und *Schrittweite* verwendet, um die Abstufung linear zu berechnen. Eine nichtlineare Abstufung der Filterregler kann über den Schalter *Dyadisch* eingestellt werden.

Seit Version 3 bietet RegiStax neben den Standard-Wavelets auch Gauß-Wavelets. Diese sind in Form einer Glockenkurve definiert und gewichten nahe gelegene Punkte stärker als weiter entfernte Punkte.

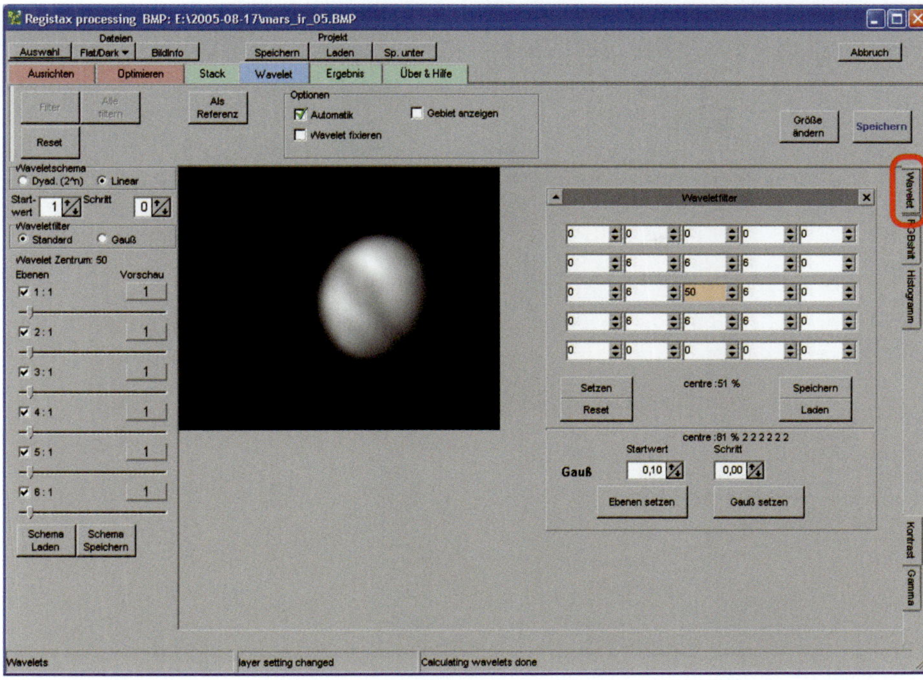

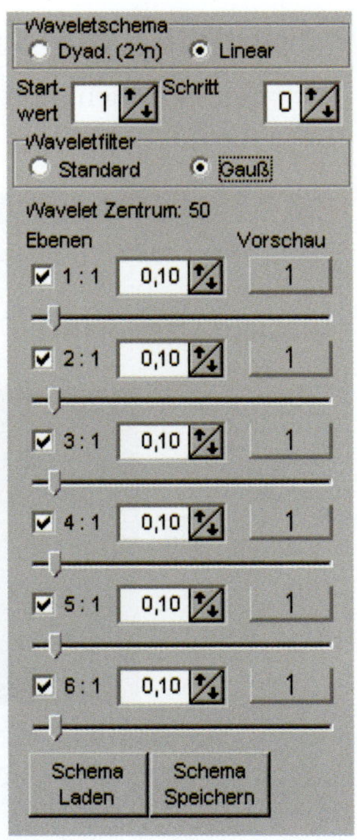

Zusätzlich können Sie im Werkzeugfenster *Wavelet* die Wavelet-Funktion nach Ihren Wünschen definieren. RegiStax erlaubt dabei sogar verschiedene Wavelet-Funktionen für die verschiedenen Ebenen.

Jede Ebene können Sie über das entsprechende Auswahlfeld einzeln aktivieren oder deaktivieren. Mit dem Schieberegler können Sie die Stärke der Filterung der Ebene verändern, ein Wert von 1 entspricht dabei keiner Änderung. Verwenden Sie Gauß-Wavelets, erscheint ein zusätzliches Eingabefeld über den Schiebereglern. Der Wert in diesem Eingabefeld bestimmt die Halbwertbreite (FWHM - **F**ull **W**idth **H**alf **M**aximum) des verwendeten Gauß-Wavelets.

Für jede Ebene wird in einer Schaltfläche der aktuelle Wert des Schiebereglers und damit der Stärke der Filterung dieser Ebene angezeigt. Ein Klick auf diese Schaltfläche zeigt die Veränderungen im Bild grafisch an. Hierbei werden Bereiche, deren Intensität verringert wird, in Rot und Bereiche, deren Intensität gesteigert wird, in Grün dargestellt. Wenn Sie eine größere Anzahl Bilder gleichartig bearbeiten wollen, können Sie Ihre Wavleteinstellung mit einem Klick auf die Schaltfläche *Schema Speichern* auf die Festplatte sichern und bei einer weiteren Bearbeitung mit *Schema Laden* wieder aufrufen.

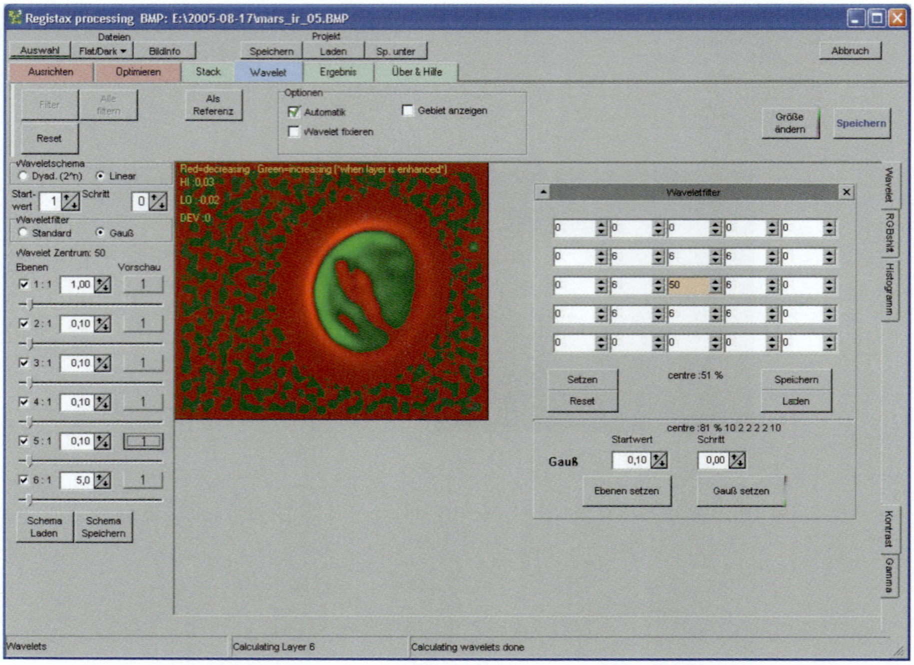

Feintuning des Ergebnisbildes

Nach dem Schärfen im Arbeitsschritt *Wavelet* können Sie Helligkeit und Kontrast sowie die Gamma-Kurve einstellen.

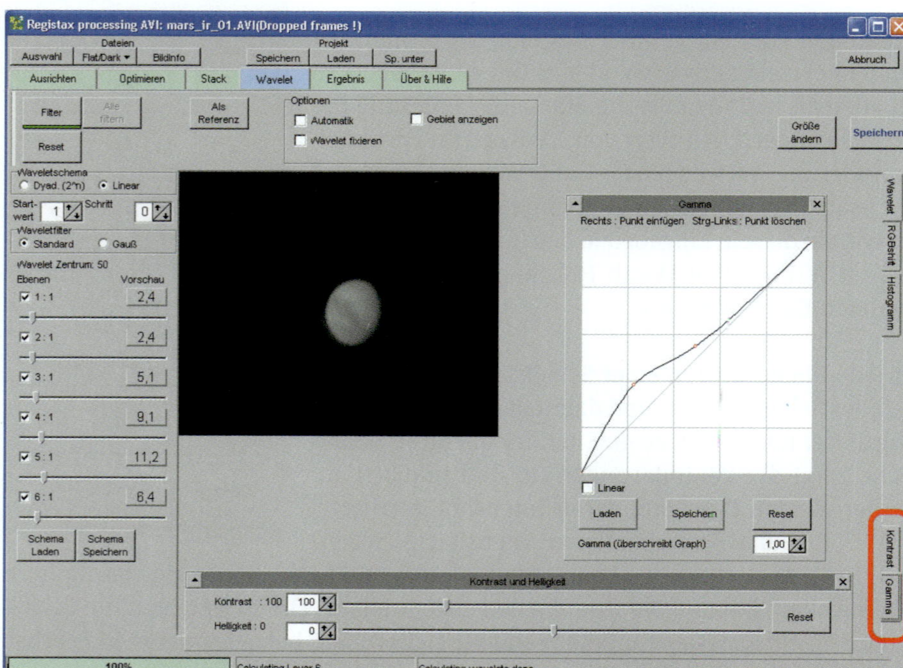

Die Gamma-Kurve ist dabei eine nichtlineare Abbildung der Pixelwerte auf neue Pixelwerte. Durch einen Rechtsklick im Fenster der Gamma-Kurve können Sie dort einen Kurvenpunkt hinzufügen, mit [Strg] + Linksklick können Sie Kurvenpunkte entfernen.

Wechseln Sie dann in den Arbeitsschritt *Ergebnis*.

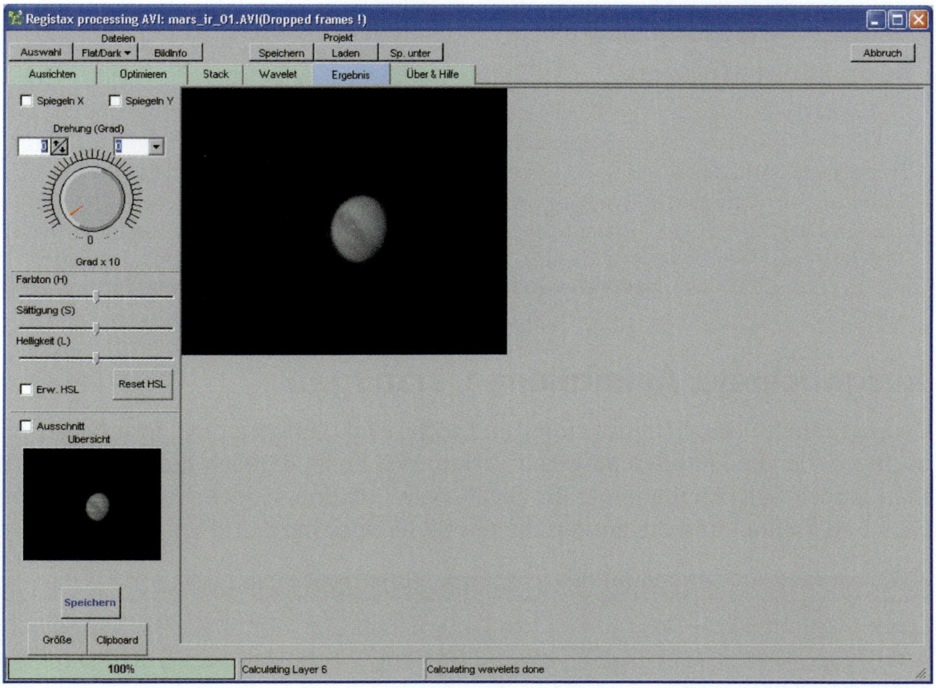

Hier können Sie das Ergebnisbild noch spiegeln und drehen (z. B. um eine korrekte Nord-Süd- und Ost-West-Ausrichtung zu erhalten) sowie die Farbe im HSL (**H**ue = *Farbton*, **S**aturation = *Sättigung* und **L**ightness = *Helligkeit*) verändern. Das Ergebnisbild können Sie dann in eine Datei speichern oder in die Zwischenablage (*Clipboard*) kopieren.

Drehen von Bildern

Das Drehen von Bildern führt oft zu schlechten Ergebnissen. Dies liegt daran, dass die Bilder als diskrete Pixelbilder (Bitmaps) im Rechner vorliegen. Vor allem bei kleinen Drehwinkeln und/oder kleinen Objekten können die gedrehten Bilder nicht sauber auf das Pixelraster abgebildet werden und es entstehen dabei unschöne Bearbeitungsartefakte. Das Drehen von Bildern sollte daher in einem der letzten Arbeitsschritte der Bildbearbeitung und am besten in einem Programm wie Photoshop vorgenommen werden.

Speichern des Ergebnisbildes

Sicherlich wollen Sie das Ergebnis Ihrer Bemühungen nicht nur in RegiStax ansehen, sondern in anderen Programmen weiterverarbeiten und diese dann, z. B. im Internet, präsentieren. In den Arbeitsschritten *Stack*, *Wavelet* und *Ergebnis* steht Ihnen jeweils eine *Speichern*-Schaltfläche zur Verfügung, mit der Sie das Ergebnis des entsprechenden Arbeitsschrittes speichern können.

Ausgabedateiformate

Die Ergebnisse können als 8-Bit-Bitmap oder JPEG, als 16-Bit-FIT, TIFF oder PNG oder als 32-Bit-FIT-Datei gespeichert werden. Da RegiStax intern bis zu 32 Bit pro Farbkanal verwendet, ist das optimale Speicherformat FIT-32. Leider können nur wenige Programme dieses Format zur Weiterverarbeitung einlesen. Normalerweise sollten Sie 16-Bit-TIFF verwenden, um die Farbtiefe nicht unnötig zu beschneiden. Bitmap (BMP) oder JPEG sollten Sie nur verwenden, wenn Sie sich sicher sind, das Bild nicht mehr in anderen Programmen nachbearbeiten zu wollen.

Ausgerichtete Animationen erzeugen

Bedingt durch Seeing (Luftunruhe) und nicht exakt ausgerichtete Montierungen springen Planeten auf den aufgezeichneten AVIs meist deutlich hin und her. Will man jedoch eine Animation, z. B. der Planetenrotation, zeigen, möchte man die Bilder ausrichten und die ausgerichteten Bilder speichern.

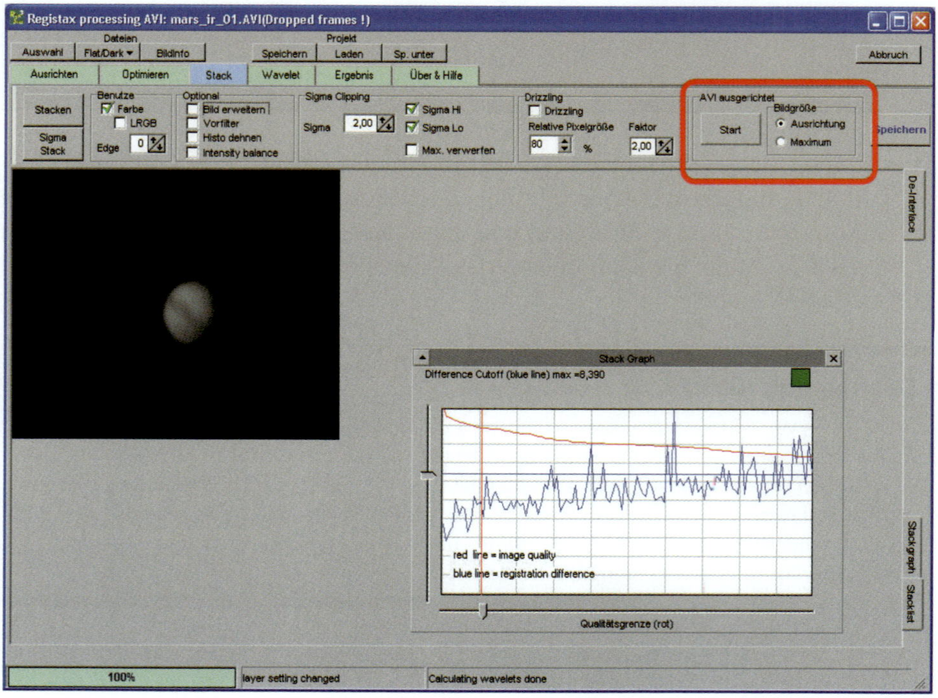

RegiStax bietet hierzu im Arbeitsschritt *Stack* eine Option *AVI ausgerichtet*. Hierbei werden alle Einzelbilder der Eingabedatei in der Reihenfolge der Eingabedatei ausgerichtet in einer Animation (AVI) ausgegeben. Um in den Arbeitsschritt *Stack* zu gelangen, müssen Sie die Arbeitsschritte *Ausrichten* und *Optimieren* durchführen.

Mit den Optionen *Ausrichtung* und *Maximal* können Sie festlegen, welcher Bereich der Bilder im AVI erscheinen soll. Bei *Ausrichtung* wird nur das Ausrichtungsrechteck angezeigt, bei *Maximal* versucht RegiStax, die größte allen Bildern gemeinsame Fläche zu verwenden.

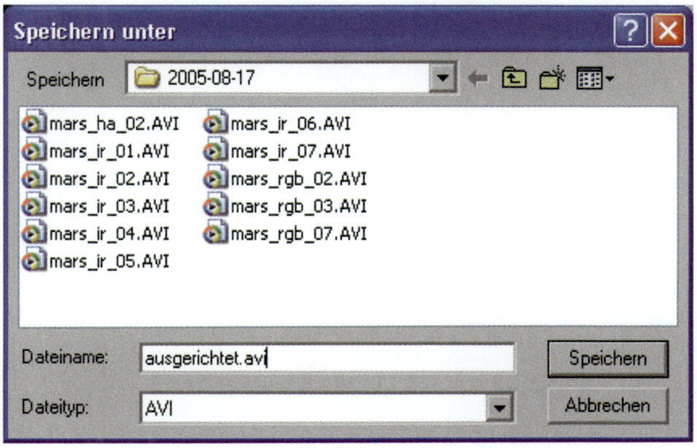

Nach einem Klick auf die Schaltfläche *Start* erscheint ein Dateiauswahlfeld. Wählen Sie dort den Pfad und den Dateinamen für das neue AVI. Nach einem Klick auf *OK* wird das AVI erzeugt und gespeichert.

5. Nützliche Tools

Oft sind es gar nicht die großen und bekannten Programmpakete, sondern vielmehr die kleinen Helferlein, die das Leben vereinfachen. Die hier vorgestellten Programme sind für einen ganz speziellen Zweck ausgelegt und daher meist sehr schnell, einfach zu bedienen und benötigen vor allem sehr wenig Festplattenspeicher.

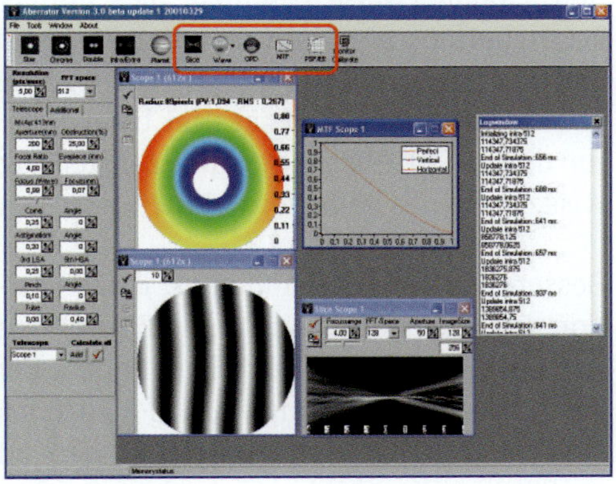

5.1 Exaktes Ausrichten der Montierung mit Polsuche2.exe

Parallaktische Montierungen müssen parallel zur Erddrehachse ausgerichtet werden. Üblicherweise geschieht dies mittels eines in die Montierung eingebauten Polsucherfernrohrs, mit dem der Polarstern (Polaris, α Umi) so eingestellt wird, dass die Stundenachse zum Himmelspol zeigt. Leider steht der Polarstern ca. 0,7° vom Himmelspol entfernt und bewegt sich daher innerhalb eines Tages einmal um diesen Pol. Für eine genaue Einstellung der Montierung ist es daher wichtig zu wissen, wo der Polarstern aktuell relativ zum Himmelspol steht.

> **Download von Polsuche2.exe**
> Dr. Michael König stellt sein Programm *Polsuche2.exe* kostenlos unter:
> astro.schmidt-koenig.de/software/polsuche2.htm
> zum Download bereit. *Polsuche2.exe* benötigt ein installiertes .NET-Framework.

Bessere Polsucher erlauben es, diese Position des Polarsterns durch eine Einstellung von Datum und Uhrzeit zu bestimmen. Bei einfacheren Montierungen und Polsuchern sind bestenfalls noch die Richtungen zu auffälligen Sternbildern wie dem Großen Bären und Cassiopeia angegeben. Um dennoch eine genau Poljustage der Montierung mit dem Polsucher zu ermöglichen, gibt es das kleine Tool *Polsuche2.exe* von Dr. Michael König als Freeware.

Polsuche2.exe benötigt dabei als Eingaben die geografische Länge (*Longitude*) und die geografische Breite (*Latitude*) des Beobachtungsortes. Als Uhrzeit nimmt *Polsuche2.exe* zunächst die aktuelle Rechnerzeit, Sie können aber auch eine andere Uhrzeit in die entsprechenden Felder eintragen. Während der Gültigkeit der Sommerzeit müssen Sie die Option *DST* (**D**aylight **S**avings **T**ime) aktivieren.

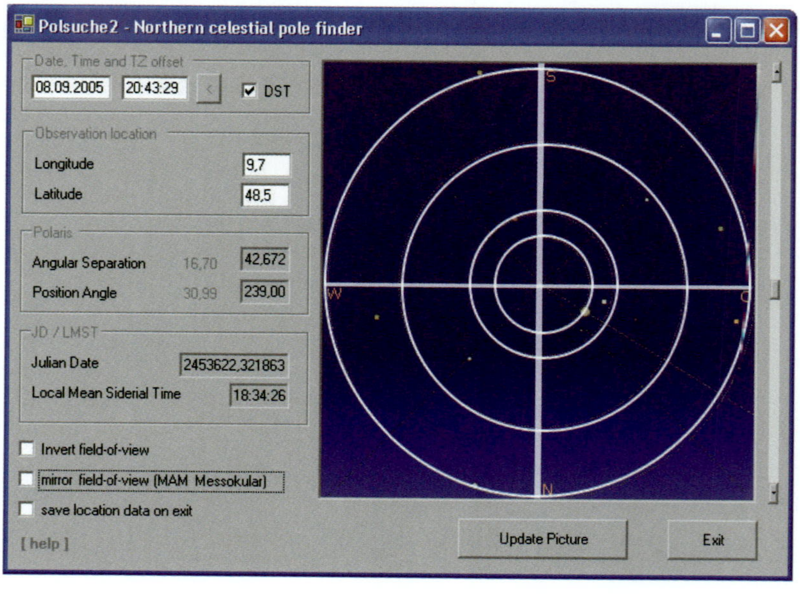

Polsuche2.exe berechnet automatisch das aktuelle julianische Datum (*Julian Date*) und die aktuelle Sternzeit (*Local Mean Siderial Time*). Mit der Option *Invert field-of-view* können Sie das Bild horizontal spiegeln, was für manche Polsucherfernrohre hilfreich ist. Die Option *mirror field-of-view (MAM Messokular)* sollte eigentlich den Anblick durch ein MAM-Messokular, das in manchen Meade-Montierungen verwendet wird, anzeigen.

Leider stürzte *Polsuche2.exe* auf allen getesteten Rechnern beim Anwählen dieser Option ab. Durch Aktivieren der Option *save location data on exit* werden die Koordinaten Ihres Beobachtungsortes gespeichert und stehen beim nächsten Start von *Polsuche2.exe* automatisch zur Verfügung.

Noch exaktere Ausrichtung der Montierung mithilfe der Webcam

Die Ausrichtung einer Montierung über den Polsucher ist für die visuelle Anwendung vollkommen ausreichend. Für Langzeitbelichtungen in der Astrofotografie ist meist jedoch eine genauere Justierung der Polachse notwendig. Hierzu wird ein Verfahren nach Scheiner angewandt, wobei anhand zweier Sterne im Süden und im Osten oder Westen über einen längeren Zeitraum (20-30 Minuten) die Fehlausrichtung ermittelt und dann korrigiert wird. Wolfgang Ruthner entwickelt zurzeit ein Programm, das die Ausrichtung nach Scheiner mit einer Webcam innerhalb weniger Minuten erlaubt. Die aktuellen Programmversionen befinden sich unter http://wcs.ruthner.at/ (Stand Mitte Oktober 2005).

5.2 Das elektronische Fadenkreuzokular Astro-Raster

Ein extrem nützliches kleines Tool ist das Programm Astro-Raster von Bernd Marquardt. Astro-Raster ist die elektronische Variante des altbekannten Fadenkreuzokulars, geht aber deutlich über die Funktionen eines Fadenkreuzokulars hinaus.

Astro-Raster im Internet

Der Autor Bernd Marquardt stellt Astro-Raster unter:

www.gosky.de/Software1.htm

zum freien Download bereit. Astro-Raster benötigt eine installierte .NET-Laufzeitumgebung Version 1.1.

Mit Astro-Raster können verschiedene Raster über beliebige Bereiche des PC-Bildschirms gelegt werden. Da Astro-Raster über einen Hintergund mit einstellbarer Transparenz verfügt, scheinen die darunter liegenden Anwendungen durch.

So ist es einfach möglich, ein virtuelles Fadenkreuz über die Bildschirmanzeige einer Webcam zu legen und so Abweichungen eines Leitsterns zu verfolgen. Diese Funktion ist sehr hilfreich beim Einstellen der Montierung mit der Scheiner-Methode oder auch zur Nachführung, wenn die verwendete Montierung über keinen Autoguider-Anschluss verfügt.

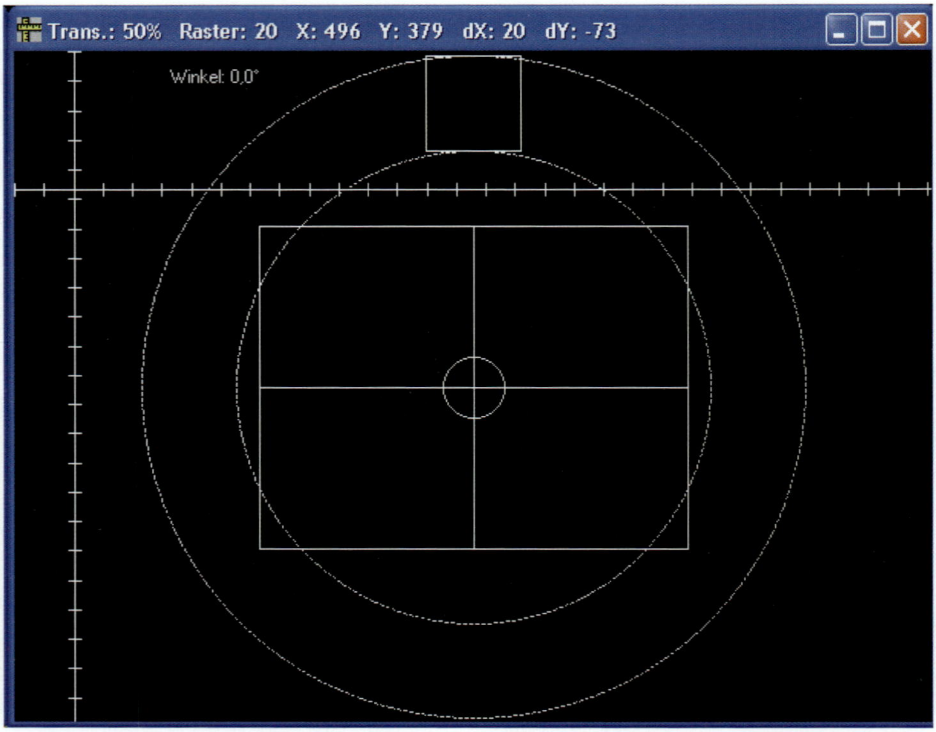

Astro-Raster mit eingeblendeten Sensoren der ST-2000XM.

Tastaturkürzel zur Bedienung von Astro-Raster

Das Programm Astro-Raster wird nahezu vollständig über die Tastatur bedient. Wenn Sie einmal vergessen haben, welche Funktionen verfügbar sind, führt Sie die Taste [F1] zu einer Kurzübersicht über die Tastenfunktionen.

Taste	Funktion
[+]	mehr Transparenz
[-]	weniger Transparenz
[>]	gröberes Raster
[<]	feineres Raster
[L]	Raster: Linie
[P]	Raster: Punkte
[K]	Raster: Fadenkreuz
[E]	Raster: Kreis
[H]	Raster: einfaches Kreuz
[Q]	Raster: Quadrat

Taste	Funktion
J	Raster: Zielscheibe
D	Raster: Doppelkreis (SC-Justierung)
A	Raster: Quadrat mit Kreuz
C	Raster: Kreis mit Kreuz
X	Raster: ST-2000XM-Imager- und Guider-Chip
Y	Raster: ST-2000XM-Imager- und Guider-Chip, Vollansicht
Z	Zoomfaktor und Brennweite für die Skalierung bei Anzeige der ST-2000XM-Sensoren
1	Linien: durchgezogen
2	Linien: punktiert
3	Linien: gestrichelt
M	Fensterposition merken
F	mit M gespeicherte Fensterposition wiederherstellen
R	Rasterfarbe: rot
G	Rasterfarbe: grün
B	Rasterfarbe: blau
S	Rasterfarbe: schwarz
W	Rasterfarbe: weiß
0	Startposition initialisieren
I	Informationen ausgeben
F1	Hilfe anzeigen
F2	-10° rotieren (nur bei Option X oder Y)
F3	-1° rotieren (nur bei Option X oder Y)
F4	Rotation auf 0° (nur bei Option X oder Y)
F5	+1° rotieren (nur bei Option X oder Y)
F6	+10° rotieren (nur bei Option X oder Y)
F7	Rotieren auf 180° (nur bei Option X oder Y)
F8	Linien dicker
F9	Linien dünner
Pfeiltasten	Fenster verschieben
Umschalt + Pfeiltasten	Fenster in größeren Schritten verschieben
Pos1	Fenster zum Ursprung verschieben

Astro-Raster als virtuelles Fadenkreuz einsetzen

1 Schließen Sie Ihre Kamera an das Teleskop und den PC an und starten Sie die Anzeigesoftware, sodass Sie einen hellen Stern auf dem Display sehen. Fokussieren Sie das Teleskop, sodass der Stern möglichst scharf abgebildet wird.

2 Starten Sie Astro-Raster und verschieben Sie das Astro-Raster-Fenster über das Anzeigeprogramm Ihrer Kamera. Sie können das Fenster entweder mit den Pfeiltasten oder wie ein normales Windows-Fenster verschieben.

3 Regeln Sie die Transparenz von Astro-Raster mit den Tasten [+] und [-] so, dass Sie sowohl das aufgenommene Bild wie auch die Rasterlinien sehen können.

4 Wählen Sie eine geeignete Rasterfarbe, sodass der Kontrast zwischen dem Hintergundbild und dem Raster möglichst groß ist. Bei Astroaufnahmen werden Sie hier oft [W] für weiße Linien wählen.

5 Blenden Sie das Fadenkreuz mit [K] ein. Stellen Sie die Fadenkreuzbreite mit den Tasten [<] und [>] so ein, dass der Stern genau in das mittlere Quadrat passt.

6 Verschieben Sie Astro-Raster so, dass Ihr Leitstern im mittleren Quadrat ist.

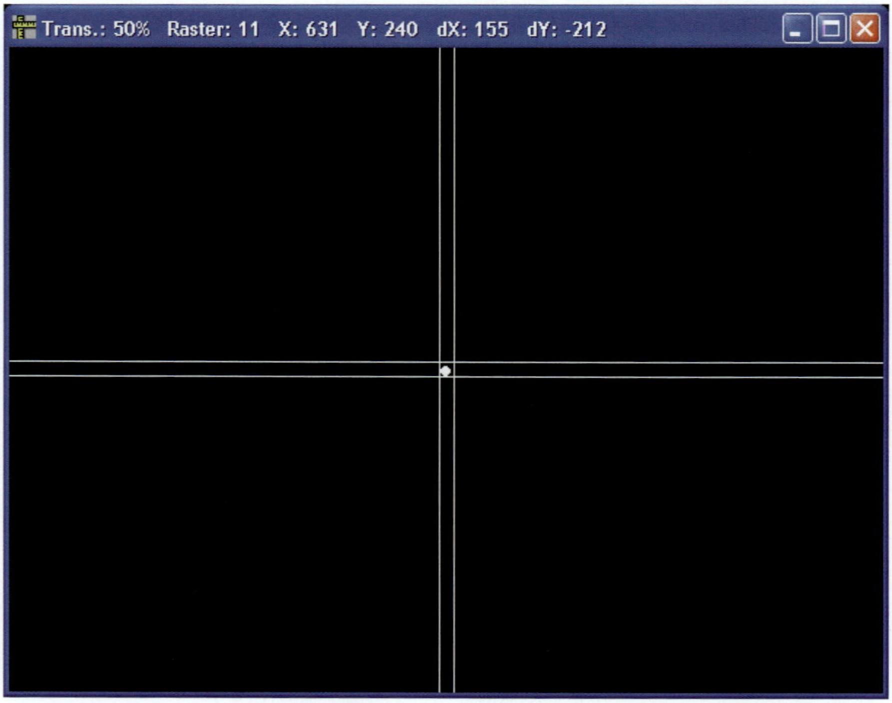

Sie können Astro-Raster nun wie ein normales Fadenkreuzokular nutzen.

5.3 Digitalkameras fokussieren und fernsteuern mit DSLRFocus

Moderne digitale Spiegelreflexkameras (DSLRs) sind von den Herstellern konsequent auf Autofokus ausgelegt. Leider lässt sich dieser meist nicht an astronomischen Objekten nutzen. Durch die Auslegung auf Autofokus ist die Suchermattscheibe leider nicht mehr zur Fokussierung der Kamera geeignet. Auch der eingebaute Kameramonitor ist bei DSLRs nur bedingt zur Fokussierung nützlich. Außer der Canon 20Da bietet momentan keine DSLR einen Livefokus auf dem Monitor. Durch die geringe maximale Vergrößerung der Anzeige von aufgenommenen Bildern auf dem Kameramonitor ist eine Schärfebeurteilung nur sehr schwierig möglich.

Finden Sie immer den optimalen Fokus

DSLRFocus ist eine optimale Ergänzung zu DSLRs. Hierbei wird der PC genutzt, um die Kamera fernzusteuern und die aufgenommenen Bilder bezüglich des Fokus auszuwerten. Aber DSLRFocus kann noch mehr: Auch die komplette Ansteuerung der DSLR während Langzeitbelichtungen (mit zusätzlichem Steuerkabel) und sogar die Programmierung von aufwendigen Aufnahmesequenzen verschiedener Belichtungszeit und Empfindlichkeitseinstellung kann von DSLRFocus übernommen werden.

Fokussieren einer Canon DSLR

1 Starten Sie DSLRFocus. Sie sehen zunächst eine leere Arbeitsfläche, da noch keine Aufnahmen gemacht wurden.

2 Bringen Sie Ihre Kamera mit einem passenden Adapter am Teleskop an und schließen Sie diese mit dem mitgelieferten USB-Kabel an den PC an.

Schalten Sie Ihre Kamera ein und wählen Sie am Moduswahlrad den manuellen Modus M.

DSLRFocus v3.1.14

Mit der Version 3.1.14 von Mitte Oktober 2005 unterstützt DSLRFocus nun auch die aktuellen Canon-Kameras 350D, 20D und 20Da vollständig (auch unter Windows XP mit Service Pack 2). Des Weiteren kann die Warnung bei zu kurzen Pausenzeiten gezielt deaktiviert werden, sodass auch kurz belichtete Serienaufnahmen möglich werden. Neu hinzugekommen ist ein Review-Fenster, in dem die letzte heruntergeladene Aufnahme angezeigt wird, sodass schon während der Aufnahmesession eine Bildkontrolle in DSLRFocus möglich ist.

Unter Umständen erscheint unter Windows XP ein Fenster, das Sie fragt, welche Aktion ausgeführt werden soll. Schließen Sie dieses Fenster mit einem Klick auf *Abbrechen*.

Je nach Konfiguration kann es auch sein, dass automatisch ein anderes Programm gestartet wird. Beenden Sie dieses wieder, damit DSLRFocus Zugriff auf die Kamera bekommen kann.

3 Wählen Sie *Application/Connect to Camera*. In DSLRFocus öffnen sich zwei Fenster. Im aktiven Fenster wählen Sie Ihre Kamera aus und bestätigen die Auswahl mit einem Klick auf die Schaltfläche *OK*.

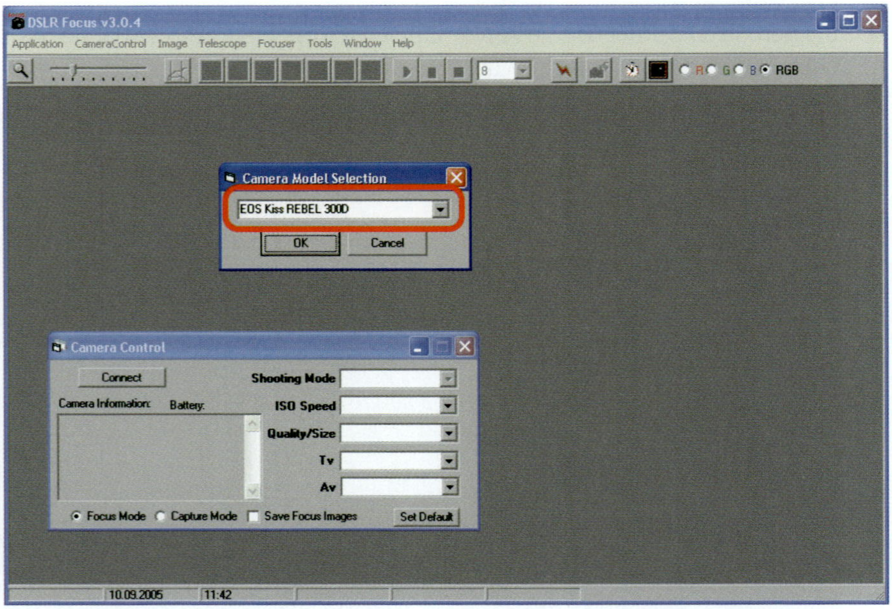

Ab Version 3.1.14 erscheint bei der Auswahl von *Application/Connect to Camera* zunächst nur das Fenster *Camera Control*, das sich gegenüber den Vorgängerversionen minimal verändert hat. Erst durch einen Klick auf *Connect* erscheint der kleinere Dialog, um die Verbindung zur Kamera aufzubauen.

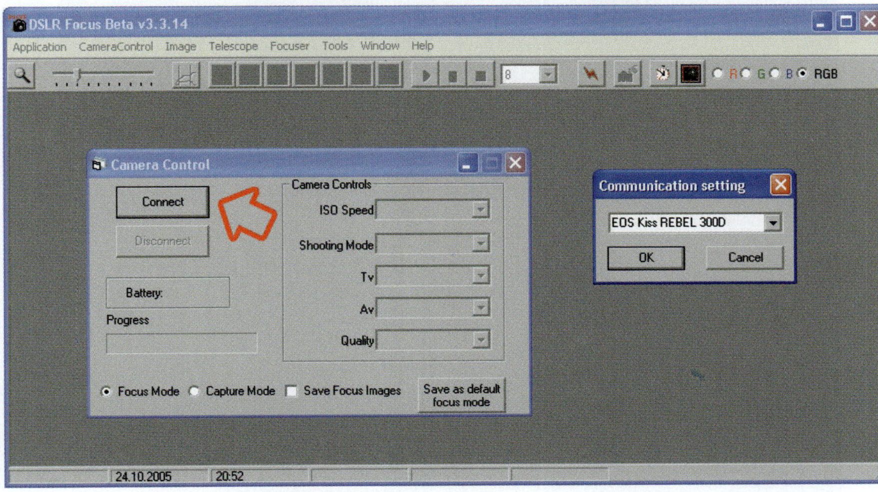

4 Aktivieren Sie *Focus Mode*, um Ihre Kamera zu fokussieren.

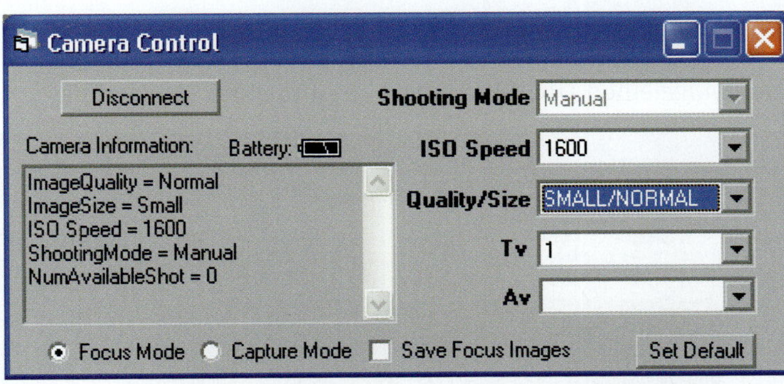

Wählen Sie eine Empfindlichkeit (*ISO Speed*) von *1600*, setzen Sie die Qualität (*Quality/Size*) auf *SMALL/NORMAL* und wählen Sie eine Belichtungszeit (*Tv*) von mindestens einer halben Sekunde, besser eine Sekunde, um Seeing-Einflüsse auszumitteln.

Wenn Sie eine Fotooptik verwenden, sollten Sie zum Fokussieren die größtmögliche Blende (also die kleinste Blendenzahl) unter *Av* einstellen. Astronomische Teleskope verfügen über keine variable Blende, die Option *Av* ist beim Anschluss der Kamera an ein Teleskop deaktiviert.

5 Nehmen Sie ein erstes Fokusbild auf. Drücken Sie hierzu die [Leertaste] oder klicken Sie auf .

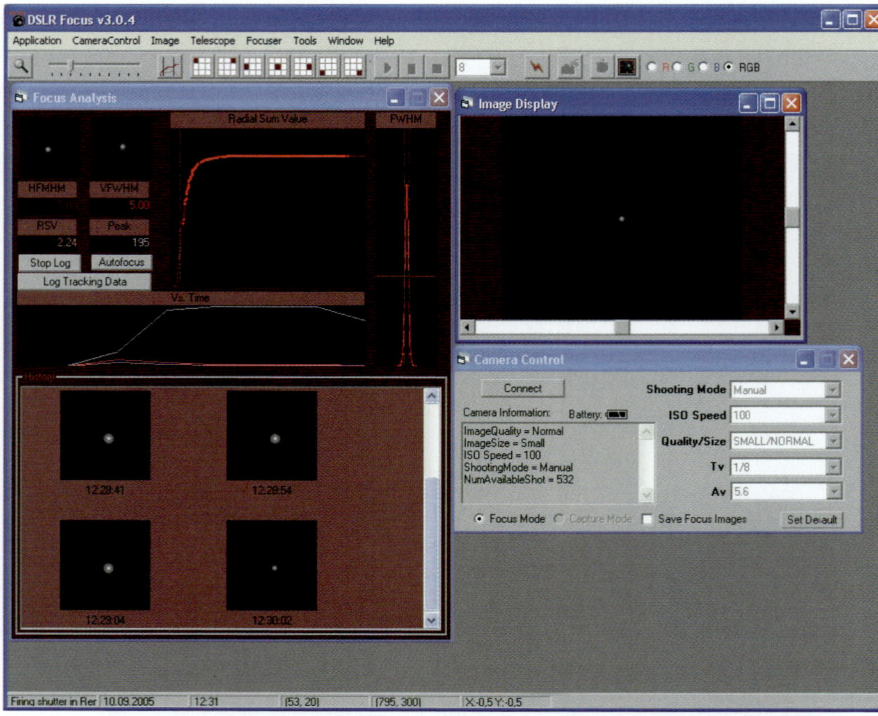

DSLRFocus zeigt die Aufnahme im Maßstab 1:1 an. Sie können sich unter *Image/Frame Image* einen Überblick über die Aufnahme verschaffen.

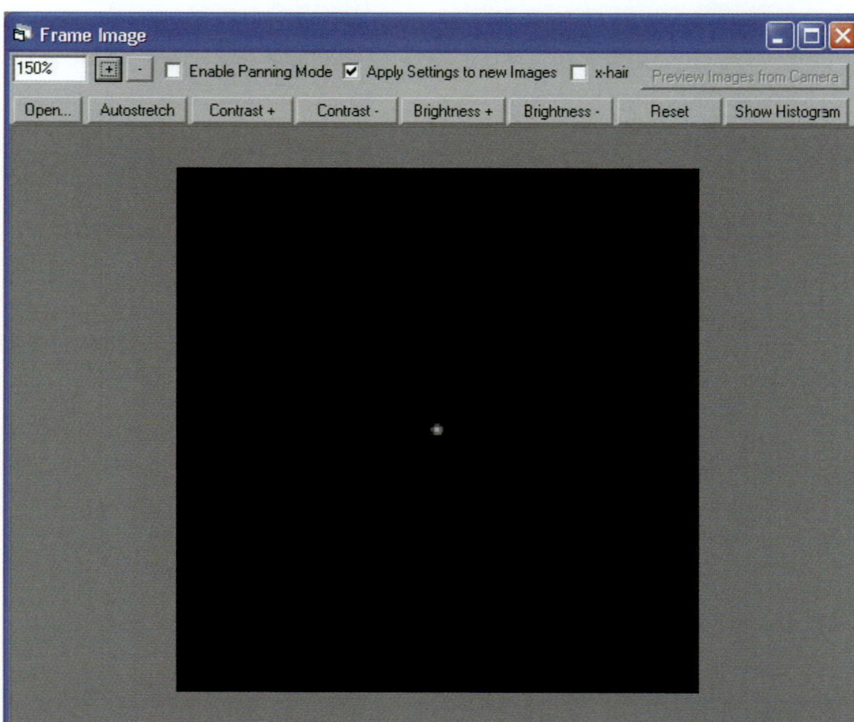

Stern auf dem Bild unsichtbar?

Wenn die Kamera zu stark defokussiert ist, sehen Sie auf der Aufnahme keinen Stern. Erst wenn die Kamera halbwegs fokussiert ist, können Sie die Beugungsscheibchen auf der Aufnahme sehen. Fokussieren Sie Ihre DSLR daher unbedingt grob mit dem Kamerasucher, bevor Sie mit DSLRFocus die Feinfokussierung starten.

Durch die Anzeige im Bildmaßstab 1:1 sehen Sie zunächst nur die linke obere Ecke des Bildes. Sie können sich dann im Bild mit den Schiebereglern am Fensterrand oder viel einfacher mit den Auswahlschaltsymbolen bewegen.

6 Fokussieren Sie den Stern grob visuell. Der Stern sollte als Punkt oder kleines Scheibchen abgebildet werden.

7 Zentrieren Sie den zu fokussierenden Stern auf dem Bild. Verfahren Sie dazu Ihr Teleskop und lösen Sie bei Bedarf neue Aufnahmen mit der [Leertaste] oder mit  aus.

8 Klicken Sie auf den Stern, um diesen zum Fokussieren auszuwählen. DSLR-Focus zeigt nun in einem neuen Fenster hilfreiche Daten zu diesem Stern an.

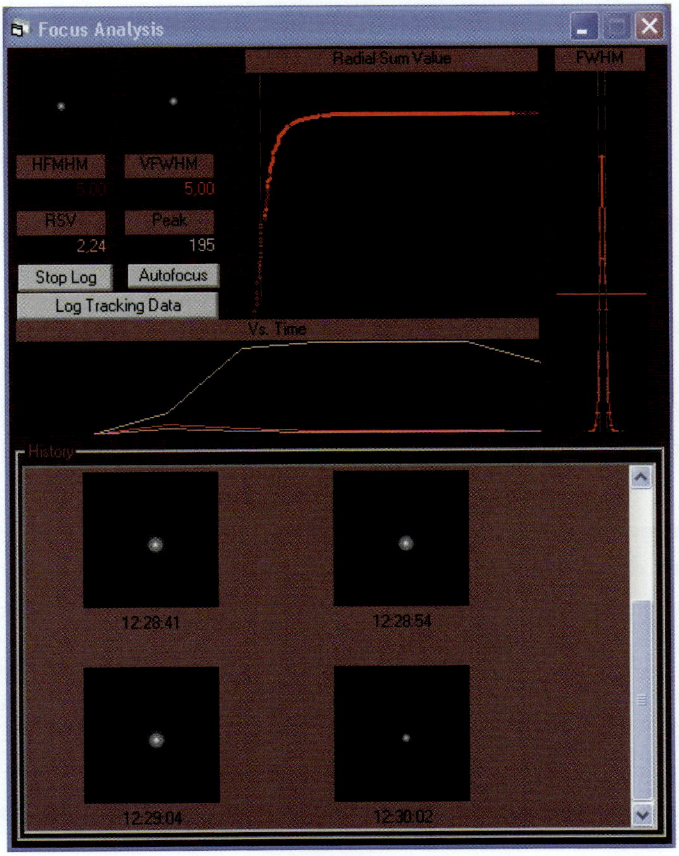

Im oberen linken Bereich dieses Infofensters werden die numerischen Werte der aktuellen Aufnahme angezeigt. *HFWHM* und *VFWHM* sind die horizontale und die vertikale Halbwertbreite der Sternabbildung. Unter *Peak* versteht man den maximalen Pixelwert der Sternabbildung, und *RSV* ist die Radialsumme. Rechts davon wird der Verlauf der Radialsumme sowie der Pixelwerte (*FWHM*) angezeigt. Vor allem die rechte Kurve *FWHM* sollte möglichst dünn und spitz ausfallen.

Beurteilung der Schärfe: FWHM, RSV und Peak-Value

Das Full Width Half Maximum (FWHM) ist die Halbwertbreite der Pixelintensitäten der Sternabbildung, optimalerweise sollte diese Verteilung einer Gauß-Kurve entsprechen. Die FWHM ist ein Maß für die Größe des Sternscheibchens. Je kleiner der Wert für FWHM ist, desto schärfer ist der Stern abgebildet. DSLRFocus berechnet die Halbwertbreiten dabei getrennt in horizontaler (HWFWHM) und vertikaler (VFWHM) Richtung. Durch Seeing-Einflüssen können sich diese Werte leicht unterscheiden.

Die Radialsumme RSV ist ebenfalls ein Maß für den Durchmesser des abgebildeten Sternscheibchens. Die Radialsumme steigt mit kleinerem Sternscheibchen an, d. h., je größer der RSV-Wert, desto besser ist der Fokus getroffen.

Ein weiteres Maß zur Bestimmung des Fokus ist der Peak-Value, d. h. die höchste Pixelintensität im abgebildeten Sternscheibchen. Bei optimalem Fokus wird das Sternlicht in einem Punkt gebündelt (fokussiert) und es tritt der höchste Peak-Wert auf. Wird der Stern defokussiert, verteilt sich das Licht auf eine größere Fläche (die Lichtmenge, die von einem Stern ankommt, bleibt ja konstant) und der Peak-Value sinkt.

Für einen optimalen Fokus sollten VFWHM und HFWHM möglichst identisch und klein sein, RSV und Peak sollten maximal sein. Fokussieren Sie immer nach allen Kriterien, nicht nur nach einem Kriterium allein.

Unterhalb dieser Anzeige befindet sich die Historie mit den letzten Aufnahmen und einer grafischen Darstellung des Verlaufs von Halbwertbreite und Radialsumme über die Aufnahmen. Hiermit können Sie sehr schnell beurteilen, ob sich Ihre Fokuslage verbessert oder verschlechtert.

9 Stellen Sie die Empfindlichkeit (*ISO Speed*) und Belichtungszeit (*Tv*) so ein, dass der maximale Pixelwert dieses Sterns zwischen 50 und 200 liegt, sodass der Stern sich deutlich genug vom Hintergrund abhebt, aber nicht überbelichtet ist.

Der Umgang mit dem Teleskop beim Fokussieren

Mit einer nicht ausreichend dimensionierten Montierung kann die Fokussierung zum Glücksspiel werden. Aber auch bei stabilen Montierungen sollten Sie einige Tricks berücksichtigen. Verstellen Sie den Fokus immer in eine Richtung. Sind Sie über den optimalen Fokus hinausgeschossen, drehen Sie den Fokussierer wieder zurück und starten einen neuen Anlauf. Mit dieser Vorgehensweise vermeiden Sie Probleme mit Shifting und Spiel im Fokussierer. Wenn Sie das Teleskop berührt haben, z. B. um den Fokus zu verstellen, lassen Sie ausreichend Zeit vergehen, damit das Teleskop ausschwingen kann, bevor Sie die nächste Aufnahme auslösen.

10 Fokussieren Sie den Stern. Hierzu verstellen Sie den Fokus am Teleskop, warten kurz, bis die eingebrachten Schwingungen abgeklungen sind, und lösen dann die nächste Aufnahme aus. Beobachten Sie dabei die Werte für *VFWHM*, *HFWM* und *Peak*. Ziel der Fokussierung ist es, das Sternscheibchen möglichst klein abzubilden, also die FWHM-Werte zu minimieren und den Peak-Wert zu maximieren.

11 Nehmen Sie sich ausreichend Zeit zur Fokussierung Ihrer Kamera. Geben Sie sich nicht einfach mit einem groben Fokus zufrieden, sondern versuchen Sie immer, den bestmöglichen Fokus einzustellen. Welche Werte dabei erreichbar sind, hängt sowohl von der Kombination Kamera/Teleskop wie auch von den Wetterbedingungen, vor allem dem Seeing, ab.

Sind Sie mit dem Fokus zufrieden, fixieren Sie den Fokus am Teleskop.

Fokussieren einer anderen als einer Canon DSLR

DSLRFocus kann jede Digitalkamera fokussieren, die über eine Fernsteuersoftware verfügt, bei der die Aufnahmen über einen Tastendruck ausgelöst werden können und dann in einen Ordner auf der Festplatte gespeichert werden.

1 Starten Sie DSLRFocus.

Bringen Sie Ihre Kamera mit einem passenden Adapter am Teleskop an und schließen Sie diese mit dem mitgelieferten USB-Kabel an den PC an.

Schalten Sie Ihre Kamera ein und wählen Sie am Moduswahlrad den manuellen Modus M.

Unter Umständen erscheint unter Windows XP ein Fenster, das Sie fragt, welche Aktion ausgeführt werden soll. Schließen Sie dieses Fenster mit einem Klick auf *Abbrechen*. Je nach Konfiguration kann es auch sein, dass automatisch ein anderes Programm gestartet wird. Beenden Sie dieses wieder, damit DSLRFocus Zugriff auf die Kamera bekommen kann.

2 Wählen Sie *Application/Connect to Camera*. In DSLRFocus öffnen sich zwei Fenster. Im aktiven Fenster wählen Sie *Monitor Files in Folder* aus und bestätigen die Auswahl mit einem Klick auf die Schaltfläche *OK*.

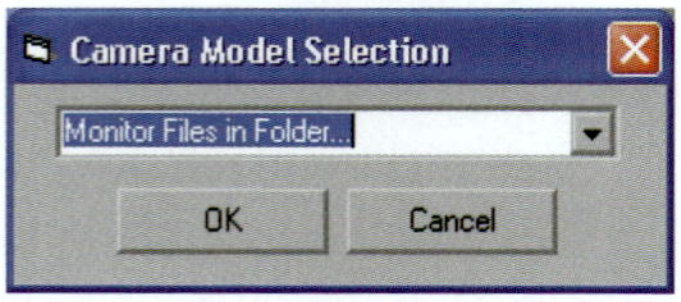

Wählen Sie in dem nun erscheinenden Dialog den Ordner aus, in dem die Aufnahmen gespeichert werden.

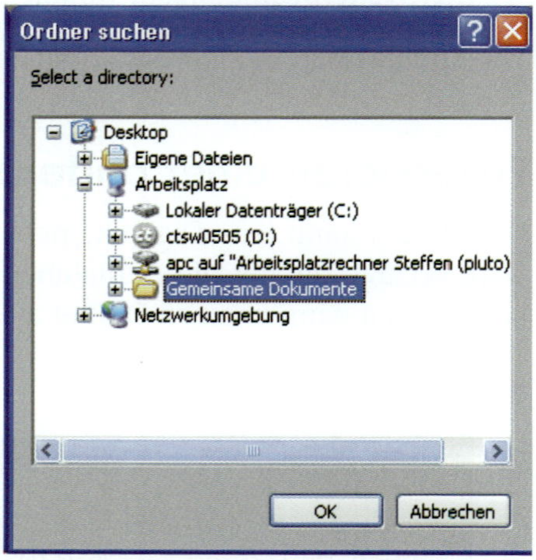

3 DSLRFocus zeigt nun ein erweitertes Einstellungsfenster an.

Wählen Sie mit einem Klick auf die Schaltfläche *Select Remote Application* das Fernsteuerprogramm für Ihre Kamera aus. Sie müssen dabei die ausführbare Datei des Steuerprogramms angeben.

Wählen Sie unter *Release Hotkey in Remote Application*, mit welcher Taste in Ihrem Fernsteuerprogramm eine Aufnahme ausgelöst wird. Für Nikon Capture wählen Sie Strg+Umschalt+F.

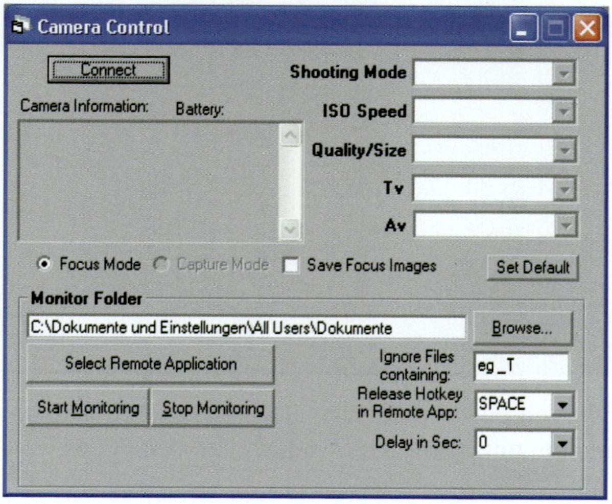

Mit *Ignore Files containing* können Sie festlegen, dass Dateien mit einer bestimmten Zeichenkombination im Namen nicht berücksichtigt werden. Dies ist notwendig, wenn Ihr Fernsteuerprogramm zusätzlich zum eigentlichen Bild auch noch weitere Dateien speichert. Mit *Delay in Sec* können Sie eine Pause zwischen zwei Aufnahmen festlegen.

4 Starten Sie jetzt Ihr Fernsteuerprogramm mit einem Klick auf die Schaltfläche *Start Monitoring*. Das Fernsteuerprogramm muss durch DSLRFocus gestartet werden, damit DSLRFocus die Kontrolle über das Programm erhält.

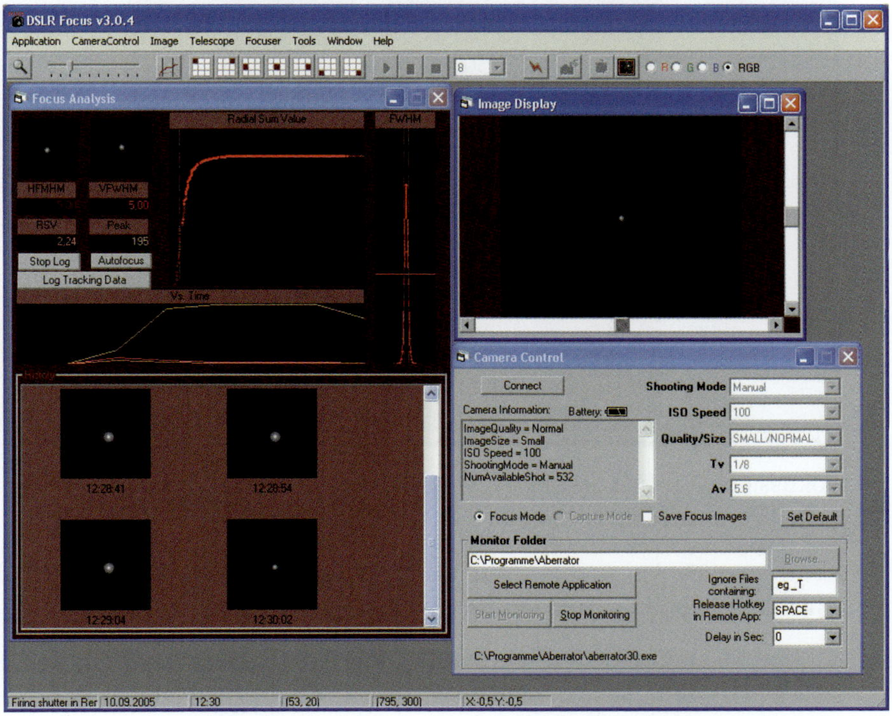

5 Konfigurieren Sie Ihr Fernsteuerprogramm so, dass die Aufnahmen im JPEG-Format gespeichert werden. Nutzen Sie dabei eine Auflösung und Qualität, die ausreichend schnell übertragen werden kann.

Stellen Sie die Belichtungszeit, Empfindlichkeit und evtl. Blende so ein, dass der zu fokussierende Stern gut ausbelichtet, aber nicht überbelichtet ist.

6 Wechseln Sie wieder zu DSLRFocus. Sie können jetzt die Aufnahmen durch Drücken der [Leertaste] auslösen.

7 Nehmen Sie ein erstes Fokusbild auf. Drücken Sie hierzu die [Leertaste].

DSLRFocus zeigt die Aufnahme im Maßstab 1:1 an. Sie können sich unter *Image/Frame Image* einen Überblick über die Aufnahme verschaffen.

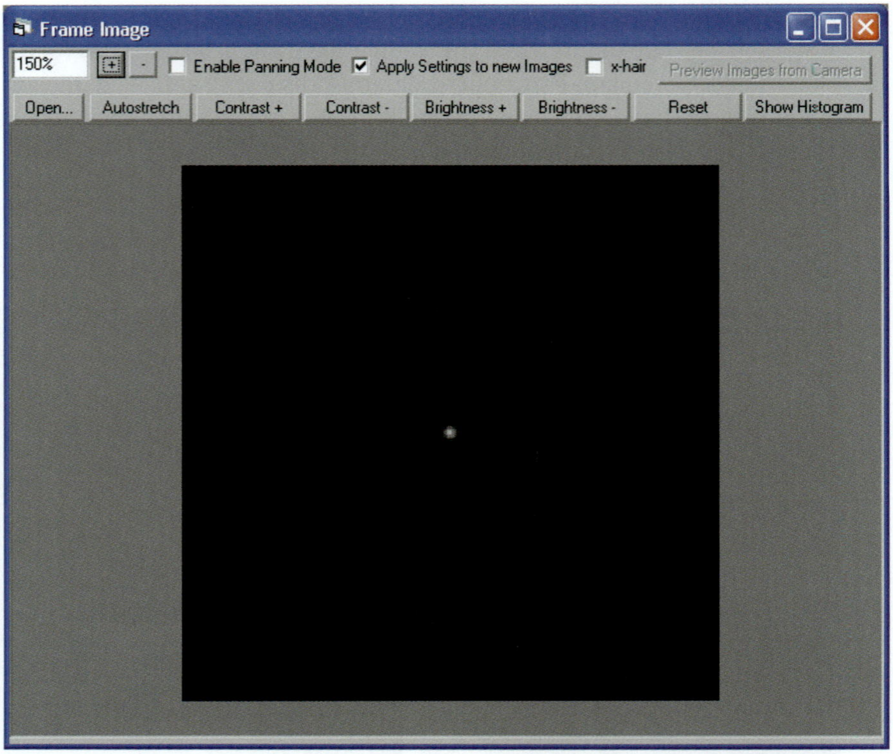

8 Fokussieren Sie den Stern grob visuell. Der Stern sollte als Punkt oder kleines Scheibchen abgebildet werden.

Zentrieren Sie den zu fokussierenden Stern auf dem Bild. Verfahren Sie dazu Ihr Teleskop und lösen Sie bei Bedarf neue Aufnahmen mit der Leertaste aus.

Klicken Sie auf den Stern, um diesen zum Fokussieren auszuwählen. DSLR-Focus zeigt nun in einem neuen Fenster hilfreiche Daten zu diesem Stern an.

9 Fokussieren Sie den Stern. Hierzu verstellen Sie den Fokus am Teleskop, warten kurz, bis die eingebrachten Schwingungen abgeklungen sind, und lösen dann die nächste Aufnahme aus. Beobachten Sie dabei die Werte für *VFWHM*, *HFWM* und *Peak*. Ziel der Fokussierung ist es, das Sternscheibchen möglichst klein abzubilden, also die *FWHM*-Werte zu minimieren und den *Peak*-Wert zu maximieren.

Sind Sie mit dem Fokus zufrieden, fixieren Sie den Fokus am Teleskop. Sie können nun DSLRFocus und Ihr Fernsteuerprogramm beenden.

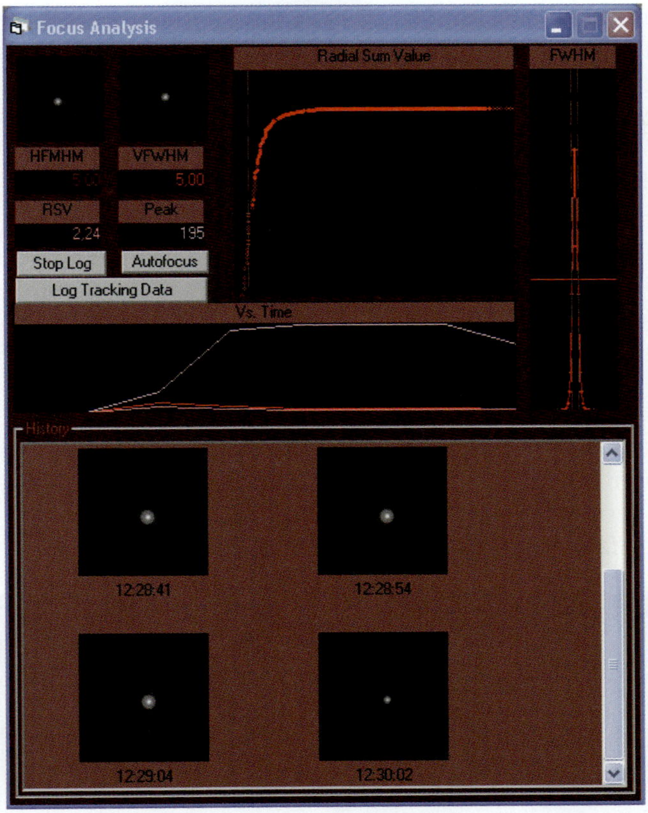

Langzeitbelichtungen mit einer Canon EOS und DSLRFocus

DSLRFocus kann nicht nur zum Fokussieren nahezu beliebiger DSLRs eingesetzt werden, sondern kann auch die komplette Belichtungssteuerung für DSLRs der Canon EOS-Baureihe übernehmen. Da diese Kameras normalerweise nur bis zu 30 s vom Rechner aus ferngesteuert belichten können, wird ein zusätzliches Kabel benötigt, mit dem ein Fernauslöser vom Rechner simuliert wird. Diese Kabel können am seriellen oder parallelen Anschluss des Rechners angeschlossen werden.

Viele neuere Laptops verfügen nur noch über einen Parallelport, in diesem Fall sollte primär dieser verwendet werden. Sind weder serielle noch parallele Schnittstellen vorhanden oder verfügbar, kann auch ein USB-seriell-Konverter zusammen mit einem seriellen Fernsteuerkabel eingesetzt werden. Von USB-parallel-Konvertern ist abzuraten, da zur Programmierung des Parallelports direkt auf die Hardware zugegriffen werden muss und dies mit einem USB-parallel-Konverter nicht möglich ist.

Die notwendigen Fernsteuerkabel können Sie fertig im Internet bestellen oder, wenn Sie nicht ganz ungeschickt mit dem Lötkolben sind, auch leicht selbst bauen.

Die Canon EOS 300D und 350D besitzen dabei einen 2,5-mm-Stereoklinkenstecker als Fernsteuereingang. Diese Stecker bekommen Sie problemlos im Elektrofachhandel. Die Modelle 10D, 20D und 20D verwenden mechanisch einen anderen Steckverbinder, der auf dem Markt nicht erhältlich ist.

Woher bekomme ich Fernsteuerkabel?

Fertige Fernsteuerkabel können Sie unter http://www.hapg.org/astrocables.htm oder http://www.josefschaefer.info/Kabelseite.htm bestellen. Auf der DSLRFocus-Homepage www.dslrdocus.com finden Sie im Supportbereich auch Selbstbauanleitungen für die Fernsteuerkabel.

Hier bietet sich der Kauf eines billigen Fernauslösers eines Drittanbieters an. Manche dieser Fernauslöser verfügen sogar über 2,5-mm-Stereoklinkenbuchsen, sodass die Kabel 300D verwendet werden können. Ansonsten können Sie sich das Kabel zum Rechner einfach in den Fernauslöser einlöten.

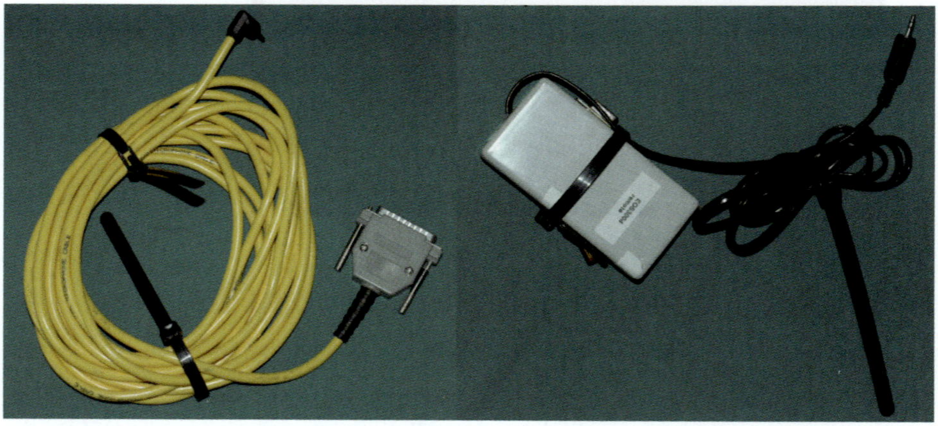

Links ein paralleles Fernsteuerkabel, rechts ein selbst gebautes serielles Fernsteuerkabel mit eingebautem manuellem Fernauslöser.

Helfen Sie der Montierung auf die Sprünge – das Guiding

Für lang belichtete Astroaufnahmen benötigen Sie unbedingt eine parallaktische Montierung, um zu verhindern, dass sich eine Bildfelddrehung bemerkbar macht. Die Polausrichtung dieser Montierung muss sehr gut sein, am besten nach der Methode nach Scheiner.

Aber selbst bei bester Poljustage und einer hervorragenden Montierung werden Sie immer noch kleinere oder größere Strichspuren oder längliche Sterne auf Ihren Aufnahmen vorfinden. Dies können Sie nur verhindern, indem Sie ständig kontrollieren, ob die Montierung irgendwelche Abweichungen zeigt. Hierzu verwendet man üblicherweise ein zweites, parallel zum Aufnahmeteleskop montiertes Leitrohr. Sie können mit einem Fadenkreuzokular einen Leitstern einstellen, diesen ständig beobachten und mit der Handsteuerbox die Montierung korrigieren. Moderne Elektronik kann Ihnen diese Aufgabe abnehmen und sogar noch viel besser lösen als Sie. Eine zweite Kamera und ein Computer dienen dabei als Autoguider und führen das Teleskop auf einen Leitstern sauber nach.

1 Starten Sie DSLRFocus und stellen Sie die Verbindung mit Ihrer Kamera, wie im Abschnitt „Fokussieren einer Canon DSLR“ beschrieben, her. Wählen Sie dann *Capture Mode* an.

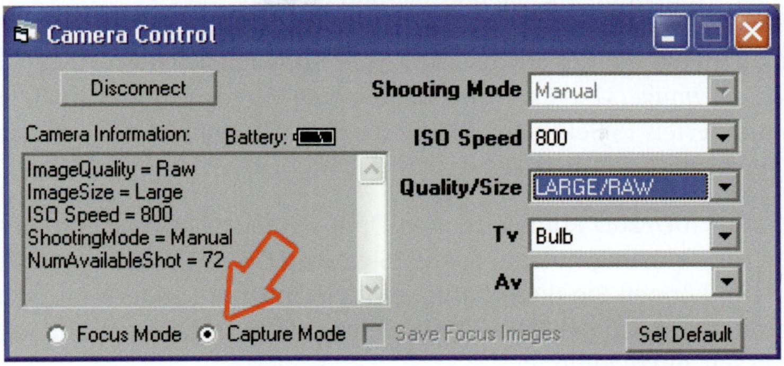

2 Stellen Sie die Empfindlichkeit (*ISO Speed*) auf *800* oder *1600*, die Qualität (*Quality/Size*) auf *LARGE/RAW* und die Belichtungszeit (*Tv*) auf *Bulb*.

3 Gehen Sie auf das Register *Long Exposures*.

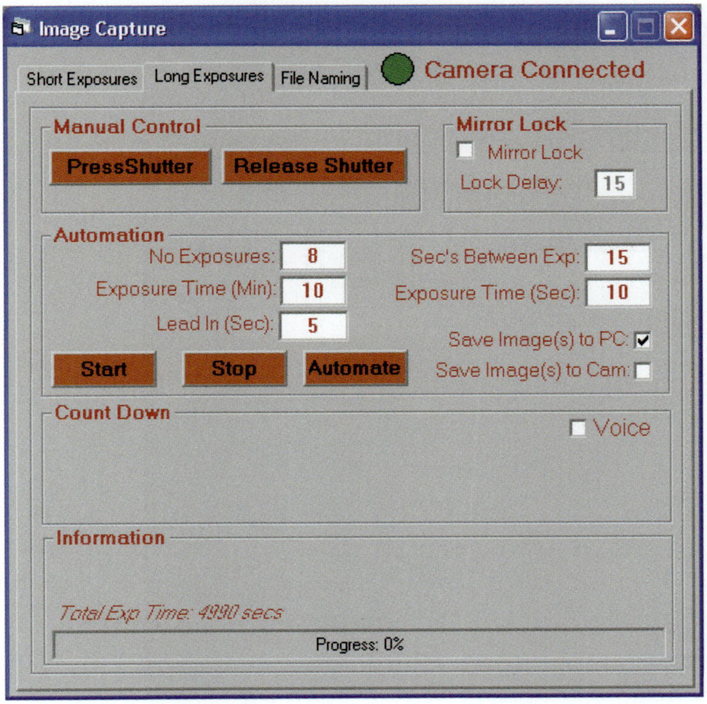

Stellen Sie die Anzahl Bilder (*No Exposures*) ein, geizen Sie dabei nicht mit Belichtungszeit, Sie werden die gewonnenen Informationen in der Bildbearbeitung später dringend benötigen. Stellen Sie die Belichtungszeit für die Einzelaufnahmen (*Exposure Time*) ein.

Für Canon DSLRs haben sich hier Werte zwischen 30 Sekunden und 15 Minuten bewährt. Bedenken Sie dabei aber, dass Ihre Montierung auch genau genug nachführen muss. Klicken Sie *Save Image(s) to PC* an, wenn die gewonnenen Bilder gleich auf dem PC gespeichert werden sollen.

Wenn Sie die Bilder auf der Speicherkarte der Kamera speichern wollen, aktivieren Sie *Save Image(s) to Cam* und wählen eine Verzögerung (*Sec's Between Exp*) von mindesten 15 Sekunden, damit die Kamera Zeit hat, das gewonnene Bild zu speichern.

Bei der Canon 10D/20D können Sie die Option *Mirror Lock* zur Aktivierung der Spiegelvorauslösung nutzen. Setzen Sie eine EOS 300D mit modifizierter Firmware ein, können Sie diese Funktion nicht nutzen, sondern müssen die Spiegelvorauslösung an der Kamera einstellen und in DSLRFocus einfach zur Belichtungszeit hinzuaddieren.

4 Wählen Sie das Zielverzeichnis und den Dateinamen für die gespeicherten Aufnahmen. Dazu wechseln Sie auf das Register *File Naming* und geben die entsprechenden Werte ein.

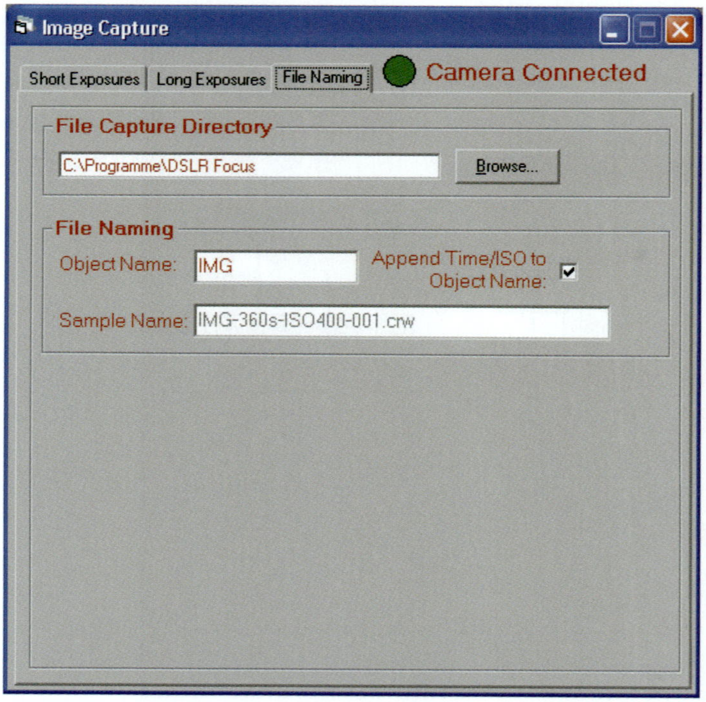

5 Gehen Sie zurück auf das Register *Long Exposures*. Wenn Sie einen Autoguider einsetzen, sollten Sie diesen spätestens jetzt starten und kurz einschwingen lassen.

Sie können die Aufnahmeserie jetzt mit einem Klick auf die Schaltfläche *Start* auslösen. Alles Weitere übernimmt nun DSLRFocus für Sie.

Ab Version 3.1.14 können Sie, wenn Sie die Bilder auf dem PC speichern, auf dem Register *Review* eine Voransicht der letzten heruntergeladenen Aufnahme betrachten und so schon während der Aufnahmeserie eine erste Abschätzung über die erzielte Bildqualität gewinnen.

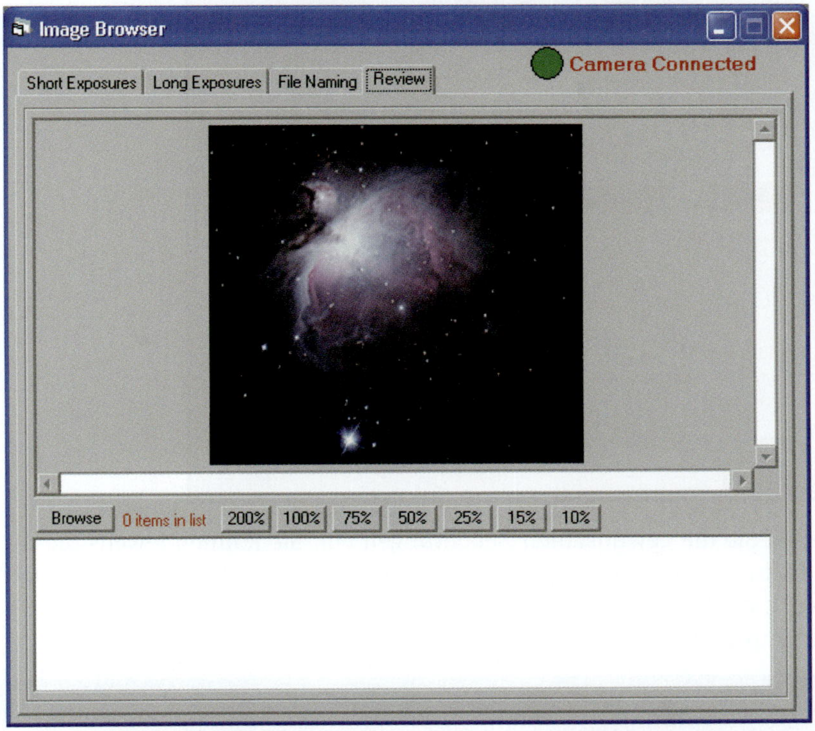

Automatisieren von Belichtungsreihen mit verschiedenen Belichtungszeiten und Empfindlichkeiten

Mit der oben beschriebenen Methode können Sie einfache Belichtungsreihen mit DSLRFocus automatisieren. Allerdings sind die Belichtungszeit und die Empfindlichkeit fest vorgegeben.

Bei vielen Objekten benötigen Sie jedoch verschiedene Einstellungen, um hellere und dunklere Bereiche des Objekts gleichzeitig darstellen zu können. DSLRFocus bietet hierzu auch eine vollständige Automatisierung von Belichtungsreihen.

1 Wählen Sie im Register *Long Exposures* die Schaltfläche *Automate* an.

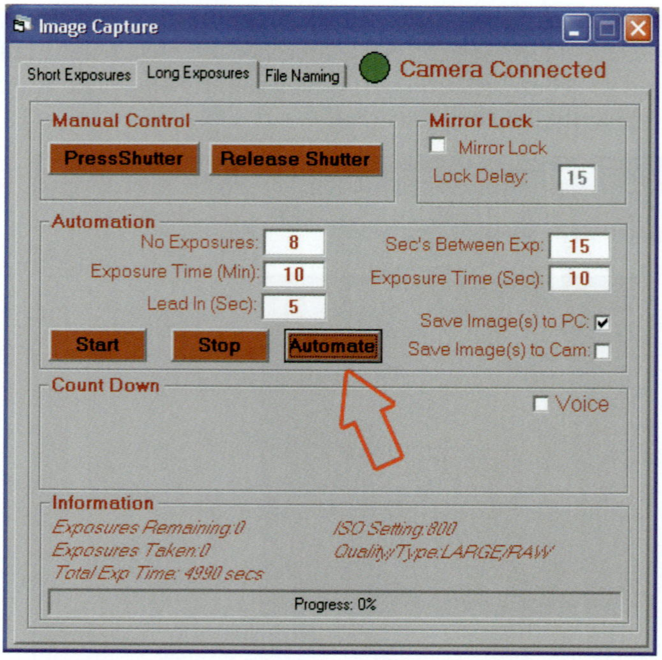

2 Geben Sie die gewünschten Belichtungen ein. Sie können jeweils die Anzahl Aufnahmen (*No Exposures*), die Belichtungszeit in Sekunden (*Exposure Time (Sec)*), die Pause zwischen zwei Belichtungen in Sekunden (*Delay(sec)*) und die Empfindlichkeit (*ISO Speed*) festlegen.

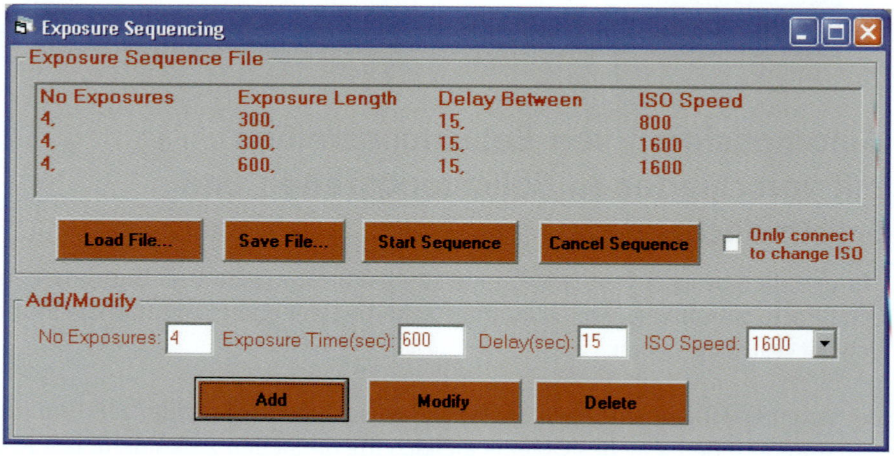

Sie können mehrere solcher kleinen Belichtungsreihen mit einem Klick auf die Schaltfläche *Add* hinzufügen. Haben Sie einen Fehler bei der Eingabe gemacht, können Sie mit einem Klick auf die Schaltfläche *Modify* einen bestehenden Eintrag verändern.

3 Lösen Sie die Aufnahmesequenz mit einem Klick auf die Schaltfläche *Start Sequence* aus. DSLRFocus führt nun die Belichtungen in der eingegebenen Reihenfolge aus.

5.4 AVIs zerlegen mit VirtualDub

Die aktuellen Versionen von RegiStax und Giotto kommen sehr gut mit verschiedenen AVI-Formaten zurecht, sodass normalerweise die aufgezeichneten AVIs in diesen Programmen verwendet werden sollten. Will man dennoch ein AVI in Einzelbilder zerlegen, z. B. zur manuellen Auswahl des oder der besten Frames, bietet sich das Programm VirtualDub an.

Download und Infos zu VirtualDub

Im Internet finden Sie VirtualDub unter der Adresse www.virtualdub.org. Dort können Sie sich auch über die weitergehenden Funktionen von VirtualDub informieren.

VirtualDub ist eigentlich ein sehr umfangreiches Programm zum Umkodieren von AVIs, hier wollen wir aber nur die Funktion zur Zerlegung von AVIs betrachten.

1 Starten Sie VirtualDub und laden Sie mit *File/Open video file* das zu zerlegende AVI.

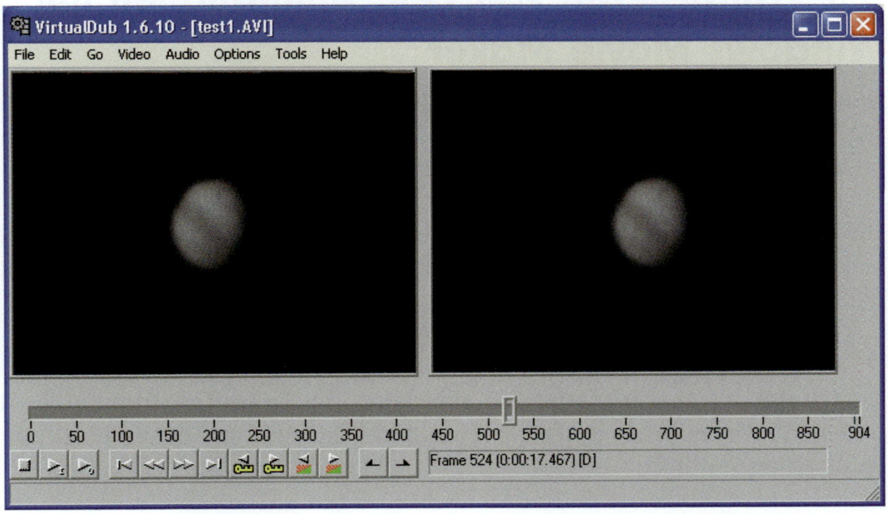

2 Wählen Sie *File/Save image sequence*, um das Video in Einzelbilder zu zerlegen.

Stellen Sie unter *Filname prefix* den gewünschten Dateinamen und unter *Filename suffix, including extension* die Dateiendung ein. Wählen Sie unter *Directory to hold images* das Verzeichnis, in das die Bilder ausgegeben werden sollen. Als Dateiformat sollten Sie *Windows BMP* wählen.

3 Starten Sie die Zerlegung des Videos mit einem Klick auf die Schaltfläche *OK*. Im Ausgabeverzeichnis finden Sie anschließend die Einzelbilder des AVIs im gewünschten Format.

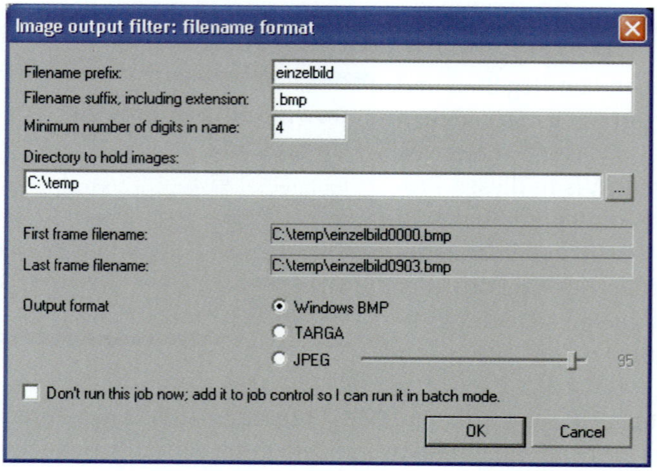

5.5 Visualisieren von Zeit: Animationen mit Windows Movie Maker

Dynamische Vorgänge lassen sich sehr anschaulich in einer Animation visualisieren. Hierzu gehören z. B. Sonnen- und Mondfinsternisverläufe, die Planetenrotation oder einfach schöne Sonnenauf- und -untergänge.

Die Rotation schnell drehender Planeten wie Jupiter oder Mars lässt sich schon im Laufe einer Nacht erfassen (allerdings nicht vollständig). Zur Animation der Rotation fertigen Sie in festen Zeitabständen Planetenbilder an.

Diese einzelnen Ergebnisbilder können Sie mit RegiStax wieder gegenseitig ausrichten und als ausgerichtetes AVI speichern. Mit VirtualDub können Sie dann dieses AVI wieder in ausgerichtete Einzelbilder zerlegen und daraus eine Animation erstellen.

Zeigen Sie die Planetenrotation als bewegte Bilder

Wenn Sie hin und wieder eigene Animationen erstellen möchten, brauchen Sie dazu keine speziellen Programme, sondern können sich sehr gut mit dem mit Windows XP mitgelieferten Windows Movie Maker behelfen.

1 Starten Sie Windows Movie Maker.

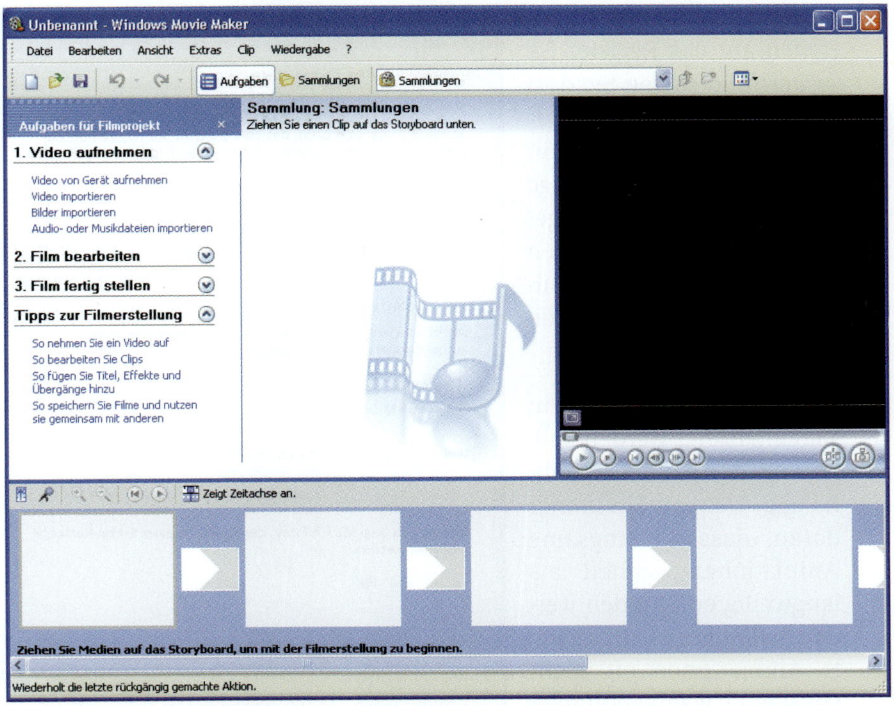

2 Ziehen Sie die Einzelbilder mittels Drag & Drop in den mittleren Bereich *Sammlung* von Movie Maker.

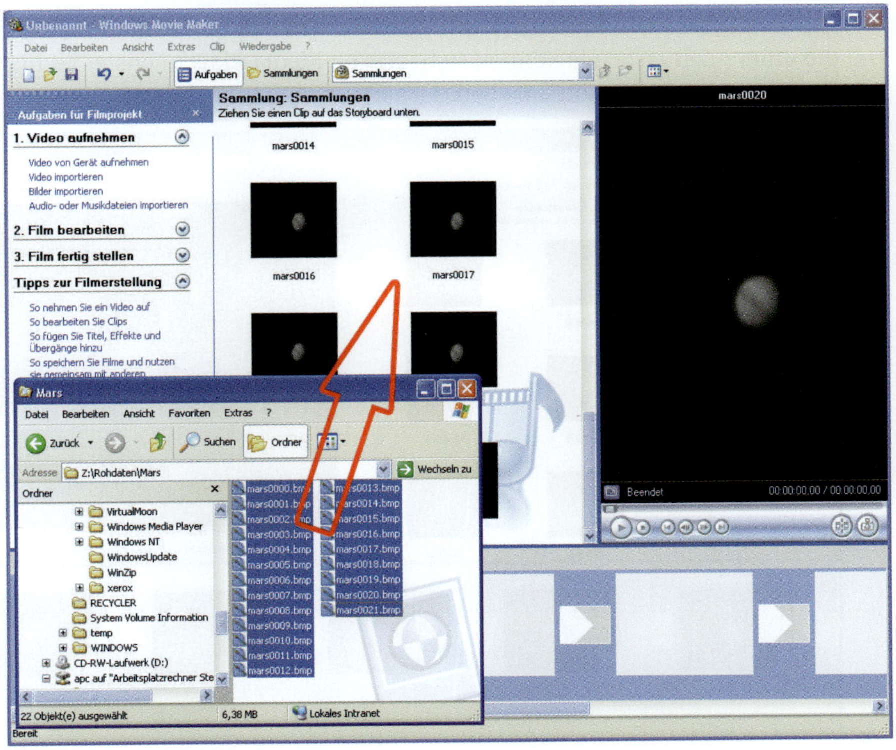

3 Gehen Sie unter *Extras/Optionen* auf das Register *Erweitert* und stellen Sie dort die Animationseigenschaften ein. Wählen Sie mit *Dauer für Bilder*, wie lange jedes einzelne Bild angezeigt werden soll. Wählen Sie z. B. 0,25 s, um vier Bilder pro Sekunde anzuzeigen.

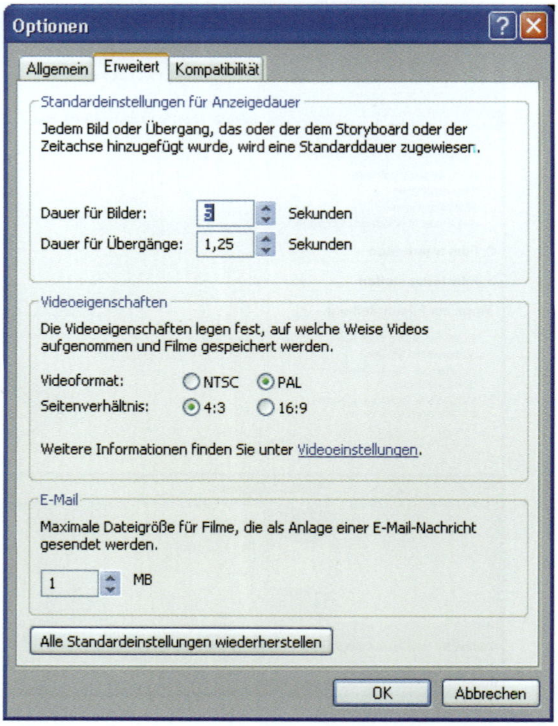

Die Auswahl, wie lange ein Bild angezeigt werden soll, ist von der Animation abhängig. Denken Sie immer daran, dass zu langsame Animationen schnell als langweilig empfunden werden, wohingegen zu schnelle Animationen oft nicht vollständig wahrgenommen werden. Die Dauer für Übergänge ist nur von Bedeutung, wenn Sie Übergangseffekte verwenden.

4 Markieren Sie alle Bilder mit Strg+A in Movie Maker und ziehen Sie diese auf die untere Zeitleiste. Sie können sich jetzt im Media-Player-Fenster rechts eine Vorschau der Animation ansehen.

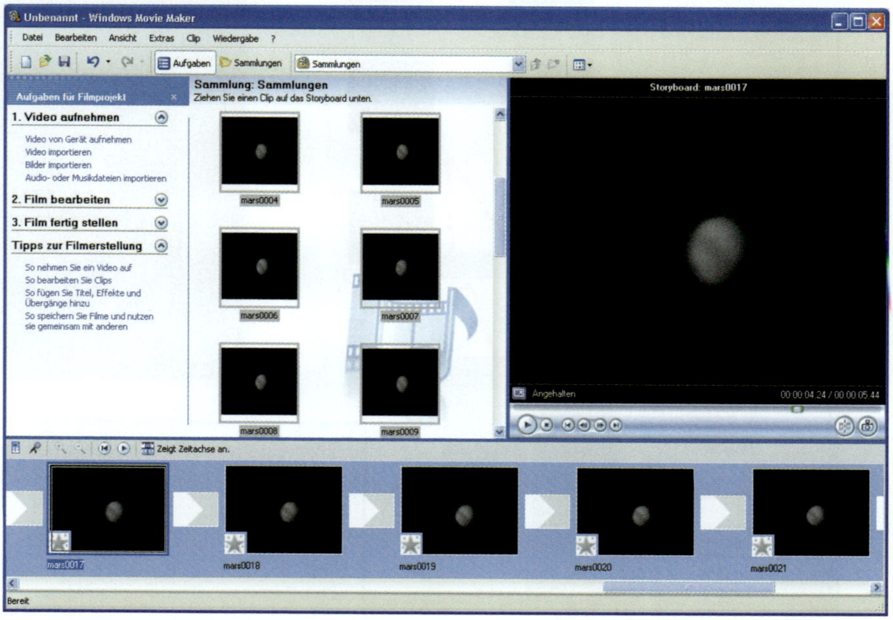

5 Wählen Sie *Datei/Filmdatei speichern*, um die von Ihnen erstellte Datei zu speichern. Im folgenden Dialog wählen Sie *Arbeitsplatz*.

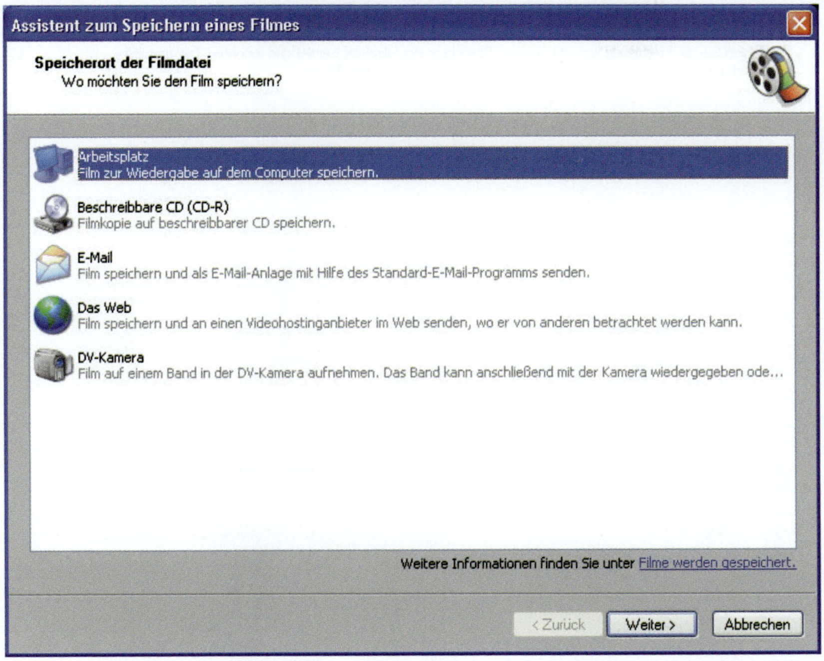

6 Klicken Sie auf die Schaltfläche *Weiter* und wählen Sie im folgenden Dialog einen Dateinamen für Ihre Animation und den Pfad, wohin Ihre Animation gespeichert werden soll.

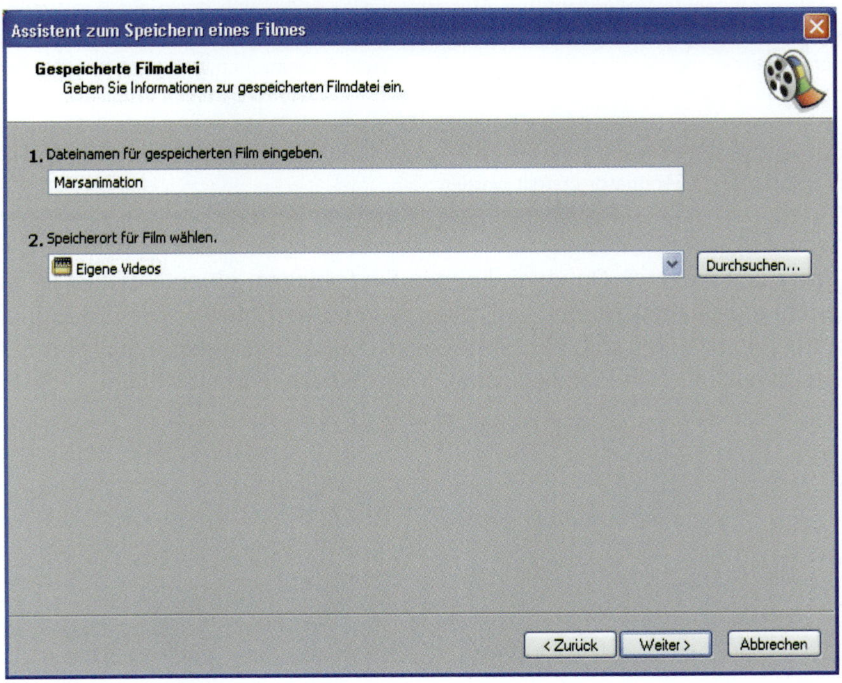

7 Klicken Sie auf *Weiter* und wählen Sie *Weitere Optionen anzeigen*.

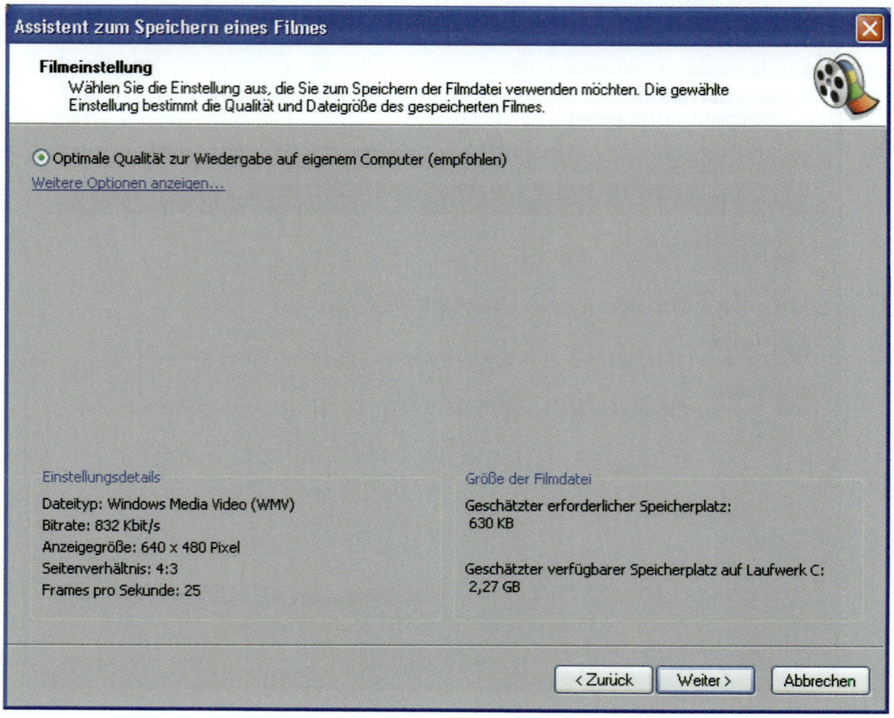

AVI oder Animated GIF?

Der Microsoft Movie Maker kann nur AVIs erstellen. Diese können direkt auf eine Video-CD oder Video-DVD gebrannt (bei der Wahl des entsprechenden Formats) und mit jedem DVD-Player wiedergegeben werden. Movie Maker kann auch Animationen direkt auf eine DV-Kamera schreiben. Bei der Verwendung im Internet setzen AVIs allerdings einen installierten Media-Player mit passendem Codec voraus. Eine direkte Einbindung in Webseiten ist dabei nicht möglich. Für diesen Fall werden häufig Animated GIFs verwendet Diese können z. B. mit Paint Shop Pro, Photoshop oder GIFAnimator erstellt werden.

Unter den weiteren Optionen können Sie festlegen, ob eine maximale Dateigröße eingehalten werden soll, oder genauer bestimmen, wie die Animation aufbereitet werden soll. Für astronomische Animationen sollten Sie immer das bestmögliche, vom Platzbedarf noch vertretbare, Format wählen.

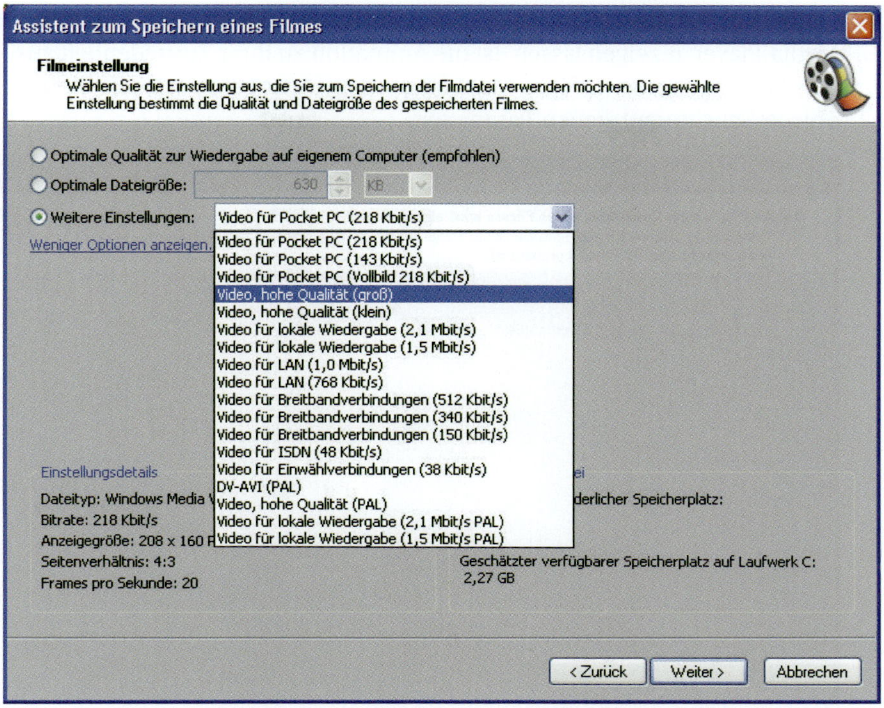

8 Movie Maker erstellt nun die Animation. Die Erstellung einer Animation kann abhängig von der Größe der Animation (Auflösung, Bildanzahl) und dem verwendeten Rechner einige Zeit in Anspruch nehmen.

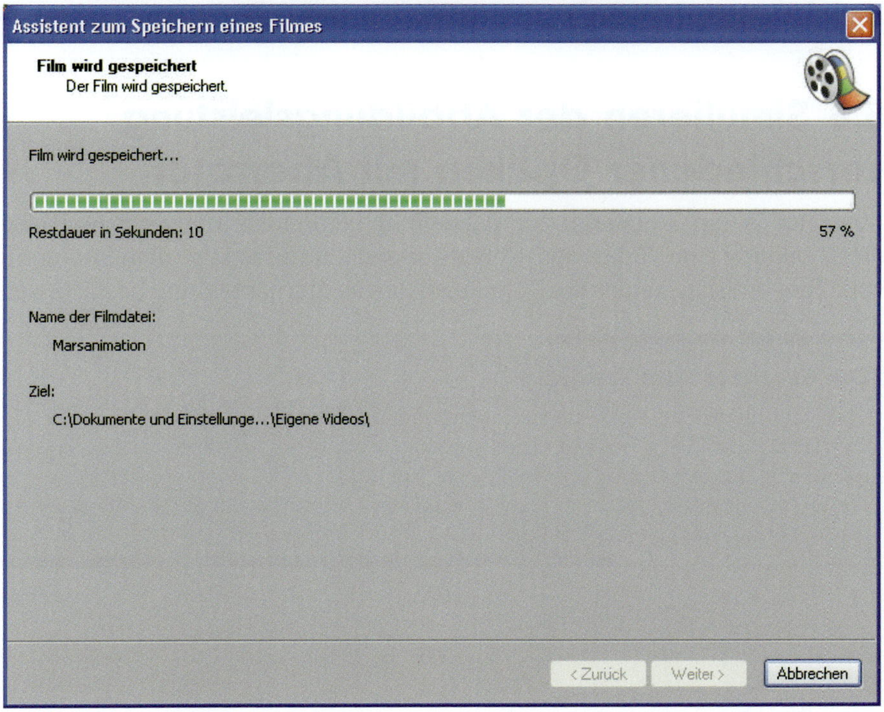

Ist die Animation fertig gestellt, können Sie sich die Animation nochmals im Media-Player anzeigen lassen. Ist die Animation zu Ihrer Zufriedenheit ausgefallen, können Sie den Movie Maker beenden. Ansonsten wiederholen Sie die obigen Schritte mit neuen Parametern.

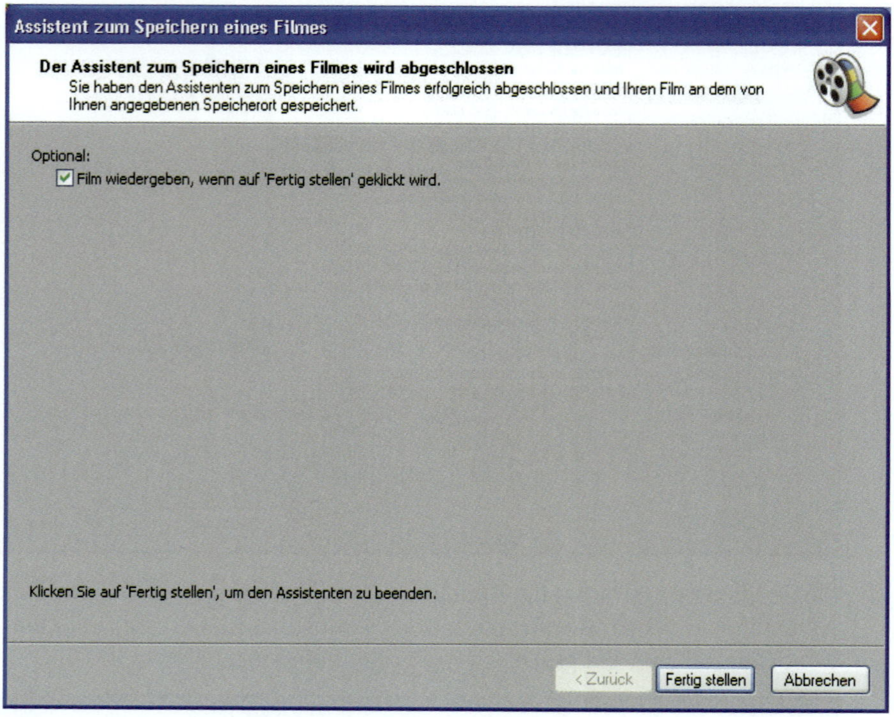

5.6 Simulieren der Abbildungsleistung verschiedener Optiken mit Aberrator

Aberrator ist ein Programm zur Darstellung verbreiteter optischer Einflüsse auf die Abbildung eines Teleskops. Neben äußeren Einflüssen wie dem Seeing sind es vor allem optische Fehler des Teleskops, die die Sternabbildung beeinflussen.

Der Sterntest am Teleskop

Über Optiken lässt sich viel rechnen, eine letztendliche Beurteilung eines astronomischen Teleskops kann nur am Stern erfolgen. Hierzu muss Ihr Teleskop sich vollständig an die Umgebungstemperatur angepasst haben, um den Einfluss von Tubus-Seeing zu vermeiden. Außerdem sollten Sie unbedingt eine Nacht mit sehr gutem Seeing wählen, um auch diesen Einfluss auszuschalten und wirklich die Qualität Ihrer Optik beurteilen zu können.

Aberrator kann mit seinen Simulationsmöglichkeiten sehr gut zur Beurteilung von Optiken, speziell bei Selbstbauten, eingesetzt werden.

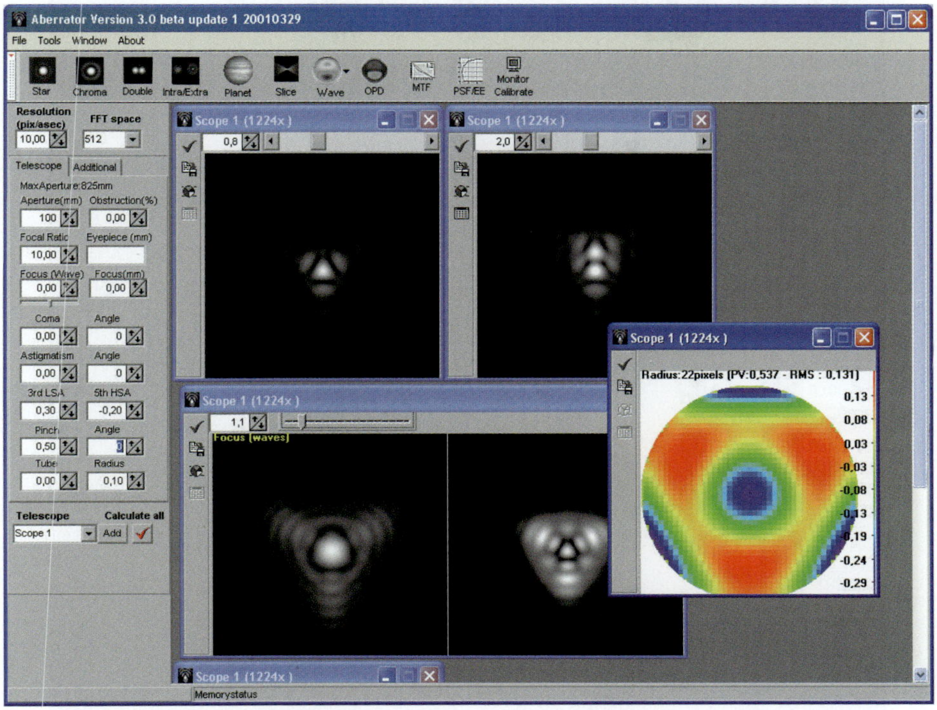

Aberrator kann die Sternabbildung unter den eingestellten Voraussetzungen sowohl im Fokus wie auch extra- und intrafokal darstellen.

Für Planetenbeobachter kann Aberrator die errechneten optischen Verzerrungen auch auf externe Bilder, z. B. Planetenaufnahmen, anwenden. So können Sie z. B. die Eignung eines Teleskops für die Planetenbeobachtung überprüfen.

Die Sternabbildung bei optimaler Optik

1 Wählen Sie die Abbildung *Star*, um die errechneten optischen Verzerrungen an einem einzelnen Sternscheibchen darzustellen.

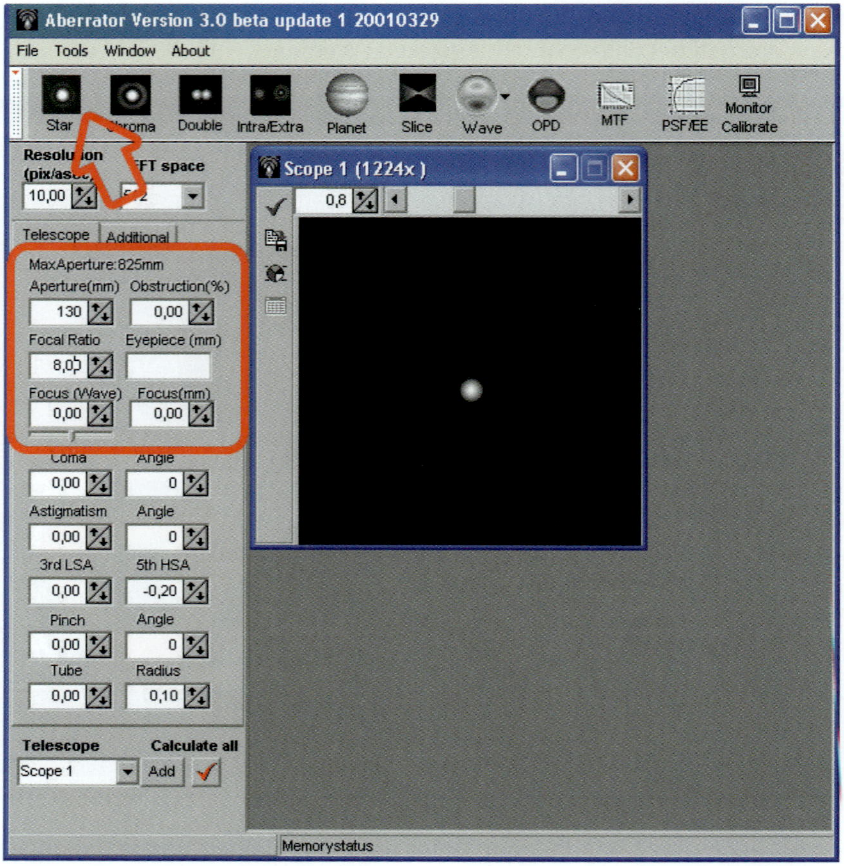

2 Tragen Sie bei den Teleskopparametern Ihr Teleskop ein. Als Beispiel wurde hier ein 130-mm-Refraktor mit 1.040 mm Brennweite, also einem Öffnungsverhältnis von f/8, ausgewählt.

Unter *Aperture (mm)* tragen Sie die Teleskopöffnung in mm, also hier „130", ein. Die Obstruktion (*Obstruction*) ist die Fläche im Strahlengang, die verdeckt ist. Dies ist typischerweise der Flächenanteil des Fangspiegels bei Spiegelteleskopen.

Bei einem Refraktor gibt es keine Obstruktion, daher tragen Sie „0" ein. Das Öffnungverhältnis wird unter *Focal Ratio* eingetragen. Für f/8 tragen Sie hier „8" ein. Wenn Sie ein Okular simulieren möchten, können Sie unter *Eyepiece* die Brennweite des Okulars eingeben.

Zunächst soll das Bild im Fokus dargestellt werden, stellen Sie also die Werte für *Focus (Wave)* und *Focus (mm)* jeweils auf „0". Diese beiden Werte können Sie nicht unabhängig voneinander einstellen, sie stellen beide den Abstand zum Fokus dar. *Focus (Wave)* ist dabei in Einheiten der Wellenlänge λ und *Focus (mm)* der Fokusabstand in mm anzugeben.

Stellen Sie alle Werte unterhalb der genannten Werte auf „0,00“ (außer *Radius*, diesen können Sie nicht auf „0,00“ setzen, er hat aber momentan keinen Einfluss). Diese Werte beschreiben Imperfektionen der Optik. Sind diese Werte auf „0,00“ gesetzt, wird eine perfekte Optik simuliert.

3 Lassen Sie sich die intra- und extrafokale Sterndarstellung anzeigen. Hierzu geben Sie unter *Focus* entsprechende Werte an.

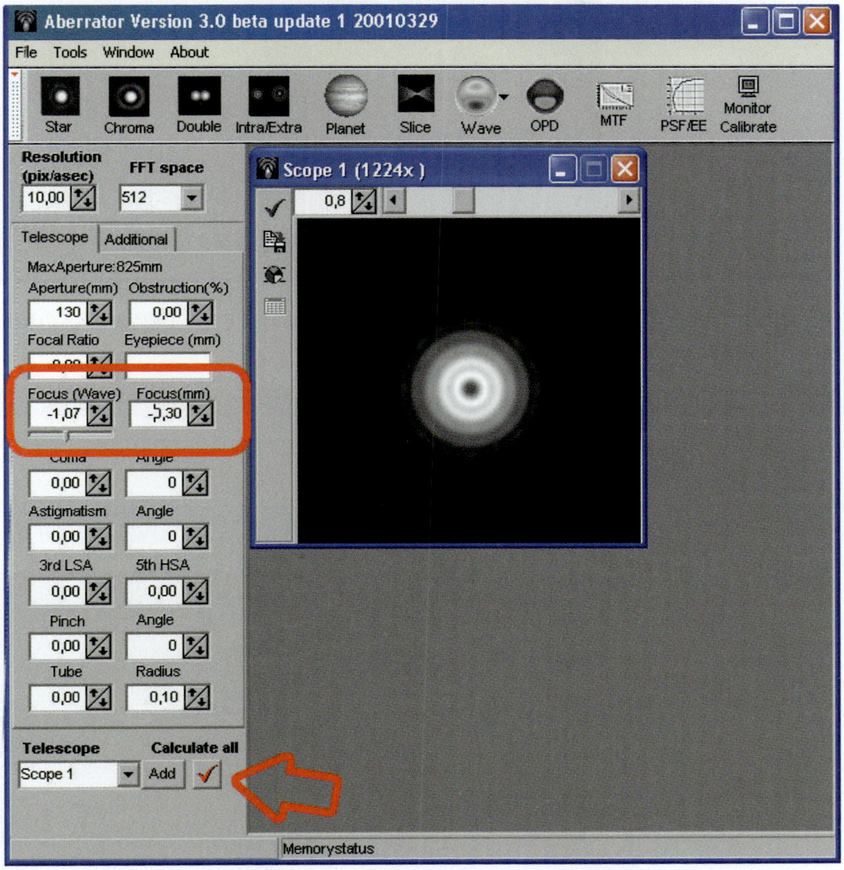

Klicken Sie auf *Calculate all*, um die Sternabbildung neu zu berechnen. Bei einer perfekten Optik werden Sie feststellen, dass die intra- und extrafokale Sternabbildung identisch ist.

4 Sie können in Aberrator auch die intra- und extrafokale Sternabbildung gleichzeitig anzeigen lassen, so haben Sie einen besseren Vergleich. Wählen Sie dazu statt *Star* die Darstellung *IntraExtra*. Da alle Darstellungen von Aberrator in eigenen Fenstern erfolgen, können Sie auch mehrere Visualisierungen gleichzeitig anzeigen lassen.

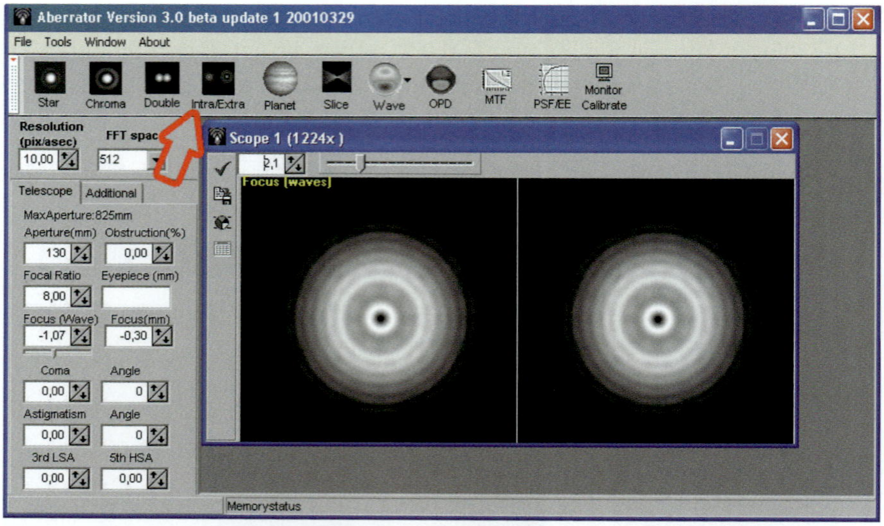

5 Simulieren Sie Seeing (Luftunruhe), indem Sie auf dem Register *Additional* einen Wert ungleich 0 bei *Turbulence* setzen.

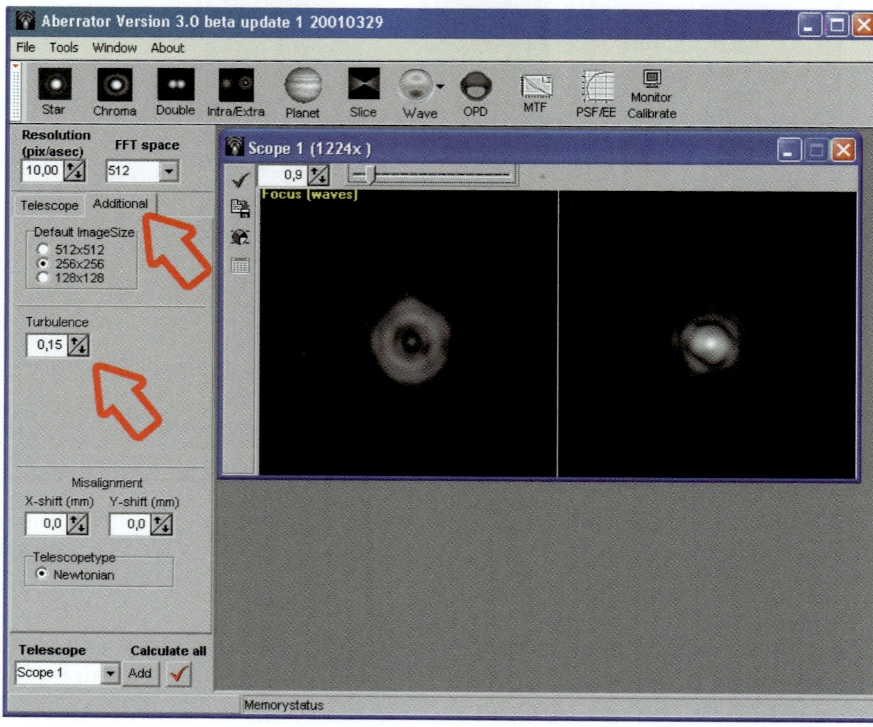

Vergleichen zweier Optiken

1 Lassen Sie das Fenster aus der obigen Anleitung geöffnet und fügen Sie ein neues Teleskop durch Klick auf die Schaltfläche *Add* hinzu. Tragen Sie z. B. die Daten eines Spiegelteleskops mit einer Öffnung von 200 mm (*Aperture*),

einer Obstruktion (*Obstruction*) von 25 % und einem Öffnungsverhältnis (*Focal Ratio*) von 8 ein.

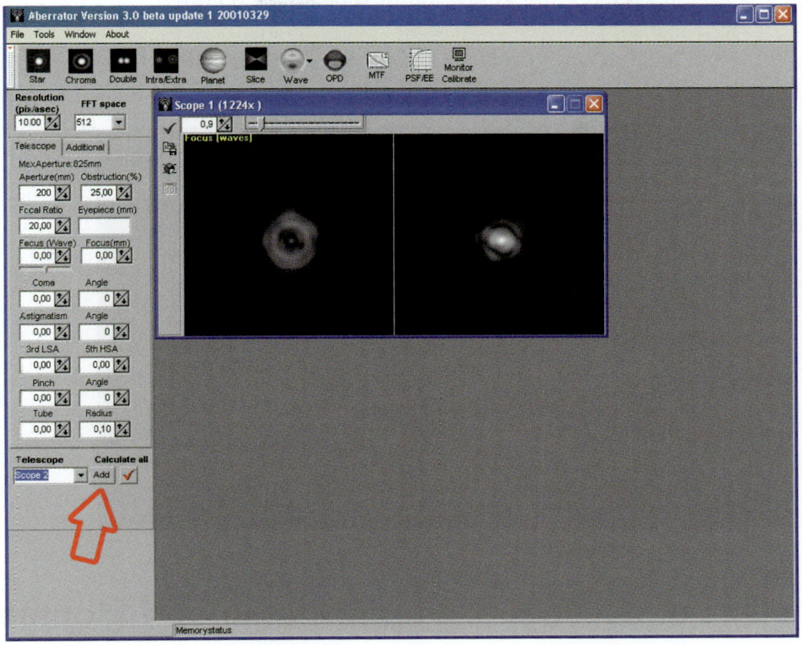

2 Öffnen Sie ein neues Anzeigefenster mit einem Klick auf *IntraExtra* und stellen Sie auf dem Register *Additional* denselben Wert für die Luftunruhe (*Turbulence*) ein, den Sie auch schon für die erste Optik gewählt haben. Berechnen Sie das Bild für die zweite Optik mit einem Klick auf *Calculate all* ✓.

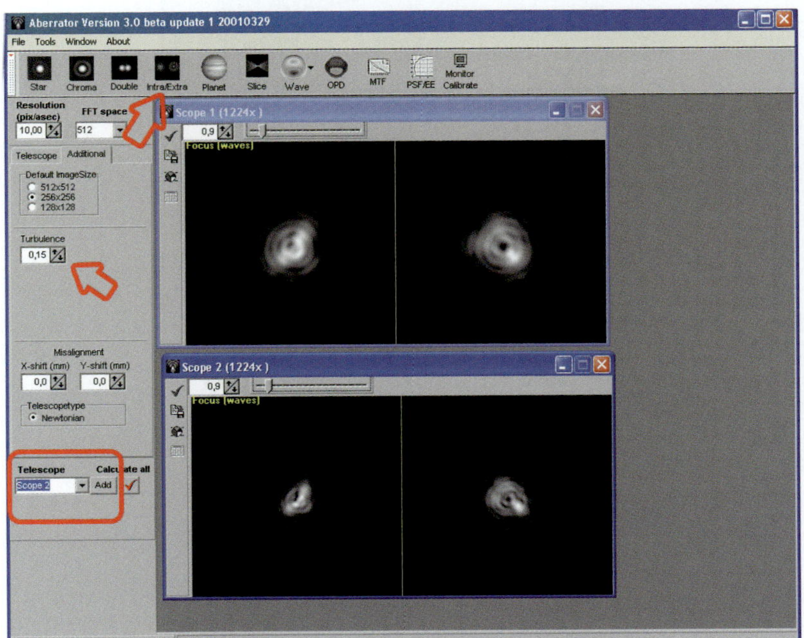

3 Sie können nun die Bilder der beiden Teleskope vergleichen. Wenn Sie Änderungen an den Parametern vornehmen wollen, beachten Sie, für welches Teleskop (*Telescope*) die gerade angezeigten Werte gültig sind.

4 Die von Aberrator erzeugten Bilder können Sie jederzeit durch Klick auf das entsprechende Symbol als Grafikdatei abspeichern.

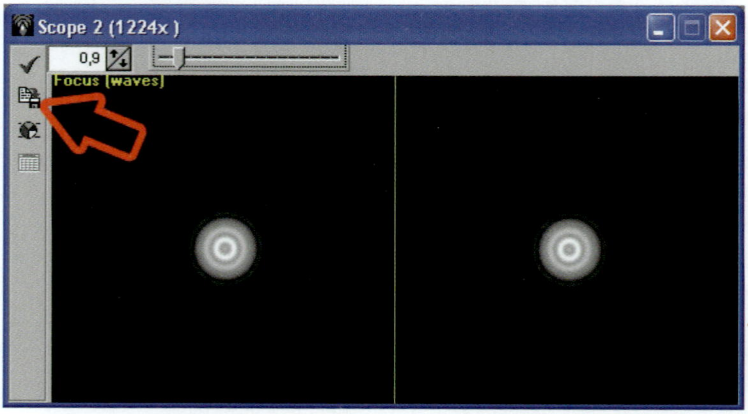

Spezielle Darstellungen: Doppelsterne und Planeten

Aberrator bietet besondere Ansichten für Doppelsterne und Planeten.

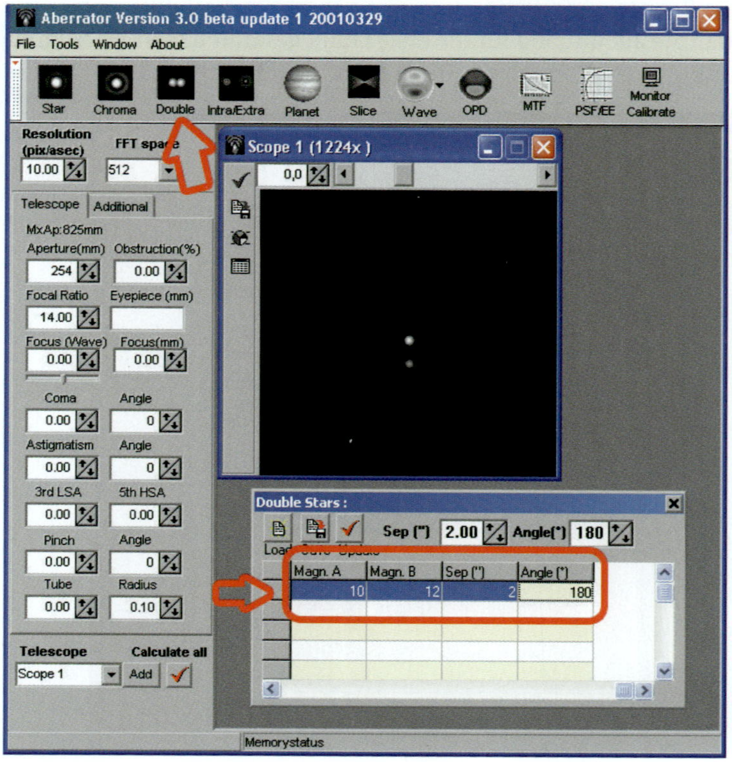

Dies rührt daher, dass Doppelsternbeobachter wissen wollen, ob eine bestimmte Optik einen Doppelstern noch auflösen kann oder nicht. Planetenbeobachter wollen natürlich wissen, welche Leistung sie von einem Teleskop bei der Planetenbeobachtung erwarten können.

Zur Anzeige von Doppelsternen wählen Sie *Double* und geben im dann erscheinenden Tabellenfenster die Werte für den gewünschten Doppelstern ein. Aberrator erwartet dabei Werte für die Helligkeiten der beiden Komponenten sowie die Separation in Bogensekunden und den Richtungswinkel.

Zur Darstellung des eingegebenen Doppelsterns müssen Sie auf die graue Fläche links neben der entsprechenden Tabellenzeile klicken.

Mit dieser Funktion können Sie sehr einfach prüfen, ob Sie mit Ihrem Teleskop einen bestimmten Doppelstern trennen können oder nicht.

Für Planetenbeobachter gibt es die Funktion *Planet*. Nach einem Klick auf die Schaltfläche *Planet* öffnet sich ein Dateiauswahldialog, mit dem Sie ein Planetenbild auswählen können. Aberrator simuliert dann die gewählten optischen Verzerrungen an diesem Planetenbild.

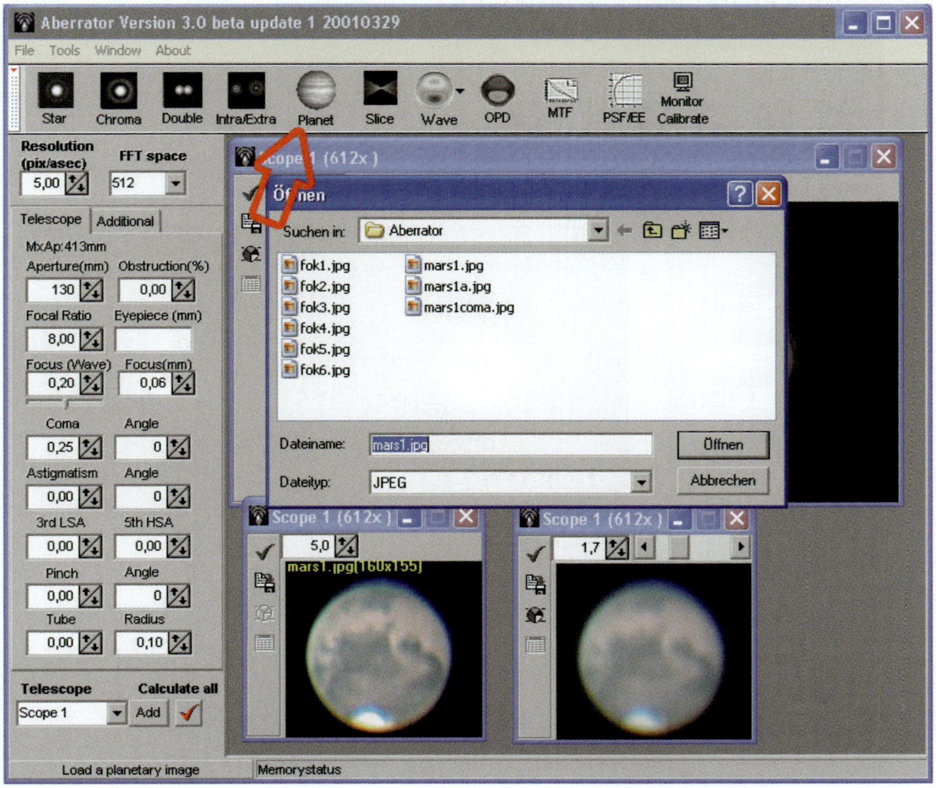

Simulieren von Koma mit dem Abberrator

Durch ungenaue Ausrichtung der optischen Elemente kann es zu so genannter Koma kommen. Ebenfalls zeigt sich Koma in den Randbereichen der Abbildung eines Spiegelteleskops. Hier wollen wir aber wieder den schon oben verwendeten 130-mm-Refraktor betrachten.

1 Tragen Sie bei den Teleskopparametern Ihr Teleskop ein. Als Beispiel nehmen wir einen 130-mm-Refraktor mit 1.040 mm Brennweite, also einem Öffnungsverhältnis von f/8.

Unter *Aperture (mm)* tragen Sie die Teleskopöffnung in mm, also hier „130", ein. Die Obstruktion (*Obstruction*) ist die Fläche im Strahlengang, die verdeckt ist. Dies ist typischerweise der Flächenanteil des Fangspiegels bei Spiegelteleskopen. Bei einem Refraktor gibt es keine Obstruktion, daher tragen Sie „0" ein. Das Öffnungsverhältnis wird unter *Focal Ratio* eingetragen. Für f/8 tragen Sie hier „8" ein. Wenn Sie ein Okular simulieren möchten, können Sie unter *Eyepiece* die Brennweite des Okulars eingeben.

2 Stellen Sie den Fokus auf 0,20 λ (*Focus (Wave)*), um die Beugungsscheibchen sichtbar zu machen.

3 Stellen Sie die Koma (*Coma*) auf 0,25 λ..

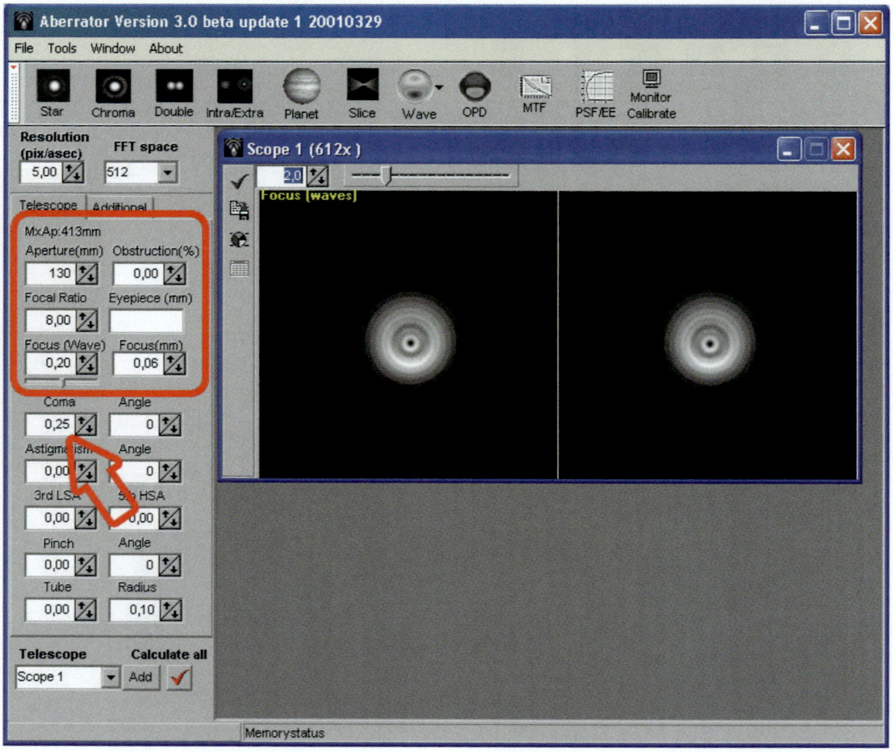

4 Durch Ändern des Koma-Wertes *Coma* können Sie verschieden starke Komas simulieren. Durch Vergleich mit der Sternabbildung Ihres Teleskops können Sie damit feststellen, wie viel Koma Ihr Teleskop aufweist.

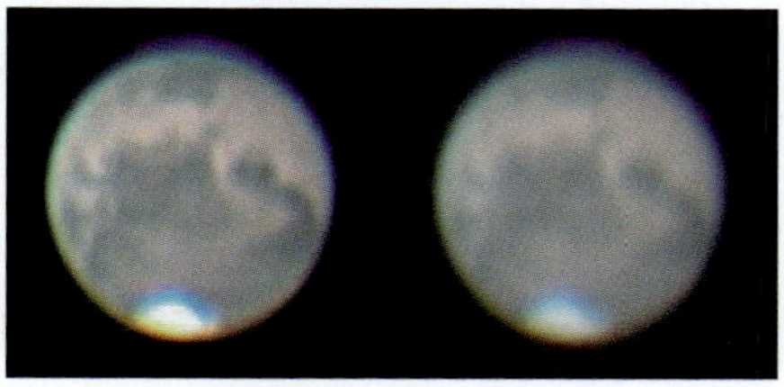

Sie können sich von Aberrator natürlich auch die Auswirkungen von Komas an einem Planetenbild berechnen lassen.

Durch Astigmatismus verdrehte Beugungsbilder vermeiden

Wie Komas ist auch der Astigmatismus beim Teleskop ein Kollimationsfehler. Beim Astigmatismus sind die Beugungsbilder in die Länge gezogen, also elliptisch, und das extra- und intrafokale Beugungsbild sind im 90° gegeneinander verdreht.

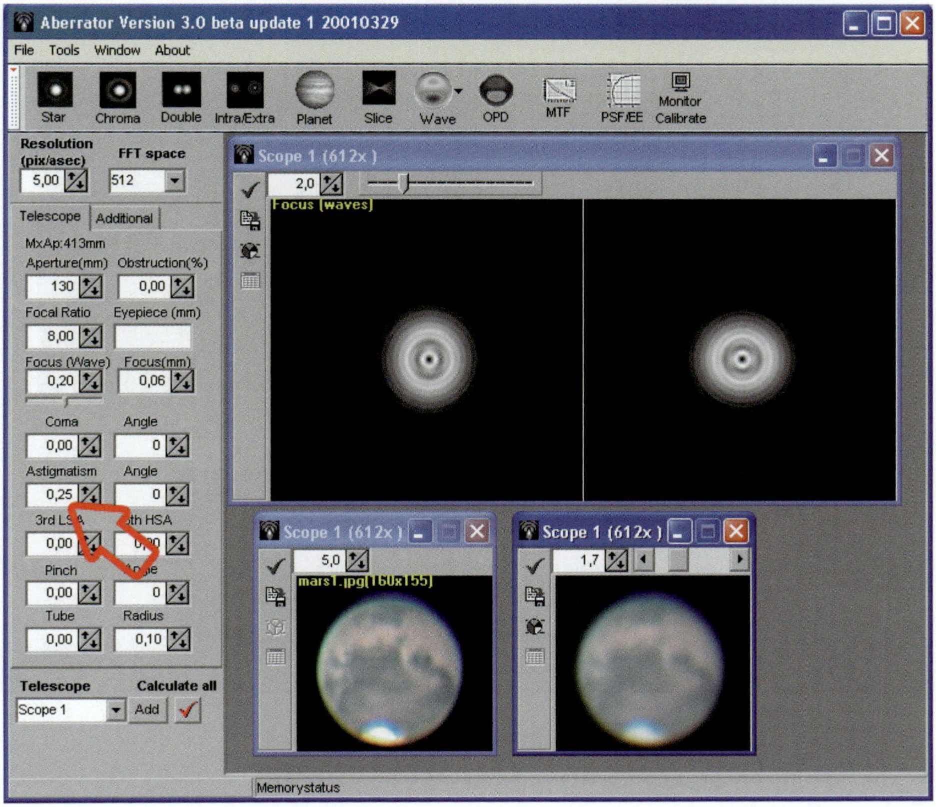

Häufig wird Astigmatismus durch verspannte optische Elemente wie z. B. Fangspiegel verursacht. Wenn Sie an Ihrem Teleskop Astigmatismus beobachten, sollten Sie alle optischen Flächen entspannen und das Teleskop neu kollimieren.

Stellen Sie wieder den 130-mm-Refraktor wie oben ein. Stellen Sie diesmal aber die Koma (*Coma*) auf „0,00" und setzen Sie stattdessen den Astigmatismus (*Astigmatism*) auf „0,25" λ.

Sphärische Aberration

Eine sphärische Aberration entsteht, wenn unterschiedliche Bereiche des optischen Systems unterschiedliche Brennweiten aufweisen. Hierdurch entsteht ein flaues, aufgeweichtes Bild.

Zur Simulation sphärischer Aberration stellen Sie die sphärische Aberration in Einheiten der Wellenlänge unter *3rd LSA* (**L**ower **S**pherical **A**berration) ein. In der Simulation durch Aberrator können Sie deutlich sehen, wie sich das intra- und das extrafokale Beugungsbild unterscheiden.

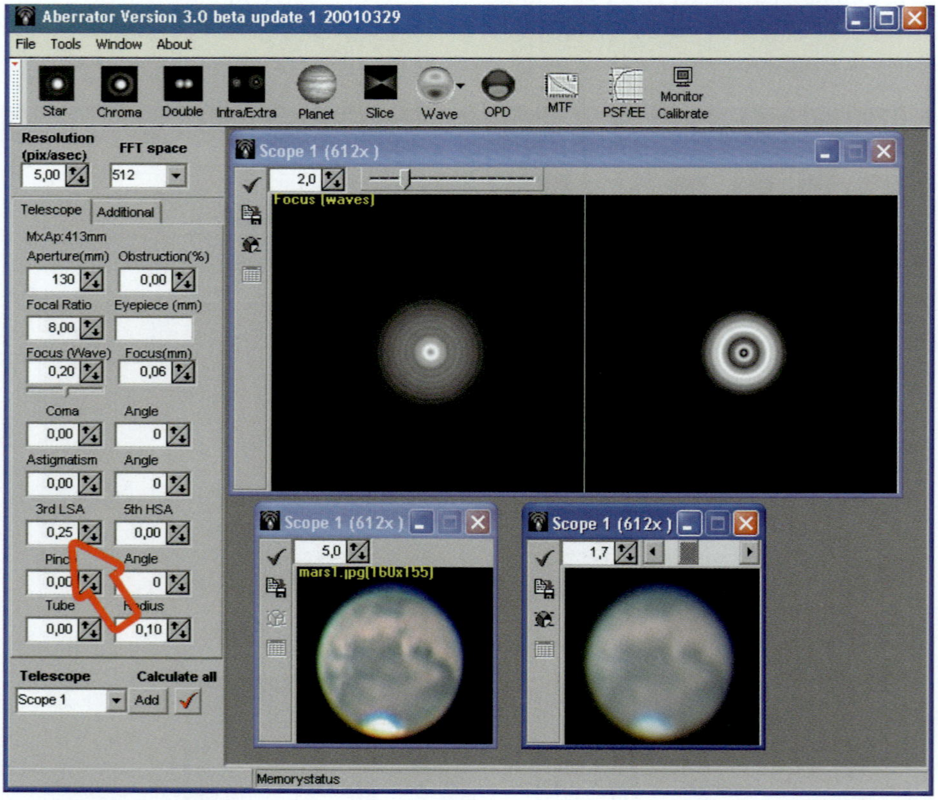

Das Teleskop während des Auskühlens – Tubus-Seeing

Speziell geschlossene Spiegelteleskope wie Maksutov- oder Schmidt-Cassegrains leiden während der Abkühlphase unter starken Luftströmungen innerhalb des

Tubus, das so genannte Tubus-Seeing. Während dieser Abkühlphase sind Beobachtungen mit dem Teleskop nicht wirklich sinnvoll, Sterntests sollten in dieser Phase keinesfalls ausgeführt werden.

Für ein Tubus-Seeing von z. B. 1 λ stellen Sie unter *Tube* „1,00“ ein.

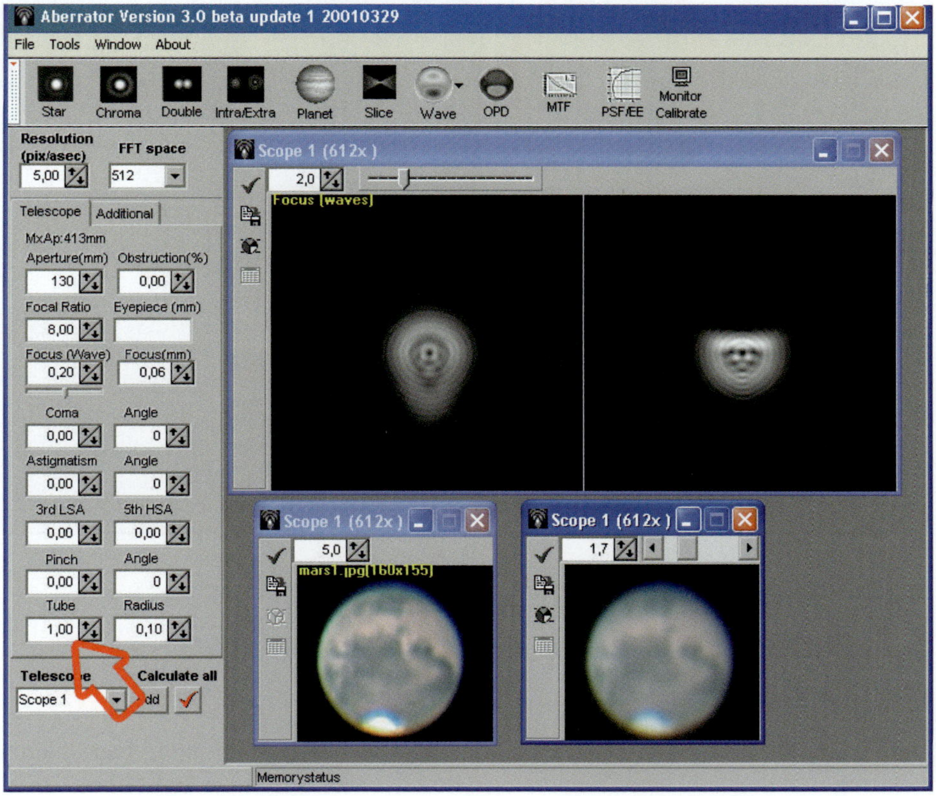

Weitere Darstellungen – Wellenfrontfehler, Point Spread Function und mehr

Neben Stern- und Planetenabbildungen kann Aberrator auch einige Auswertegrafiken, wie sie häufig beim Selbstschliff von Spiegeln verwendet werden, erzeugen. Hiermit kann Aberrator auch eingesetzt werden, um beim Selbstschliff optische Mängel frühzeitig zu erkennen und zu beseitigen.

Die entsprechenden Auswahlsymbole befinden sich wie auch die Symbole für Sternabbildungen in der Werkzeugleiste am oberen Fensterrand.

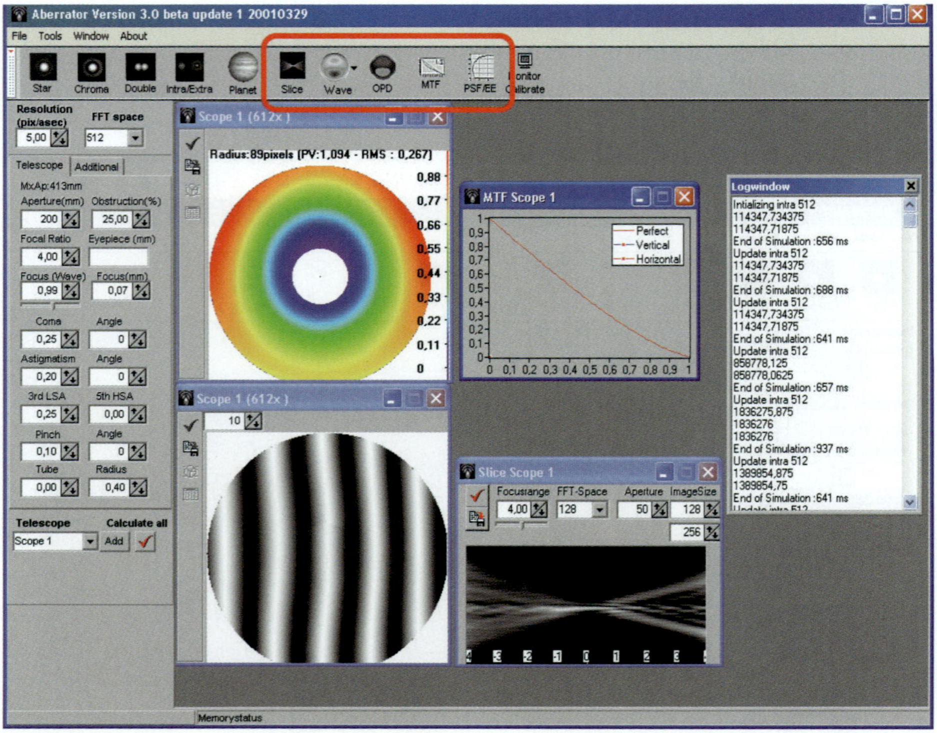

5.7 Autoguiding mit der Webcam und GuideDog

Lang belichtete DeepSky-Aufnahmen sind aufgrund nicht 100-prozentiger Polausrichtung und mechanischer Ungenauigkeiten der Montierungen nicht ohne Nachführkontrolle machbar.

Früher wurde die Nachführung an einem Leitrohr mit Fadenkreuzokular kontrolliert und gegebenenfalls korrigiert. Heute kann diese monotone Aufgabe ein Computer mit einer Digitalkamera, als so genannter Autoguider, übernehmen. Der günstige Einstieg in das Autoguiding ist eine Webcam und die Freeware GuideDog.

Das Programm GuideDog können Sie sich unter www.barkosoftware.com/GuideDog aus dem Internet herunterladen. In der gepackten ZIP-Datei befindet sich ein Installationsprogramm, das Sie nach dem Download einfach ausführen. Zusätzlich benötigt GuideDog das ASCOM-Framework von www.ascom-standards.org als Schnittstelle zu Ihrem Teleskop.

Dieses sollten Sie auch gleich herunterladen und installieren. Nach der Installation des ASCOM-Frameworks ist normalerweise ein Neustart des Rechners notwendig.

GuideDog kann Montierungen entweder über das ASCOM-Framework oder über einen speziellen Parallelportadapter ansprechen. Zu Letzterem muss der PC aber über einen echten Parallelport verfügen, ein USB-parallel-Wandler ist nicht einsetzbar.

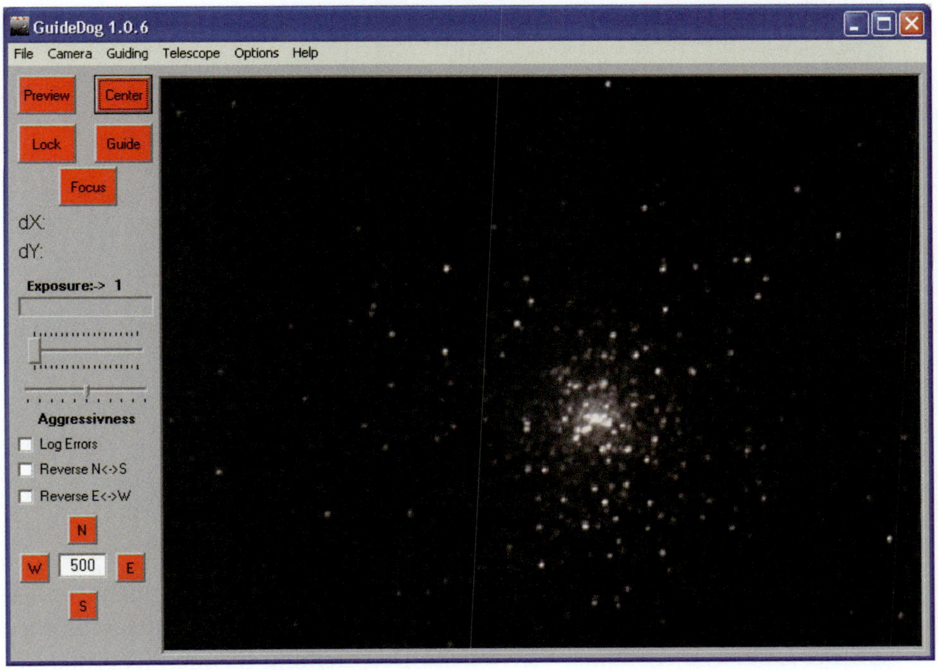

Bevor Sie GuideDog als Autoguider einsetzen können, müssen Sie zunächst Ihre Kamera und Ihr Teleskop konfigurieren.

1 Rufen Sie das Menü *Options* auf. Wählen Sie das Register *Camera*. Unter *Horziontal* und *Vertical Pixel Size (microns)* stellen Sie die Pixelgröße Ihrer Kamera in µm ein. Die Pixelgröße Ihrer Kamera können Sie der Kameradokumentation entnehmen.

Die verbreiteten Philips- (und die meisten anderen) Webcams haben Pixel mit 5,6 µm x 5,6 µm. Geben Sie für diese Kameras als Pixelgröße „5.6“ an.

Ist Ihre Kamera nach den Anleitungen von Steve Chambers umgebaut, um längere Belichtungs-

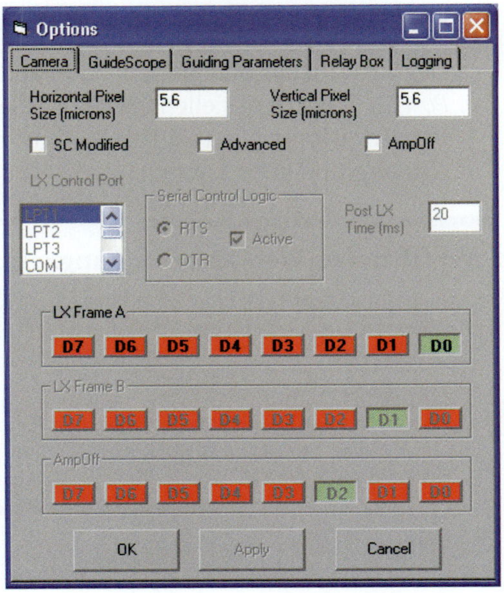

zeiten zu erreichen, wählen Sie *SC Modified* an. Haben Sie auch die erweiterten Modifikationen und die Abschaltung des Auslesverstärkers eingebaut, wählen Sie entsprechend zusätzlich *Advanced* und *AmpOff* an.

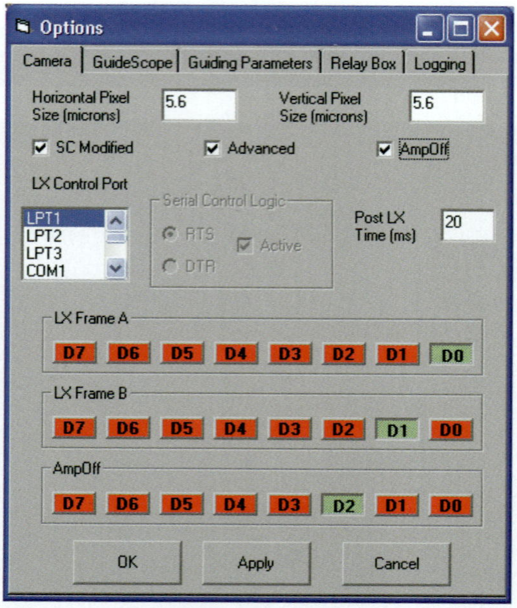

Bei einer nach Steve Chambers umgebauten Webcam müssen Sie den Parallelport (*LX Control Port*) wählen, an dem die Kamerasteuerung angeschlossen ist. Bei *LX Frame A* wählen Sie, welche Datenleitung für die Steuerung der Langzeitbelichtung verwendet wird.

LX Frame B stellt ein, welche Datenleitung für die Steuerung der erweiterten Optionen verwendet wird, und *AmpOff* legt fest, welche Datenleitung zur Schaltung des Ausleseverstärkers eingesetzt wird.

Die Auswahl der Datenleitungen ist abhängig von Ihrem Kameraumbau. Unter *Post LX Time (ms)* stellen Sie ein, wie lange die Schaltsignale am Port angelegt werden. Diesen Wert sollten Sie nur verändern, wenn Sie Probleme bei der Ansteuerung Ihrer Kamera haben.

Modifizierte Webcams für Langzeitbelichtungen

Steve Chambers (www.pmdo.com/wintro.htm) beschreibt mehrere Umbauten für handelsübliche Webcams, um diese für Langzeitbelichtungen tauglich zu machen. Mit einer unmodifizierten Webcam können Sie nur auf die allerhellsten Sterne guiden, sodass eine modifizierte Webcam auch für das Guiding ein Muss ist.

Allerdings erfordern die Umbauten profunde Kenntnisse in der Elektronik und im Umgang mit dem Lötkolben. Mit etwas Glück finden Sie aber umgebaute Webcams bei eBay oder in den Biete-Foren einschlägiger Astronomie-Communities.

Wählen Sie das Register *GuideScope* und stellen Sie dort die Brennweite (*Focal Length*) Ihres Leitrohrs ein. Berücksichtigen Sie bei der Brennweite auch möglicherweise vorhandene Brennweiten verlängernde oder verkürzende Elemente (Barlows, Shapleys/Reducer).

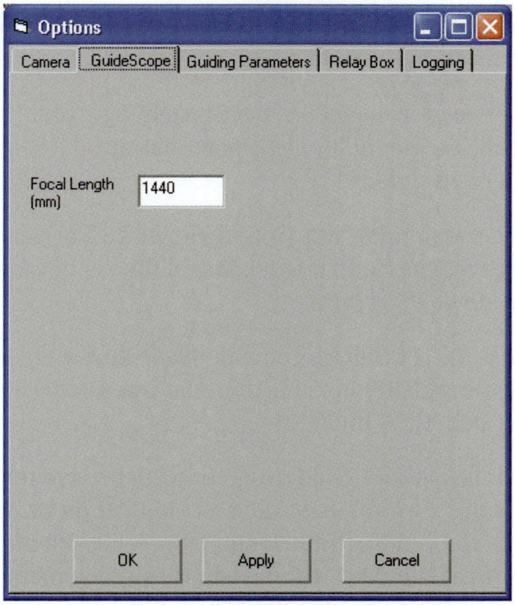

Wählen Sie das Register *Guiding Parameters*, um die Nachführparameter zu konfigurieren.

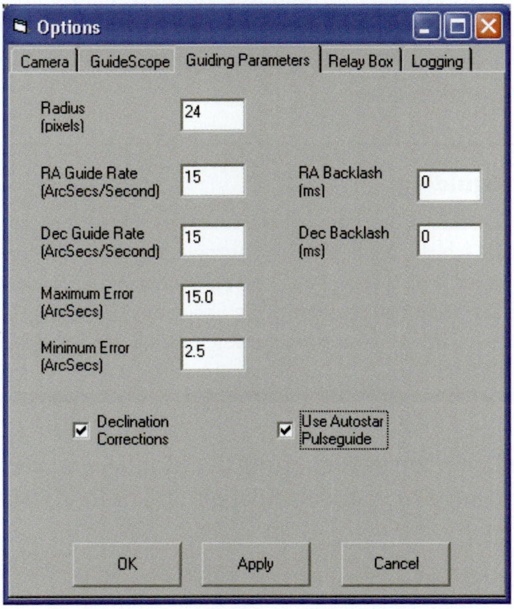

Stellen Sie unter *Radius* den Suchradius ein. Normalerweise können Sie den vorgegebenen Wert übernehmen. Für die *RA* und *Dec Guide Rate* geben Sie die Geschwindigkeit Ihrer Teleskopsteuerung an.

Für 1x Sterngeschwindigkeit geben Sie „15" an, denn einfache Sterngeschwindigkeit entspricht 15 "/s. Möchten Sie mit 2x Sterngeschwindigkeit guiden, tragen Sie „30" ein, für 0,5-fache Sterngeschwindigkeit dementsprechend „7.5".

Welche Geschwindigkeit Sie verwenden, hängt von der Einstellung an der Handsteuerbox Ihrer Montierung ab. Es empfiehlt sich, maximal mit 1x Sterngeschwindigkeit, eher mit weniger zu guiden.

RA und *Dec Backlash* werden verwendet, um Getriebespiel zu korrigieren. GuideDog schlägt die hier angegebene Zeit zu jeder Korrektur zu, bei der die Drehrichtung eines Getriebes umgekehrt wird.

Wenn wie empfohlen maximal mit 1x Sterngeschwindigkeit korrigiert wird, dreht sich die Drehrichtung des Stundenmotors nie um. Auch die Drehrichtung des Deklinationsmotors sollte sich nicht umkehren.

Mit *Maximum Error* legen Sie fest, wann GuideDog nicht mehr versucht zu korrigieren, weil die Abweichung zu groß geworden ist. Mit *Mininum Error* legen Sie eine untere Schranke für den Nachführfehler fest. Fehler kleiner als der unter *Minimum Error* eingetragene Wert werden von Guide Dog nicht korrigiert, um ein Aufschaukeln des Guider zu vermeiden.

Ist Ihr Teleskop in beiden Achsen motorisiert, sollten Sie *Declination Corrections* aktivieren, um GuideDog auch die Abweichungen in Deklination, wie sie z. B. aus ungenauer Polausrichtung resultieren, auskorrigieren zu lassen. Kann Ihre Montierungssteuerung mit Pulseguide-Kommandos umgehen, sollten Sie unbedingt *Use Autostar Pulseguide* aktivieren.

Pulseguiding – das bessere Autoguiding

Ältere Teleskopsteuerungen verlangen, dass der Computer ein Start- und ein Endkommando für Bewegungen über die serielle Schnittstelle schickt. Bei den für das Autoguiding notwendigen kurzen Bewegungszeiten lassen sich diese Kommandos nicht genau genug synchronisieren. Bei dem moderneren Pulseguiding wird nur das Startkommando, in dem die Länge des Bewegungspulses angegeben ist, gesendet und die Montierung bringt dann einen Bewegungspuls genau definierter Länge auf.

Wenn Sie einen Parallelportadapter zur Ansteuerung der Montierung verwenden, wählen Sie das Register *Relay Box*, um den Adapter zu konfigurieren.

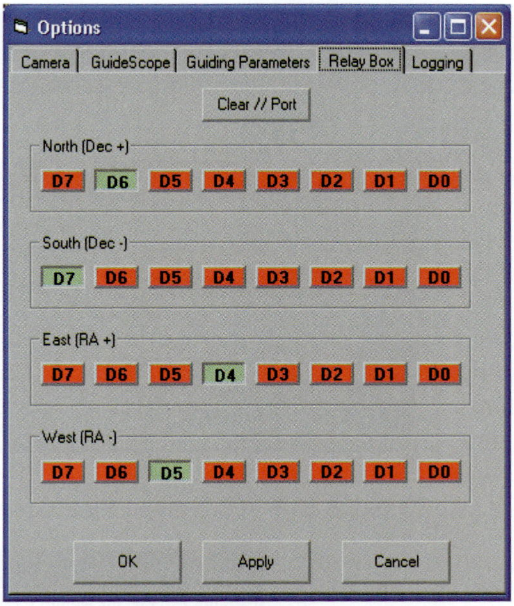

In diesem Dialog legen Sie fest, welche Datenleitung der parallelen Schnittstelle der Bewegung in eine bestimmte Richtung zugeordnet ist. Die Belegung der Datenleitungen ist abhängig von Ihrem Parallelportadapter.

Eine SC-modifizierte Webcam und ein Guiding-Adapter können gleichzeitig an derselben parallelen Schnittstelle betrieben werden. Sie benötigen dann allerdings ein entsprechendes Kabel, das die Signale passend aufteilt. Wählen Sie das Register *Logging*, um die Aufzeichnungseigenschaften einzustellen.

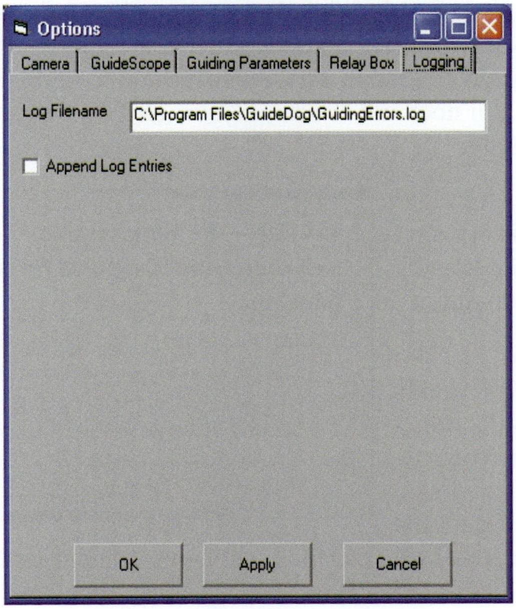

Unter *Log Filename* tragen Sie den Dateinamen der Logbuch-Datei ein. Wenn Sie die Option *Append Log Entries* aktivieren, werden bestehende Aufzeichnungen nicht gelöscht, sondern neue Aufzeichnungen an die bestehenden angehängt.

2 Wählen Sie *Telescope/Choose Telescope*, um im ASCOM-Framework Ihr Teleskop auszuwählen. Wenn Ihr Teleskop nicht in der Liste steht und auch auf der ASCOM-Webseite www.ascom-standards.org kein Treiber für Ihr Teleskop zur Verfügung steht, probieren Sie am besten den *Generic LC200 Type Scopes*-Treiber aus. Dieser sollte für die meisten Montierungssteuerungen funktionieren.

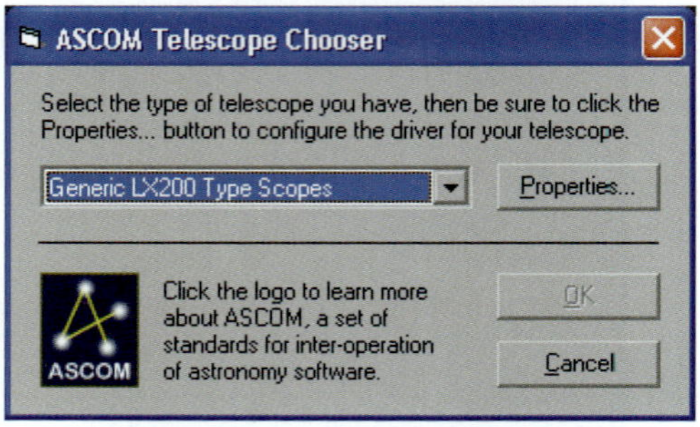

Klicken Sie auf die Schaltfläche *Properties*, um die notwendigen Einstellungen für Ihre Teleskopsteuerung, wie z. B. die Schnittstelle, vorzunehmen.

Dieser Konfigurationsdialog wird allerdings vom Teleskoptreiber bereitgestellt, sodass sich der Konfigurationsdialog je nach dem von Ihnen gewählten Teleskoptreiber deutlich von dem dargestellten Dialog unterscheiden kann.

Wenn Sie immer mit dem gleichen Teleskop arbeiten, brauchen Sie dies in Zukunft nicht mehr neu zu konfigurieren. GuideDog merkt sich die Teleskopeinstellungen und beim nächsten Programmstart stehen diese automatisch zur Verfügung. Sie müssen dann nur noch mit *Telescope/Connected* GuideDog mit der Teleskopsteuerung verbinden.

3 Stellen Sie die Kameraparameter unter *Camera/Source* ein. Diese Dialoge sind abhängig von der verwendeten Kamera und den installierten Kameratreibern.

Für eine Philips ToUCam Pro II stellen Sie z. B. den *Schwarz und Weiß*-Modus an (Farbe brauchen Sie zum Guiding nicht). Wählen Sie die längstmögliche Belichtungszeit (hier 1/25 s) und stellen Sie den Gewinn (*Gain*) ruhig auf 100 %. Das zusätzliche Rauschen, das bei Planetenaufnahmen störend ist, macht sich beim Guiding nicht stark bemerkbar. Hier ist es wichtiger, möglichst viel Signal zu erhalten, um auf möglichst dunkle Sterne nachführen zu können.

ASCOM – die Schnittstelle zwischen GuideDog und Ihrem Teleskop

GuideDog benötigt zwingend das ASCOM-Framework von www.ascom-standards.org, um Ihr Teleskop ansprechen zu können. Über ASCOM können Sie nahezu alle am Markt befindlichen Teleskope mit GuideDog nutzen.

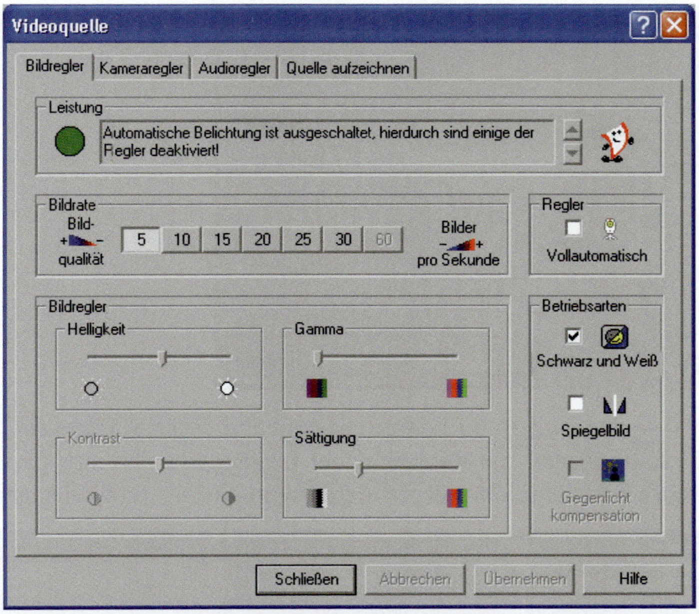

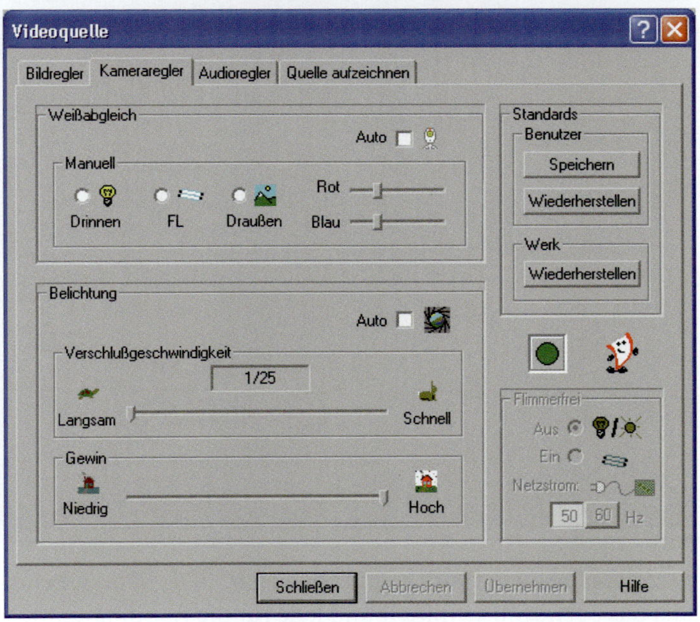

Wählen Sie unter *Camera/Format* das zu verwendende Bildformat. Bei älteren Treibern für die Philips ToUCam Pro bietet es sich an, 320 x 240 Pixel zu wählen, da diese Auflösung durch so genanntes Binning gewonnen wird. Hierbei werden immer 2 x 2 Pixel zu einem neuen Pixel addiert und so die Empfindlichkeit gesteigert. Bei neueren Treibern scheint dies nicht mehr der Fall zu sein, sondern es wird nur ein Ausschnitt aus dem Sensor genommen.

4 Schließen Sie Ihre Webcam an Ihr Leitrohr an und aktivieren Sie *Preview*. Stellen Sie die Belichtungszeit mit dem Schieber bei *Exposure* so ein, dass ein Leitstern sichtbar wird, und fokussieren Sie diesen Leitstern möglichst genau.

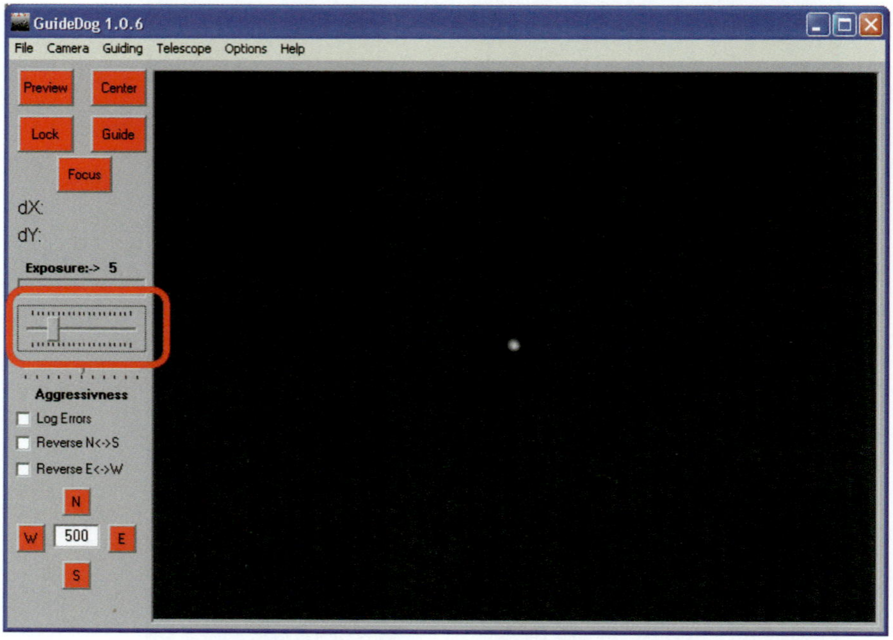

Die Belichtungszeit sollte zwischen 1 s und 5 s liegen. In diesem Belichtungszeitenbereich ist das Seeing ausgemittelt und jede für die Astrofotografie taugliche Montierung sollten zumindest diesen Zeitraum auch ohne Korrekturen sauber nachführen.

5 Richten Sie die Kamera korrekt aus. GuideDog verlangt, dass die Kamera exakt entsprechend der Stunden- und der Deklinationsachse ausgerichtet ist. Ein Stern auf dem Kamerabild muss sich also, wenn die Montierung nach Norden bewegt wird (entweder über die Handtaster oder über den Schalter *N* in GuideDog), exakt nach oben bewegen.

Entsprechend für Süden nach unten, für Osten nach rechts und für Westen nach links. Fall notwendig aktivieren Sie die Richtungsvertauschung *Reverse N<->S* und/oder *Reverse E<->W*.

Komfortabler Guiden

Kommerzielle Lösungen zum Guiden wie z. B. MaximDL/CCD kalibrieren die Kamera am Stern, um die Kameraausrichtung und die Montierungsgeschwindigkeit zu ermitteln. In GuideDog müssen Sie diese Parameter von Hand einstellen bzw. die Kamera exakt orientieren. Wenn GuideDog nicht sauber nachführt, müssen Sie entweder die Parameter unter *Options* oder die Kameraausrichtung verbessern.

Um die Ausrichtung zu erleichtern, können Sie in GuideDog ein Fadenkreuz einblenden. Klicken Sie mit der rechten Maustaste auf den Leitstern, und GuideDog zeigt ab dem nächsten Bild ein Doppelfadenkreuz an. Wenn Sie die Kamera ausgerichtet haben, können Sie das Fadenkreuz mit einem Rechtsklick wieder verbergen.

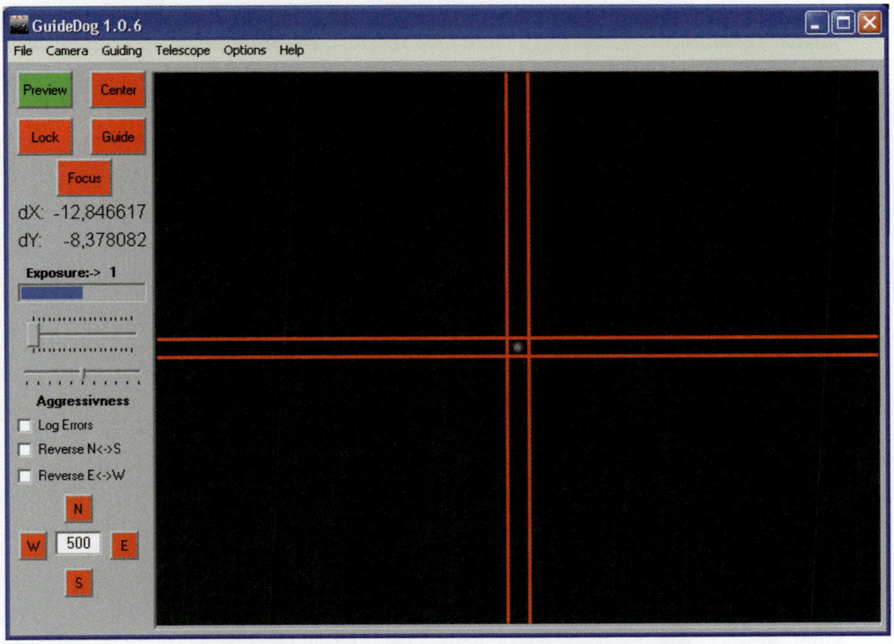

6 Klicken Sie auf *Lock*, um den Leitstern auszuwählen. Wenn die Schaltfläche *Lock* gelb angezeigt wird, können Sie mit der linken Maustaste auf den Leitstern klicken. Sie müssen das Zentrum des Sterns nicht genau erwischen, aber Sie sollten schon den Stern selbst treffen. GuideDog zeigt jetzt ein rotes Fadenkreuz um den Leitstern an.

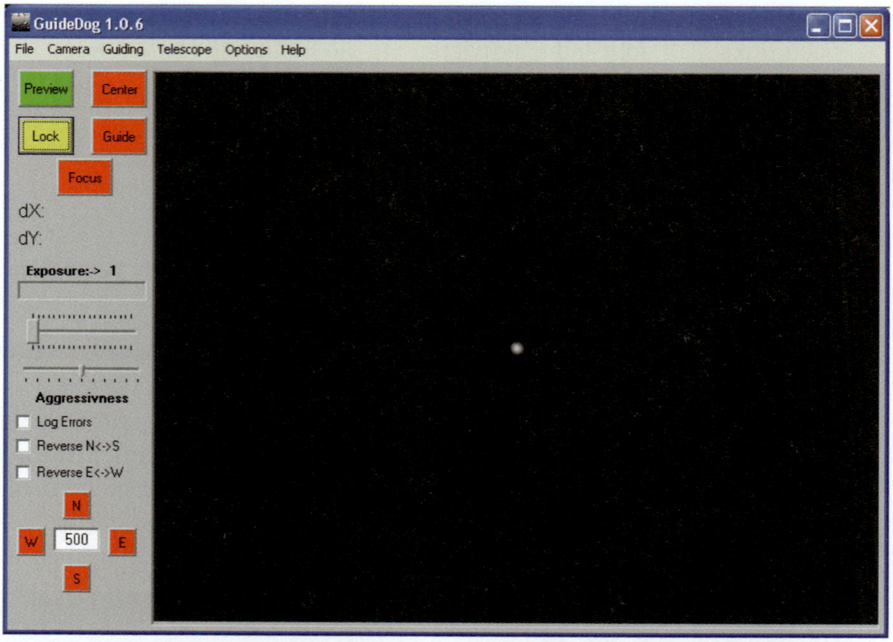

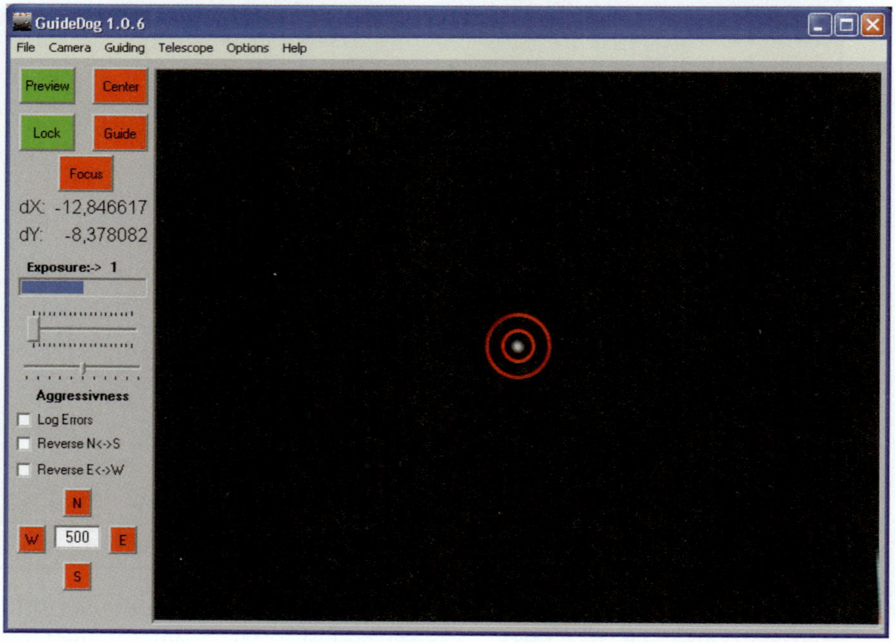

7 Zum Start der automatischen Nachführung (Autoguiding) klicken Sie auf die Schaltfläche *Guide*. Diese wird nun in Grün dargestellt und GuideDog korrigiert Abweichungen des Sterns aus. Mit dem Schieber *Aggressiveness* können Sie festlegen, wie stark GuideDog korrigieren soll. Korrigiert GuideDog zu stark (Überkorrektur), schieben Sie den Regler nach links.

Autoguiding – der Schlüssel zu runden Sternabbildungen

Wirklich runde Sternabbildungen sind bei Langzeitbelichtungen, selbst bei sehr teuren Montierungen, nur mit einer aktiven Nachführkontrolle erreichbar. Zur automatischen Nachführkontrolle (Autoguiding) werden entweder entsprechende Stand-alone-Guider (z. B. SBIG ST-4) oder ein PC mit einer zweiten Kamera und einer Anbindung an das Teleskop eingesetzt. Da die Qualität des Autoguidings wesentlichen Einfluss auf die erzielbare Qualität der Astroaufnahmen hat, sollte an dieser Stelle nicht unnötig gespart werden. Fürs Autoguiden benötigen Sie Belichtungszeiten von 1 s bis 5 s, in Ausnahmefällen auch mal bis zu 10 s. Auch wenn es auf den ersten Blick einfach aussieht, die Regelungsalgorithmen in der Guidersoftware sind sehr komplex. Zum Autoguiding liefern kommerzielle Programme wie MaximDL/CCD oder AstroArt durchweg deutlich bessere Ergebnisse als die frei erhältlichen Lösungen wie GuideDog.

Im umgekehrten Fall, wenn GuideDog es nicht schafft, den Leitstern in erträglicher Zeit wieder an die Ausgangsposition zu fahren, schieben Sie den Regler nach rechts. Reichen die Tuning-Möglichkeiten dieses Schiebereglers nicht aus, dann müssen Sie unter *Options* die Zeiten für *RA Guide Speed* und *Dec Guide Speed* anpassen.

Hier sehen Sie noch einmal das Ergebnisbild des Orionnebels wie es auf S. 177 erstellt wurde.

6. Digitale Astrofotografie

Selbst die beste Software kann nur das aus Rohbildern herausholen, was dort auch an Informationen vorhanden ist. Mit diesem Wissen im Hinterkopf wird klar, dass gerade bei der Astrofotografie der Aufnahmetechnik eine ganz wesentliche Bedeutung zukommt. Es ist sicherlich nicht möglich, im Rahmen dieses Buches auf alle Nuancen und Möglichkeiten der Astrofotografie einzugehen. Dennoch soll hier eine kurze Einführung in die Astrofotografie gegeben werden.

6.1 Die Möglichkeiten der Astrofotografie

Was auf den ersten Blick wie ein einheitliches Thema erscheint, teilt sich bei näherer Betrachtung in eine Vielzahl von Beobachtungsobjekten und -techniken auf. So ist die Vorgehensweise und die verwendete Technik von Mond- oder Planetenbeobachtern grundsätzlich unterschiedlich zur entsprechenden Technik der DeepSky-Fotografie von dunklen Nebeln und Galaxien.

Der Einstieg in die Astrofotografie beginnt meist mit Sternfeldaufnahmen von einem fest stehenden Stativ. Hierzu benötigen Sie nur eine Kamera mit möglichst weitwinkliger Optik und der Möglichkeit, 15 bis 20 s belichten zu können. Die Begrenzung der Belichtungszeit ergibt sich dabei aus der Rotation der Erde und der dadurch verursachten scheinbaren Bewegung der Sterne am Firmament.

Mit Programmen wie Iris lässt sich aus einer größeren Anzahl solcher Aufnahmen durchaus ein sehr tief belichtetes Komposit erstellen. Eine andere, reizvolle Variante der Sternfeldfotografie sind Strichspuraufnahmen, bevorzugt der Polregionen, bei denen ganz bewusst die Sternbewegung durch Strichspuren festgehalten wird.

Mond und Sonne (nur mit entsprechendem Schutz!) können sehr gut mit einfachen Teleskopen zwischen 500 mm und 1 m Brennweite und einer Spiegelreflexkamera als Gesamtbild aufgenommen werden. Hierzu sind nur kurze Belichtungszeiten notwendig, sodass eine genaue Nachführung des Teleskops nicht unbedingt notwendig ist.

Mond- und Sonnendetails und die helleren Planeten werden gern mit Webcams oder speziellen Videokameras aufgenommen. Hierbei wird ausgenutzt, dass mit diesen Kameras sehr viele Bilder in kurzer Zeit gewonnen werden können und so dem Seeing ein Schnippchen geschlagen werden kann. Programme wie RegiStax und Giotto erlauben die Bearbeitung der gewonnenen Videoaufnahmen.

Im DeepSky-Bereich sind vor allem spezielle Astro-CCD-Kameras verbreitet. Ein Einstieg in die DeepSky-Fotografie ist aber auch mit analogen oder digitalen Spiegelreflexkameras möglich. Diese kommen aber bei Weitem nicht an die Leistung aktueller Astro-CCD-Kameras heran.

Im Gegensatz zur Mond- und Planetenfotografie werden im DeepSky-Bereich lange Belichtungszeiten im Bereich einiger Minuten pro Einzelaufnahme benötigt, sodass eine exakte Aufstellung der Montierung und eine Nachführkontrolle (Guiding) unumgänglich sind. Auch wenn es mit DSLRs sehr einfach scheint, in die DeepSky-Fotografie einzusteigen, ist der Aufwand, der mit DSLRs notwendig ist, um gute „Pretty Pictures“ anzufertigen, mindestens so hoch wie bei dedizierten Astro-CCD Kameras, teilweise sogar deutlich höher.

6.2 Verwenden des richtigen Dateiformats

Gerade in der Astrofotografie ist jede noch so kleine Information wichtig. Daher kommen verlustbehaftete Dateiformate wie JPEG während der Bearbeitung nicht in Betracht. Ein JPEG wird aber häufig im letzten Bearbeitungsschritt erzeugt, wenn das gewonnene Bild im Internet präsentiert werden soll. Hier ist aber immer auf eine möglichst geringe Komprimierung zu achten, um möglichst viele Details im Bild zu erhalten.

Bei der Aufnahme sollten die Bilder unbedingt im kameraeigenen RAW-Datenformat gespeichert werden. Nur in diesem Format bleiben die vollen Informationen der Dynamik (bei DSLRs meist bis zu 12 Bit) und der räumlichen Auflösung (Bayer-Pattern) erhalten. Nur mit den nichtfarbinterpolierten Daten des RAW-Formats ist ein sinnvoller Dunkelbildabzug und eine sinnvolle Flatfield-Korrektur möglich.

Während der Bearbeitung müssen die Daten zwischen verschiedenen Programmen ausgetauscht werden. Hier bieten sich das unkomprimierte(!) TIFF-Format mit 16 Bit Farbtiefe oder das Fits-Format mit 16 oder 32 Bit Farbtiefe an. Formate mit nur 8 Bit Farbtiefe wie z. B. BMP, PNG, TGA etc. sollten nicht verwendet werden, da die Reduzierung auf 8 Bit einen sehr starken Informationsverlust bei Astroaufnahmen bedeutet.

Dateiformat	Beschreibung	Verwendung?
JPEG	8 Bit, verlustbehaftete Komprimierung, webtauglich	Nur zur Internetpräsentation
Camera-RAW	Rohdatenformat der Kamera	Zur Aufnahme
TIFF	16 Bit unkomprimiert	Ja, uneingeschränkt
TIFF	16 Bit komprimiert	ungeeignet, da geringe Kompatibilität zwischen den Programmen
TIFF	8 Bit komprimiert/unkomprimiert	ungeeignet, da zu geringe Bittiefe
Fits	verschiedene Formate	Ja, 16/32 Bit, auf Kompatibilität der Programme prüfen
BMP	8 Bit unkomprimiert	Nein, zu geringe Bittiefe
PNG	8/16 Bit, verlustfrei komprimiert	Nein (16 Bit selten unterstützt)
GIF	8 Bit, unkomprimiert	Nein (außer für Animationen)

Wenn Sie eine digitale Spiegelreflexkamera (DSLR) verwenden, sollten Sie zur Aufnahme unbedingt das Rohdatenformat (RAW) wählen. Beim Einlesen dieser Rohdaten erfolgt eine Farbinterpolation, für die es verschiedene Algorithmen gibt. Dies erklärt auch die Unterschiede zwischen den Umwandlungsergebnissen verschiedener Programme.

Wenn Sie einen Dunkelbildabzug oder eine Flatfield-Korrektur durchführen wollen, müssen diese Operationen allerdings im noch nicht farbinterpolierten Bild durchgeführt werden. Dies können nur wenige Programme, z. B. Iris, ImagesPlus oder MaximDL.

Legen Sie sich auf wenige Dateiformate fest

Abhängig von Ihrer Kamera und der von Ihnen verwendeten Software sollten Sie sich auf wenige Bildformate festlegen. Wählen Sie diese dabei so, dass diese von möglichst vielen Ihrer Programme möglichst effizient verarbeitet werden können. Ein typischer Ablauf wäre es, alle Aufnahmen im Kamerarohformat (RAW) zu speichern. Während der Verarbeitung setzen Sie z. B. konsequent auf das TIFF-Format, um Zwischenergebnisse zu speichern. Das Endresultat der Bildbearbeitung speichern Sie im TIFF-Format (16 Bit, unkomprimiert) zur Archivierung und erzeugen daraus bei Bedarf ein optimiertes JPEG (8 Bit, komprimiert) zur Präsentation Ihrer Ergebnisse im Internet. Die Zwischenergebnisse sollten Sie nach vollendeter Bearbeitung löschen, um nicht zu viel Festplattenspeicher zu belegen.

Das TIFF-Grafikformat bietet verschiedene Optionen, u. a. die Speicherung von 8 Bit Daten oder die Komprimierung der Daten. Da aber speziell die Komprimierungsverfahren sich zwischen den Grafikprogrammen teilweise erheblich unterscheiden, ist der Austausch von Grafikdaten im komprimierten TIFF-Format eher ein Glücksspiel.

Im Normalfall sollten Sie unkomprimiertes TIFF verwenden, auch wenn dies vergleichsweise viel Festplattenspeicher belegt. Die Möglichkeit, unkomprimierte TIFFs in nahezu alle Grafikprogramme einzulesen, wiegt dabei mehr als ein paar MByte Festplattenplatz.

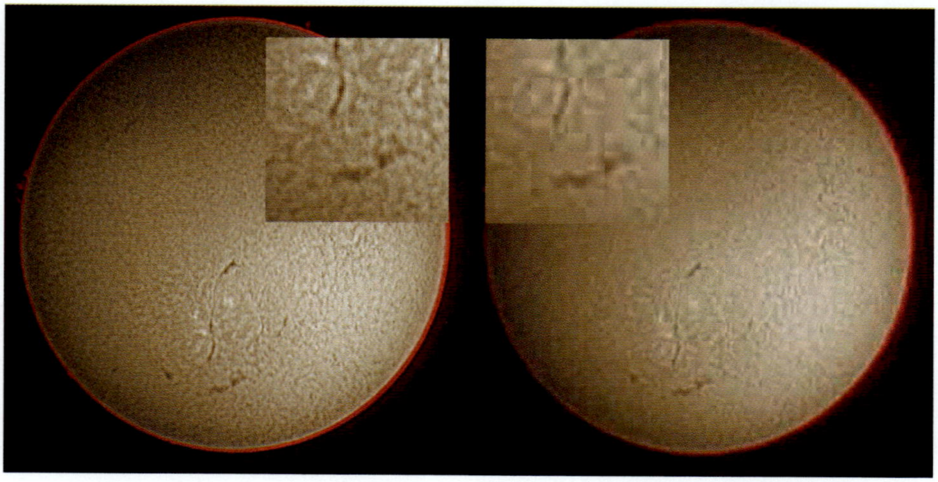

Links eine geeignete Komprimierung, rechts eine zu starke JPEG-Komprimierung, resultierend in starken Kompressionsartefakten.

Die Präsentation von Ergebnissen im JPEG-Format verlangt einiges an Geschicklichkeit bei der Komprimierung. Bei gut gewählter Komprimierung (z. B. mit der Funktion *Für Web speichern* in Photoshop oder mit verschiedenen JPEG-Optimierern) können kleine und dennoch detailreiche Bilder ohne störende Artefakte erzeugt werden.

Speichert man allerdings unkontrolliert im JPEG-Format, schleichen sich sehr schnell Komprimierungsartefakte in das Bild, die das Ergebnis sehr schlecht aussehen lassen.

6.3 Sensortechnik und Rauschverhalten

In dedizierten Astrokameras werden heute ausschließlich hochwertige CCD-Sensoren (**C**harge-**c**oupled **D**evice) verbaut. In digitalen Spiegelreflexkameras (DSLRs), digitalen Kompaktkameras und Webcams finden sich mittlerweile häufig auch CMOS-Sensoren. Der Unterschied dieser beiden Sensortechniken liegt hauptsächlich in der Fertigungstechnik, wobei die CMOS-Sensoren deutlich günstiger gefertigt werden können als CCD-Sensoren.

In DSLRs können Sie heute problemlos zwischen CCD- und CMOS-Sensoren wählen, beide Sensorarten liefern hervorragende Ergebnisse. Mittlerweile ist es sogar oft so, dass die in DSLRs verbauten CMOS-Sensoren insgesamt rauschärmere Ergebnisse liefern als CCD-Sensoren.

In digitalen Kompaktkameras und Webcams werden ebenfalls CCD- und CMOS-Sensoren verbaut. Diese Sensoren sind jedoch wesentlich kleiner als die in DSLRs verbauten Sensoren und verfügen daher auch über kleinere Pixel und damit ein höheres Rauschen. Bei diesen Kameras sollten Sie unbedingt darauf achten, eine Kamera mit einem CCD-Sensor zu erwerben.

Bei Kameras für lang belichtete DeepSky-Aufnahmen sollten Sie mehrere, nicht zu schlechte und nicht zu warme Nächte einplanen, um mit der Kamera und deren Rauschverhalten vertraut zu werden. Fertigen Sie dabei Aufnahmen eines Objekts mit verschiedenen Belichtungszeiten von 30 s bis ca. 15 Minuten Belichtungszeit an. Vergessen Sie dabei nicht, einen Autoguider einzusetzen, damit die Aufnahmen auch vergleichbar bleiben.

Betrachten Sie dann die gewonnenen Bilder in einem Grafikprogramm und ermitteln Sie, ab welcher Belichtungszeit das Rauschen überhand nimmt. Diese Belichtungszeit sollte bei Aufnahmen nicht mehr überschritten werden.

Neben dem eigentlichen Bildrauschen tritt bei aktuellen DSLRs auch das so genannte Verstärkerglühen auf. Dieses äußert sich in einem violetten, sehr hellen Bereich am Bildfeldrand. Das Verstärkerglühen kann nicht vollständig korrigiert werden, ausgebrannte Bildbereiche können nicht wiederhergestellt werden.

Verstärkerglühen einer lang belichteten Dunkelbildaufnahme mit einer Nikon D70.

Für eine Nikon D70 wurden Dunkelbilder bei verschiedenen Belichtungszeiten und Empfindlichkeitseinstellungen gewonnen. Pro Einstellung wurden dabei vier Bilder aufgenommen und gemittelt und die so gewonnenen Ergebnisbilder statistisch ausgewertet.

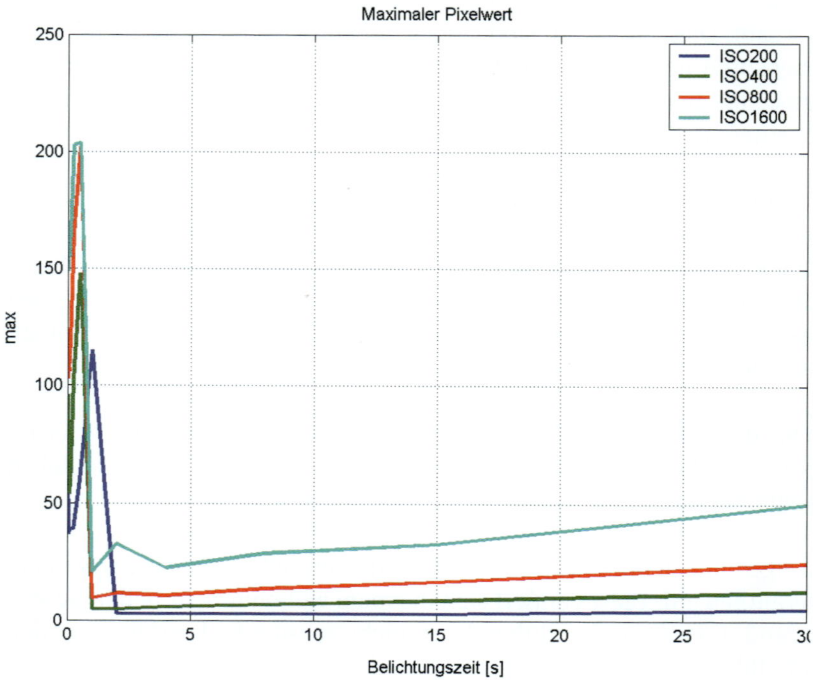

Trägt man den maximalen Pixelwert über der Belichtungszeit auf, wird für diese Kamera deutlich, dass bis 1 s Belichtungszeit (bei ISO 200 bis 2 s Belichtungszeit) ein schnelleres, aber auch stärker rauschendes Auslesen verwendet wird als bei Langzeitbelichtungen.

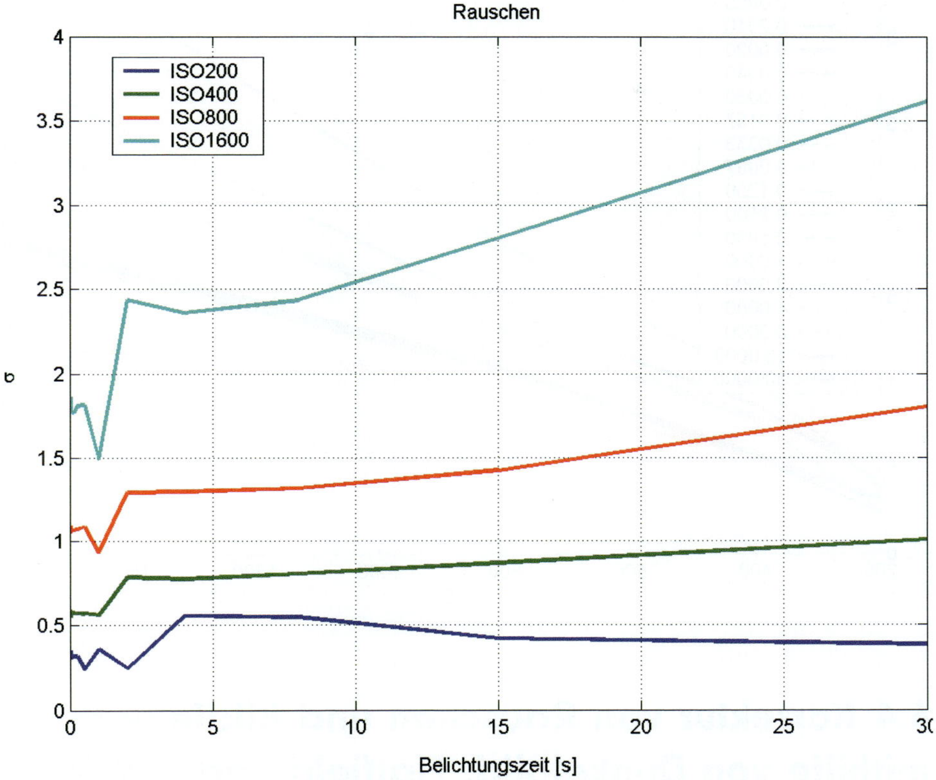

Verwendet man statt dem Maximalwert die Standardabweichung, also das Rauschen um den Mittelwert, zeigt sich (für diese Kamera) wieder das Bild, dass bei längeren Belichtungszeiten der Sensor langsamer, also rauschärmer, ausgelesen wird.

Trägt man die Standardabweichung über der Empfindlichkeit auf, kann man sich ein Bild über das Rauschverhalten bezüglich der Empfindlichkeitseinstellung machen. Für die genannte Kamera ergibt sich z. B., dass 15 s bei ISO 1600 belichtet zu höherem Rauschen führt als 30 s bei ISO 800 belichtet.

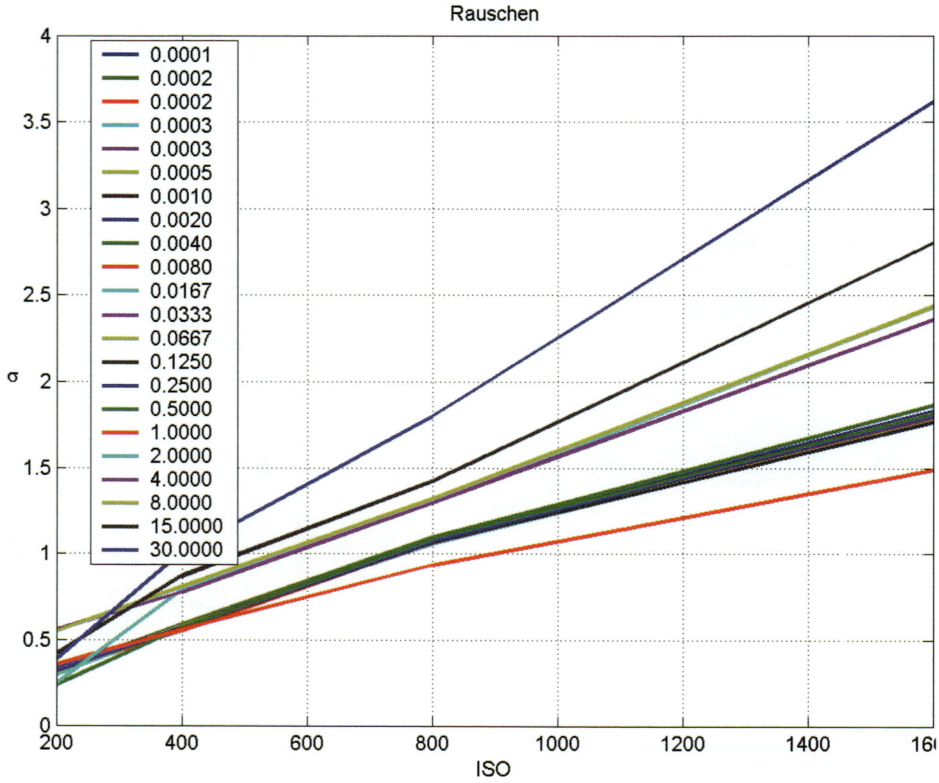

6.4 Korrektur von Rauschen und Bildfehlern mithilfe von Dunkelbild, Flatfield und Offset

Das bei elektronischen Bildsensoren auftretende systematische Rauschen kann durch geeignete Maßnahmen nachträglich korrigiert werden. Allerdings gibt es neben dem systematischen Rauschen auch ein chaotisches (unsystematisches) Rauschen, das nicht korrigiert, aber durch die Mittelung einer größeren Anzahl Aufnahmen reduziert werden kann.

Die in aktuellen DSLRs verbauten Sensoren rauschen, vor allem bei niedriger Temperatur, sehr wenig, sodass unter Umständen auf eine Korrektur des systematischen Rauschens verzichtet werden kann.

Mit einem Dunkelbild thermisches Rauschen korrigieren

Jeder elektronische Bildsensor rauscht in Abhängigkeit der Chiptemperatur. Dieses Rauschen kann durch ein Dunkelbild korrigiert werden. Hierbei wird eine Aufnahme mit gleichen Kameraeinstellungen, gleicher Belichtungszeit und vor allem bei gleicher Temperatur mit abgedeckter Kamera aufgenommen und von der eigentlichen Aufnahme abgezogen. Da das thermische Rauschen pixelabhängig ist, muss diese Korrektur in den Kamerarohdaten vor einer Farbinterpolation ausgeführt werden.

Um optimale Ergebnisse zu erzielen, sollte ein Dunkelbild direkt nach der Aufnahme gewonnen werden. Diese Vorgehensweise ist in vielen DSLRs als Noise Reduction implementiert. Der Nachteil diese Vorgehensweise ist jedoch, dass man die Hälfte der sowieso schon sehr knappen Beobachtungszeit für Dunkelbilder verliert.

Meist werden daher Dunkelbilder am Ende der Beobachtungsnacht erst aufgenommen. Dabei sollte aber darauf geachtet werden, dass die Temperatur nicht zu stark sinkt, ansonsten könnte das Dunkelbild nutzlos werden. Theoretisch müsste man, um kein zusätzliches chaotisches Rauschen einzubringen, genauso viele Dunkelbilder wie Aufnahmen anfertigen.

Da dies meist nicht praktikabel ist, begnügt man sich mit wenigen Dunkelbildern am Ende der Beobachtungsnacht und nimmt dafür ein geringes Anwachsen des chaotischen Rauschens in Kauf.

Ausschnitt aus einem Dunkelbild mit Verstärkerglühen und Hotpixeln.

Korrigieren des Verstärkerglühens mit dem AmpGlow-Frame

Bei aktuellen DSLRs wird, vor allem bei langen Belichtungszeiten, ein Verstärkerglühen am Bildfeldrand sichtbar.

Mediangefiltertes Dunkelbild als AmpGlow-Frame.

Dieses Verstärkerglühen kann, wenn es noch nicht zu stark ausgeprägt ist, korrigiert werden. Das Verstärkerglühen ist kaum temperaturabhängig, sondern hängt hauptsächlich von der Belichtungszeit ab.

Ein AmpGlow-Frame ist ein Dunkelbild, das durch einen Medianfilter (zwischen 10 und 20 Pixel Durchmesser) weichgezeichnet ist, sodass das thermische Rauschen der einzelnen Pixel nicht mehr im AmpGlow-Frame enthalten ist, sondern nur noch das Verstärkerglühen. Der AmpGlow-Frame wird ebenso wie der Dark-Frame von der Aufnahme abgezogen.

Korrigieren von Hotpixeln mithilfe von Bias (Offset)

Die meisten elektronischen Bildsensoren weisen einen Versatz („Offset") auf. Mit dem Offset beschreibt man den Effekt, dass unabhängig von der Belichtungszeit manche Pixel einen Wert ungleich null liefern. Insbesondere finden sich auf nahezu jedem Sensor so genannte Hotpixel.

Diese Pixel weisen, egal wie diese belichtet wurden, immer einen sehr hohen Intensitätswert auf. Um diesen zu korrigieren, wird eine Aufnahme wie ein Dunkelbild, allerdings nicht mit der gleichen Belichtungszeit wie die eigentliche Aufnahme, sondern mit der kürzestmöglichen Belichtungszeit aufgenommen, um nur den Bias, aber kein thermisches Dunkelrauschen aufzunehmen.

Bei aktuellen DSLRs verzichtet man üblicherweise auf eine separate Bias-(Offset-)Aufnahme, da die Hotpixel auch durch das Dunkelbild oder über entsprechende kosmetische Korrekturen (Medianfilter im Bereich des Hotpixels) entfernt werden können.

Kosmetisches Entfernen von Hotpixeln

Auf einem elektronischen Bildsensor finden sich nahezu immer einige Pixel, die schon ohne Lichteinstrahlung eine Füllung und damit ein Signal aufweisen. Diese Hotpixel sind für einen Sensor spezifisch.

Die Kamerahersteller nutzen aus, dass diese Pixel sich nicht verändern (im Laufe der Zeit kommen aber einige hinzu, das ist die Alterung eines Sensors), und blenden diese Hotpixel aus. Anstelle des unbekannten Pixelwertes wird dabei ein aus den benachbarten Pixeln interpolierter Wert verwendet.

Etliche astronomische Bildbearbeitungsprogramme bieten eine ebensolche Funktion zur kosmetischen Korrektur von Hotpixeln an. Hierzu werden mehrere Aufnahmen angefertigt und durch die Software ausgewertet. Die dann bekannte Hotpixel-Map mit den Koordinaten der Hotpixel wird dann in einer Datei gespeichert. Wenn Sie nun ein Bild dieser Kamera verarbeiten, können Sie mit der Hotpixel-Map diese Pixel ausblenden und dafür interpolierte Werte verwenden.

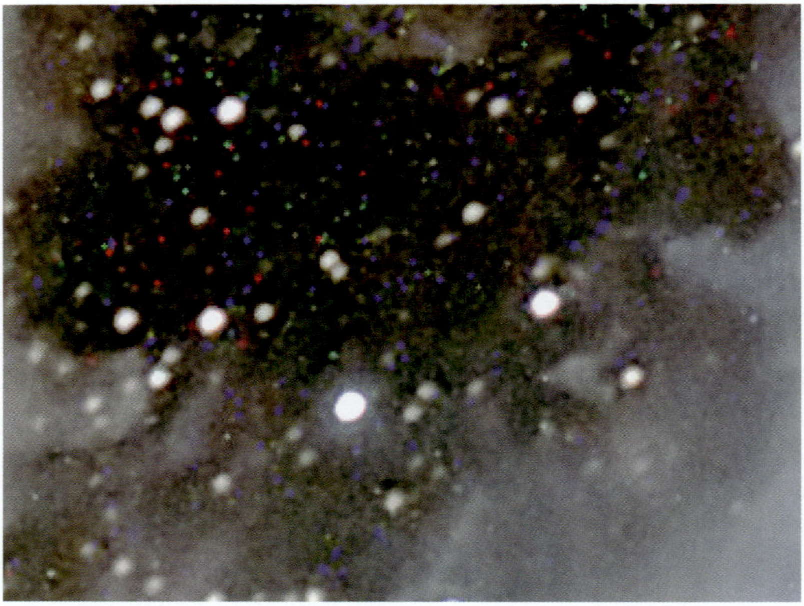

Hotpixel treten vor allem in dunklen Bildbereichen mit schwachem Signal störend auf.

Korrigieren Sie Vignettierung und Staub mit dem Flatfield

Optische Fehler wie die Vignettierung des Bildfeldes lassen sich mit einem so genannten Flatfield korrigieren.

Hierbei wird mit der Kamera und der Optik in der exakten Aufnahmeposition (die Kamera darf zwischen Aufnahme und Flatfield nicht vom Teleskop entfernt oder daran verdreht werden) eine Aufnahme einer gleichmäßig beleuchteten Fläche gewonnen, sodass an jeder Stelle des Sensors ausreichend Signal vorhanden ist, aber auch keine Stelle des Bildes gesättigt (ausgebrannt) ist.

Ein gutes Flatfield hat keine Pixel im unteren Wertebereich (weniger als 30 ADU = **A**nalog **D**igital **U**nits, Pixelwerte nach der Analog-/Digital-Wandlung) und keine Pixel im oberen Wertebereich (mehr als 2.048 ADU bei 12-Bit-Kameras). Ausgenommen sind dabei natürlich defekte Pixel.

Alle Korrekturen im Überblick

Für optimale Ergebnisse müssen Sie zunächst für Ihre Kamera bestimmen, wie stark die einzelnen Rauschfaktoren bei Ihrer Kamera ausgeprägt sind. Dies können Sie z. B. durch Beurteilung der Dunkelbilder, Offset-Bilder und Flatfields (am Teleskop) feststellen.

Eine andere Methode ist, einen Satz Bilder einmal voll korrigiert zu bearbeiten und dann dieselben Bildern nochmals, unter Auslassung bestimmter Korrekturen, zu bearbeiten. Hierbei entwickeln Sie auch sehr schnell ein Gefühl dafür, welche Korrekturen bei Ihrem Setup notwendig und sinnvoll sind.

Die vollen Korrekturen sind

DF = DarkFrame - OffsetFrame

FF = Flatfield - DF

AGF = DarkFrame weichgezeichnet

Bild = (Rohbild-AGF - OffsetFrame - DF) / FF

Bei modernen DSLRs werden meist nur DarkFrames oder AmgGlow-Frames verwendet, da der Einfluss des Offsets zu vernachlässigen ist und Vignettierung meist nicht ins Gewicht fällt. Die Vernachlässigung des Flatfields rührt daher, dass die meisten astronomischen Optiken für Kleinbildformat oder gar Mittelformat ausgelegt sind. Mit den vergleichsweise kleinen Sensoren aktueller DSLRs wird nur der mittlere Bereich des verfügbaren Feldes herausgenommen, sodass Vignettierung nicht so deutlich sichtbar wird wie bei kleinbildgroßen Sensoren.

6.5 Farbaufnahmen – das Farbfilter-Array

Die heute verbreiteten Single-Shot-Farbkameras wie z. B. digitale Kompakt- und Spiegelreflexkameras verfügen über ein direkt auf dem Sensor angebrachtes Farbfilter-Array. Hierdurch sieht jeder Pixel nur einen ausgewählten Spektralbereich.

Durch eine Farbinterpolation in der Aufbereitung der Kamerarohdaten wird aus den so gewonnenen Informationen ein Farbbild berechnet.

Die einfachste Methode der Farbinterpolation ist es, linear die Farben zusammenzufassen:

R(1,1) = (1,1)

G(1,1) = ((1,2) + (2,1)) / 2

B(1,1) = (2,2)

R(2,1) = (1,3)

G(2,1) = ((1,4) + (2,3)) / 2

B(2,1) = (2,4)

...

Streng genommen wird bei dieser Art der Farbinterpolation die Auflösung halbiert, das farbinterpolierte Bild hat also nur noch ein Viertel der Pixel des Rohbildes.

Nutzt man die Zwischenstufen, ergibt sich ein Bild in fast voller Rohauflösung, allerdings werden dabei Informationen im Bild lediglich verdoppelt, sodass nicht wirklich zusätzliche Informationen gewonnen werden. Allerdings nimmt unser Auge ein solches Bild, wenn es auf ungefähr 66 % der Originalgröße skaliert wird, als scharfes Bild wahr. Weitere Verfahren höherer Ordnung nutzen mehr als nur die vier direkt um den Interpolationspunkt angeordneten Bildpunkte zur Interpolation. Auch bei diesen Verfahren zeigt sich bei astronomischen Aufnahmen, dass eine Verkleinerung auf rund 66 % der Rohbildgröße notwendig ist, um beim Betrachter einen scharfen Bildeindruck zu erwecken.

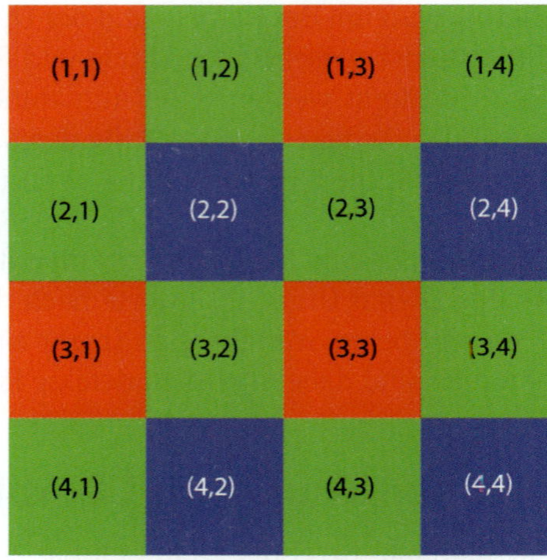

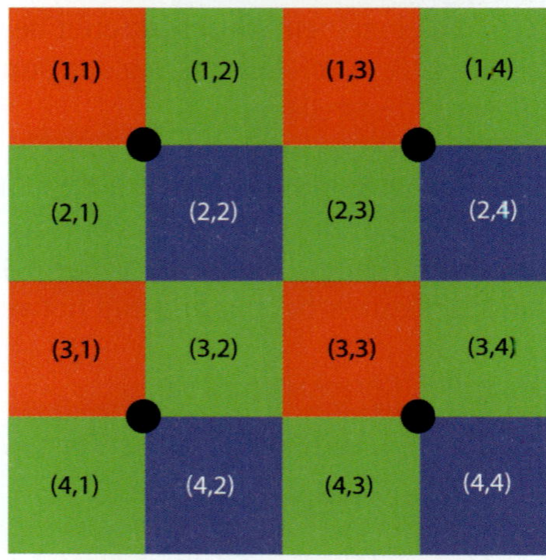

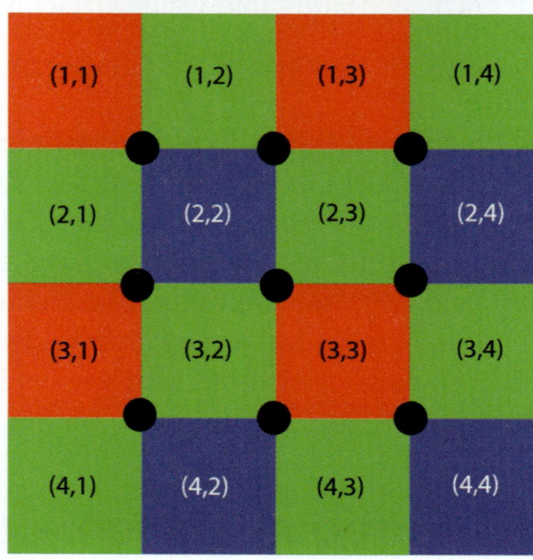

Die verbreiteten RAW-Konverter wenden die Farbinterpolation immer zusammen mit Schärfungs- und Weichzeichnungsalgorithmen an. Allerdings sind diese Konvertierungen üblicherweise auf Tageslichtaufnahmen ausgelegt, sodass bei Astroaufnahmen die Reduzierung auf 66 % der Rohbildgröße dennoch notwendig ist.

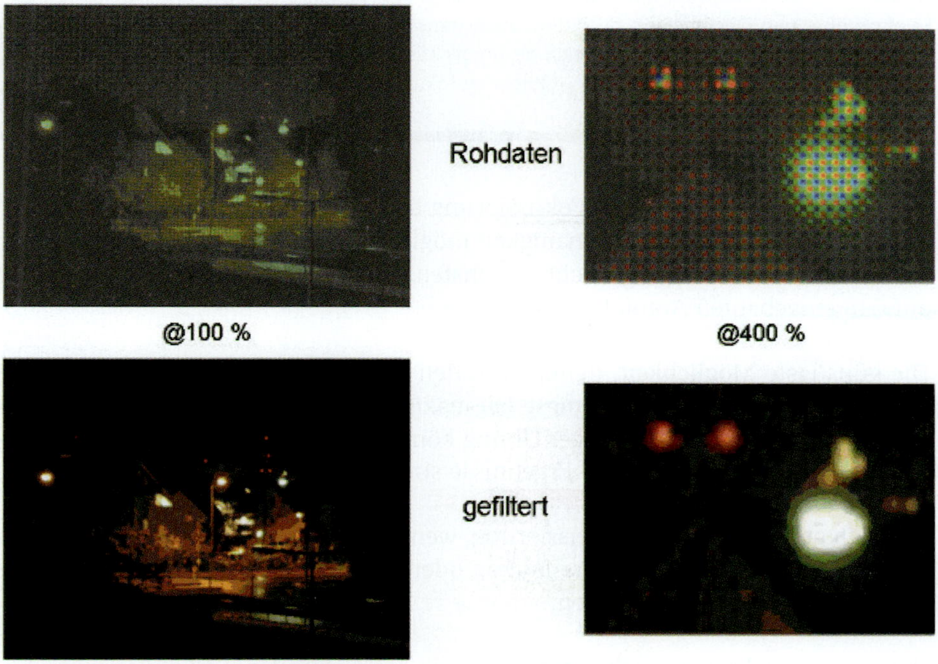

Durch die nichtlineare Natur der meisten Farbinterpolationsverfahren und der dabei angewandten Filterungen macht es keinen Sinn, eine Dunkelbildkorrektur an einem farbinterpolierten Bild anzubringen. Hier kann bestenfalls noch ein AmpGlow-Frame abgezogen werden. Dunkelbildkorrekturen müssen immer an den noch nicht farbinterpolierten Kamerarohdaten durchgeführt werden.

6.6 Die Notwendigkeit des exakten Fokus

Bei den ersten astrofotografischen Gehversuchen wird man versucht sein, sich auch mit einem halbwegs passenden Fokus zufrieden zu geben. Dies ist aber ein gefährlicher Trugschluss. Durch eine ungenaue Fokussierung wird das Licht eines Objekts auf eine größere Fläche als notwendig projiziert. Gerade bei dunklen Deep-Sky-Objekten kommt es aber auf jedes eingefangene Photon an.

Durch die Verteilung der (gleich bleibenden) Lichtmenge auf zusätzliche Pixel erhält jeder Pixel weniger Photonen, d. h. zeigt auch ein geringeres Signal. Sehr schnell ist man dabei in Bereiche vorgedrungen, in denen das Rauschen deutlich höher als das empfangene Lichtsignal ist. Deswegen müssen Astroaufnahmen so exakt wie möglich fokussiert sein.

Das richtige Fokussieren

Fokussieren Sie immer auf einen mittelhellen, nicht gesättigten Stern. Die Schärfe können Sie einfach über den Durchmesser des Sternscheibchens auf der Aufnahme bestimmen. Nutzen Sie Belichtungszeiten im Bereich einer Sekunde, um nicht ständig dem Seeing hinterherzufokussieren. Versuchen Sie nicht, auf ein DeepSky-Objekt zu fokussieren, diese sind zu lichtschwach und die Schärfe ist schwierig zu beurteilen.

Bei modernen DSLRs ist eine Fokussierung über den eingebauten Kamerasucher nicht in der ausreichenden Genauigkeit möglich. Diese Sucher sind nur noch zur Wahl des Bildausschnitts gedacht, ansonsten verlassen sich alle Kamerahersteller auf den eingebauten Autofokus.

Die günstigste Möglichkeit, dennoch in den Fokus zu kommen, ist es, einzelne Aufnahmen anzufertigen und diese bei maximaler Vergrößerung am Kameramonitor zu begutachten. Mit einiger Übung können Sie mit dieser Methode den Fokus recht gut treffen, optimale Ergebnisse sind aber eher selten.

Deutlich genauer wird die Fokussierung, wenn Sie eine Sucherlupe oder eine Vergrößerung des Kameramonitors nutzen oder einen Monitor am Fernsehausgang der Kamera anschließen können.

Die besten Ergebnisse erhalten Sie, wenn Sie den Computer zur Fokussierung benutzen und die Bilder am PC begutachten. Spezielle Werkzeuge wie DSLRFocus, ImagesPlus, MaximDL/CCD oder MaxDSLR unterstützen Sie bei der Fokussierung, indem neben den Aufnahmen in hoher Vergrößerung auch nützliche Auswertungen wie die Halbwertbreite oder der maximale Pixelwert angezeigt werden.

6.7 Die Notwendigkeit der exakten Nachführung

Ebenso wie der Fokus beeinflusst auch die Nachführgenauigkeit die Qualität Ihrer Aufnahmen. Strichspuren sind dabei das geringere Übel, diese lassen sich mit Software in Teilen korrigieren. Viel schlimmer wirkt sich wieder der Verlust an Signal aus.

Das schwache Signal eines DeepSky-Objekts wird bei ungenauer Nachführung wieder über viele Pixel verschmiert, sodass sehr schnell die Information pro Pixel im Rauschen untergeht und das aufgenommene DeepSky-Objekt auf der Aufnahme nicht mehr oder nur noch sehr schwach wahrnehmbar ist. Hier hilft dann die beste Bildbearbeitung nicht mehr weiter.

Holen Sie sich keine Rückenbeschwerden

Einfach und kostengünstig ist die Nachführkontrolle mit einem Fadenkreuzokular. Beste Ergebnisse bei deutlich weniger Rückenschmerzen erzielen Sie jedoch mit dem Einsatz eines Autoguider. Wenn Sie öfter langzeitbelichtete Astroaufnahmen anfertigen, sollten Sie sich einen zuverlässigen Autoguider zulegen. Sie können sich dann, während die Aufnahmen laufen, dem Sternhimmel zuwenden und diesen ausgiebig genießen.

Kontrollieren Sie daher ständig die Nachführung Ihrer Montierung. Setzen Sie dazu ein zweites Teleskop als Leitrohr ein und verwenden Sie entweder ein Fadenkreuzokular oder einen Autoguider. Bei der Nachführung mit einem Fadenkreuzokular sollte Ihr Leitrohr (inkl. evtl. eingesetzter Barlow-Elemente) mindestens die doppelte Brennweite wie Ihr Aufnahmegerät haben.

Gleiches gilt für die automatische Nachführung mit einfachen Programmen wie GuideDog. Setzen Sie einen besseren Autoguider, also z. B. eine SBIG ST-4 oder eine Astrokamera mit MaximDL/CCD, ein, können Sie beim Leitrohr durchaus mit der halben Brennweite der Aufnahmeoptik arbeiten.

Diese Autoguider sind in der Lage, die Verschiebung des Leitsterns auf Bruchteile eines Pixels genau zu be-rechnen und sofort entsprechende Korrekturen aufzubringen, sodass sich der Leitstern im Leitrohr bei einer guten Montierung und brauchbarem Seeing deutlich weniger als ein Pixel bewegt. Diese kleinen Bewegungen nehmen Sie dann an der Aufnahmeoptik gar nicht wahr, da dort ja auch noch Verschiebungen aufgrund des Seeing auftreten.

6.8 So wird die Kamera ans Teleskop angeschlossen

Die einfachste Art der Astrofotografie und sicherlich auch der beste Einstieg in die Thematik sind Aufnahmen mit der Kamera auf einem Stativ. Hierbei müssen Sie sich auf kurze Brennweiten (große Bildwinkel) und kurze Belichtungszeiten beschränken. Bei 28 mm Brennweite und Kleinbildformat können Sie, je nach Deklination der zu fotografierenden Himmelsregion, bis zu 15 s belichten, ohne zu starke Strichspuren zu bekommen.

Wenn Sie dazu eine hohe Empfindlichkeit (z. B. ISO 1600) wählen, können Sie dabei schon ansehnliche Einzelaufnahmen erstellen. Werkzeuge wie Iris erlauben es Ihnen, aus einer Anzahl solcher Aufnahmen sogar sehr tief gehende Gesamtbilder zu erstellen.

Eine Variante der Fotografie vom Stativ sind Strichspuraufnahmen. Dabei werden, meist in der Polregion, Strichspuren bewusst aufgenommen. Hierdurch lässt sich die scheinbare Himmelsbewegung im Laufe einer Nacht sehr eindrucksvoll darstellen. Für Strichspuraufnahmen wählen Sie eine kleine Blende und eine längere Belichtungszeit von ein bis zwei Minuten.

Fertigen Sie viele dieser Aufnahmen direkt hintereinander an (schalten Sie dazu die Rauschreduzierung der Kamera aus!). Die so gewonnenen Bilder können Sie in der Bildbearbeitung addieren, sodass sehr schöne Strichspuraufnahmen entstehen können.

PiggyBack-Fotografie

Etwas aufwendiger ist die nachgeführte Fotografie, immer noch mit vergleichsweise kurzen Brennweiten. Montieren Sie dazu Ihre Kamera mit Objektiv auf eine parallaktische Montierung, möglichst parallel zu Ihrem Teleskop.

Sie können mit dieser Konfiguration lang belichtete Aufnahmen von Himmelsregionen und Sternbildern anfertigen. Ihr Teleskop nutzen Sie dabei mit einem Fadenkreuzokular, um die Nachführung der Montierung zu kontrollieren und gegebenenfalls zu korrigieren.

Canon EOS300d mit Kit-Objektiv PiggyBack auf einem Refraktor mit Fadenkreuzokular zur Nachführkontrolle.

PiggyBack-Fotografie können Sie bis zu Brennweiten von 600 – 800 mm durchführen, speziell bei ausgedehnten Objekten wie der Andromeda-Galaxie M31 oder bei hellen Kometen wird diese Methode häufig angewandt.

Bedenken Sie aber immer, dass mit steigender Brennweite die Anforderungen an die Genauigkeit und Kontrolle der Nachführung deutlich ansteigen. Gerade bei längeren Brennweiten ist die Verwendung eines Autoguider dringend anzuraten.

Komet C/2001Q4 NEAT PiggyBack mit einem Normalobjektiv aufgenommen.

Afokale Projektion

Möchten Sie eine Kompaktkamera ohne Wechselobjektiv an ein Teleskop anschließen, können Sie dies (ohne die Kamera umzubauen) nur mit der afokalen Projektion bewerkstelligen.

Hierbei wird zwischen Kameraobjektiv und Teleskop ein weiteres optisches Element eingebracht. Es kann sich dabei um ein Okular mit großem Gesichtsfeld handeln, besser jedoch ist es, ein altes Standardobjektiv (f = 50 mm) verkehrt herum in den Strahlengang einzubauen.

Ein solches Objektiv kann dabei durchaus den Sensor einer Kompaktkamera ausleuchten, bei Okularen ist dies meist nicht gegeben und Sie werden starke Vignettierung bemerken.

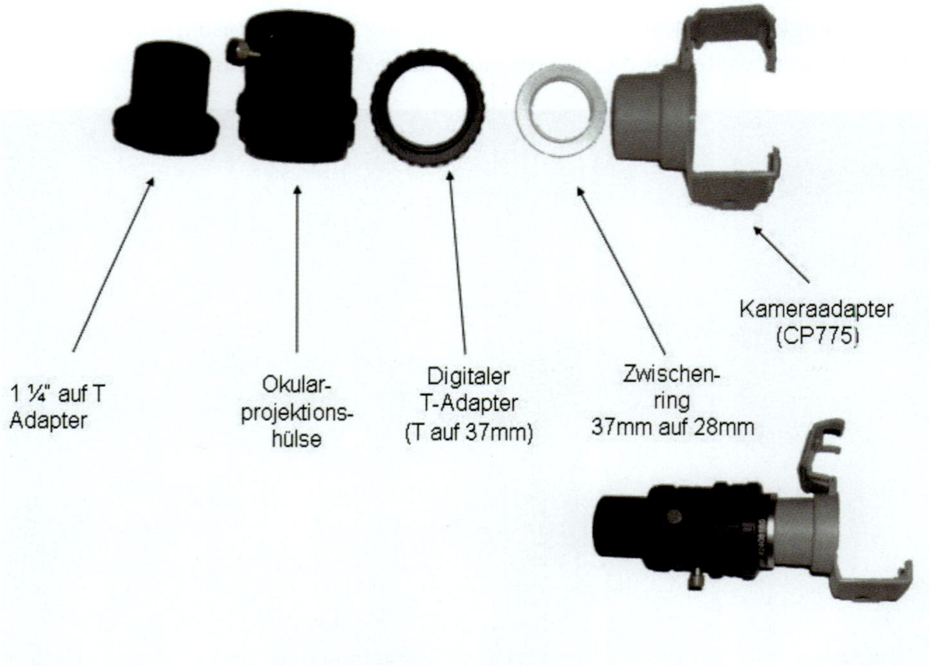

Okularprojektion

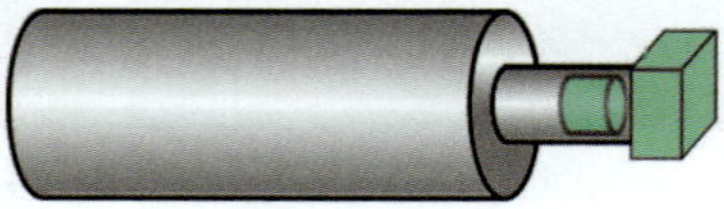

Besitzen Sie eine Kamera ohne Optik bzw. mit Wechseloptik, können Sie diese über die so genannte Okularprojektion anschließen. Hierbei wird zwischen Kamera (ohne Objektiv) und dem Teleskop ein Projektionsokular eingesetzt. Diese Methode fand vor allem bei der chemischen Mond- und Planetenfotografie Verwendung, um höhere Vergrößerungen zu erzielen. Bei modernen Digitalkameras ist meistens der Verwendung eines Brennweiten verlängernden Barlow-Elements in der Fokalfotografie gegenüber der Okularprojektion der Vorzug zu geben.

Fokalfotografie

Bei dieser Variante schließen Sie Ihre Kamera (ohne Objektiv) direkt an Ihr Teleskop an, sodass sich der Bildsensor im Primärfokus der Optik befindet. Da sich in diesem Fall keine zusätzlichen Glaselemente und damit auch keine störenden Glas-Luft-Flächen im Lichtweg befinden, erzielen Sie mit dieser Methode die besten Ergebnisse.

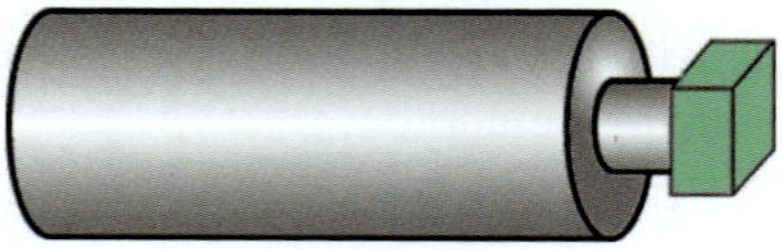

Der große Nachteil der Fotografie im Primärfokus ist, dass Sie zunächst auf die Primärbrennweite Ihrer Teleskopoptik festgelegt sind. Durch den gezielten Einsatz von Brennweiten verlängernden (Barlow-) oder Brennweiten verkürzenden (Shapley-) Elementen können Sie jedoch ein breites Spektrum an Brennweiten mit einem Teleskop abdecken. Allerdings sind diese Elemente nicht ohne Nachteile.

Beim Einsatz Brennweiten verkürzender Elemente passiert es sehr schnell, dass Sie das nutzbare Gesichtsfeld Ihres Teleskops überschreiten und dadurch Vignettierung und Koma erhalten. Andererseits sinkt bei Brennweiten verlängernden Elementen das Öffnungsverhältnis, sodass die benötigten Belichtungszeiten schnell sehr groß werden.

Für aktuelle Digitalkameras sind Öffnungsverhältnisse schneller als f/8 anzuraten, Optiken mit f/5 oder schneller sind nahezu optimal für DSLRs. Allerdings muss die Optik auch immer zur Kamera passen.

Mit der Formel: Auflösung = (206 x L) / f

errechnen Sie anhand der Pixelgröße L in µm und der Teleskopbrennweite f in mm die Auflösung pro Pixel in Bogensekunden. Anhand dieses Wertes können Sie leicht feststellen, ob Sie sich im Bereich des Oversampling (Sie benötigen zu viele Pixel pro wirklich vorhandener Information), im Bereich des Undersampling (Sie haben zuwenige Pixel, um die eingefangenen Informationen aufzulösen) oder im optimalen Bereich (die Pixelgröße und die eingefangenen Informationen harmonieren) befinden.

Wenn wir von einem durchschnittlichen Seeing von vier Bogensekunden und einer DSLR mit einer Pixelgröße von 8 µm ausgehen, können wir die optimale Teleskopbrennweite berechnen. Hierbei müssen wir jedoch das auf dem Sensor befindliche Farbfilter-Array berücksichtigen. Ein Sternscheibchen sollte also mindestens auf 2 x 2 abgebildet werden. Durch Umstellen obiger Gleichung erhalten wir dann

(206 x 2 x 8) / 4 = 824 mm = f

Optimal wäre also eine Optik mit rund 800 mm Brennweite. Kürzere Brennweiten tendieren dann zu Undersampling, längere Brennweiten zu Oversampling. Lassen Sie sich davon aber nicht beirren, Sie können auch mit kürzeren oder längeren Brennweiten zu guten Ergebnissen kommen. Jetzt dürfte Sie aber nicht mehr verwundern, warum Sie bei einem perfekt fokussierten 50-mm-Objektiv rechteckige Sterne in der Größe eines Pixels bekommen.

6.9 Typische Setups zur Astrofotografie

Es gibt sicherlich nicht das Setup schlechthin, jeder Astrofotograf schwört auf eine andere Kombination aus Montierung(en), Teleskop(en) und Kamera(s). Je nach Anwendungszweck können dabei verschiedene Kombinationen sinnvoll sein, und der Inhalt der Geldbörse ist ja auch noch ein nicht zu unterschätzender Faktor.

Das richtige Setup für Mond- und Sonnenaufnahmen

Für Mond- und Sonnenaufnahmen genügt aufgrund der kurzen benötigten Belichtungszeiten schon eine einfache Montierung. Typische Brennweiten sind ca. 600 bis 1.500 mm für Übersichtsaufnahmen und beliebige längere Brennweiten für Detailaufnahmen.

Ein typisches mobiles Setup zur Sonnen- oder Mondbeobachtung besteht aus einer leichten, transportablen Montierung wie einer GP-DX oder Ähnlichem. Darauf wird dann zumeist ein Refraktor mit 600 mm bis 1.200 mm, abhängig von der verwendeten Kamera, montiert.

Als Kamera für Mond und Sonne sind digitale Spiegelreflexkameras sehr gut geeignet, Webcams können für Detailaufnahmen aber auch eingesetzt werden.

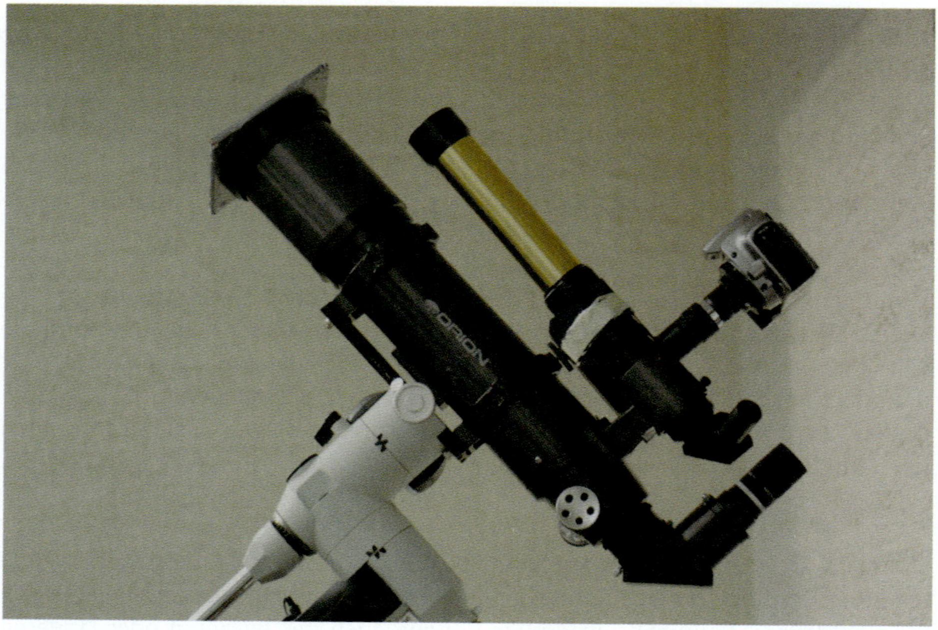

Setup zur Sonnenbeobachtung. Ein Refraktor mit Selbstbau-Folienfilter und ein H-alpha-Teleskop auf einer transportablen Montierung.

Beispiel-Setup für DeepSky-Aufnahmen

Bei den für DeepSky-Aufnahmen notwendigen längeren Belichtungszeiten ist der Einsatz einer Nachführkontrolle zwingend. Im mobilen Betrieb werden mittelschwere Montierungen eingesetzt, als Optiken meist Refraktoren oder Newtons mit nicht allzu langer Brennweite.

Zur Nachführkontrolle brauchen Sie entweder eine Zwei-Chip-Kamera, einen Off-Axis Guider oder ein zweites Teleskop als Leitrohr.

Da Zwei-Chip-Kameras nur von einem Hersteller als spezialisierte Astrokameras angeboten werden, sind diese vergleichsweise teuer. Beim Einsatz digitaler Spiegelreflexkameras für DeepSky-Aufnahmen bietet sich die Verwendung eines separaten Leitrohrs mit einer günstigen Kamera und einer Guidingsoftware an.

Als Guiding-Kamera können dabei modifizierte Webcams oder auch einfache oder ältere Astrokameras eingesetzt werden.

Mobiles DeepSky-Setup im Wintereinsatz.

Speziell bei der digitalen DeepSky-Astrofotografie ist die Stromversorgung im Feld ein zentrales Thema. Hier haben sich so genannten PowerTanks aus dem Baumarkt oder - für den größeren Energiebedarf - Autobatterien als gute Lösung erwiesen.

Manche Beobachter schwören dabei auf eine durchgängige 12-V-Versorgung für alle Geräte, andere nutzen einen leistungsstarken 230-V-Konverter und betreiben dann alle Geräte (Laptop, DSLR etc.) mit 230 V Spannungsversorgung.

Mobiles DeepSky-Setup wartet auf die Abenddämmerung. Es fehlen noch der Laptop, die zwei Kameras und kilometerweise Verkabelung (diese wird nur bei Dunkelheit aufgebaut, damit das Chaos niemand sieht).

6.10 Wie viel Bildbearbeitung ist „erlaubt"?

Bei digitalen Astroaufnahmen wird zwangsläufig eine Bildbearbeitung benötigt, um zu einem vorzeigbaren Ergebnis zu kommen. Vergleichen kann man dies mit der Entwicklung chemischen Films und der auch im Filmbereich oft üblichen Nachbearbeitung durch Stacking von Aufnahmen oder Anwendung der unscharfen Maske bei chemischen Aufnahmen.

Die Bearbeitungsmöglichkeiten digitaler Bilder gehen aber weit über die Möglichkeiten chemischen Films hinaus und sind deutlich schneller angewandt. Daher stellt sich die Frage, inwiefern Bildbearbeitung „zulässig" ist und was „unzulässige Manipulationen" sind.

Um es vorwegzunehmen, wer Aufnahmen für sich selbst erstellt und nicht vorzeigt, hat natürlich alle Freiheiten dieser Welt. Ebenso wer aus seinen Aufnahmen „Space-Art" erstellt und bei der Präsentation der Bilder auf den künstlerischen Aspekt abhebt und nicht (auch nicht durch die Erscheinung des Bildes!) irgendwelche wissenschaftlichen Inhalte verspricht.

Für die Masse der Astrofotografen, die ja das am Himmel wirklich Vorhandene bildlich darstellen wollen, ist das Thema Grenzen der Bildbearbeitung durchaus ein diskussionswürdiges Thema.

Unstrittig ist sicherlich, dass die Verstärkung von in den Rohbildern enthaltenen Aufnahmen zulässig ist. Dies geschieht schon im „normalen" Bildbearbeitungsverlauf, enthält aber auch Themen wie Falschfarbendarstellung, Kombination verschiedener Spektralbereiche, nichtlineare Gradationskurven und die Schärfung von Bildern. Allerdings ist immer darauf zu achten, dass durch die Bildbearbeitung keinerlei Artefakte ins Bild gebracht werden.

Schwieriger wird es bei der Diskussion über die Entfernung von Bildfehlern. Relativ unstrittig ist die Korrektur des Dunkelstroms, des Offset oder der Vignettierung durch entsprechende Korrekturaufnahmen. Kritisch wird es aber, wenn Bildfehler wie Staub auf dem Sensor durch Einsatz eines Kopierstempels korrigiert werden.

Insgesamt unstrittig ist, dass das Hinzufügen von Bildelementen (außer Beschriftungen) durch Malwerkzeuge oder Ähnliches in Astroaufnahmen nichts zu suchen hat. Das Zusammenkopieren mehrerer Aufnahmen hingegen wird üblicherweise als zulässig erachtet, allerdings muss solch ein Bearbeitungsschritt in den Daten des Bildes angegeben werden.

Jeder Astrofotograf wird hier sicherlich seinen eigenen „Ehrenkodex" aufbauen. Bei den ersten Gehversuchen in der Astrofotografie wird man sicherlich mehr künstliche Bearbeitung durchgehen lassen als bei fortgeschrittenen Aufnahmen. Dennoch sollte man gerade bei seinen ersten Astroaufnahmen eher zurückhaltend sein, wenn man diese, z. B. in Internetforen, präsentiert. Weniger Bearbeitung ist hier oft deutlich mehr, und durch verfälschte Bilder kann man sich schnell einen schlechten Ruf aufbauen, der auch durch sehr viele gute Aufnahmen nicht mehr wettzumachen ist.

7. Professionelle Bildbearbeitung in Iris

Das Freewareprogramm Iris kann seine Wurzeln in dem kommandozeilenorientierten Programmpaket MIPS nicht verleugnen. Iris ist ein speziell auf die Bearbeitung astronomischer Aufnahmen ausgerichtetes Bildverarbeitungspaket mit einem enormen Leistungsumfang.
Gerade im Bereich der DSLR-Astrofotografie bietet Iris viele wichtige Funktionen, die selbst professionellen und teuren Bildbearbeitungsprogrammen wie Photoshop fehlen.

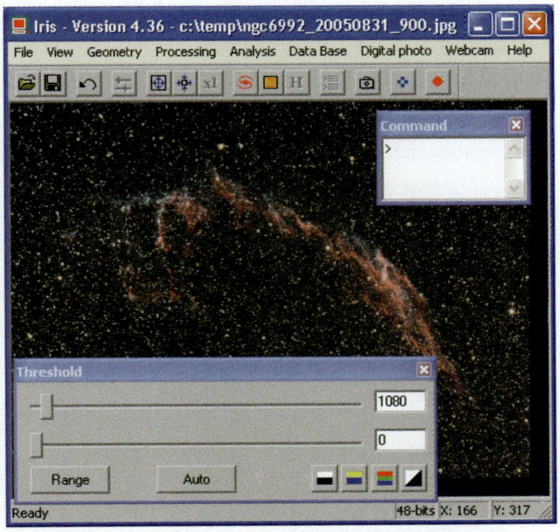

7.1 Download, Installation und Konfiguration

Das umfangreiche Freewareprogramm Iris von Christian Buil können Sie im Internet unter der Adresse www.astrosurf.com/buil herunterladen. Iris verfügt über einen Installer, sodass die Installation leicht von der Hand gehen sollte. Den vorgeschlagenen Installationspfad *C:\iris* können Sie dabei problemlos auch durch *C:\Programme\Iris* oder einen anderen Pfad ersetzen.

Nach der Installation sollten Sie einige Einstellungen in Iris vornehmen.

1 Starten Sie Iris und wählen Sie *File/Settings*.

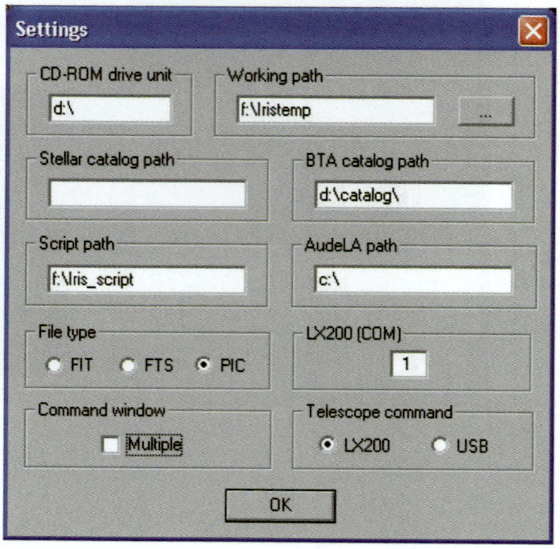

Die Einstellungen für *CD-ROM drive unit*, *Stellar catalog path* und *BTA catalog path* benötigen Sie nur, wenn Sie die Funktionen zur Astro- und Fotometrie oder die Darstellung des aktuellen Sternenhimmels nutzen möchten. Dann allerdings benötigen Sie auch die entsprechenden Kataloge auf Ihrer Festplatte.

Die Einstellung *AudeLA path* benötigen Sie nur, wenn Sie eine Audine-Kamera verwenden. Dann tragen Sie hier den Pfad zur Audine-Software ein.

Unter *Working path* stellen Sie ein Arbeitsverzeichnis für Iris ein. Iris legt ständig temporäre Dateien in diesem Verzeichnis an und speichert (Zwischen-)Ergebnisse automatisch in dieses Verzeichnis.

Es empfiehlt sich, hierfür ein ausreichend großes Festplattenlaufwerk zu reservieren und für jedes zu bearbeitende Objekt ein eigenes Arbeitsverzeichnis zu verwenden. Wenn Sie die Bearbeitung eines Objekts abgeschlossen haben, sichern Sie die Ergebnisdateien in ein anderes Verzeichnis und können das entsprechende Arbeitsverzeichnis dann löschen.

Unter *File type* wählen Sie unbedingt *PIC*. Nur in diesem (Iris-eigenen) Format kann Iris zur Hochform auflaufen. Die Auswahl von *FIT* oder *FTS* sollten Sie nur in Ausnahmefällen, wenn Sie die Zwischenergebnisse in einem anderen Programm sehen wollen, das Fits-Dateien lesen kann, in Betracht ziehen. Bei DSLR Farbbildern müssen Sie unbedingt den Dateityp *PIC* wählen.

Wollen Sie Iris als Autoguider mit einer Webcam einsetzen, wählen Sie als *Telescope Command* den Eintrag *LX200* und geben unter *LX200 (COM)* die Nummer der seriellen Schnittstelle an, an der Ihre Montierungssteuerung an den PC angeschlossen ist.

Bestätigen Sie Ihre Eingaben mit einem Klick auf die Schaltfläche *OK*.

2 Klicken Sie auf das Symbol für Kameraeinstellungen.

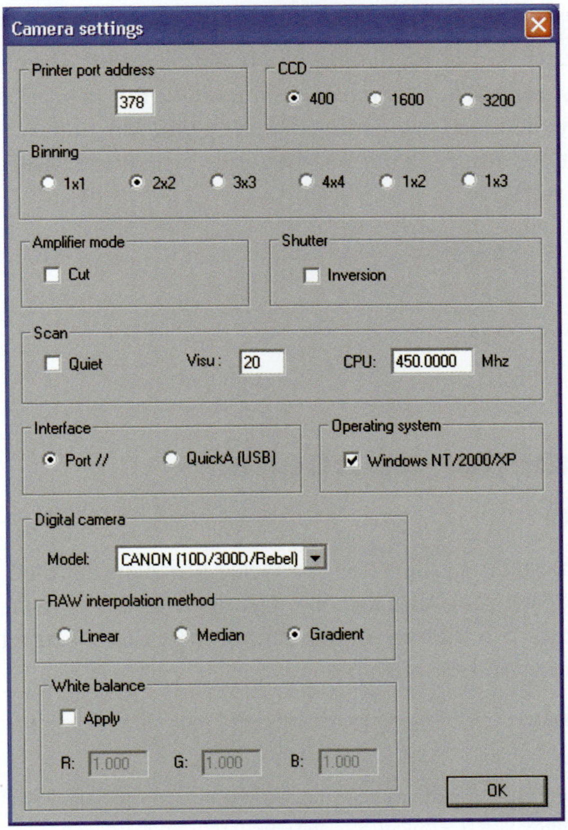

Der obere Bereich der Einstellungen ist nur für Audine-Kameras gültig. Wir wollen uns hier auf den für DSLRs wichtigen Bereich *Digital camera* beschränken. Die hier getroffenen Einstellungen betreffen nur das Einlesen von Digitalkamerarohdaten und die Farbinterpolation. Verwenden Sie einen anderen RAW-Konverter und lesen dann fertig farbinterpolierte Bilder in Iris ein, sind diese Einstellungen für Sie unwichtig.

Wählen Sie unter *Model* Ihren Kameratyp und unter *RAW interpolation methode* eine Methode zur Farbinterpolation der Bilder. Für DeepSky-Aufnahmen wird vom Autor von Iris die Einstellung *Linear* empfohlen.

Bestimmen Sie die Weißabgleichsparameter Ihrer Kamera

Iris verwendet für den Weißabgleich Gewichtungen für den Rot-, Grün- und Blaukanal. Diese Gewichtungsfaktoren können Sie mit einfachen Mitteln selbst bestimmen. Fotografieren Sie eine weiße Fläche, sodass weder Unter- noch Überbelichtungen auftreten (also sozusagen ein Flatframe). Laden Sie das entsprechende Rohbild in Iris und führen Sie eine Farbinterpolation ohne Weißabgleich durch. Lassen Sie nun Iris mit dem Kommando *white* den Weißabgleich automatisch berechnen. Schreiben Sie sich die von Iris angezeigten Parameter auf. Wiederholen Sie diesen Vorgang für mindestens vier Bilder und mitteln Sie am Ende die Weißabgleichsparameter der Bilder. Jetzt haben Sie die Parameter, die Sie in Iris eintragen können.

Möchten Sie schon bei der Farbinterpolation einen Weißabgleich durchführen, aktivieren Sie *Apply* unter *White balance* und tragen für Rot (*R*), Grün (*G*) und Blau (*B*) die entsprechenden Gewichtungsfaktoren ein. Möchten Sie den Weißabgleich lieber manuell während der Bearbeitung vornehmen, lassen Sie die Option *Apply* deaktiviert.

Kamera	R	G	B
Nikon D70	1.93	1.00	1.80
Canon EOS 10D/300D	1.96	1.00	1.23

7.2 Einzelne Rohbilder bearbeiten – Sonne und Mond

Für Sonnen- und Mondaufnahmen werden üblicherweise Einzelaufnahmen verwendet (mit Ausnahme von Webcam-Aufnahmen). Dennoch fertigt man in der Aufnahmesession eine Vielzahl von Bildern an, um dann in der Nachbearbeitung im Schatten das schärfste Einzelbild auszuwählen.

H-alpha-Sonnenfilter

Die in diesem Beispiel verwendete Sonnenaufnahme entstand mit einem speziellen H-alpha Sonnenfilter mit einer Durchlassbreite von 0,5 Angström, also einem sehr engbandigen Filter. Mit solchen teuren Filtern können die Massenauswürfe, die Protuberanzen, am Sonnenrand sichtbar gemacht werden.

1 Starten Sie Iris und überprüfen Sie die Einstellungen unter *File/Settings*. Tragen Sie dort Ihr Arbeitsverzeichnis unter *Working path* ein und stellen Sie das Dateiformat (*File type*) auf *PIC*. Bestätigen Sie die Einstellungen durch Klick auf die Schaltfläche *OK*.

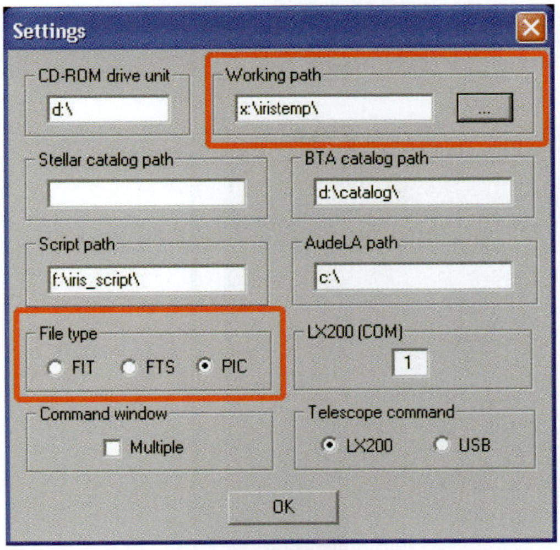

2 Überprüfen Sie die Kameraeinstellungen. Hier sollte der richtige Kameratyp ausgewählt und entweder die richtigen Weißabgleichseinstellungen für Ihre Kamera eingetragen oder der automatische Weißabgleich deaktiviert sein.

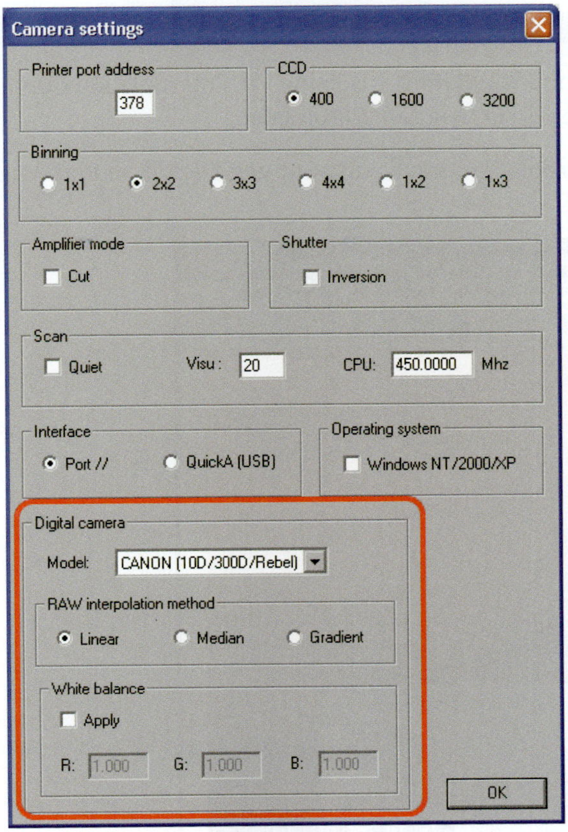

3 Laden Sie ein besonders gelungenes Rohbild mit der Funktion *File/Load a RAW file* in Iris.

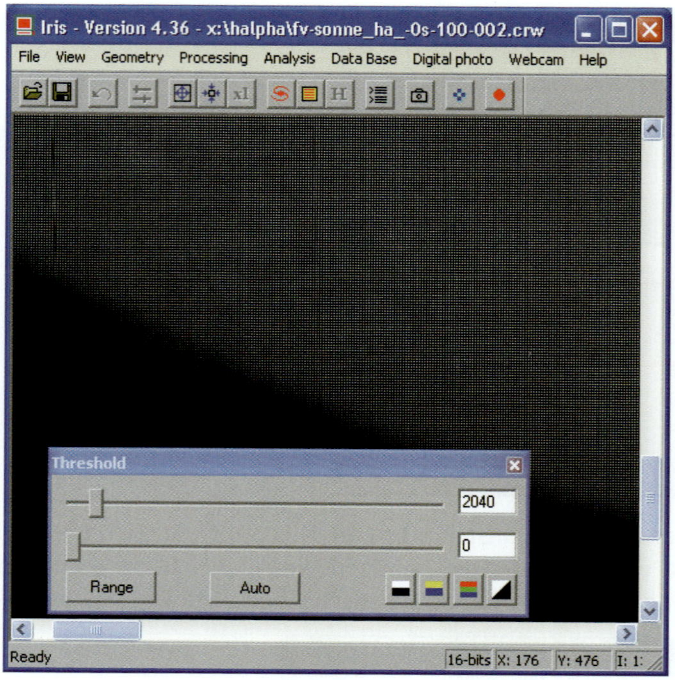

Beim Einlesen einer Rohbilddatei führt Iris keine Farbinterpolation durch, Sie sehen also zunächst die wirklichen Kamerarohdaten.

4 Führen Sie die Farbinterpolation durch Auswahl von *Digital photo/Convert a CFA image* aus.

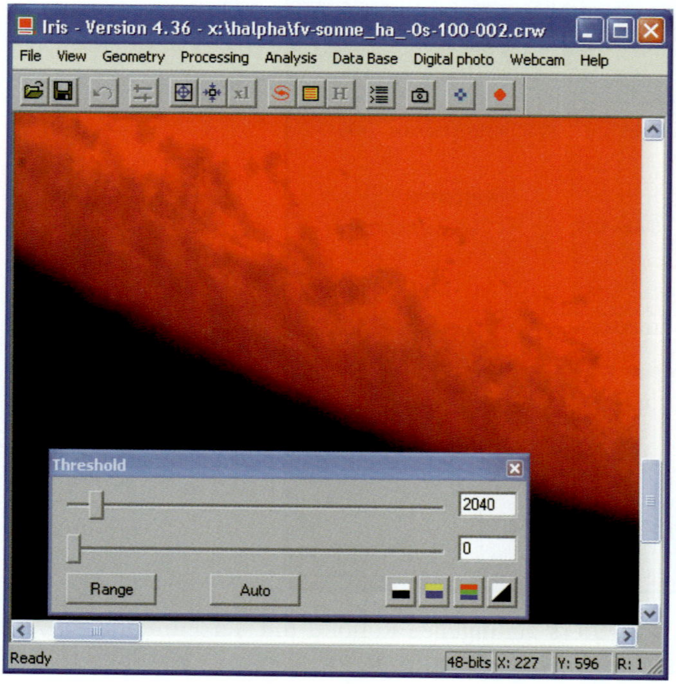

Durch die Histogrammschieber im Fenster *Threshold* können Sie die Anzeige anpassen. Wird das Fenster *Threshold* nicht angezeigt, können Sie dieses mit einem Klick auf  anzeigen lassen.

Passen Sie die Farbbalance wenn nötig mit *View/White balance* an. Mit den Farbreglern können Sie die Gewichtung der einzelnen Farbkanäle anpassen. Mit den Reglern *Gamma* und *Sat* können Sie die Helligkeit und Intensität des Bildes einstellen.

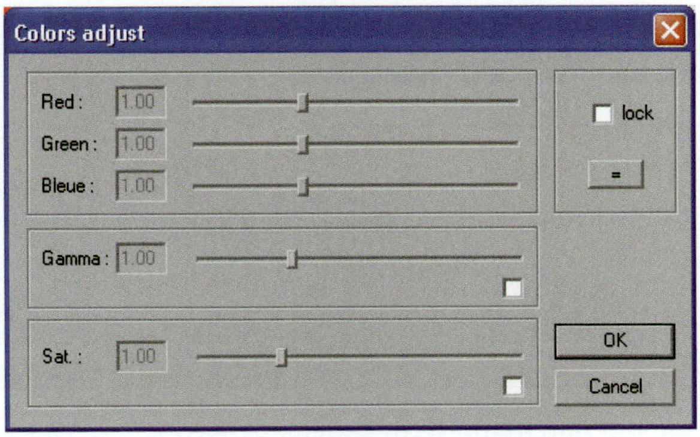

5 Überprüfen Sie das Signal in der Histogrammanzeige unter *View/Histogram*.

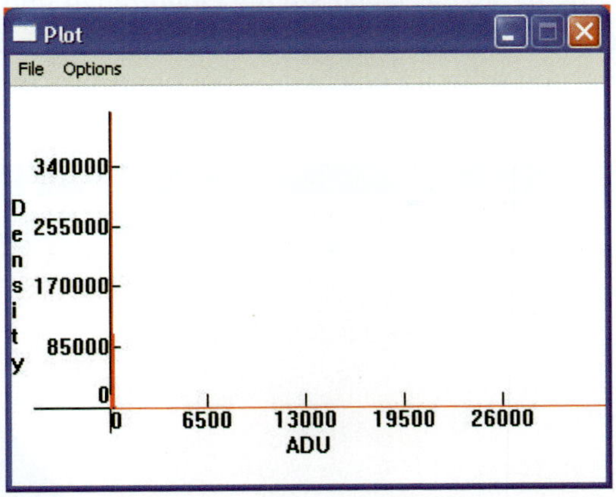

In diesem Beispiel erkennt man sehr deutlich, dass kaum hohe Werte auftauchen, sodass (unter Verlust von Auflösung) das Signal durch ein Binning erhöht werden kann. Die eingelesene Rohdatei hat 3.000 x 2.000 Pixel, für eine Darstellung im Internet sind z. B. 800 Pixel Bildbreite durchaus ausreichend.

Rufen Sie *Geometry/Binning* auf und stellen Sie „3“ für dreifaches Binning ein. Bestätigen Sie die Eingabe durch Klick auf die Schaltfläche *OK*.

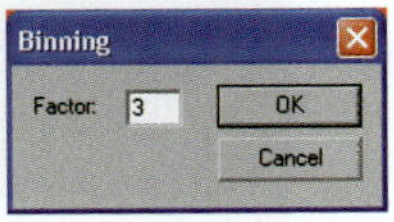

Beim Binning werden Pixelwerte zusammengerechnet, sodass sich ein deutlich stärkeres Signal ergibt.

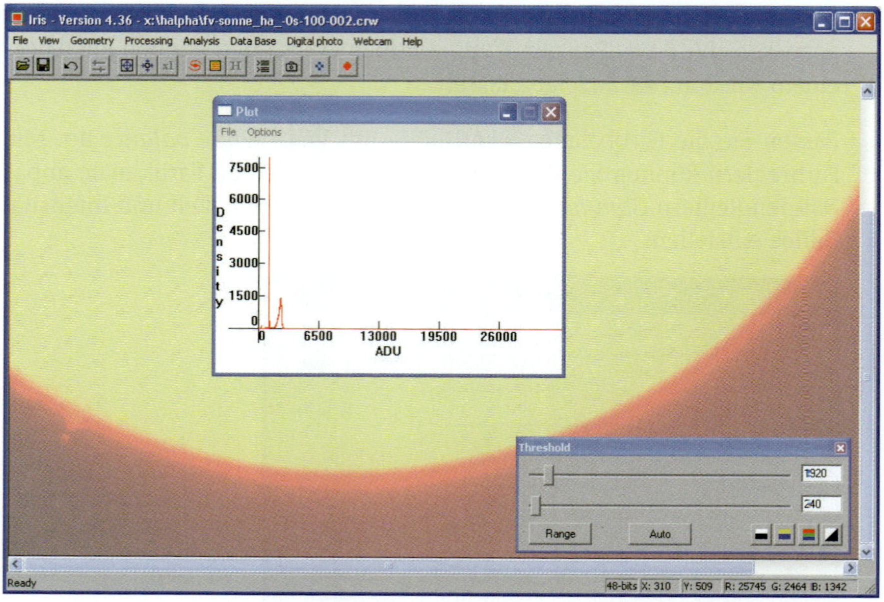

6 Passen Sie die Darstellung mit den Reglern im Fenster *Threshold* an. Die angebotene Funktion *Auto* versagt bei diesem Beispiel, sodass Sie die Regler selbst einstellen müssen. Mit dem oberen Regler legen Sie die Obergrenze und mit dem unteren Regler die Untergrenze der Anzeige fest. Stellen Sie den unteren Regler so ein, dass der Hintergrund schwarz erscheint, aber ohne dass Details der Protuberanzen am Sonnenrand verschwinden.

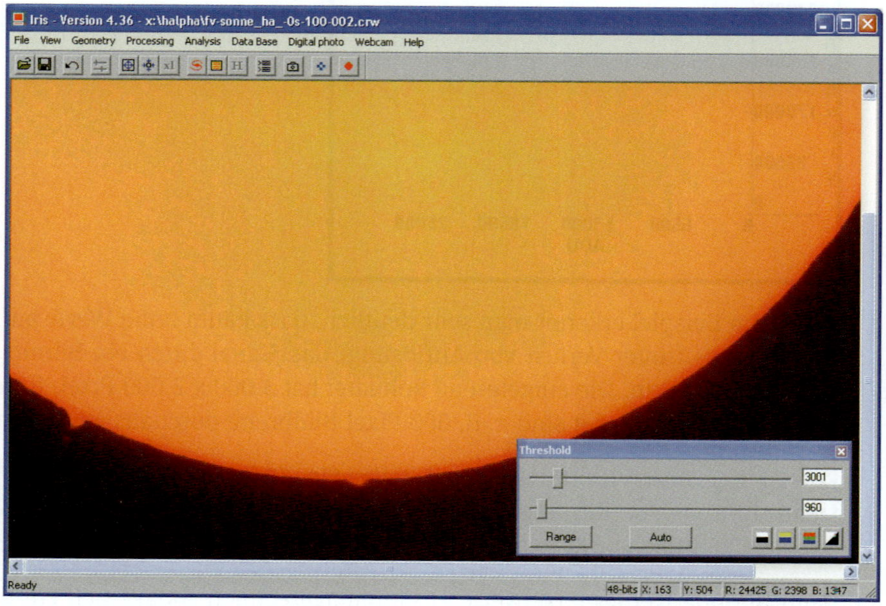

7 Noch wirkt das Bild leicht schwammig. Mit einer unscharfen Maske, unter *Processing/Unsharp Mask* erreichbar, können Sie das Bild noch schärfen. Gerade bei der unscharfen Maske sollten Sie mit den Reglern spielen und sich

Zwischenergebnisse mit *Verification* anzeigen lassen (auf einem schnellen Rechner können Sie auch *Auto verif.* aktivieren). Wenn Sie mit dem Ergebnis der Schärfung zufrieden sind, bestätigen Sie mit *OK*.

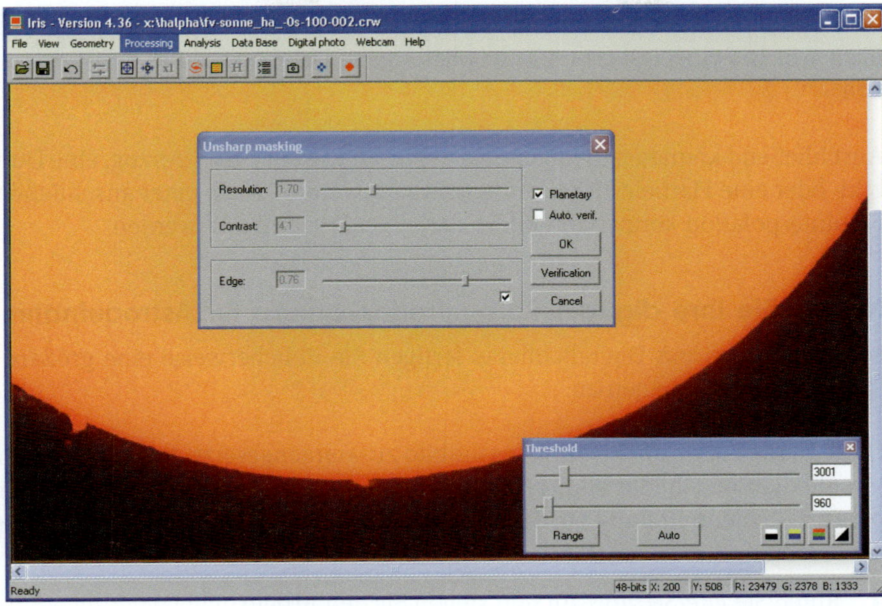

8 Passen Sie nach der Schärfung nochmals die Anzeigeregler im Fenster *Threshold* an. Das Ergebnis können Sie nun mit *File/Save* speichern. Besser jedoch ist es, das Bild in der Kommandozeile mit dem Kommando *savepsd2 sonne* im Adobe Photoshop-Format abzuspeichern und dann in Photoshop den letzten Schliff am Bild vorzunehmen.

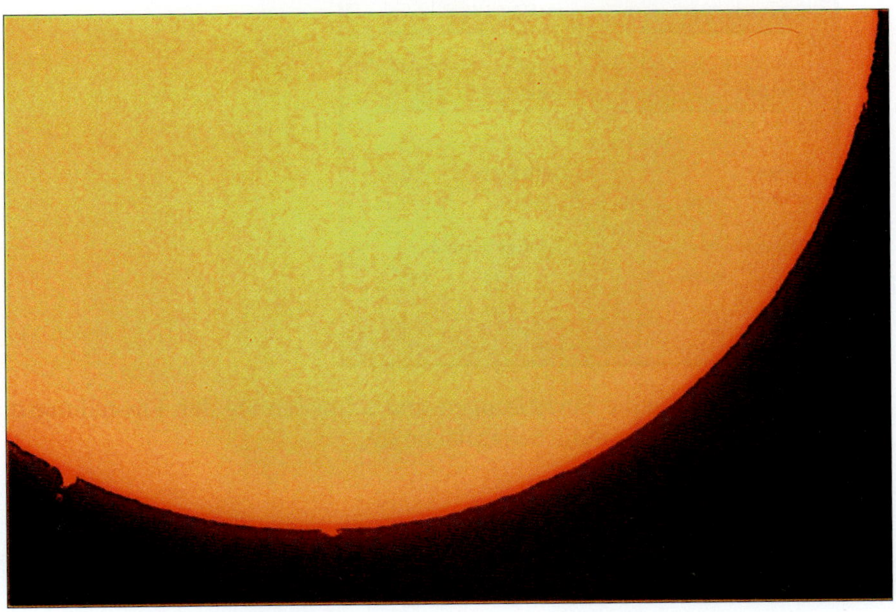

7.3 DeepSky-DSLR-Bilder einlesen und korrigieren

Bevor Digitalkamerarohbilder in Iris verarbeitet werden können, müssen diese zunächst in Iris eingelesen und in das Iris-eigene Dateiformat PIC konvertiert werden.

Anschließend können notwendige Korrekturen wie ein Offset-Abzug, eine Dunkelbild- oder eine Flatfield-Korrektur angewandt werden. Nach einer anschließenden Farbinterpolation können die Bilder dann weiterverarbeitet werden.

Nutzen Sie Ihre digitale Spiegelreflexkamera für Astroaufnahmen

Bei Aufnahmen mit Digitalkameras fertigen Sie üblicherweise eine größere Anzahl Einzelbelichtungen an.

Diese werden dann am PC zum Gesamtbild zusammengesetzt. Je nach Objekt müssen Sie die Einzelbilder addieren, um mehr Signal zu erzeugen, oder können die bessere Medienmittelung zur Rauschverminderung bei gleich bleibendem Signal anwenden.

1 Rufen Sie *File/Settings* auf und stellen Sie den Arbeitspfad (*Working path*) und den Dateityp (*File type*) *PIC* ein.

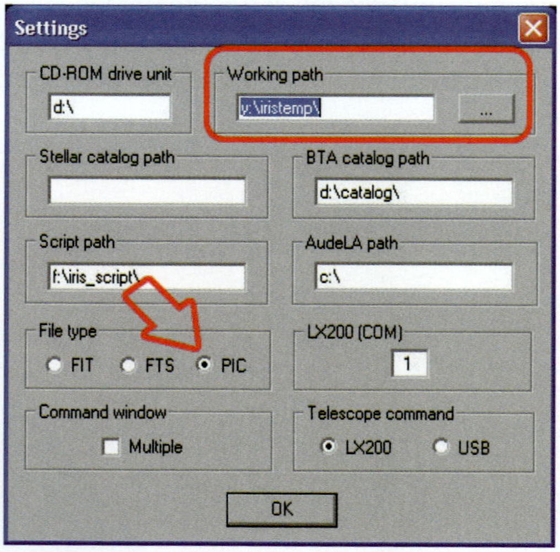

Übernehmen Sie die Einstellungen und schließen Sie den Einstellungsdialog durch einen Klick auf die Schaltfläche *OK*.

2 Überprüfen Sie die Digitalkameraeinstellungen und passen Sie diese wenn notwendig an.

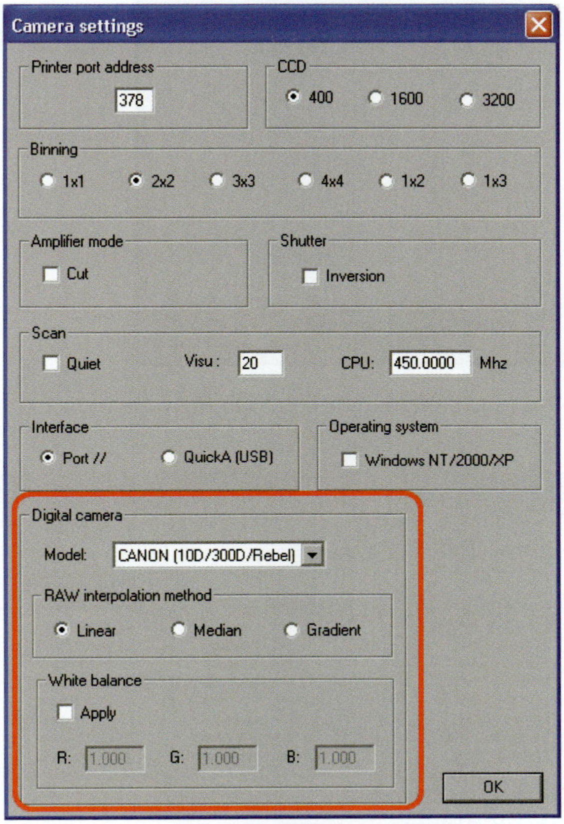

Wählen Sie Ihr Kameramodell unter *Model* aus. Stellen Sie für die Farbinterpolationsmethode (*RAW interpolation method*) *Linear* ein und deaktivieren Sie den Weißabgleich (*White balance*). Bestätigen Sie die Einstellungen mit einem Klick auf die Schaltfläche *OK*.

3 Importieren Sie Ihre Rohbilder in Iris. Wählen Sie dazu *Digital photo/Decode RAW files*. Das Hauptfenster von Iris wird ausgeblendet und es erscheint ein kleiner Dialog auf dem Bildschirm.

Ist dieser Dialog nicht sofort sichtbar, können Sie diesen mit einem Klick auf die Schaltfläche *Iris* in der Windows-Taskleiste sichtbar machen.

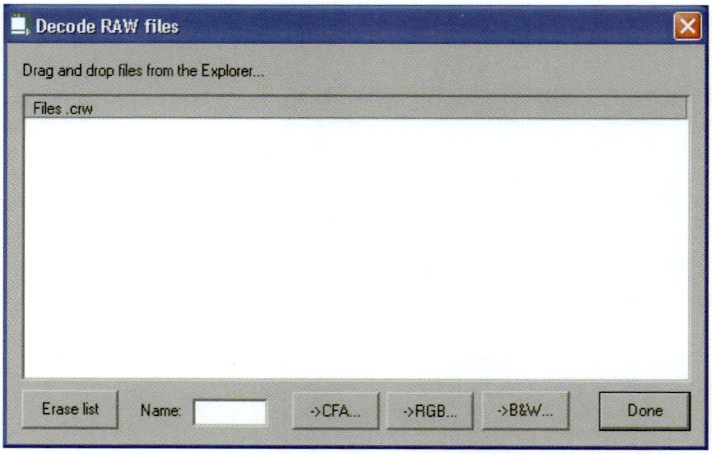

Ziehen Sie zunächst die zu konvertierenden Dunkelbilder aus dem Explorer in die Dateiliste.

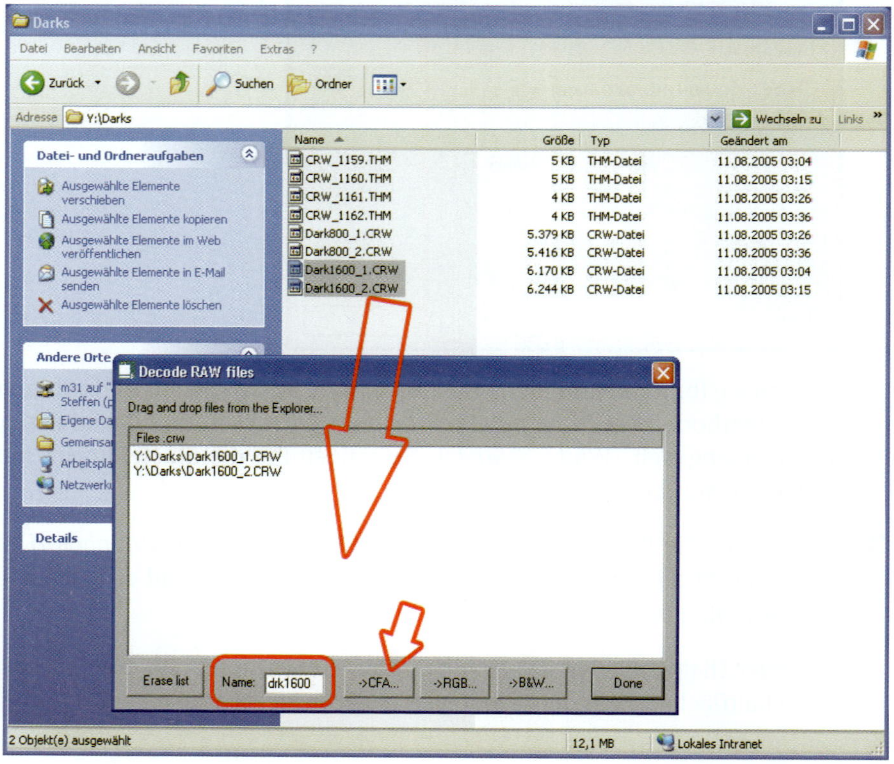

Wählen Sie einen generischen Dateinamen unter *Name*. Iris hängt an diesen Namen für jedes Einzelbild eine fortlaufende Nummer an. Starten Sie die Konvertierung ohne Farbinterpolation durch Klick auf die Schaltfläche *->CFA*.

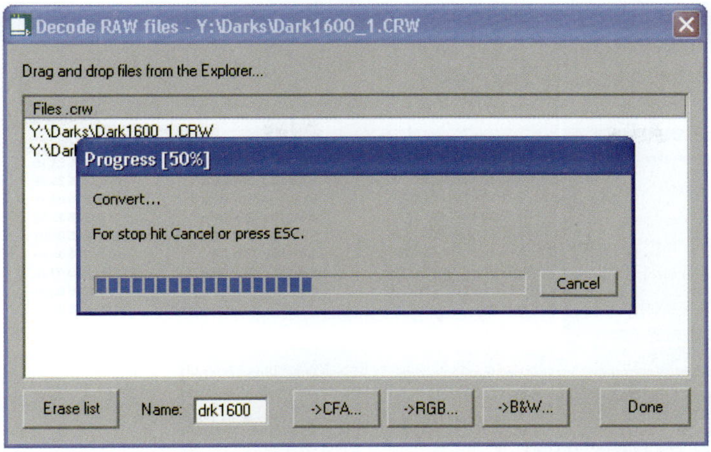

Während der Konvertierung zeigt Iris einen Fortschrittsbalken an, sodass Sie ständig über den Stand der Konvertierung im Bilde sind.

4 Löschen Sie die Dateiliste mit den DarkFrames durch einen Klick auf die Schaltfläche *Erase list*.

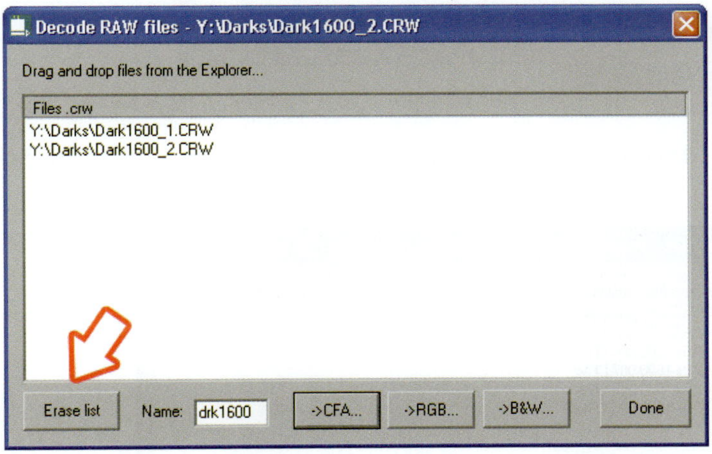

Ziehen Sie jetzt die eigentlichen Rohbilder aus dem Explorer in das Listenfenster von Iris. Wählen Sie auch für diese Bilder einen generischen Namen, z. B. „cfa", und starten Sie die Konvertierung in Iris mit einem Klick auf die Schaltfläche *->CFA*.

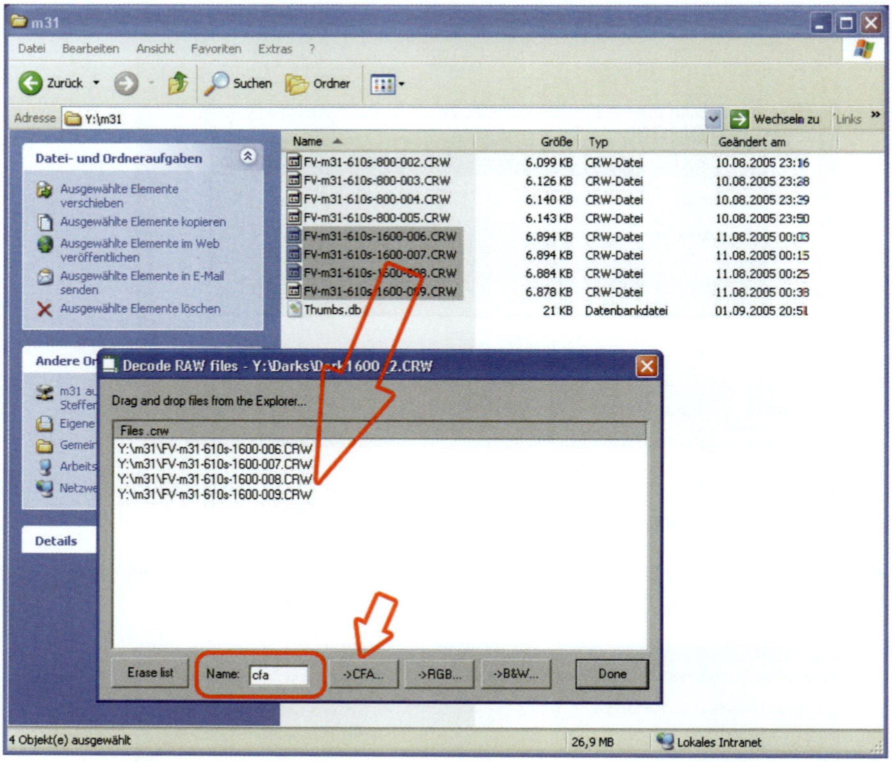

5 Beenden Sie das Konvertierungswerkzeug in Iris mit einem Klick auf die Schaltfläche *Done*.

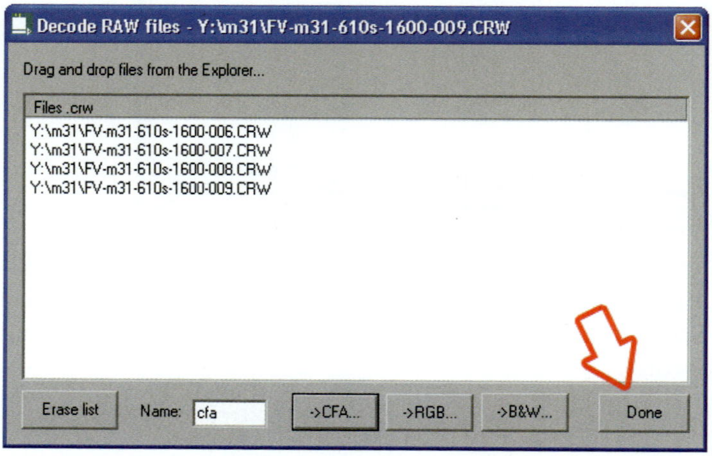

Nun erscheint wieder das Iris-Hauptfenster, in dem die letzte umgewandelte Datei angezeigt wird. Da noch keine Farbinterpolation vorgenommen wurde, wirkt das Bild sehr pixelig und ist ein reines Graustufenbild.

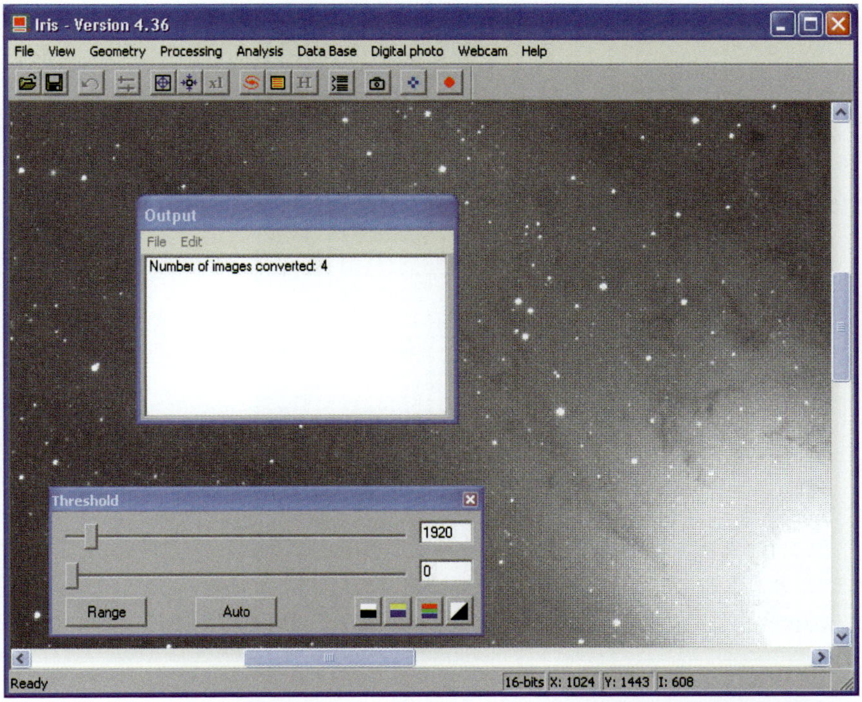

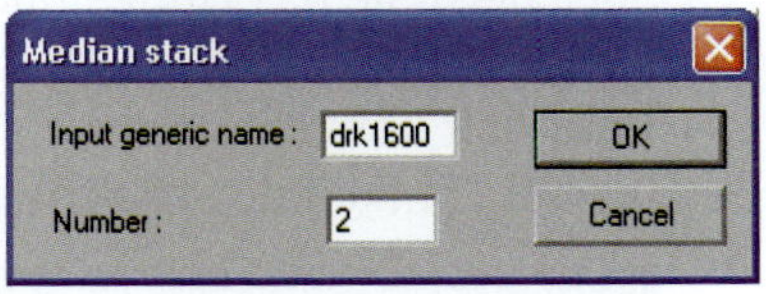

6 Erstellen Sie nun das Masterdark als Median der einzelnen Dunkelbilder. Wählen Sie hierzu in Iris *Processing/Median stack*. Geben Sie in dem nun erscheinenden Dialog den generischen Namen an, den Sie bei der Umwandlung in Schritt 4 für die Dunkelbilder gewählt haben.

Sie müssen auch die Anzahl Dunkelbilder unter *Number* anpassen. Iris trägt hier die Anzahl Bilder aus dem letzten Vorgang ein, in diesem Fall die Anzahl Rohbilder aus Schritt 5. Starten Sie die Mittelung der Dunkelbilder mit einem Klick auf die Schaltfläche *OK*. Nach kurzer Zeit verschwindet der Dialog *Median stack* und Iris zeigt das Dunkelbild im Hauptfenster an.

Das Color-Filter-Array (CFA)

Bei Farbdigitalkameras, wie z. B. DSLRs, befindet sich vor dem Sensor ein Farbfilter-Array. Dieser Farbfilter, auch Bayer-Pattern oder Color-Filter-Array genannt, setzt vor jeden einzelnen Pixel einen Farbfilter. So sind ein Viertel aller Pixel mit einem Rotfilter und ein Viertel aller Pixel mit einem Blaufilter versehen, und die Hälfte aller Pixel befindet sich hinter einem Grünfilter. Die ungleiche Verteilung ergibt sich aus der Physiologie des Sehens. Aus den Sensorrohdaten werden durch die Farbinterpolation erst farbige Pixel errechnet. Streng rechnerisch können dabei bestenfalls zwei Drittel der physikalischen Pixelzahl im Ergebnis erreicht werden. Dies wird gerade bei DeepSky-Aufnahmen überdeutlich, die so gewonnenen Bilder müssen auf maximal 66 % der Originalgröße verkleinert werden. Bei Tageslichtbildern treten so starke Kontraste wie in Astroaufnahmen nicht auf, sodass die volle physikalische Auflösung, obwohl extrapoliert, immer noch als scharf angesehen wird.

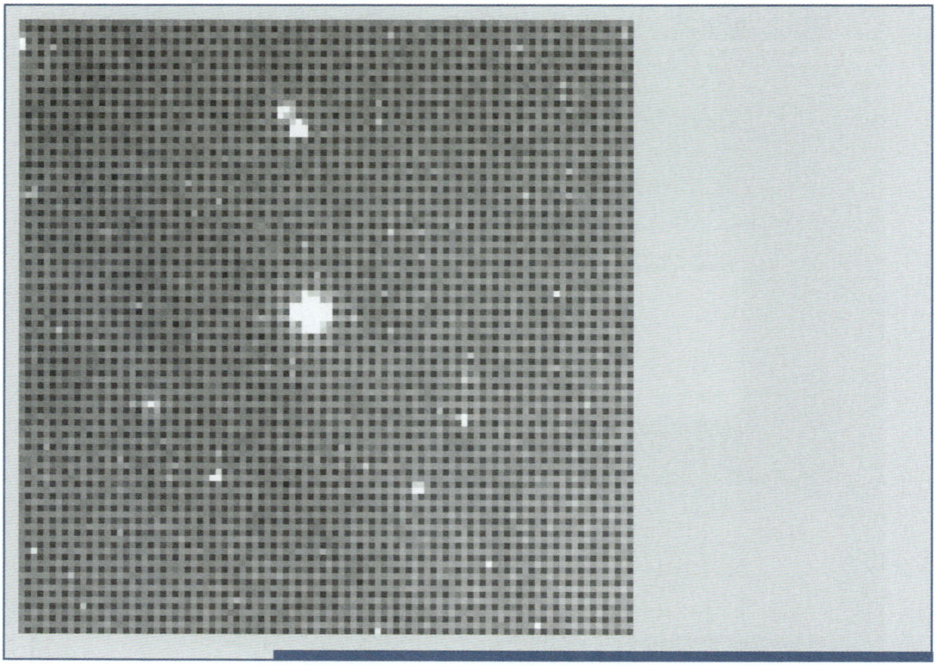

7 Speichern Sie das Dunkelbild. Gehen Sie hierzu unter *File/Save* oder wählen Sie die Kommandozeile und geben Sie dort das Kommando *save dark* ein. Natürlich können Sie statt *dark* auch jeden anderen beliebigen Dateinamen für das Dunkelbild verwenden.

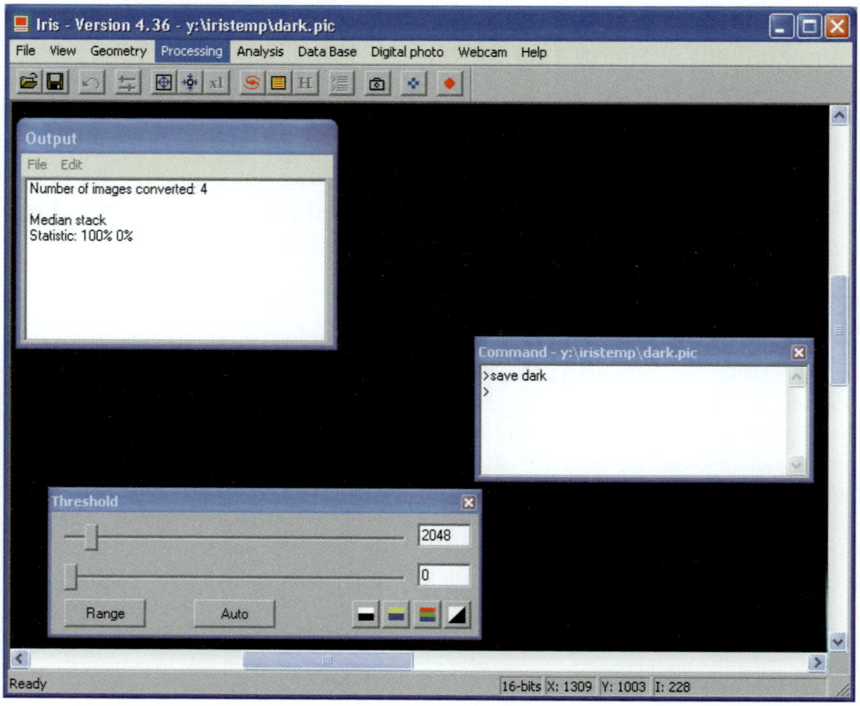

8 Ziehen Sie das Dunkelbild von allen Rohbildern ab. Wählen Sie dazu *Digital photo/Remove dark*. Unter *Input generic name* geben Sie den Dateinamen an, den Sie bei der Konvertierung der Rohbilder in Schritt 5 gewählt haben. Den in Schritt 6 gewählten Dateinamen für den Masterdark geben Sie unter *Dark frame* an, und für den *Output generic name* können Sie einen neuen Namen für die dunkelbildkorrigierten Bilder angeben, z. B. „dc" (für **d**ark **c**orrected). Unter *Number* geben Sie die Anzahl der Rohbilder aus Schritt 5 ein.

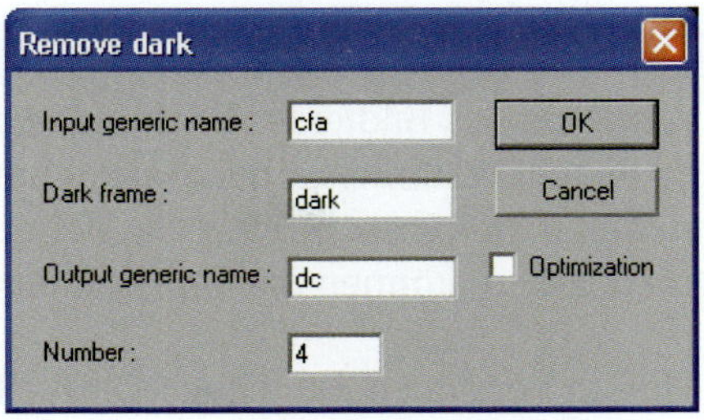

Die Option *Optimization* lassen Sie deaktiviert. Mit dieser Option kann Iris die Dunkelbilder an die Rohbilder anpassen, dies ist aber nur dann zu empfehlen, wenn die Dunkelbilder unter deutlich unterschiedlichen Bedingungen, vor allem bei deutlich unterschiedlicher Temperatur, als die Rohbilder gewonnen worden sind. In diesem Fall markieren Sie vor dem Aufruf von *Digital photo/ Remove dark* einen Bereich im Bild, der nur Hintergrund enthält, mit der Maus und aktivieren die Option *Optimization*. Starten Sie die Dunkelbildkorrektur mit einem Klick auf die Schaltfläche *OK*. Iris zieht nun von jedem Rohbild das Dunkelbild ab und speichert die korrigierten Bilder unter dem in *Output generic name* definierten Dateinamen.

9 Führen Sie die Farbinterpolation durch. Wählen Sie hierzu in Iris *Digital photo/Sequence CFA conversion*. Als *Generic input name* tragen Sie nun den Namen ein, den Sie in Schritt 8 als *Output generic name* definiert haben. Die Ergebnisbilder aus der Farbinterpolation werden unter dem in *Generic output name* definierten Namen gespeichert. Unter *Number* tragen Sie wieder die Anzahl Bilder ein.

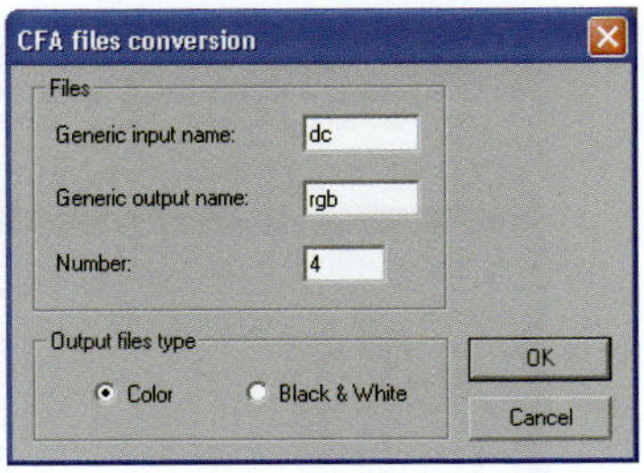

Unter *Output files type* können Sie wählen, ob Sie Farbbilder (*Color*) erhalten wollen oder ob nach der Farbinterpolation nur die Luminanz als Graustufenbild (*Black & White*) gespeichert werden soll. Wir wollen hier Farbbilder verwenden, markieren Sie deshalb *Color*.

Starten Sie die Farbinterpolation mit einem Klick auf *OK*. Je nach verwendeter Kamera und Ihrem PC wird Iris nun eine Weile beschäftigt sein. Ist die Farbinterpolation beendet, zeigt Iris ein Farbbild im Hauptfenster an. Lassen Sie sich dabei von den noch nicht passenden Farben nicht abschrecken, wir haben ja noch keinen Weißabgleich durchgeführt.

Die dunkelstromkorrigierten Bilder stehen nun in Iris zur weiteren Verarbeitung bereit.

Reduzieren des Verstärkerglühens

Am Rand des Bildfeldes können Sie bei den meisten Digitalkameras ein magentafarbenes Verstärkerglühen wahrnehmen. Wenn Sie keine Dunkelbildkorrektur vornehmen wollen, z. B. weil Sie bei der Aufnahme keine Dunkelbilder aufgenommen haben, können Sie dennoch das Verstärkerglühen korrigieren.

Hierzu benötigen Sie jedoch Dunkelbilder mit derselben Belichtungszeit wie die eigentlichen Aufnahmen. Die für das Verstärkerglühen verwendeten Dunkelbilder können Sie, im Gegensatz zu den zur Korrektur des thermischen Rauschens verwendeten Dunkelbildern, aber meist auch zu Hause aufnehmen.

1 Wandeln Sie die Dunkelbilder und die Rohbilder wie bereits beschrieben in CFA-Bilder in Iris um.

2 Berechnen Sie einen Masterdark mittels *Processing/Median stack* aus den einzelnen Dunkelbildern.

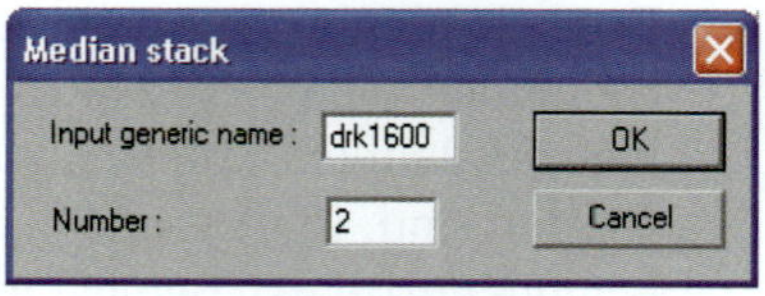

3 Wenden Sie einen Medianfilter auf den Masterdark an. Hierzu geben Sie auf der Kommandozeile den Befehl *medianf 41 1.0* ein. Dieser Befehl wendet einen Medianfilter mit Radius 41 Pixel und der vollen Stärke an. Je nach Größe Ihres Bildes müssen Sie den Radius eventuell anpassen. Beachten Sie dabei, dass der Befehl *medianf* eine ungerade Pixelzahl als Radius voraussetzt.

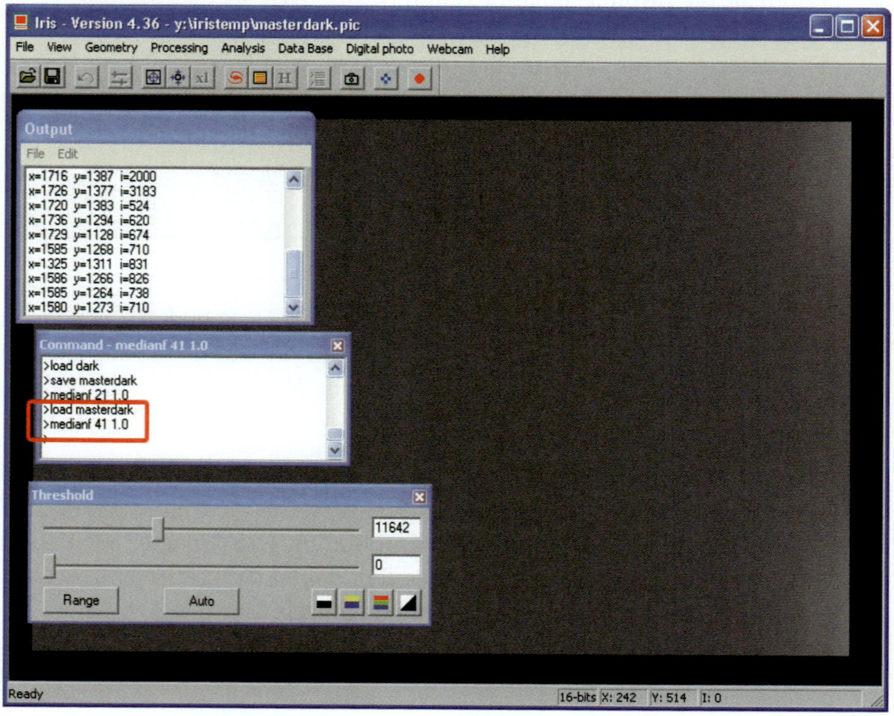

4 Speichern Sie den so gewonnenen AmpGlow-Frame mit *save ampglow* in der Kommandozeile oder verwenden Sie *File/Save*.

5 Wenden Sie den AmpGlow-Frame genauso auf Ihre Bilder an, wie es im vorherigen Abschnitt für Dunkelbilder beschrieben wurde. Wählen Sie hierzu den Befehl *Digital photo/Remove dark* und verwenden Sie dabei den soeben gespeicherten AmpGlow-Frame *ampglow* anstelle des Masterdark.

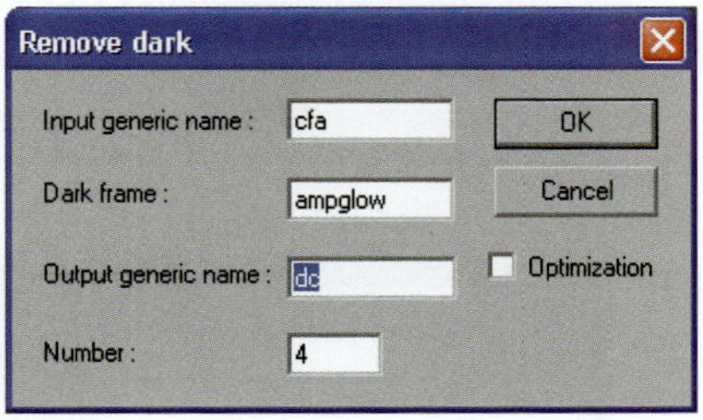

Sie können jetzt die korrigierten Bilder farbinterpolieren und diese dann ausrichten, wie im vorherigen Abschnitt beschrieben.

7.4 Bilder ausrichten und stacken

Selbst bei dem Einsatz eines Autoguider werden sich, wenn auch nur minimale, Verschiebungen zwischen den Einzelbildern ergeben. Diese Verschiebungen können Sie mit Iris automatisch und mit einer hohen Genauigkeit korrigieren lassen. Die Ausrichtung der Einzelbilder zueinander kann in Iris auf Bruchteile von Pixel genau berechnet werden und die Bilder entsprechend ausgerichtet werden.

Aus der Vielzahl von Einzelaufnahmen soll ja eine „Summenaufnahme" gewonnen werden. Hier bietet Iris verschiedene Möglichkeiten der Mittelung (Median) und der Addition der Einzelbilder an. Wenn Ihre Einzelaufnahmen gut ausbelichtet sind, verwenden Sie die Medianfunktion, um das Rauschen im Gesamtbild zu minimieren. Bei lichtschwachen Objekten sind die Einzelaufnahmen meist unterbelichtet, sodass Sie in diesem Fall die Addition der Einzelbilder vorziehen sollten.

Die grundlegende Vorgehensweise

Iris bietet verschiedene Verfahren zur Ausrichtung und zum Stacken von Aufnahmen an. Im Folgenden wird anhand der Methode „DeepSky Registration" das am einfachsten zu bedienende Verfahren vorgestellt. Weitere Verfahren beschreibt C. Buil im Onlinemanual für Iris auf http://www.astrosurf.org/buil/us/iris/iris.htm.

Erst die Farbinterpolation, dann die Ausrichtung!

Führen Sie unbedingt die Farbinterpolation aus, bevor Sie die Bilder ausrichten. Zur Farbinterpolation muss Iris wissen, welcher Farbfilter einem Pixel zuzuordnen ist, und diese Information geht bei den zur Ausrichtung notwendigen Verschiebungen verloren.

1 Richten Sie die Bilder aus. Ziehen Sie zur Ausrichtung mit der Maus ein Rechteck um einen hellen, aber nicht gesättigten Stern. Die Größe des Ausrichtungsrechtecks hängt davon ab, welche Verschiebung Sie zwischen den Einzelbildern erwarten.

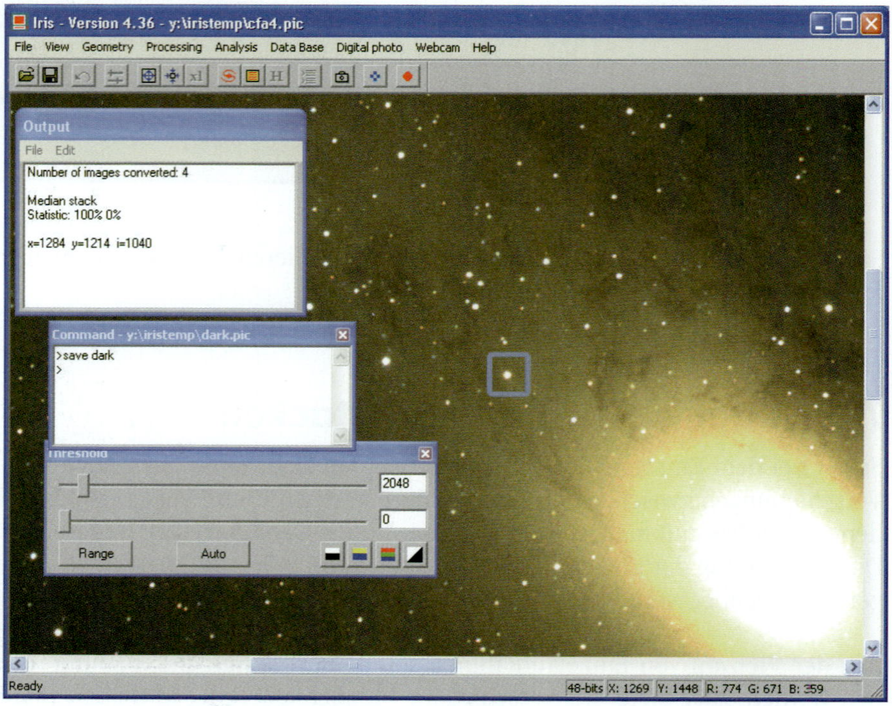

Wählen Sie *Processing/Deep-sky registration*, um den Dialog zur Ausrichtung anzuzeigen.

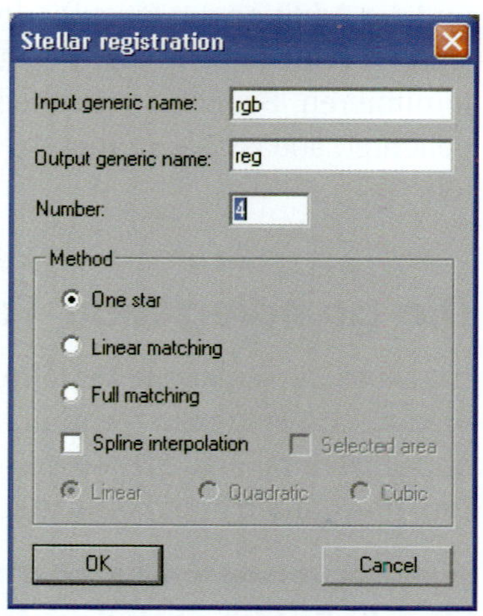

Als *Input generic name* geben Sie den Namen der unausgerichteten, aber schon farbinterpolierten Bilder ein. Als *Output generic name* können Sie wieder frei einen Dateinamen wählen, z. B. „reg“. Unter *Number* tragen Sie wieder die Anzahl zu verarbeitender Bilder ein.

Iris stellt verschiedene Methoden zur Ausrichtung von Bildern bereit. Für diesen ersten Versuch wählen Sie die Auswahl *One star*, um die Ausrichtung an einem Stern vorzunehmen. Hierbei können allerdings nur Verschiebungen und keine Drehungen zwischen den Bildern ausgerichtet werden. Starten Sie die Ausrichtung mit einem Klick auf die Schaltfläche *OK*.

2 Mitteln Sie die Einzelbilder, um das Bildrauschen zu minimieren. Wählen Sie dazu *Processing/Median stack*.

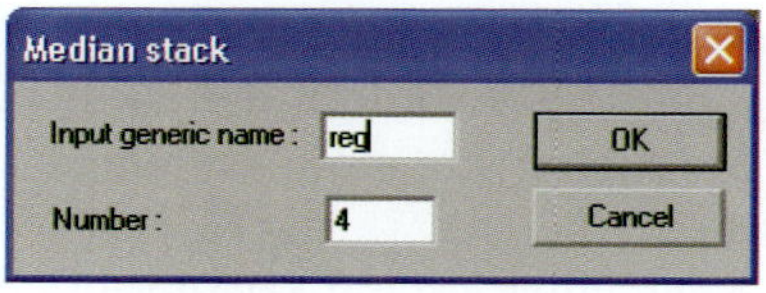

Geben Sie als *Input generic name* den Dateinamen der ausgerichteten Einzelbilder ein. Unter *Number* tragen Sie wieder die Anzahl der Bilddateien ein. Starten Sie anschließend die Mittelung.

3 Alternativ können Sie die Bilder addieren. Bei der Addition wird im Gegensatz zur Mittelung (Median) das Signal, aber auch das Rauschen, verstärkt. Die Addition sollten Sie anwenden, wenn auf den Einzelbildern sehr wenig Signal enthalten ist. Dann können Sie durch Addition das Signal verstärken, was die weitere Bildbearbeitung erleichtert.

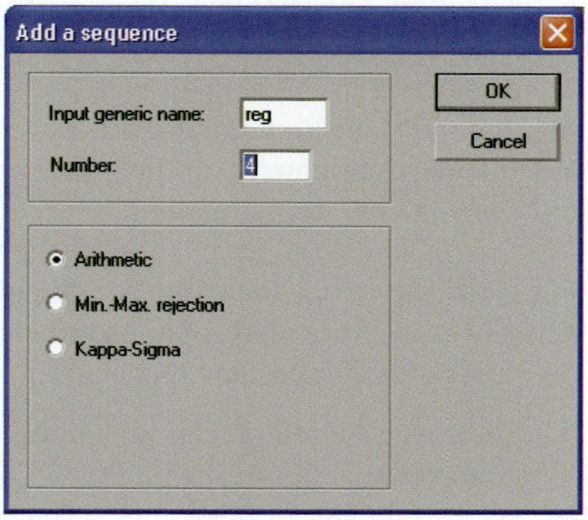

Zur Addition von Bildern wählen Sie die Funktion *Processing/Add a sequence*.

Unter *Input generic name* tragen Sie den Namen der ausgerichteten und farbinterpolierten Bilder ein. Als *Number* geben Sie die Anzahl der Bilder an.

Iris kennt drei Methoden zur Addition von Bildern. Die Methode *Arithmetic* addiert die Pixelwerte aller Bilder auf. Die beiden Methoden *Min.-Max. rejection* und *Kappa-Sigma* nutzen statistische Methoden, um bei der Addition das Rauschen zu vermindern. Bei *Min.-Max. rejection* werden die, über alle Bilder gesehen, höchsten und niedrigsten Pixelwerte verworfen. Noch ausgefeilter geht der *Kappa-Sigma*-Algorithmus vor, bei dem die Bilder statistisch analysiert und nur Pixelwerte innerhalb der Standardabweichung berücksichtigt werden.

Zunächst sollten Sie die Bilder mit dem Algorithmus *Arithmetic* addieren. Wenn Sie dabei ein zufrieden stellendes Ergebnis erhalten, können Sie die beiden anderen Additionsalgorithmen austesten. Bedenken Sie dabei aber, dass diese Algorithmen durchaus eine längere Rechenzeit benötigen.

Ausrichtung mit allen Schikanen

Die oben beschriebene One-star-Ausrichtung erlaubt es lediglich, Verschiebungen zwischen Bildern herauszurechnen.

Manchmal liegen die Bilder aber auch verdreht oder gar verzerrt vor. Dies kommt z. B. vor, wenn Sie zwischen den Aufnahmen die Kamera vom Teleskop entfernen mussten.

Iris erlaubt es Ihnen, verschobene, verdrehte und verzerrte Bilder auszurichten, allerdings erfordern die dafür zur Verfügung stehenden Routinen das manuelle Markieren von einer ausreichenden Anzahl Sternen.

Nach einer kurzen Erläuterung der drei zur Verfügung stehenden Verfahren wird an einem Beispiel des komplexesten Verfahrens *qr3* die Vorgehensweise schrittweise erläutert. Alle drei Verfahren werden dabei gleichartig bedient.

Das Kommando *qr [Datei1] [Datei2]* erlaubt es Ihnen, die Verschiebung (Translation) zwischen zwei Bildern zu korrigieren. Hierzu ist mindestens ein Stern in beiden Bildern zu markieren. Nach der Ausrichtung befindet sich die ausgerichtete *[Datei2]* im Speicher von Iris und kann nun manuell abgespeichert werden.

Treten neben Verschiebungen auch Drehung (Rotation) und Skalierungen auf, können Sie mit dem Kommando *qr2 [Datei1] [Datei2]* zwei solcher Bilder manuell aufeinander ausrichten. Für die hinter *qr2* stehende affine Abbildung müssen Sie mindestens drei Sterne markieren.

Für ganz schwierige Fälle mit Verschiebung, Verdrehung und starken Verzerrungen gibt es in Iris noch das Kommando *qr3 [Datei1] [Datei2]*. Für dieses Kommando müssen Sie mindestens sechs Sterne markieren.

1 Speichern Sie die auszurichtenden Bilder im Iris-eigenen PIC-Format. Dies können Sie z. B. mit *Digital Photo/Convert RAW files* erreichen. In diesem Beispiel sind dies die Bilder *m57_1.pic* und *m57_2.pic*, die verdreht und verzerrt sind.

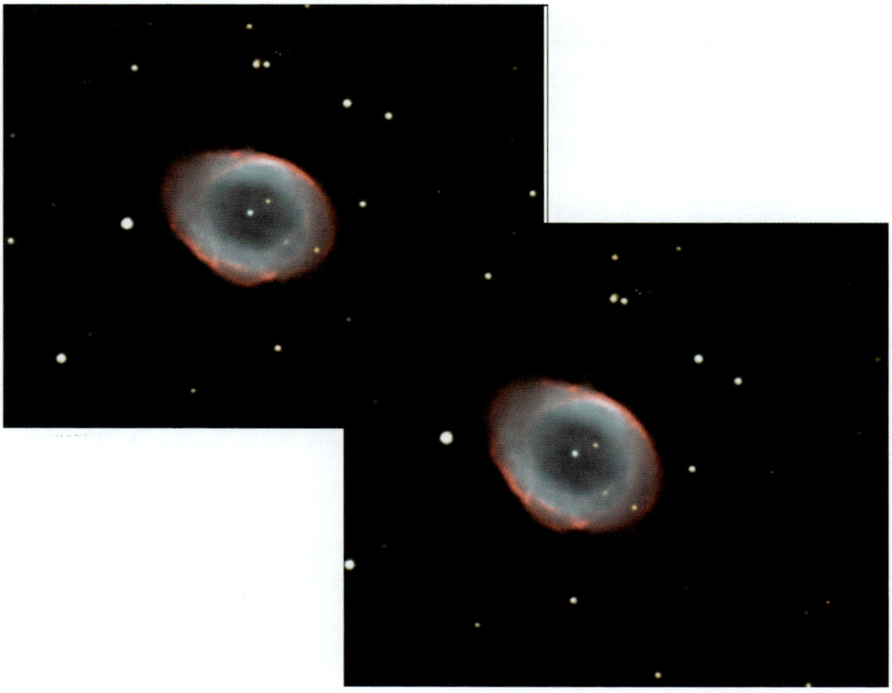

2 Geben Sie auf der Kommandozeile den Befehl *qr3 m57_1 m57_2* ein. Iris fordert Sie nun auf, im ersten Bild eine ausreichende Anzahl von Sternen zu markieren.

Für das Kommando *qr1* müssen Sie mindestens einen, für *qr2* mindestens drei und für das hier verwendete *qr3* mindestens sechs Sterne markieren. Sie können jederzeit auch mehr Sterne markieren, was zu einer verbesserten Ausrichtungsgenauigkeit führt.

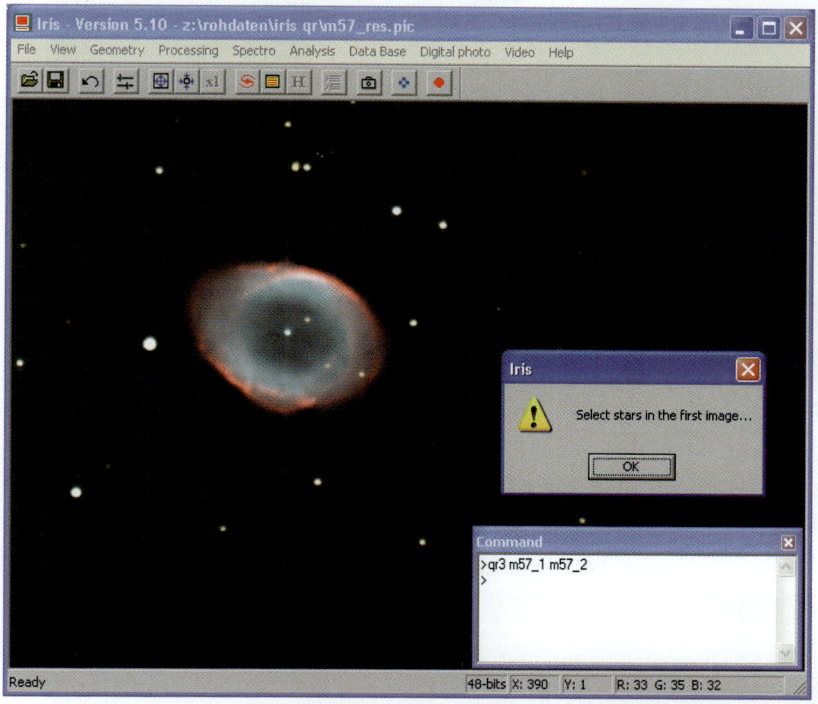

3 Markieren Sie die Sterne im ersten Bild durch einen Klick mit der linken Maustaste auf den Stern. Sie müssen den Sternmittelpunkt nicht genau treffen, Iris errechnet für Sie den Schwerpunkt des Sterns automatisch.

Wenn genügend Sterne markiert sind, klicken Sie auf die Schaltfläche mit dem roten Kreis, um zum zweiten Bild zu gelangen. Iris zeigt Ihnen nun nochmals an, wie viele Sterne Sie markiert haben.

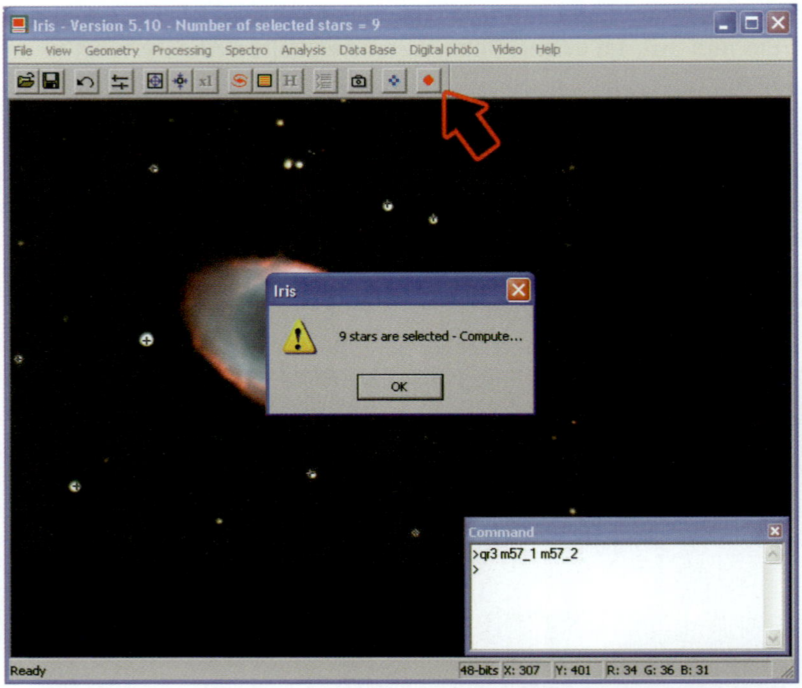

4 Markieren Sie nun im zweiten Bild dieselben Sterne in der gleichen Reihenfolge wie im ersten Bild. Als Hilfestellung zeigt Iris Ihnen einen Kreis mit einer daneben stehenden Nummer an der jeweiligen Sternposition des ersten Bildes an.

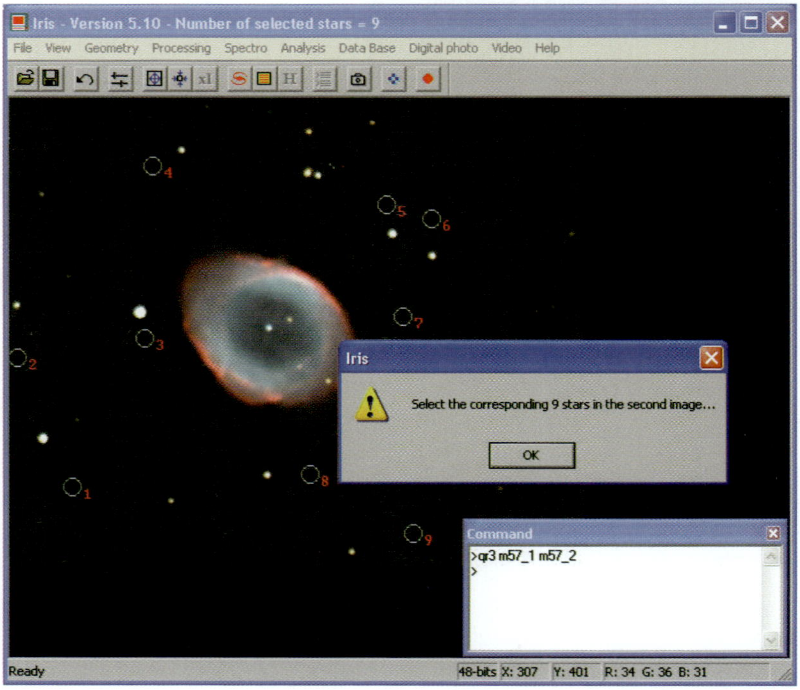

Nachdem Sie alle Sterne wie im ersten Bild markiert haben, zeigt Ihnen Iris nochmals an, wie viele Sterne zur Ausrichtung verwendet werden.

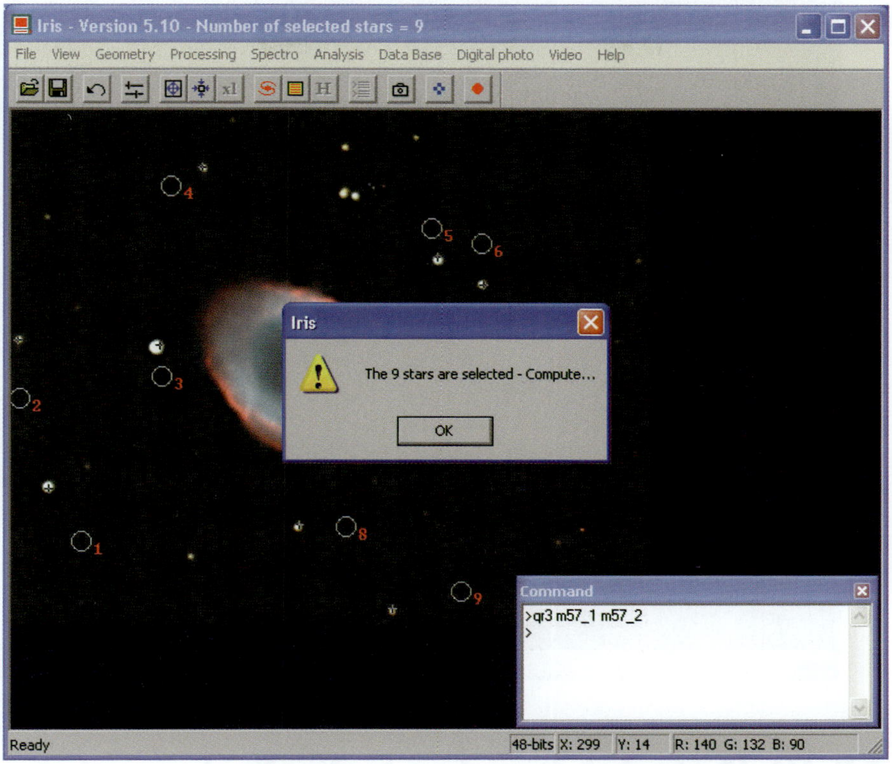

5 Iris berechnet nun die notwendige Verschiebung, Drehung und Entzerrung für *m57_2.pic* und hat diese dann im aktuellen Bildspeicher.

Speichern Sie die ausgerichtete Version unter einem neuen Namen, z. B. *m57_2a.pic*, um sie anschließend mit *m57_1.pic* addieren oder mitteln zu können.

Bei mehr als zwei Rohbildern müssen Sie diese Schritte für jedes Rohbild zusammen mit dem ersten Rohbild ausführen, um als Ergebnis einen Satz ausgerichteter Bilder zu erhalten.

Durch die Drehung und Entzerrung der Bilder entstehen schwarze Ränder, in denen keine Bildinformation vorhanden ist. Diese Ränder sollten Sie am Ende der Bildbearbeitung mit einem Bildbeschnitt entfernen.

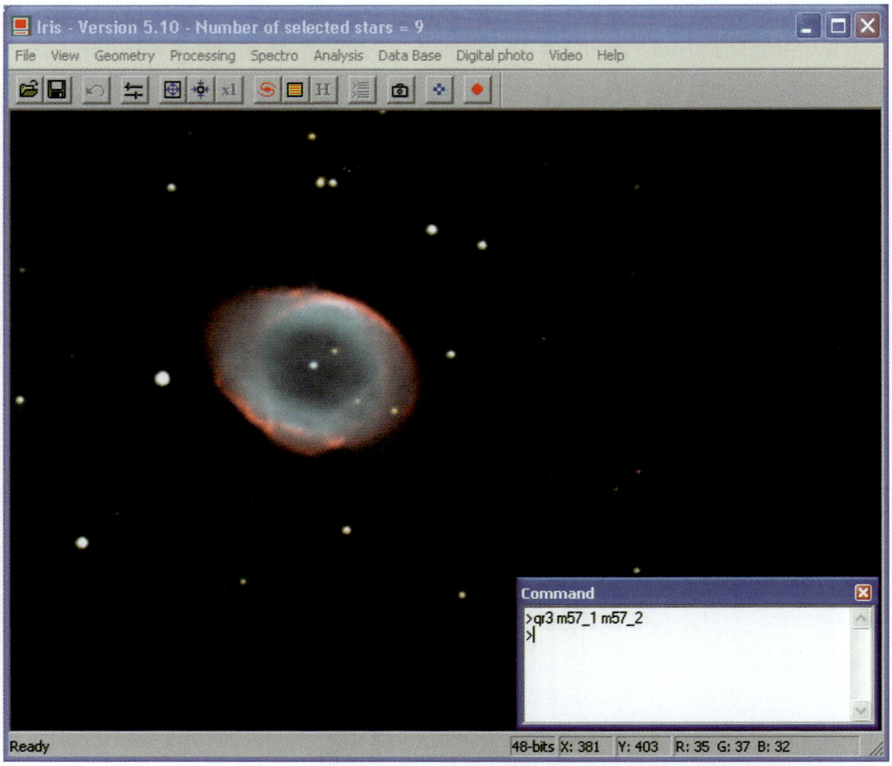

7.5 Weißabgleich – damit die Farben stimmen

Nach der Farbinterpolation der Rohbilder erscheinen die Bilder meist in einer sehr ungewöhnlichen Färbung. Neben der Farbinterpolation spielt hier noch der so genannte Weißabgleich eine Rolle. Mit Iris können Sie sehr leicht einen guten Weißabgleich halbautomatisch durchführen, sodass Sie natürlich wirkende Farben erhalten.

Um einen groben Weißabgleich durchzuführen, markieren Sie einen hellen, aber nicht gesättigten Stern durch ein Rechteck mit der Maus. Wählen Sie dazu möglichst einen sonnenähnlichen Stern, der auf der Aufnahme weiß erscheinen soll.

Geben Sie in der Kommandozeile  das Kommando *white2* ein. Bei diesem Kommando wird im gewählten Rechteckbereich eine Gauß-Verteilung der Intensität vorausgesetzt und dadurch die Mitte des gewählten Sterns genau bestimmt. Die Farbkanäle werden dann so angeglichen, dass die Mitte des gewählten Sterns weiß dargestellt wird.

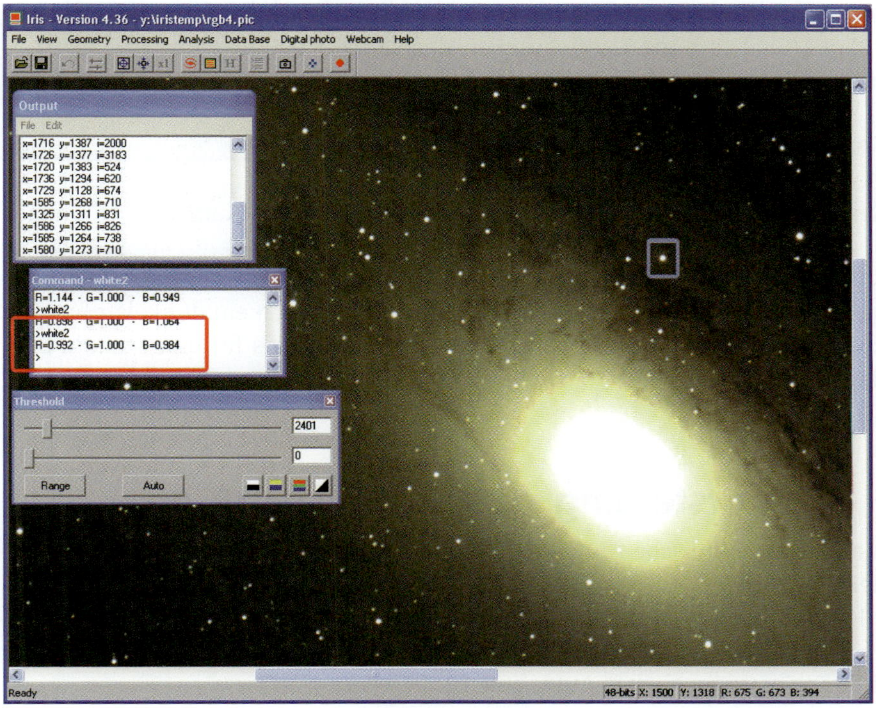

Sie können auch den Weißabgleich interaktiv unter *View/White balance* einstellen.

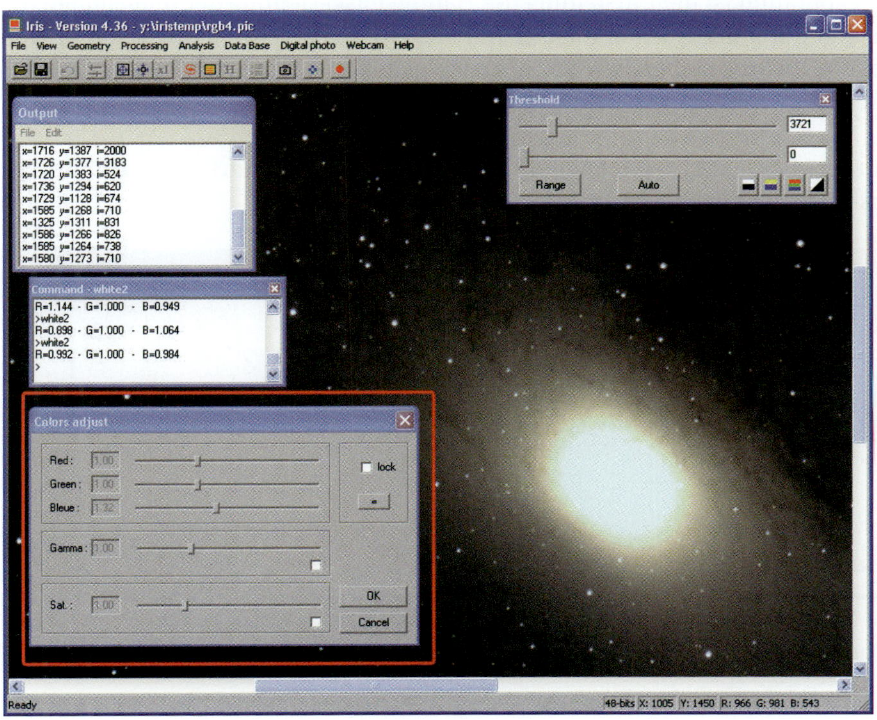

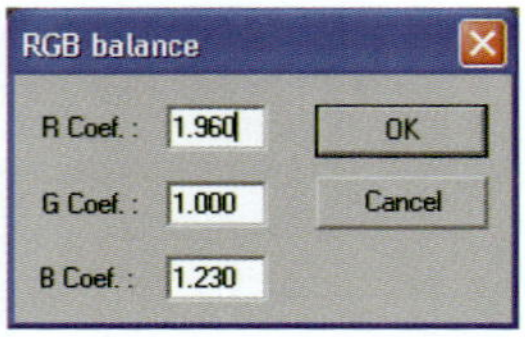

Nutzen Sie die Schieberegler für Rot (*Red*), Grün (*Green*) und Blau (*Blue*), um die Gewichtungen der Farbkanäle gegeneinander einzustellen.

Eine dritte Variante, den Weißabgleich einzustellen, findet sich unter *Digital photo/RGB balance*. Hier tragen Sie die Gewichtungen der Farbkanäle als Zahlenwerte wie in den Kameraeinstellungen ein.

Sie haben jetzt aus Ihren Einzelbildern und Dunkelbildern ein dunkelstrom- und rauschkorrigiertes Bild erzeugt. Dieses dient nun als Basis für eine weitere Bildbearbeitung.

7.6 Bilddarstellung optimieren (DDP etc.)

Oft nutzen astronomische Aufnahmen nur einen Bruchteil der zur Verfügung stehenden Dynamik und wirken daher zunächst flau. Auch ist die lineare Intensitätsverteilung oft nicht geeignet, alle Details eines astronomischen Objekts wiederzugeben. Um diesen Problemen zu begegnen, gibt es einige Spezialalgorithmen zur Bearbeitung astronomischer Aufnahmen.

Die Intensitätsverteilung im Histogramm

Das Histogramm ist die Darstellung der Häufigkeitsverteilung der Intensitäten der einzelnen Bildpunkte. Im optimalen Fall sollte das Histogramm über den gesamten zur Verfügung stehenden Wertebereich gehen und dabei zu den Rändern hin auslaufen.

Bei unter- oder überbelichteten Bildern sehen Sie ein starkes Maximum der Intensitätsverteilung an einem der Ränder.

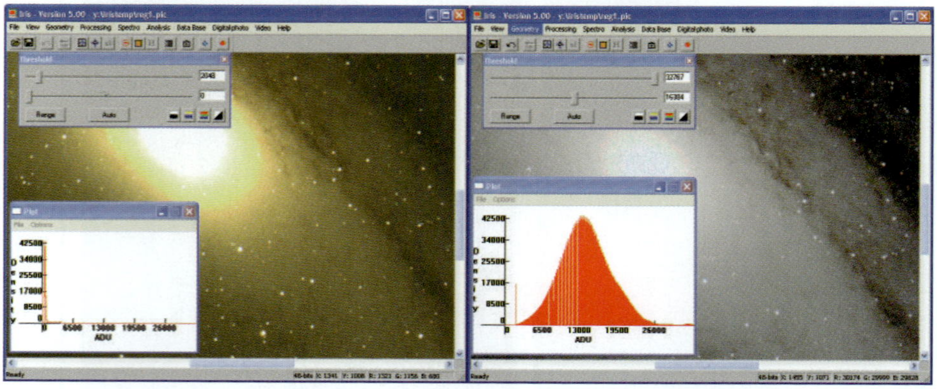

Ungeeignete Intensitätsverteilung (links) und gute, gaußförmige Intensitätsverteilung (rechts).

Lineare Histogrammstreckung – Nutzen der gesamten Dynamik

Der einfachste Ansatz, eine besser Bilddarstellung zu erhalten, ist die lineare Streckung der Intensitäten auf den zur Verfügung stehenden Wertebereich. Hierbei wird das dunkelste Pixel zu null gesetzt und das hellste Pixel auf den Maximalwert. Alle anderen im Bild vorkommenden Intensitäten werden linear, entsprechend ihrer originalen Verteilung, auf die zur Verfügung stehenden Werte umgerechnet. In Iris können Sie die lineare Histogrammstreckung mit *View/Equalization* aufrufen.

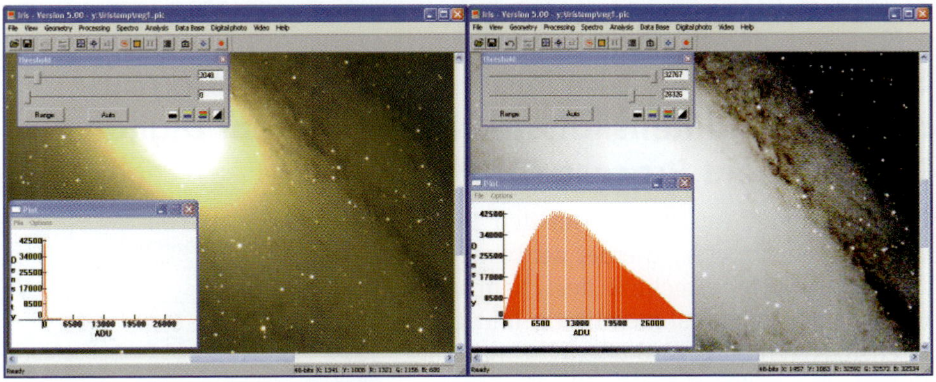

Neben der rein linearen Histogrammstreckung bietet Iris unter *View/Modified Equalization* auch eine modifizierte Variante der Histogrammstreckung an. Bei dieser Variante skaliert Iris die Intensitäten so, dass eine Gauß-Verteilung entsteht. Die Modified Equalization ist speziell für DeepSky-Bilder sinnvoll.

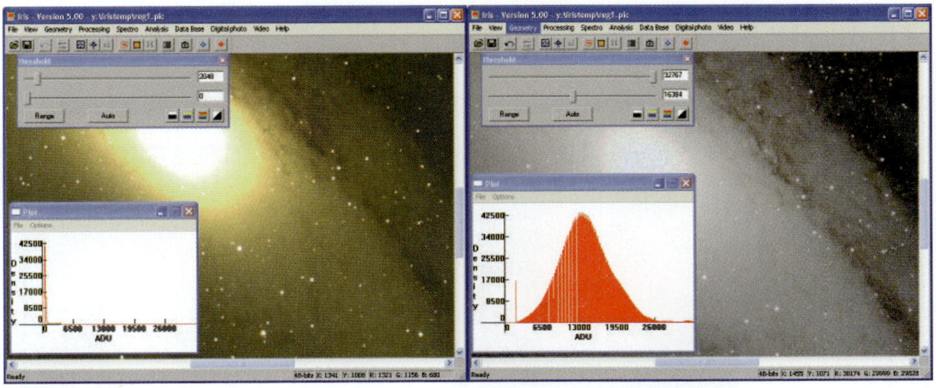

Logarithmische Intensitätsverteilung

Die Funktion *View/Logarithm* berechnet den Logarithmus der Bilddaten. Hierdurch werden gleichzeitig die dunklen und hellen Bildbereiche herausgearbeitet.

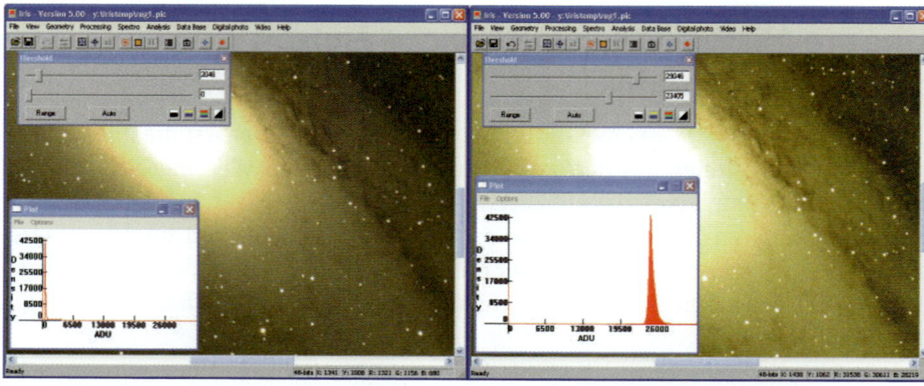

So holt man das Maximale aus den Bildern raus: nichtlineare Intensitätsstreckung mit dem Digital Development Process (DDP)

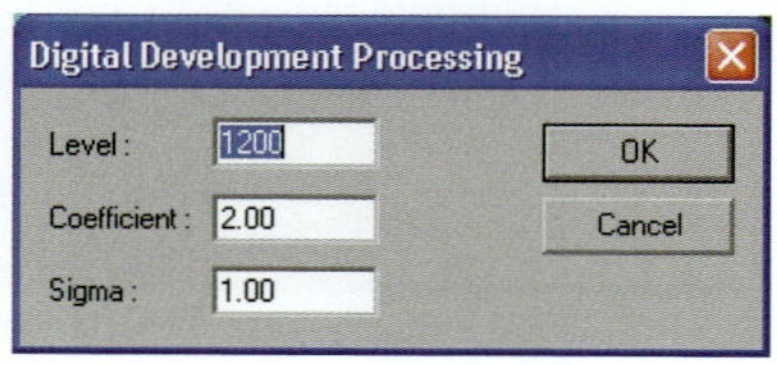

Die Funktion *View/DDP* startet den **D**igital **D**evelopment **P**rocess. Hierbei wird eine spezielle Entwicklungstechnik des chemischen Films bei Digitalaufnahmen nachgebildet. Die Intensitätsverteilung wird über eine S-förmige Kurve umgerechnet, wobei die Kurvenform über drei Parameter gesteuert werden kann.

Alle Intensitäten unterhalb des Wertes *Level* werden beim DDP linear, alle Intensitäten oberhalb von *Level* nichtlinear skaliert. Der Wert *Level* wird üblicherweise in der Nähe einer Spitze im Histogramm gewählt. Über den Wert *Coefficient* legen Sie die Dynamik der Ausgabe fest. Den beim Digital Development Process beteiligten Tiefpassfilter können Sie mit dem Parameter *Sigma* konfigurieren.

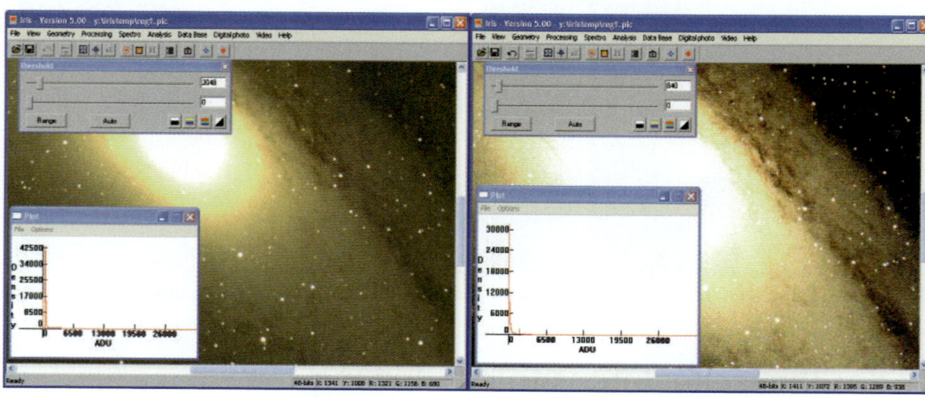

Je größer *Sigma* ist, desto stärker werden feine Details verstärkt. Typische Werte für *Sigma* liegen zwischen 0,7 und 2,0. Bei jedem Bild müssen Sie ein bisschen ausprobieren, bis Sie die passenden Parameter für den Digital Development Process gefunden haben. Speichern Sie vor Anwendung des DDP unbedingt Ihr Bild, Iris bietet keine Undo-Funktion!

Den DDP mit den oben gezeigten Parametern können Sie auch in der Iris-Kommandozeile nachbilden

```
> load m31
> bg
Background 78
> offset -78
> save bild1
> gauss2 1.0
> offset 1200
> save bild2
> load bild1
> div bild2 1200
```

Nichtlineare Intensitätsstreckung wie die Profis: Color Stretching (ASinh)

Gerade bei Nebeln und Galaxien, aber auch bei Sternhaufen kann der ASinh sehr gute Dienste in der Visualisierung leisten. Hierbei werden die Intensitäten entsprechend einem Arcus Sinus Hyperbolicus nichtlinear skaliert, was vor allem der Darstellung von dunklen Objekten und dem Herausarbeiten der Sternfarben dient. Dieses Verfahren wird über zwei Parameter *Stretch* und *Intensity* gesteuert und kann über den Menübefehl *View/Stretching* aufgerufen werden.

Der Wert *Stretch* stellt dabei einen Nichtlinearitätsfaktor dar. Bei *Stretch* = 0,0 werden die Intensitäten linear skaliert. Typische Werte für *Stretch* sind 0,0001 bis 0,1. Bei der Anwendung von ASinh werden die Bilder oft recht dunkel, was über den Parameter *Intensity* ausgeglichen werden kann. Dieser bestimmt die Helligkeit des Ergebnisbildes.

Typische Werte für *Intensity* liegen zwischen 1 und 50. Wie schon beim DDP müssen Sie auch bei der Anwendung von ASinh einige Parameterkombinationen ausprobieren, um ein optimales Ergebnis zu erzielen. Im Gegensatz zu DDP zeigt Iris bei der Verwendung des Menüeintrags *View/Stretching* jedoch bei einer Parameteränderung eine Vorschau an.

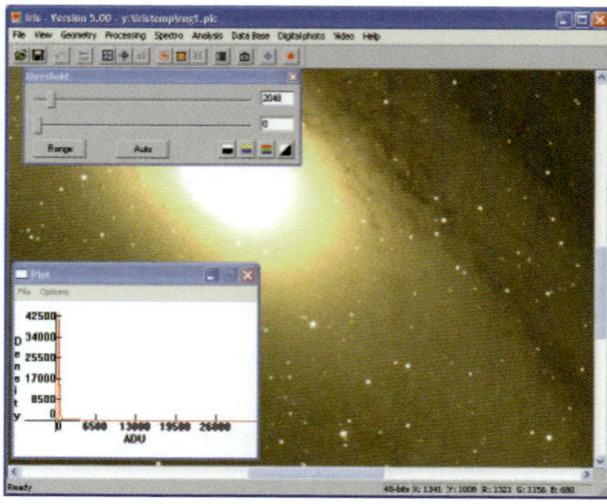

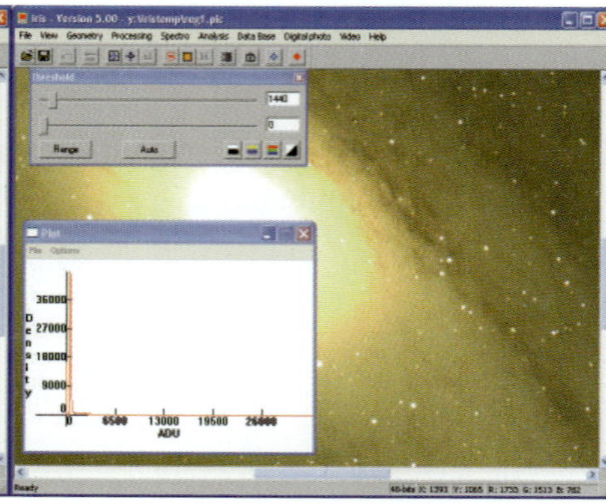

Blausäume entfernen

Gerade günstige achromatische Refraktoren weisen eine chromatische Aberration auf, die zu unerwünschten Blausäumen um helle Sterne führt.

Die beste Vorgehensweise gegen chromatische Aberration ist die Verwendung apochromatischer Refraktoren oder von Spiegelteleskopen. Ist Ihnen dies nicht möglich, können Sie als Notbehelf auch in der Bildbearbeitung die Blausäume zumindest reduzieren.

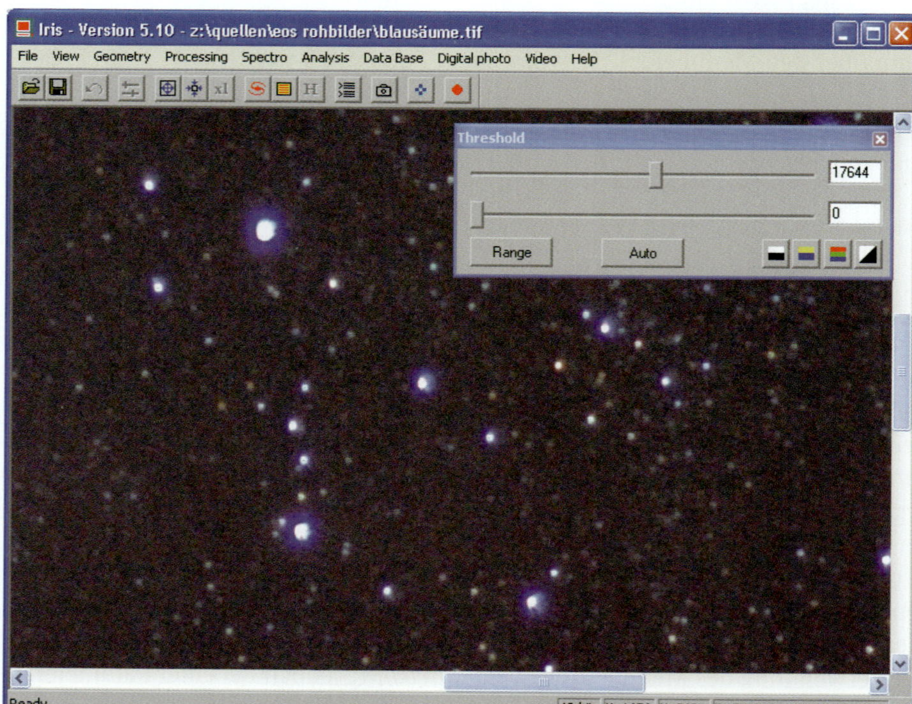

Das Herausrechnen von Blausäumen geht allerdings nicht ohne Verluste in anderen Bildbereichen.

Besonders erfolgreich kann die Methode angewandt werden, wenn das aufgenommene Objekt hauptsächlich im Rot- oder Grünbereich leuchtet. Besonders bei blauen Objekten führt die beschriebene Methode zur Entfernung von Blausäumen auch oft zu starken Verlusten innerhalb des aufgenommenen Objekts.

1 Lesen Sie das Bild in Iris ein und trennen Sie die Farbkanäle mittels *Digital photo/RGB separation*.

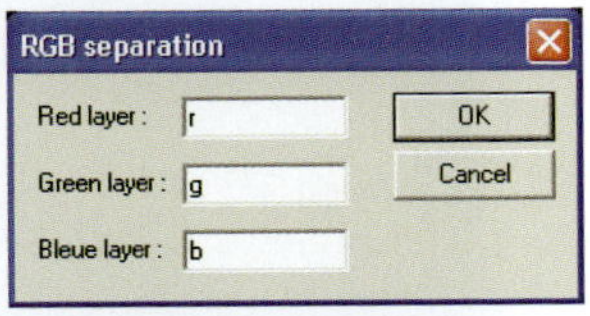

2 Laden Sie mit *File/Load* die Datei *b.pic* ein. Sie sehen jetzt den Blaukanal der Originalaufnahme.

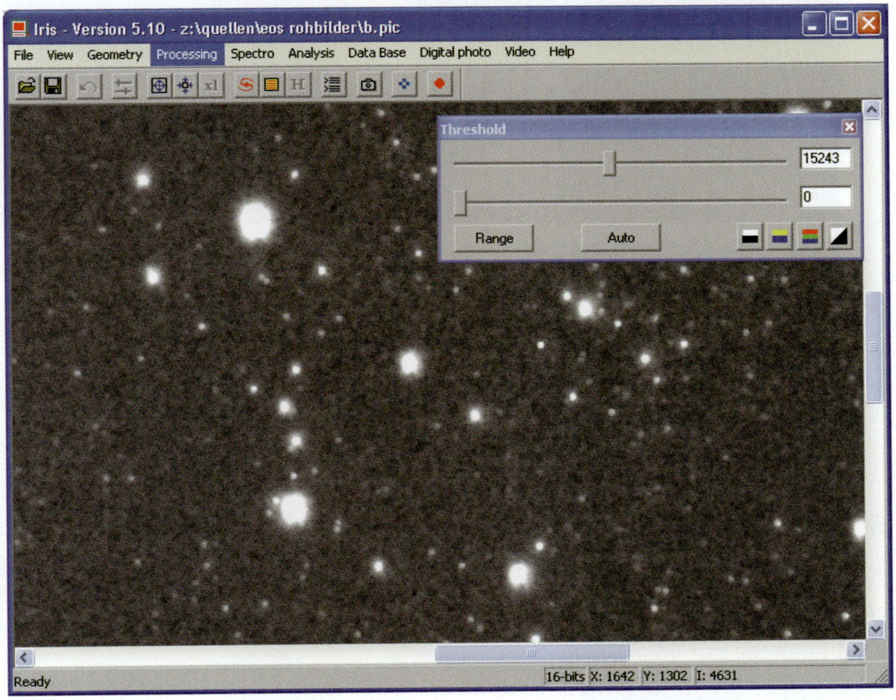

3 Ziehen Sie mit *Processing/Subtract* den Grünkanal *g* vom angezeigten Blaukanal ab. Durch diese Operation verbleiben im Bild die blauen Bereiche, die im Grünkanal nicht enthalten sind.

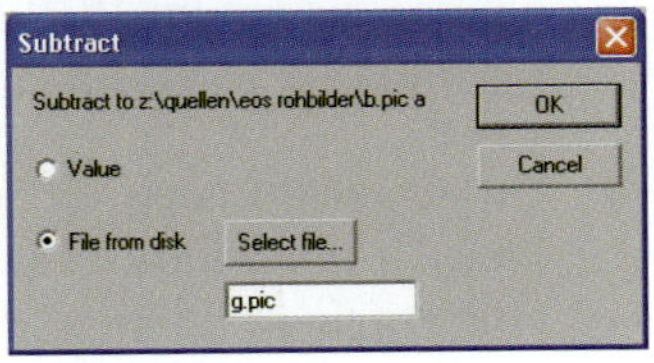

4 Speichern Sie das Ergebnis mit *File/Save* unter dem Namen *bg.pic*.

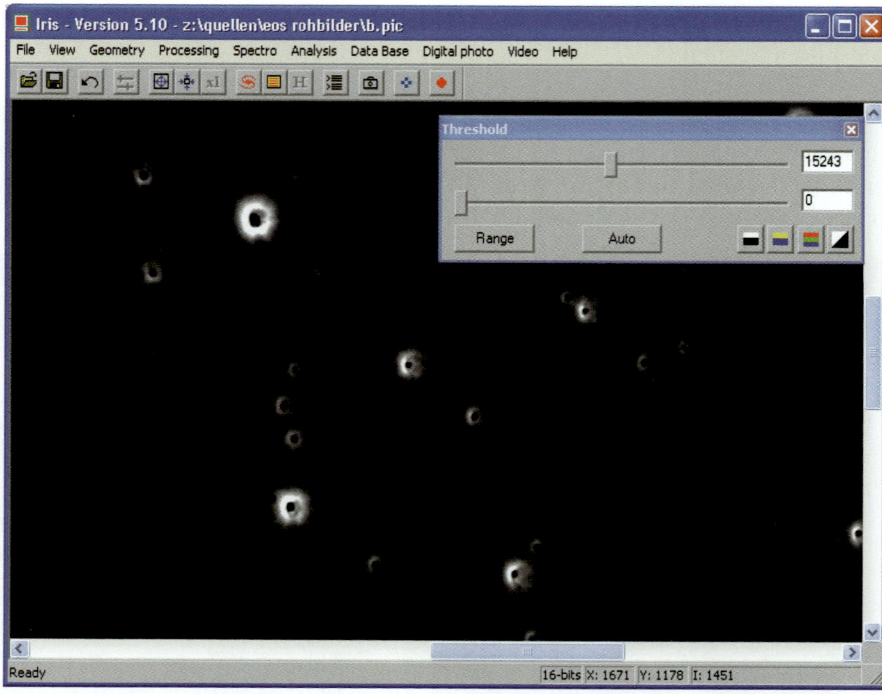

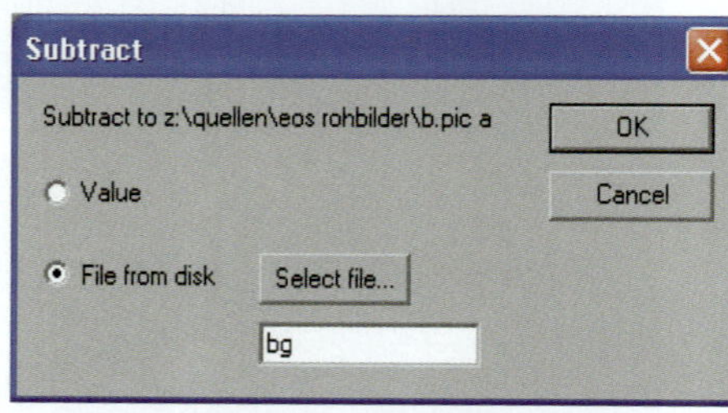

5 Laden Sie den Blaukanal *b.pic* erneut mit *File/Load* in den Arbeitsspeicher. Ziehen Sie dann mit *Processing/Subtract* das soeben gewonnene Differenzbild zwischen Blau- und Grünkanal vom Blaukanal ab.

6 Speichern Sie das Ergebnis mit *File/Save* als neuen Blaukanal unter dem Namen *b1.pic*.

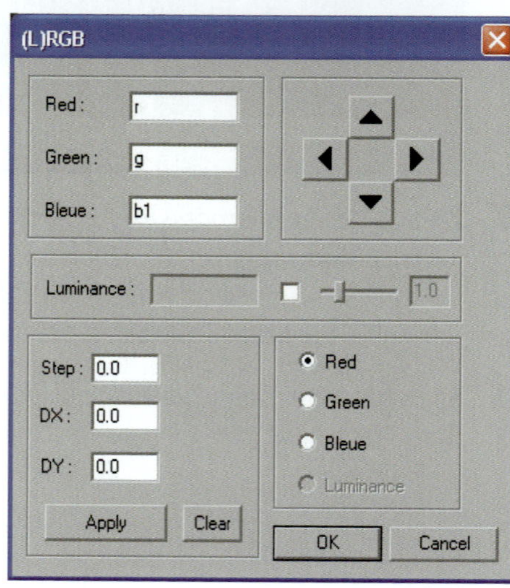

7 Fügen Sie mit *View/(L)RGB* die Farbkanäle mit dem neuen Blaukanal wieder zu einem RGB-Farbbild zusammen.

8 Passen Sie nun den Weißabgleich mit *View/White balance* neu an, bis Sie eine zufrieden stellende Farbdarstellung erhalten. Die Blausäume sind jetzt verschwunden.

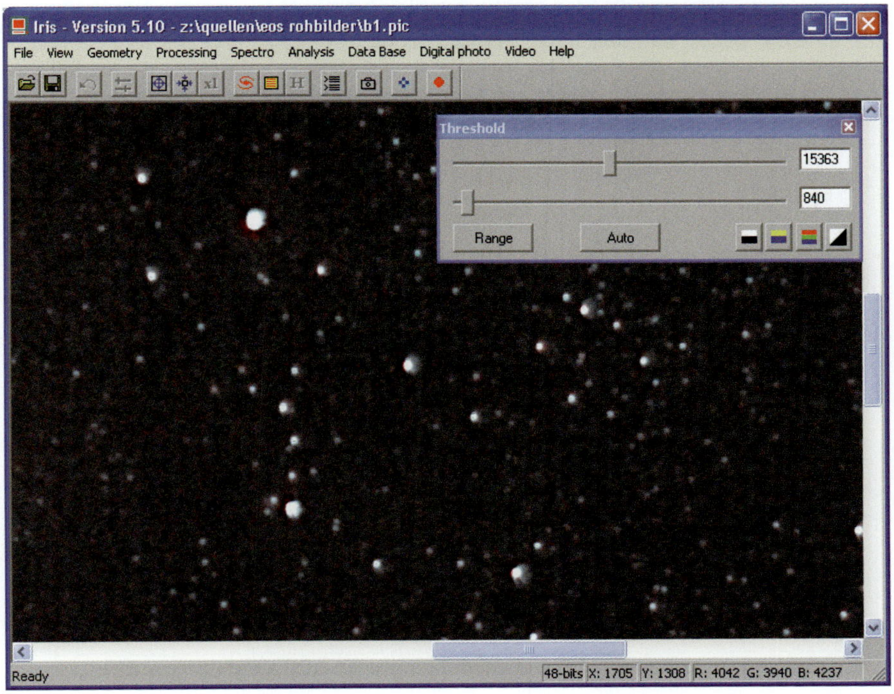

7.7 Export von Bildern nach Photoshop

Nach der Anpassung der Intensitätsverteilung mittels Modified Equalization, DDP oder ASinh sollten Sie das Bild zur Weiterverarbeitung in Photoshop speichern. Iris bietet zwar auch weitere Funktionen zur Schärfung und Nachbearbeitung an, diese Funktionen sind aber in Photoshop wesentlich komfortabler zu bedienen.

Sie können das gewonnene Bild mit der Funktion *File/Save* speichern. Seit Version 5.00 bietet Iris hier die Möglichkeit, die Bilder als 16-Bit-TIFF-Dateien zu speichern.

Alle anderen angebotenen Dateiformate speichern nur 8 Bit pro Farbkanal, sodass Sie mit diesen Formaten einen deutlichen Informationsverlust hinnehmen müssen.

Speichern Sie alle Bildinformationen mit savepsd2

Verwenden Sie immer *savepsd2*, nur dieses speichert alle Pixelwerte aus Iris korrekt im Photoshop-Format. Das veraltete Kommando *savepsd* ignoriert negative Intensitäten und führt so zu Informationsverlust.

Für die Weiterverarbeitung in Photoshop empfiehlt es sich, das Kommando *savepsd2* auf der Iris-Kommandozeile zu verwenden. Hierzu öffnen Sie die Iris-Kommandozeile mit einem Klick auf . Geben Sie dann *savepsd2 bildname* ein, um Ihr Bild unter dem Namen *bildname.psd* abzuspeichern.

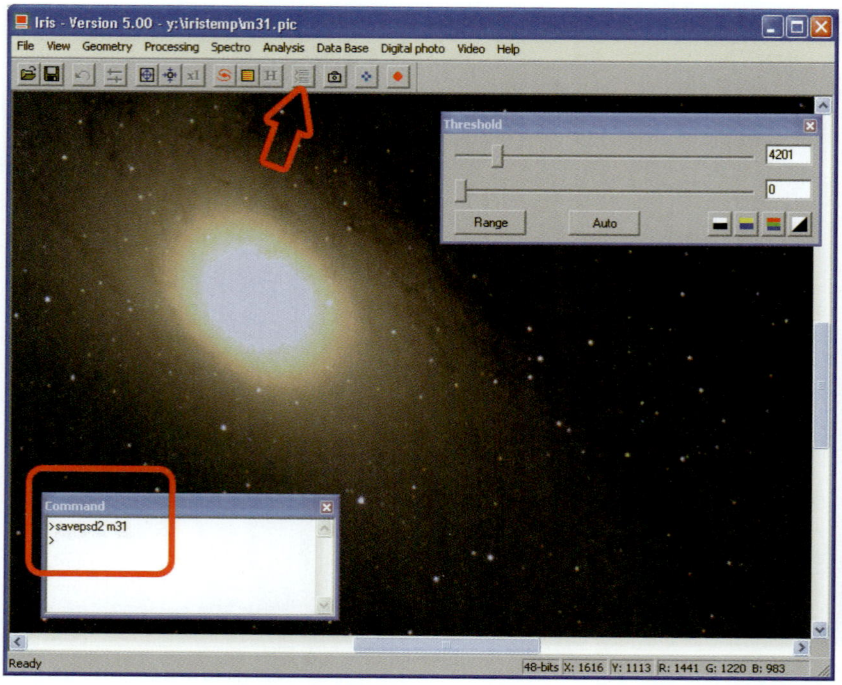

Wenn Sie nun das so abgespeicherte Bild in Photoshop einlesen, werden Sie im Normalfall nur eine graue Fläche sehen. Dies ist kein Grund zu Beunruhigung. Iris kann die Einstellung der Anzeigeregler nicht mit speichern, sodass Photoshop zunächst den gesamten Intensitätsbereich skaliert darstellt.

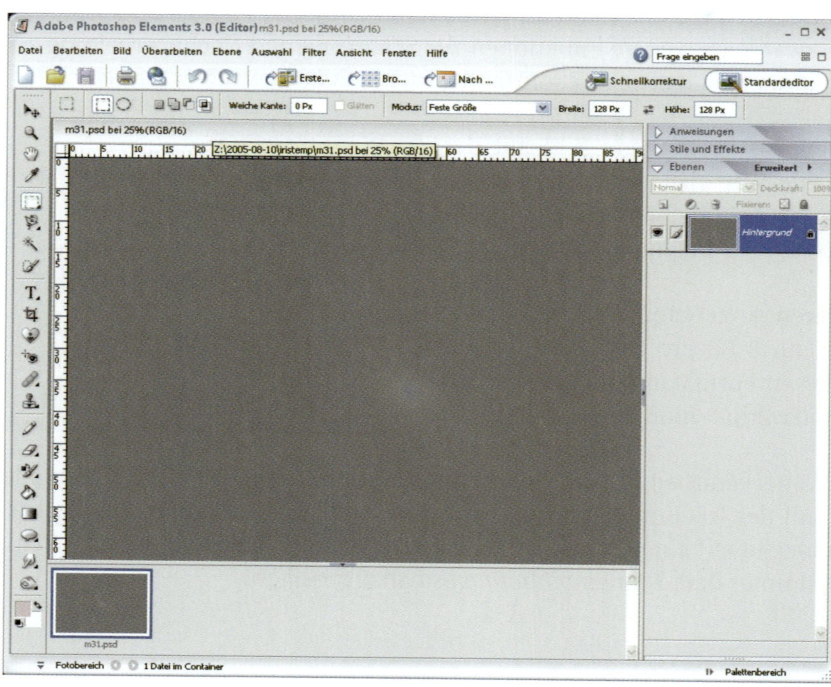

Über die Tonwertkorrektur *Überarbeiten/Beleuchtung anpassen/Tonwertkorrektur* in Photoshop Elements können Sie dies aber leicht lösen. Im Fenster *Tonwertkorrektur* wird Ihnen ein Histogramm angezeigt. Schieben Sie das schwarze Dreieck so weit nach rechts, bis es knapp vor den verwendeten Intensitäten steht.

Das weiße Dreieck schieben Sie so weit nach links, bis es knapp rechts von den verwendeten Intensitäten steht. Mit dem grauen Dreieck können Sie die Gamma-Korrektur einstellen, dies führen Sie aber besser später in einem separaten Bearbeitungsschritt durch.

Am besten führen Sie die Tonwertkorrektur in mehreren Schritten durch und bleiben dabei immer großzügig von den verwendeten Intensitäten entfernt. Wenn Sie eine Tonwertkorrektur durchgeführt haben, sehen Sie beim nächsten Aufruf dieser Funktion nur noch den ausgewählten Bereich, der sich bei der ersten Anwendung zwischen dem schwarzen und dem weißen Dreieck befunden hat. Die vorhandenen Informationen im Histogramm sehen Sie also in jedem Schritt etwas höher aufgelöst und können die Regler genauer einstellen.

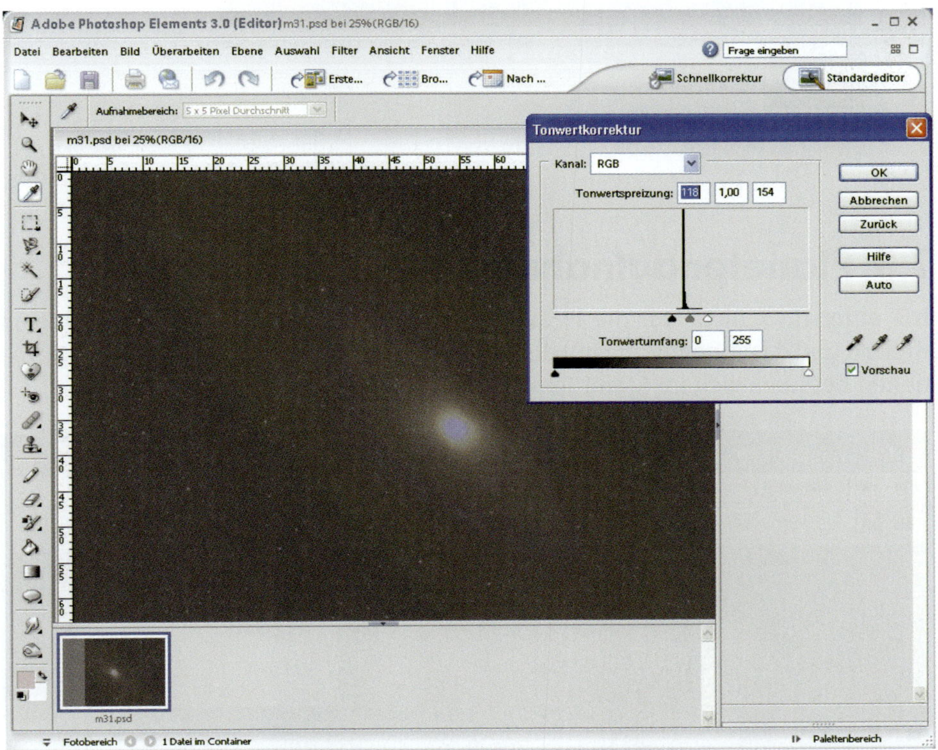

Alternativ können Sie auch die automatische Tonwertkorrektur von Photoshop nutzen. Allerdings sollten Sie bei der Anwendung dieser Funktion beachten, dass diese unter Umständen Informationen, gerade in dunklen Bildbereichen, abschneidet.

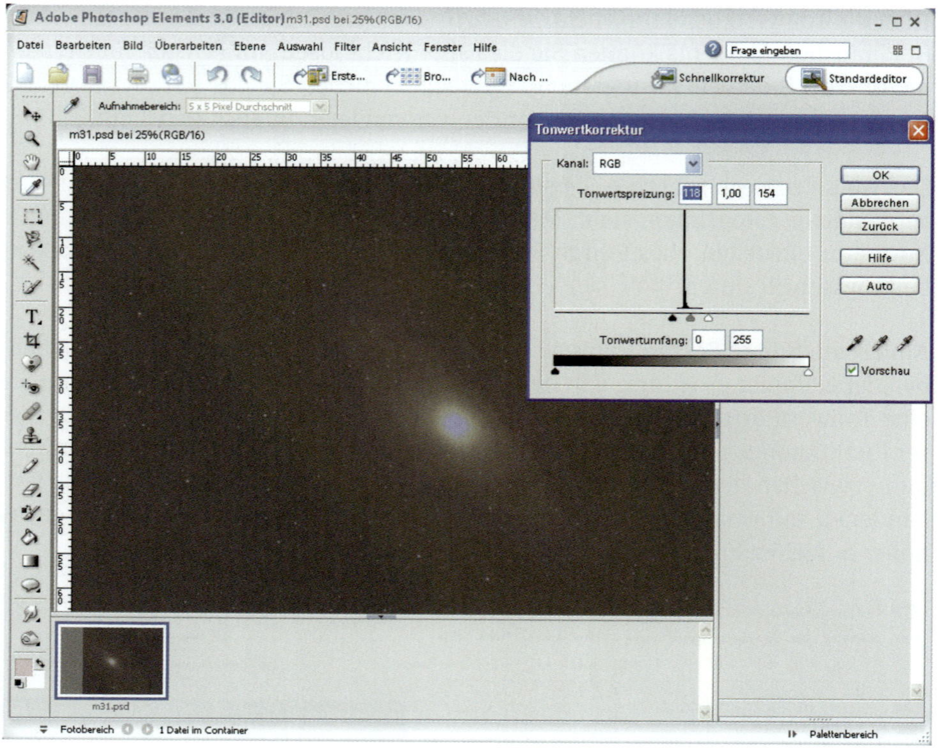

7.8 Planetenaufnahmen mit der Webcam

Iris unterstützt nicht nur die Bildbearbeitung, sondern auch die Aufnahme von Bildern und das Autoguiding mit der Webcam. Alle zur Aufnahme wichtigen Funktionen befinden sich im Menü *Video*.

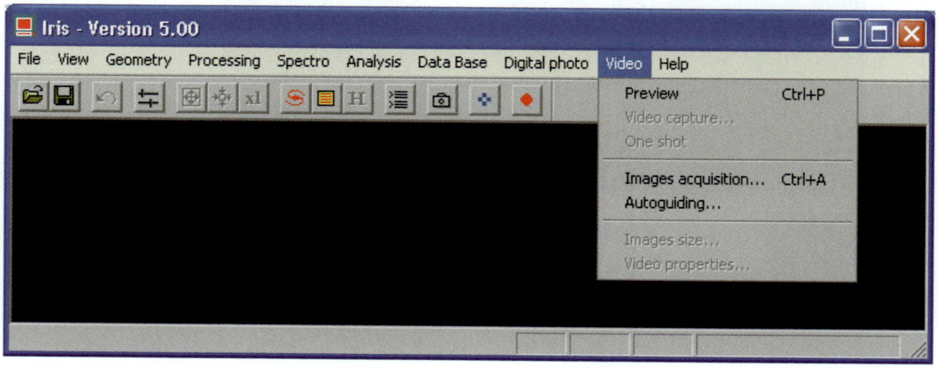

1 Wählen Sie zur Fokussierung die Funktion *Video/Preview*. Iris zeigt Ihnen nun eine Livevorschau im Iris-Fenster an.

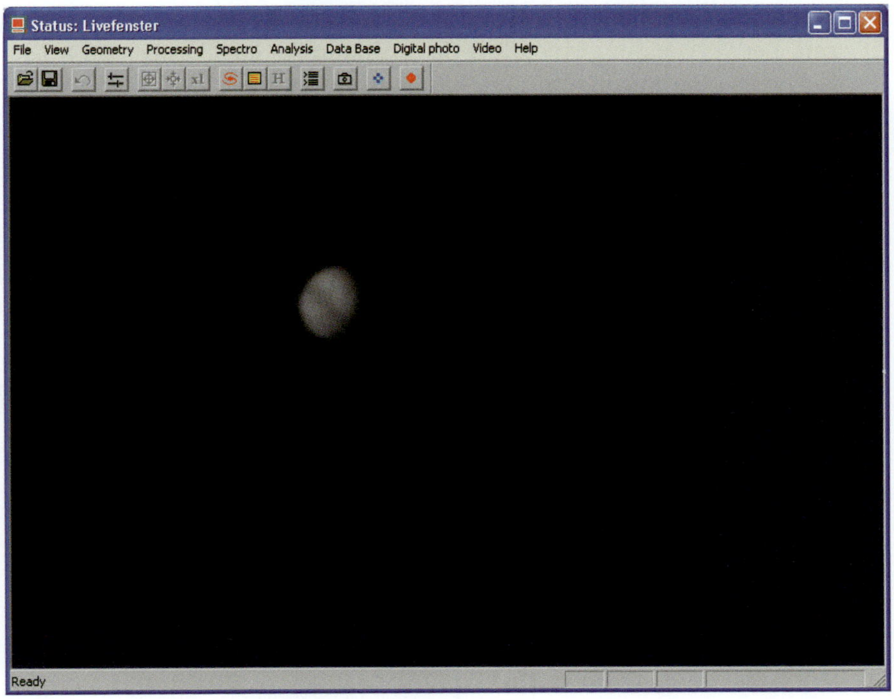

2 Sie können nun die Kameraeinstellungen unter *Video/Images Size* und *Video/Images Properties* vornehmen. Wählen Sie eine möglichst geringe Framerate, um eine möglichst hohe Qualität der Rohbilder zu erhalten.

Versuchen Sie, den Gewinn (Gain) möglichst klein zu halten, und regeln Sie die Belichtungszeit manuell so, dass kein Teil des Planeten überbelichtet ist. Überbelichtete Bereiche erkennen Sie als reinweiße Bereiche im Bild. Belichten Sie lieber etwas knapper.

Unterbelichtete Bereiche können in der Nachbearbeitung meist rekonstruiert werden, in überbelichteten Bereichen sind die Bildinformationen jedoch unwiderruflich verloren.

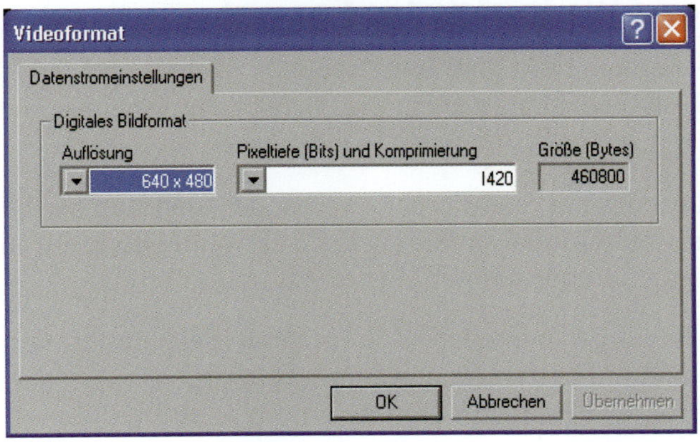

Wählen Sie als Bildgröße 640 x 480 Pixel, wenn Sie das ganze Format benötigen. Bei Verwendung einer ToU-Cam können Sie das Format 352 x 288 nutzen, wenn Sie nur den mittleren Bildausschnitt benötigen, und das Format 320 x 240 kann bei dunkleren Objekten nützlich sein. Bei anderen Webcams müssen Sie ausprobieren, wie der entsprechende Treiber diese Auflösungen handhabt.

3 Fokussieren Sie die Kamera so, dass der Planet möglichst scharf erscheint. Aufgrund des Seeing ist es oft nicht möglich, dauerhaft einen Fokus zu erreichen, sondern suchen Sie eine Einstellung, bei der der Planet möglichst oft scharf abgebildet wird.

4 Rufen Sie *Video/Video capture* auf. Wählen Sie unter *AVI file name* einen Dateinamen für das aufzuzeichnende AVI und unter *Capture duration* die Aufnahmedauer. Für die Bildrate unter *Frequency* sollten Sie „5“ oder „10“ eintragen.

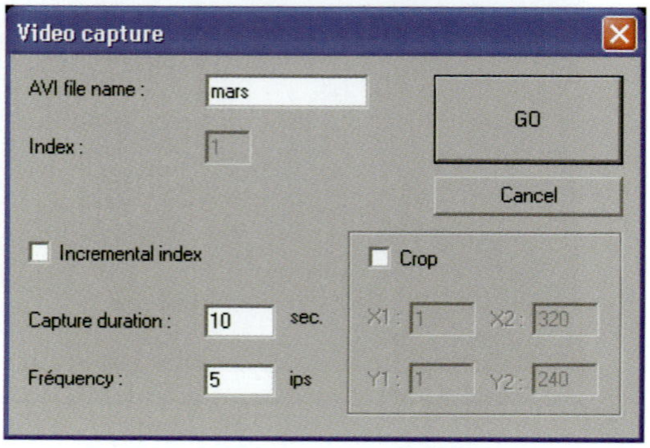

Möchten Sie nur einen Ausschnitt des Bildes verwenden, können Sie in Iris unter der Funktion *Crop* einen Ausschnitt definieren. Nur dieser wird dann im AVI abgespeichert. Starten Sie nun die Aufnahme.

7.9 Planeten-AVIs bearbeiten

Die gewonnenen Planetenaufnahmen können jetzt direkt mit Iris bearbeitet werden. Ebenso wie die spezialisierten Programme RegiStax oder Giotto bietet Iris eine automatische Auswahl der „besten“ Bilder an.

Konvertieren der AVIs in das Iris-Format

1 Stellen Sie unter *File/Settings* den Pfad zum Arbeitsverzeichnis und den Dateityp *PIC* ein. Im Arbeitsverzeichnis werden die Einzelbilder des aufgezeichneten AVIs abgelegt.

Es sollte also genügend freier Speicherplatz vorhanden sein und am besten wählen Sie ein neues Verzeichnis, das Sie am Ende der Bearbeitung mit einem Mausklick auch wieder löschen können.

2 Konvertieren Sie die aufgenommenen AVIs in das Iris-eigene PIC-Format. Wählen Sie hierzu *File/AVI conversion* aus dem Menü.

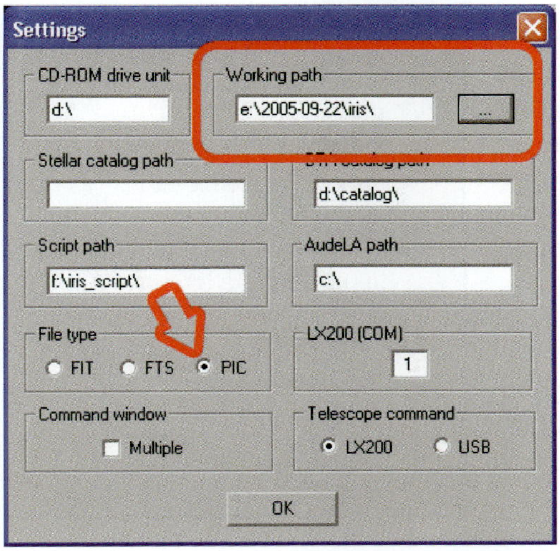

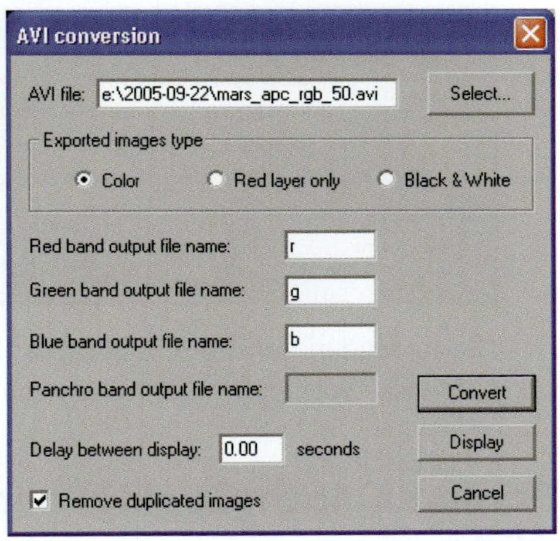

Im folgenden Dialog wählen Sie mit *Select* Ihre AVI-Datei aus. Bei Farbaufnahmen wählen Sie als *Exported images type* den Eintrag *Color* für Farbbilder an. Bei den *Red/Green/Blue band output file name* geben Sie einen generischen Dateinamen für die erzeugten Bilder an. Iris nummeriert dann die Bilder automatisch durch.

Wenn bei der Aufnahme nicht alle Einzelbilder aufgezeichnet werden können (Dropped Frames), dann erzeugen viele Codecs ein Duplikat des zuletzt gespeicherten Bildes. Diese Duplikate können Sie mit Iris durch Aktivierung von *Remove duplicated images* entfernen lassen. Starten Sie die Konvertierung mit einem Klick auf die Schaltfläche *Convert*.

Verfügen Sie über Schwarzweißaufnahmen, z. B. mit einem IR-Passfilter oder mit einem UV-Passfilter aufgenommene Videos, wählen Sie als *Exported images type* den Eintrag *Black & White*. Geben Sie unter *Panchro band output file name* einen generischen Dateinamen für die konvertierten Bilder an.

Alternativ können Sie statt dem Luminanzbild bei *Black & White* auch den Rotkanal mit *Red layer only* verwenden. Welche Einstellung die besseren Ergebnisse bringt, hängt von Ihrer Kamera und dem aufgenommenen Objekt ab. Probieren Sie es einfach aus!

Nach dem Start der Konvertierung mit einem Klick auf die Schaltfläche *Convert* erscheint zunächst ein Informationsfenster. Hier gibt Iris unter anderem den geschätzten Zeitaufwand (*The reading time is estimated to 4.2 second(s)*) an.

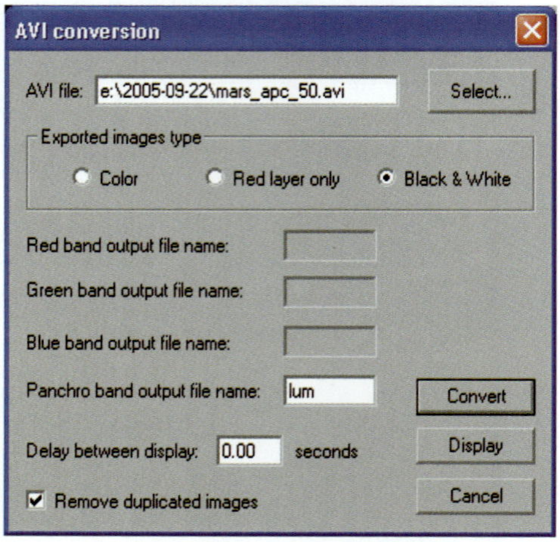

Ebenso wird der benötigte Festplattenspeicher (*If you store the images on the disk, the necessary disk space is 594 Kb*) abgeschätzt. Beachten Sie, dass Sie in der Bearbeitung ein Vielfaches der hier abgeschätzten Datenmenge als freien Festplattenspeicher im Arbeitsverzeichnis benötigen.

Sie können an dieser Stelle die Konvertierung mit einem Klick auf die Schaltfläche *No* abbrechen oder mit einem Klick auf die Schaltfläche *Yes* fortfahren.

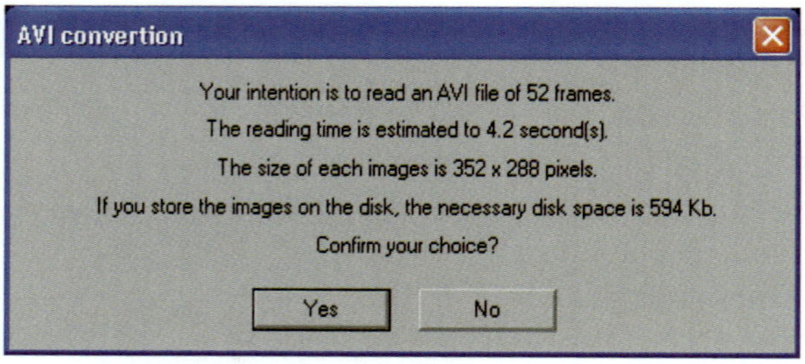

Die folgenden Schritte müssen Sie jetzt für alle Farbkanäle und den möglicherweise vorhandene Luminanzkanal getrennt durchführen.

Sortieren nach Qualität und Ausrichten eigener Bilder

Der Trick bei Webcam-Aufnahmen liegt darin, möglichst viele, möglichst gute Bilder zu stacken. Dadurch wird einerseits die eher schlechte Bildqualität der Webcams kompensiert (durch die hohe Zahl gestackter Bilder), andererseits werden Seeing-Effekte durch die Auswahl der besten Bilder aus einer großen Anzahl Rohbilder minimiert.

Nutzen Sie eine geschärfte Sequenz zur Beurteilung der Qualität

Sie können eine Sequenz geschärfter Bilder mit dem Kommando *unsharp2* erzeugen und diese zur Qualitätsbeurteilung verwenden. Diese Vorgehensweise hat vor allem bei Bildern mit starken Seeing-Effekten Vorteile. Beachten Sie dabei, dass Sie zur weiteren Verarbeitung aber wieder die Originalsequenz verwenden.

1 Sortieren Sie die Bilder in der Reihenfolge der geschätzten Qualität. Öffnen Sie dazu zunächst die Iris-Kommandozeile. Geben Sie das Kommando *bestof*

[Dateiname] [Anzahl] ein. Für *[Dateiname]* setzen Sie den bei der Konvertierung gewählten Ausgabedateinamen und für *[Anzahl]* die Anzahl zu bearbeitender Bilder ein. Diese Anzahl gibt Ihnen Iris nach der Konvertierung im Fenster *Output* an.

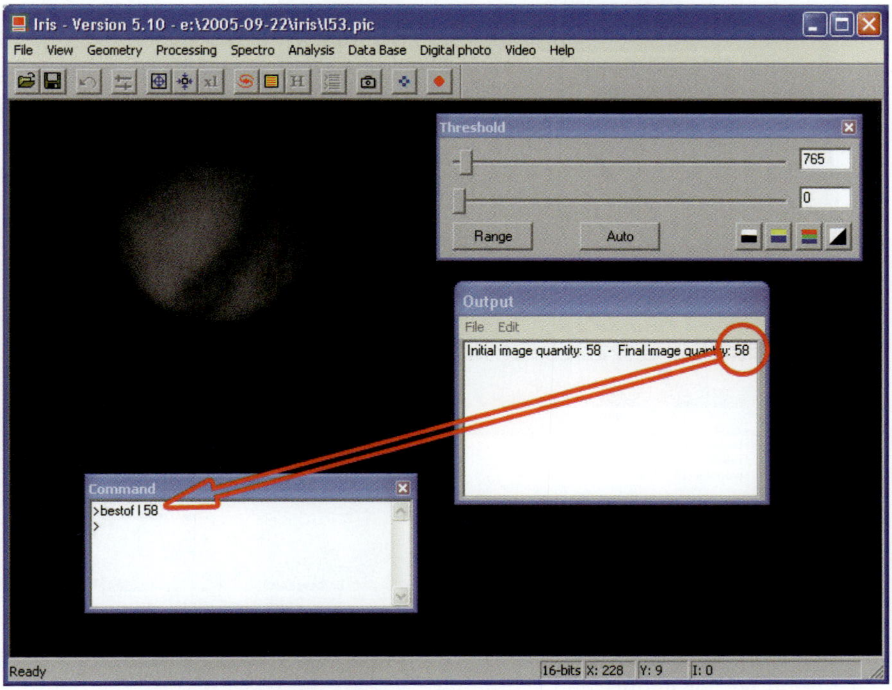

Iris erzeugt eine Datei *SELECT.LST* im Arbeitsverzeichnis, in der die Reihenfolge der Bilder, ausgewählt nach der geschätzten Bildqualität, enthalten ist.

Mit dem Kommando *select [Eingabedatei] [Ausgabedatei]* sortieren Sie die Bilder der Serie mit dem generischen Namen *[Eingabedatei]* in die neue Serie *[Ausgabedatei]* unter Verwendung der Datei *SELECT.LST*.

2 Jetzt können die konvertierten Bilder ausgerichtet werden. Iris bietet zur Ausrichtung von Planetenbildern das Kommando *pregister* an, das Sie auch über *Processing/Planetary registration(1)* aufrufen können.

Bei letzterem Aufruf können Sie die notwendigen Parameter in einem Dialogfenster eingeben.

Richten Sie nur die benötigten Bilder aus

Sie werden meist nur einen Teil der aufgenommenen Bilder zur Verarbeitung zum Summenbild nutzen. Richten Sie daher auch nur die benötigten Bilder aus. Üblicherweise werden zwischen 100 und 500 Bilder gestackt, abhängig von der Aufnahmequalität.

Bevor Sie das Kommando *pregister* aufrufen, müssen Sie mit der Maus ein Rechteck um das Planetenbild aufziehen.

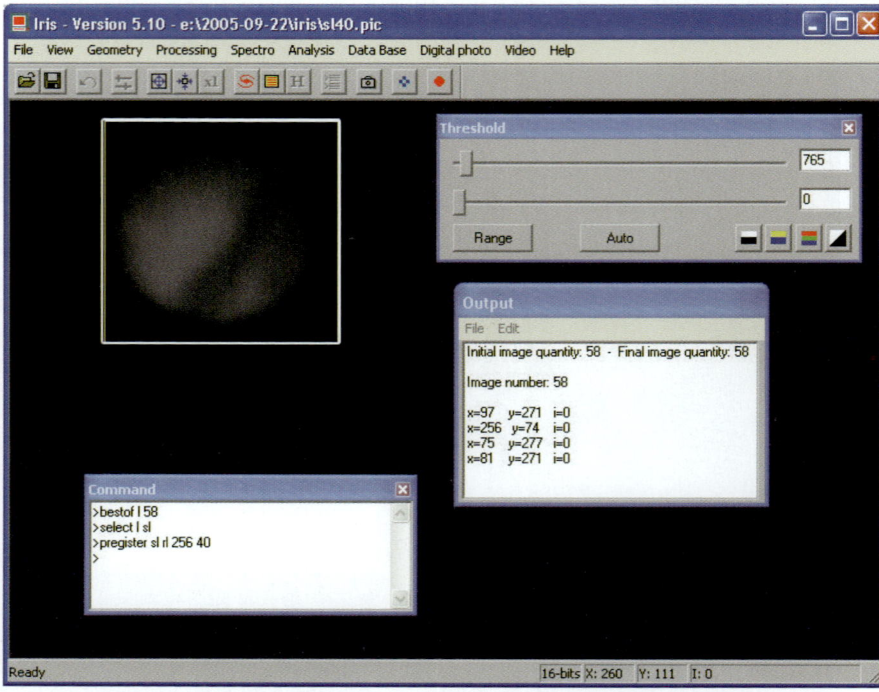

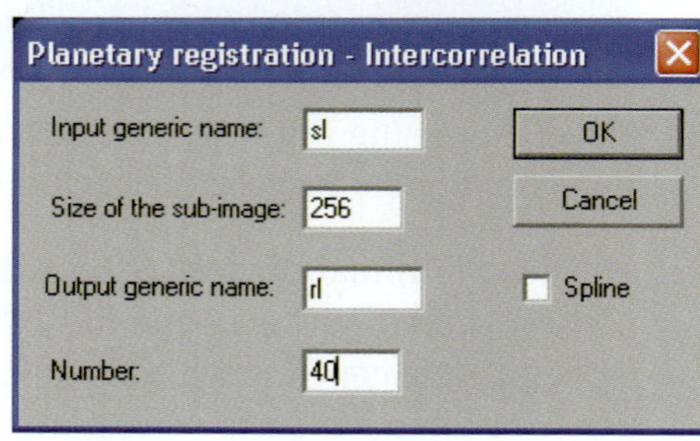

Der erste Parameter (*Input generic name*) ist der generische Name der Eingabedateien, also der Name, den Sie bei der Selektion als Name der Ausgabedateien festgelegt haben. Der zweite Parameter (*Output generic name*) ist der generische Name, unter dem die ausgerichteten Bilder gespeichert werden sollen. Als nächster Parameter (*Size of the sub-image*) müssen Sie die Größe des Bildausschnitts angeben, in dem die Korrelation zwischen den Bildern berechnet wird. Für diese Parameter sind nur die Werte 32, 64, 128, 256 und 512 zulässig. Als vierter und letzter Parameter (*Number*) wird die Anzahl Bilder in der Serie benötigt. Diese Information finden Sie im Ausgabefenster (*Output*), das nach der AVI-Konvertierung erscheint.

3 Addieren Sie die ausgewählten und ausgerichteten Bilder auf. Nutzen Sie dazu entweder die Addition mit dem Kommando *add2* (*Processing/Add a sequence*) oder die Mittelung mittels *median2* (*Processing/Median stack*). Verwenden Sie die Funktion *add2*, wenn die Summe bei keinem Pixel höher als der in Iris maximale Pixelwert von 32767 ist. Ansonsten sollten Sie die Bilder mit *Median stack* zusammensetzen. Wenn Sie die Funktion *add2* verwenden, werden Sie zunächst eine überstrahlte Planetenfläche sehen.

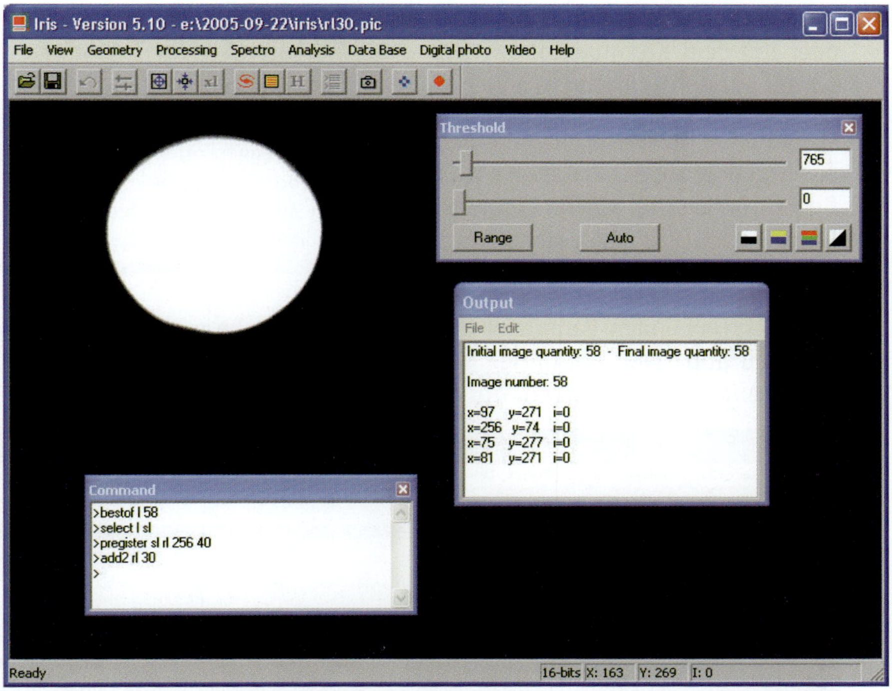

Passen Sie die Regler im Fenster *Threshold* an, sodass der Planet weder zu dunkel noch zu hell erscheint.

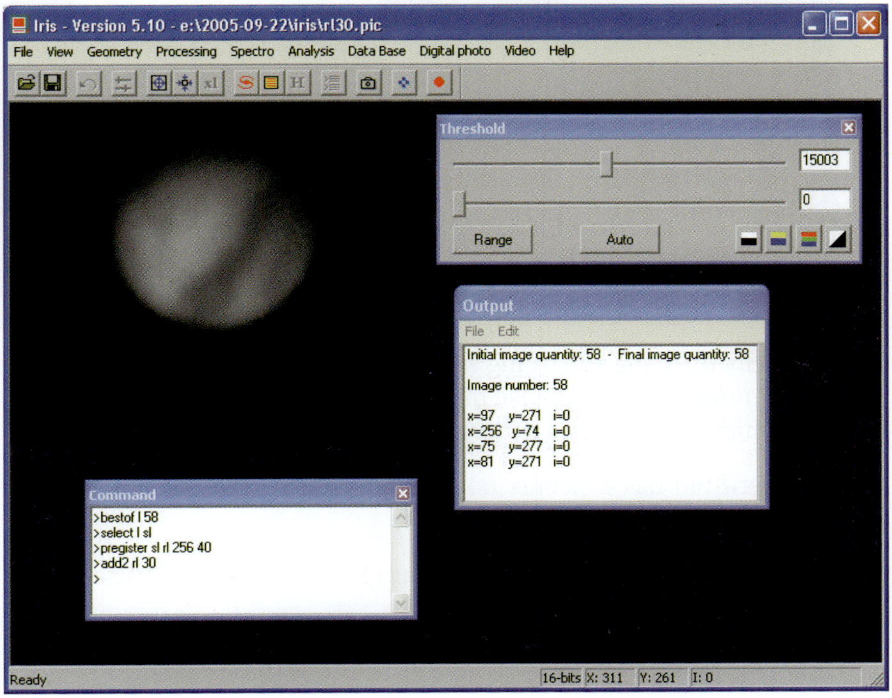

4 Speichern Sie das Ergebnis mit *File/Save* oder mit dem Kommando *save [Dateiname]* auf der Kommandozeile.

5 Wenden Sie die notwendigen Filter auf das Ergebnis an. Bei Planeten wird häufig die unscharfe Maske (*Processing/ Unsharp masking*) zur Schärfung der Ergebnisse eingesetzt.

Schlagen Sie der Turbulenz ein Schnippchen

Luftturbulenzen, das so genannte Seeing, erzeugen oft verzerrte Planetenscheibchen. Iris kann mit den Funktionen *distor* und *distor2* diese Verzerrungen der Planetenscheibe korrigieren.

Die entsprechenden Parameter der unscharfen Maske müssen Sie bei jedem Bild neu anpassen. Bei dieser Interaktiven Funktion hilft es, wenn Sie den Punkt *Auto verif.* aktivieren, um ein Vorschaubild zu sehen.

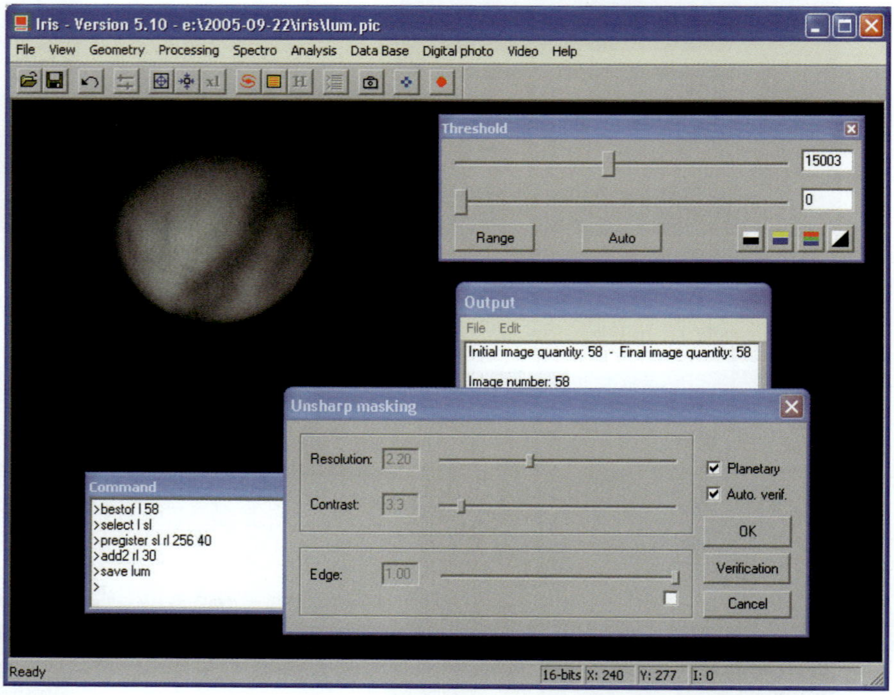

Übertreiben Sie die Schärfung nicht, zu stark geschärfte Bilder wirken sehr schnell unnatürlich. Wenn Sie mit der LRGB-Technik arbeiten, sollten Sie nur den Luminanzkanal schärfen und die RGB-Bilder ungeschärft belassen.

6 Speichern Sie das Ergebnis mit *File/Save* oder *save [Dateiname]* auf der Kommandozeile.

7 Widerholen Sie diesen Vorgang dementsprechend für alle Farbkanäle.

Setzen Sie aus einzelnen Farbkanälen ein (L)RGB-Planetenbild zusammen

Um ein Farbbild zu erstellen, müssen die einzelnen Farbkanäle als einzelne IRIS-Dateien bereitstehen. Im Folgenden wird die Erstellung eines Farbbildes im LRGB-Verfahren beschrieben. Wenn Sie keinen Luminanzkanal haben, können Sie ein Farbbild im RGB-Verfahren erstellen, indem Sie in den folgenden Beschreibungen den Luminanzkanal weglassen.

1 Benennen Sie die einzelnen Farbkanäle so um, dass sich eine fortlaufende Nummerierung ergibt. Verwenden Sie z. B. *c1.pic* für den Luminanzkanal, *c2.pic* für den Rotkanal, *c3.pic* für den Grünkanal und *c4.pic* für den Blaukanal. Sie können diese Aktion sehr einfach in der Iris-Kommandozeile vornehmen.

2 Richten Sie die Farbkanäle aufeinander aus. Sie haben in den vorherigen Schritten zwar die Bilder innerhalb der einzelnen Farbkanäle ausgerichtet, die Kanäle können aber gegeneinander immer noch verschoben sein.

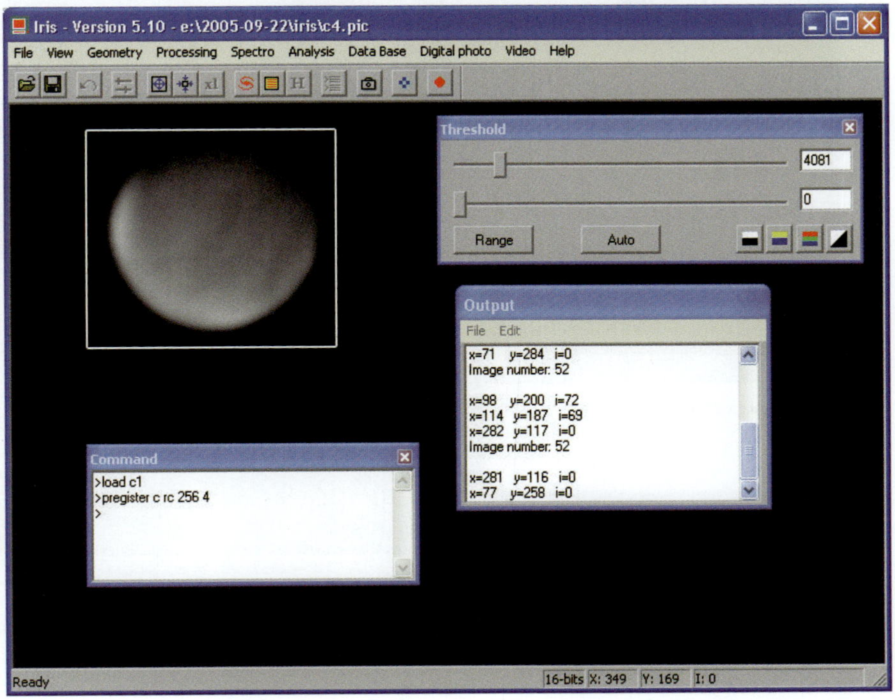

Laden Sie das erste Bild Ihrer Serie mit *load c1* in Iris und ziehen Sie mit der Maus ein Rechteck um den Planeten auf. Richten Sie dann die Einzelbilder mit dem Kommando *pregister c rc 256 4* aus. Die Größe des Korrelationsbereichs (hier *256*) müssen Sie natürlich an Ihre Bildgröße anpassen. Wenn Sie lediglich ein RGB-Bild erstellen, ist der letzte Parameter *3* statt *4*.

3 Setzen Sie die Farbkanäle zu einem Farbbild zusammen. Rufen Sie dazu im Menü *View/(L)RGB* auf und geben Sie dort die entsprechenden Dateinamen der ausgerichteten Serie ein. Bestätigen Sie Ihre Eingaben mit einem Klick auf die Schaltfläche *OK*.

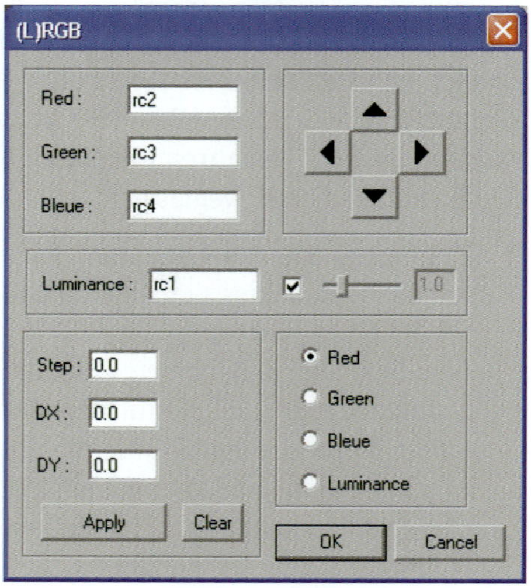

4 Passen Sie nun die Regler im Fenster *Threshold* so an, dass der Planet weder zu dunkel noch zu hell erscheint.

Wenn die Farben noch nicht ganz stimmen, können Sie mit *View/White balance* den Weißabgleich noch feintunen.

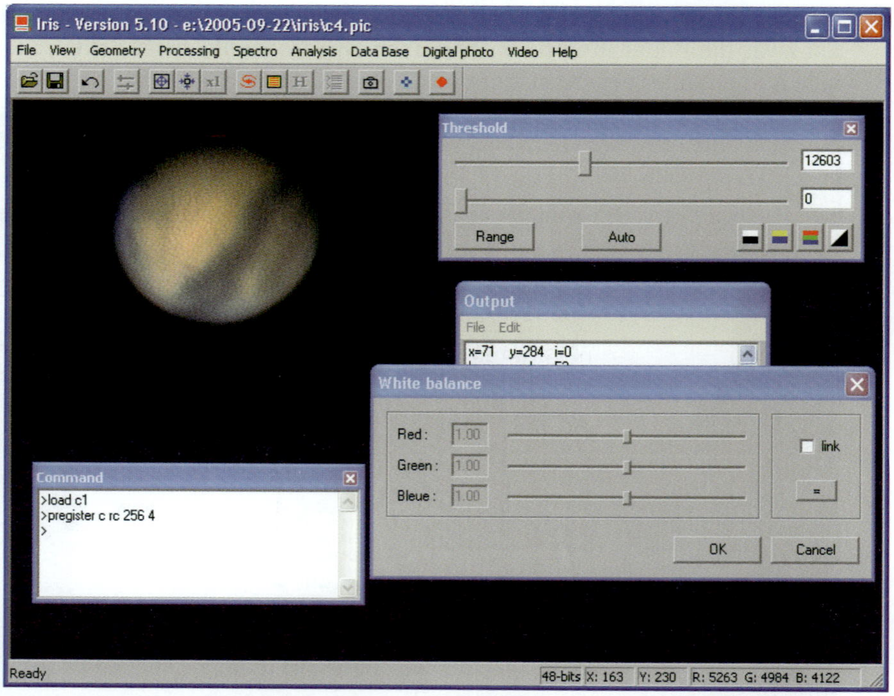

5 Speichern Sie das Ergebnis mit *File/Save* oder dem Kommando *save [Dateiname]*.

6 Wenden Sie die benötigten Filter an. Es bieten sich meist nochmals eine unscharfe Maske (*Processing/Unsharp masking*) zur Schärfung und der Adaptive-Filter (*Processing/Adaptive filter*) zur Rauschreduzierung an.

7 Das Ergebnis sollten Sie zunächst mit *File/Save* im Iris-eigenen Format PIC speichern. Anschließend können Sie das Ergebnis wieder mit *File/Save* im TIFF- oder BMP-Format oder besser mit dem Kommando *savepsd2 [Dateiname]* im Photoshop-Format exportieren.

7.10 Autoguiding mit der Webcam

Auch wenn mit einer unmodifizierten Webcam nur sehr helle Sterne als Leitsterne zum Autoguiding verwendet werden können, ist das Autoguiding mit der Webcam ein günstiger Einstieg ins Autoguiding. In diesem Fall sollten Sie aber unbedingt über ein verstellbares Leitrohr oder einen Exzenter verfügen, damit Sie auch immer einen ausreichend hellen Leitstern finden.

Manuelles Guiden mithilfe von Iris

Für den ersten Einstieg ins Guiding bietet Iris ein virtuelles Fadenkreuzokular an. Wählen Sie dazu *Video/Images aquisition*. Wählen Sie dort die Punkte *Continuous* und *Crosshair* an und starten Sie die Bildanzeige mit einem Klick auf die Schaltfläche *GO*.

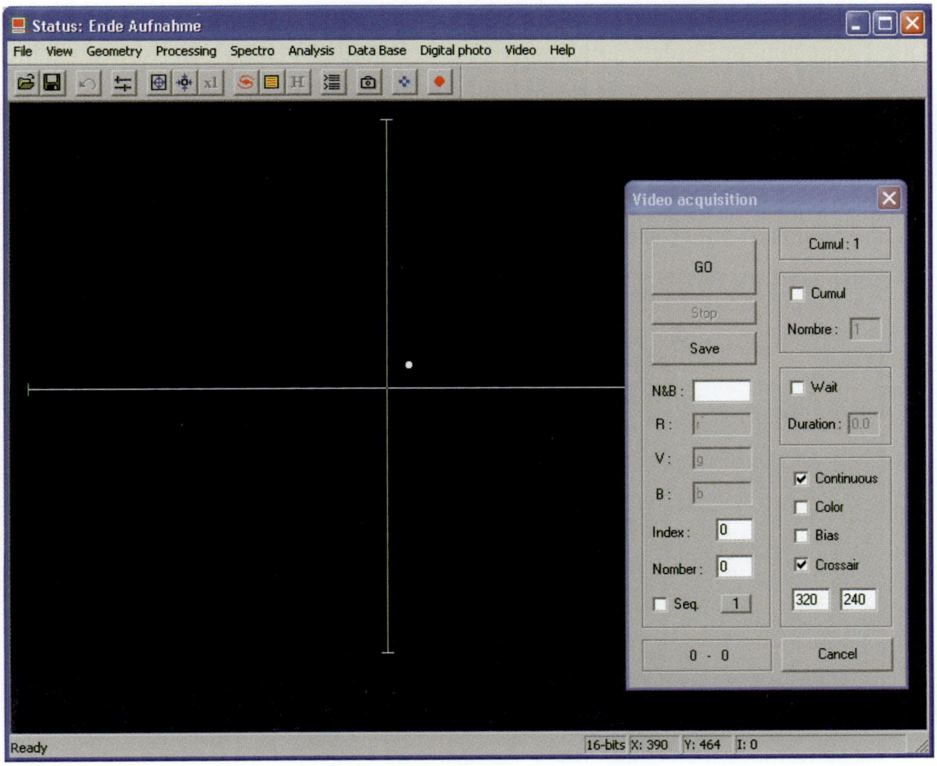

Iris zeigt Ihnen nun die aktuelle Aufnahme zusammen mit einem virtuellen Fadenkreuzokular an. Nutzen Sie die Handsteuerbox Ihrer Montierungssteuerung, um den Leitstern während einer laufenden Aufnahme in der Mitte des Fadenkreuzes zu halten. Wählen Sie dazu eine möglichst geringe Korrekturgeschwindigkeit, nicht schneller als einfache Sterngeschwindigkeit.

Um diesen Modus zu beenden, klicken Sie mit der Maus auf die Schaltfläche *Stop*.

Automatisieren Sie die Bearbeitung von Planetenbildern

Statt wie oben beschrieben die einzelnen Bearbeitungsschritte manuell auszuführen, erlaubt Iris auch eine Automatisierung der Planetenbearbeitung mit den Kommandos *compute_trichro1* und *compute_trichro2*. Diese Kommandos fassen die Kommandos *bestof, select, pregister* (*compute_tricho2: cregister*), *add_norm* und die Zusammenführung der RGB-Farbkanäle zu einem RGB-Bild zusammen. Allerdings lassen sich mit diesen beiden Funktionen keine LRGB-Bilder erstellen.

Autoguiding

Die doch recht monotone Aufgabe, die Position eines Leitsterns zu überwachen und notwendige Korrekturen an der Teleskopposition vorzunehmen, kann Ihnen der Rechner sehr gut abnehmen.

Durch eine genaue Berechnung des Sternschwerpunkts ist Ihnen die Software dabei nicht nur behilflich, sondern sogar haushoch überlegen.

1 Aktivieren Sie die Vorschau mit *Video/Preview* und richten Sie die Kamera so aus, dass die horizontale Achse einer Bewegung in Rektaszension und die vertikale Achse einer Bewegung in Deklination entspricht. Fokussieren Sie die Webcam auf einen ausreichend hellen Stern.

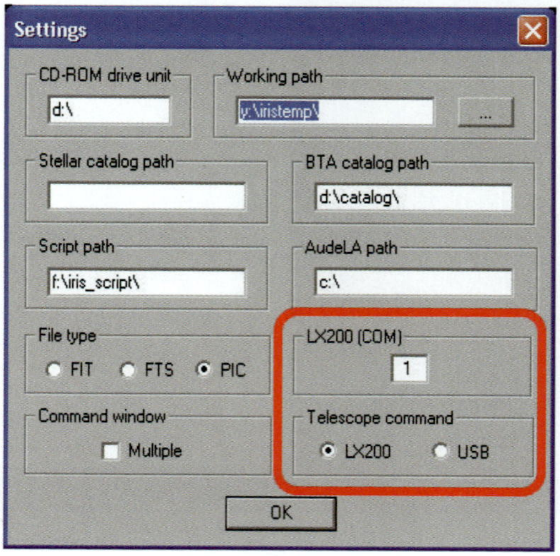

2 Beenden Sie die Vorschau durch eine erneute Auswahl von *Video/Preview*.

3 Verbinden Sie Ihren PC und die Montierungssteuerung mit einem seriellen Kabel. Stellen Sie unter *File/Settings* die COM-Schnittstelle und das LX200-Protokoll ein.

4 Rufen Sie *Video/Autoguiding* auf.

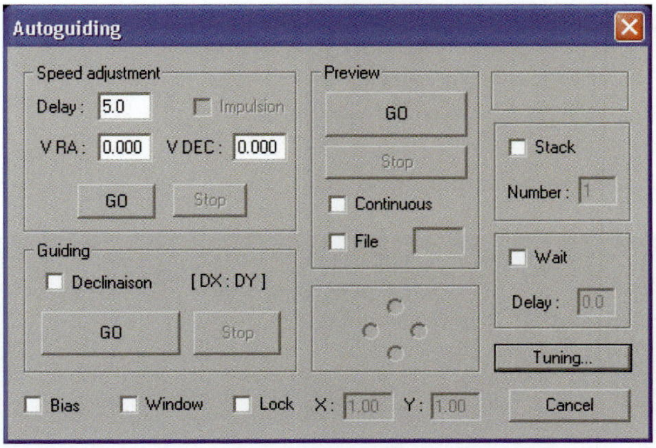

5 Zunächst müssen Sie den Autoguider „trainieren“, d. h., Iris muss die Bewegungsgeschwindigkeit Ihrer Montierung kennen lernen. Hierzu zentrieren Sie den Leitstern im Vorschaubild und klicken im Bereich *Speed adjustment* auf *GO*.

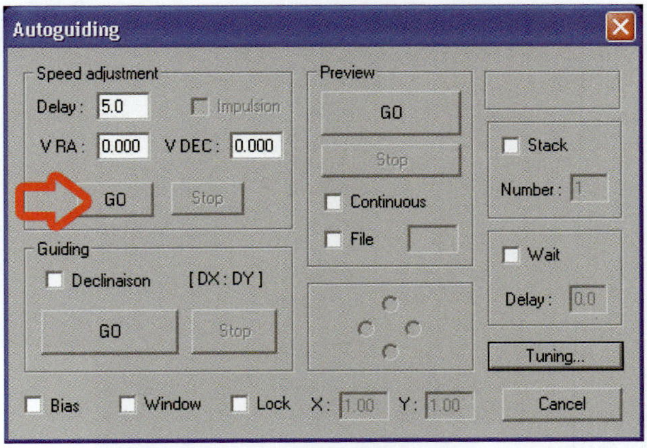

Iris verfährt jetzt Ihre Montierung in Rektaszension und Deklination und ermittelt daraus die Parameter für die Bewegungsgeschwindigkeit *V RA* und *V DEC*.

6 Wählen Sie *Declinaison*, um auch Korrekturen in Deklination zuzulassen. Starten Sie das Guiding mit einem Klick auf die Schaltfläche *GO* im Bereich *Guiding*.

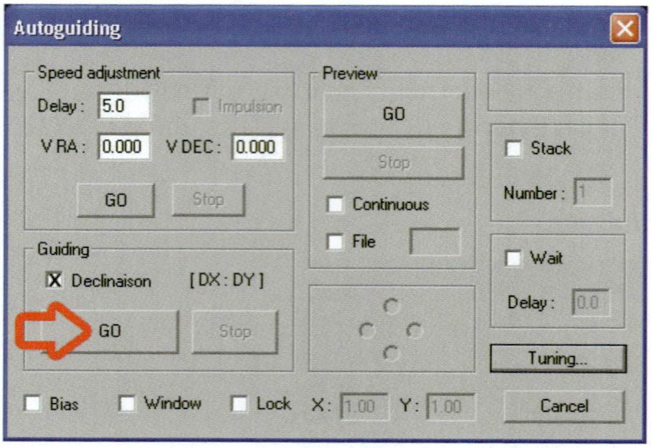

Dank professioneller Bildbearbeitung erkennt man sogar feinste Strukturen.

8. Astrofotos mit Photoshop Elements optimieren

Spezialisierte astronomische Bildbearbeitungsprogramme haben ihre Stärken meist in der direkten Bearbeitung der Rohdaten und in spezialisierten Algorithmen zur astronomischen Bildbearbeitung.
Die letzte Optimierung und die Beschriftung der gewonnenen Aufnahmen ist aber meist schneller und besser in einem allgemeinen Bildbearbeitungsprogramm durchführbar. Ein günstiger Einstieg in diese Bildbearbeitungsprogramme sind das kostenfreie Gimp oder das hier vorgestellte Photoshop Elements 3.

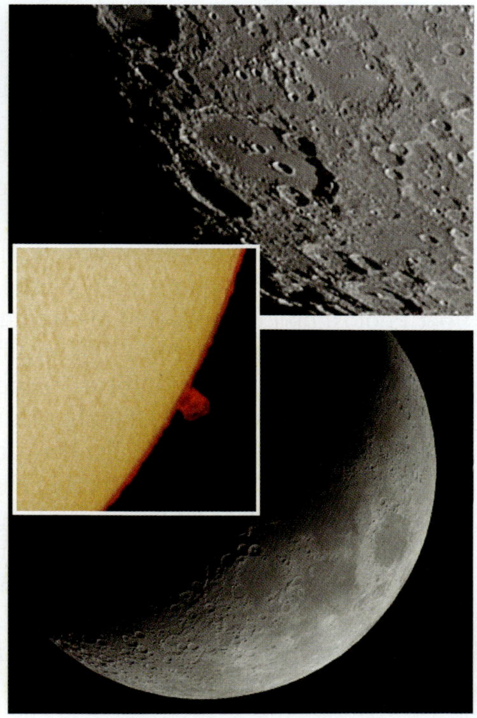

8.1 Photoshop-Versionen – CS vs. Elements

Das professionelle Bildbearbeitungsprogramm Photoshop von Adobe ist in zahlreichen Versionen am Markt zu finden. Die High-End-Version ist dabei momentan Photoshop CS/CS2, für den Massenmarkt hat Adobe Photoshop Elements 3 im Angebot. Während sich Photoshop CS an professionelle Bildbearbeiter wendet, ist Photoshop Elements auf den anspruchsvollen Digitalfotografen ausgerichtet. Unter dieser Ausrichtung leidet leider auch die Anwendbarkeit von Photoshop Elements für die Bearbeitung von Astroaufnahmen.

Photoshop CS für lau?

Dieses Angebot werden Sie wohl nicht bekommen. Aber es gibt eine kostenfreie Alternative zu Photoshop CS: Gimp. Das **G**nu **I**mage **M**anipulation **P**rogram Gimp erhalten Sie für Windows und Linux kostenfrei unter www.gimp.org. Auch wenn Gimp nicht den vollständigen Umfang von Photoshop CS bietet und über eine recht eigenwillige Bedienphilosophie verfügt, ist es eine sehr leistungsfähige Alternative.

Wichtige Vorteile von Photoshop CS gegenüber Photoshop Elements sind die weit gehende Unterstützung von 16-Bit-Bildern und die in Photoshop Elements unbegreiflicherweise nicht vorhandenen Gradationskurven. Ebenso wichtig für die Bearbeitung astronomischer Aufnahmen sind die in Photoshop Elements nicht vorhandenen Funktionen zur Bearbeitung einzelner Farbkanäle und die fehlenden Auswahlfunktionen.

Photoshop Elements 4

Während der Arbeit zu diesem Buch wurde von Adobe die Version 4 von Photoshop Elements angekündigt. Wie ersten Beschreibungen zu entnehmen war, wird PSE4 für die Bearbeitung von astronomischen Bildern keine Verbesserung gegenüber PSE3 bringen.

Dennoch kann auch Photoshop Elements erfolgreich zur Bearbeitung von Astroaufnahmen eingesetzt werden.

8.2 Einlesen von RAW-Dateien

Adobe **P**hoto**s**hop **E**lements **3** (PSE3) kann die Rohbilder vieler verbreiteter Digitalkameras direkt einlesen. Hierzu verwendet Adobe einen eigenen RAW-Konverter, basierend auf dem auch in anderen Programmen eingesetzten dcraw. Kamerarohdaten (RAW-Dateien) lesen Sie in PSE3 wie alle anderen unterstützten Dateitypen mit dem Befehl *Datei/Öffnen* ein. Wenn Sie hier eine Datei mit einem PSE3 bekannten Rohdatenformat auswählen, erscheint der Dialog zum Einlesen von Kamerarohdaten.

In diesem Dialog können Sie den Weißabgleich (mit den Optionen *Weißbalance*, *Temperatur* und *Farben*), Belichtungsparameter etc. einstellen. Achten Sie darauf, dass Sie das Rohdatenbild mit *16Bit/Kanal* (unter *Farbtiefe*) einlesen. Sie können das Bild in PSE3 dann immer noch auf *8Bit/Kanal* reduzieren. Bis dahin sollten Sie sich aber den maximal möglichen Bearbeitungsspielraum erhalten.

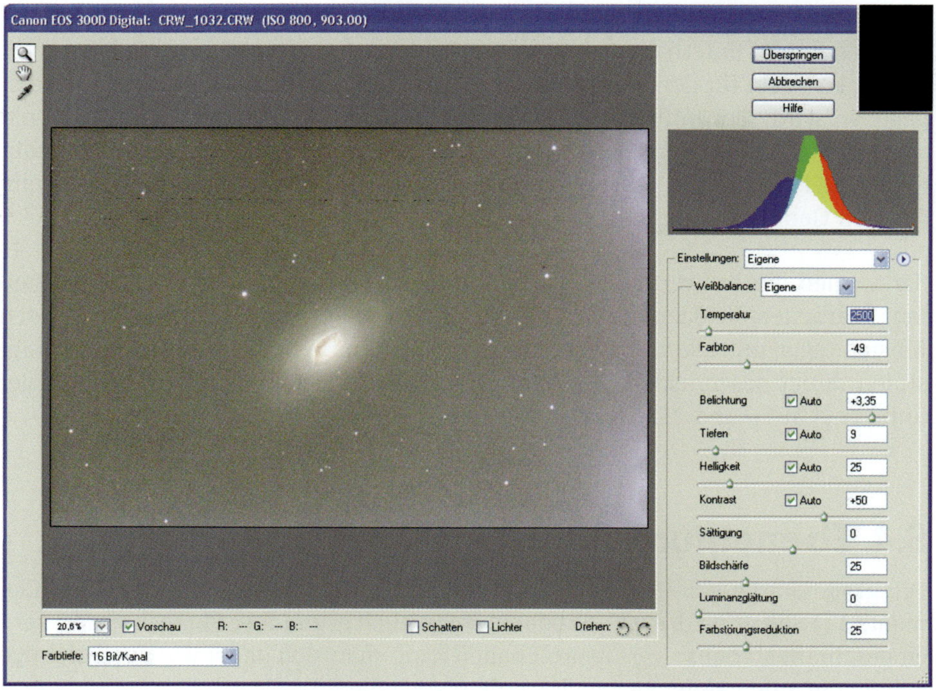

8.3 Die Tonwertkorrektur

Da PSE3 über keine Funktion zur Anpassung der Gradationskurven verfügt, müssen Sie sich mit der Tonwertkorrektur behelfen. Diese erreichen Sie im Menü unter *Überarbeiten/Belichtung anpassen/Tonwertkorrektur.*

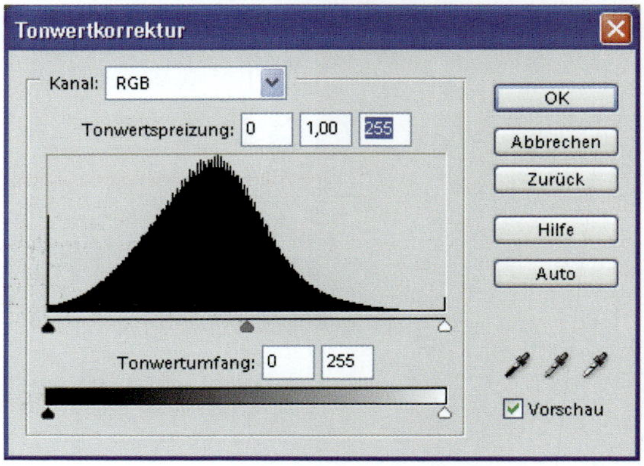

Im mittleren Bereich des Fensters wird Ihnen das Histogramm für den unter *Kanal* gewählten Farbkanal gezeigt. Bei der Auswahl *RGB* wird dabei das Histogramm der Luminanz angezeigt. Unterhalb des Histogramms befinden sich drei Regler, ein schwarzes, ein graues und ein weißes Rechteck. Die über dem Histogramm bei *Tonwertspreizung* befindlichen Felder enthalten die Position der drei Regler in numerischen Werten. Das schwarze Dreieck beschreibt dabei den Schwarzpunkt, also den Punkt, unterhalb dessen alles als schwarz wiedergegeben wird. Das weiße Dreieck steht für den Weißpunkt, also den Punkt, ab dem alles als weiß wiedergegeben wird. Der mittlere Regler, das graue Dreieck, steht für den Graupunkt und damit für die Gamma-Korrektur des Kanals. Wenn Sie beim Ziehen eines der Regler gleichzeitig die Taste [Alt] drücken, werden die von diesem Regler beeinflussten Gebiete in der Vorschau angezeigt.

Sie können die Tonwertkorrektur auch nutzen, um den Weißabgleich einzustellen. Bearbeiten Sie dazu die Farbkanäle einzeln in der Tonwertkorrektur. Mit den Einstellungen unter *Tonwertumfang* können Sie den Umfang der angezeigten Graustufen direkt beschneiden, bei astronomischen Aufnahmen sollten diese Regler unbedingt auf *0* und *255* stehen.

8.4 Ebenenfunktionen – Bilder überlagern

Die große Stärke von Photoshop sind die Ebenenfunktionen. In **P**hoto**s**hop **E**lements **3** (PSE3) sind diese Funktionen, wenn auch gegenüber Photoshop CS2 sehr eingeschränkt, ebenso verfügbar. Ebenen kann man sich dabei wie durchsichtige Folien, die aufeinander gestapelt werden, vorstellen.

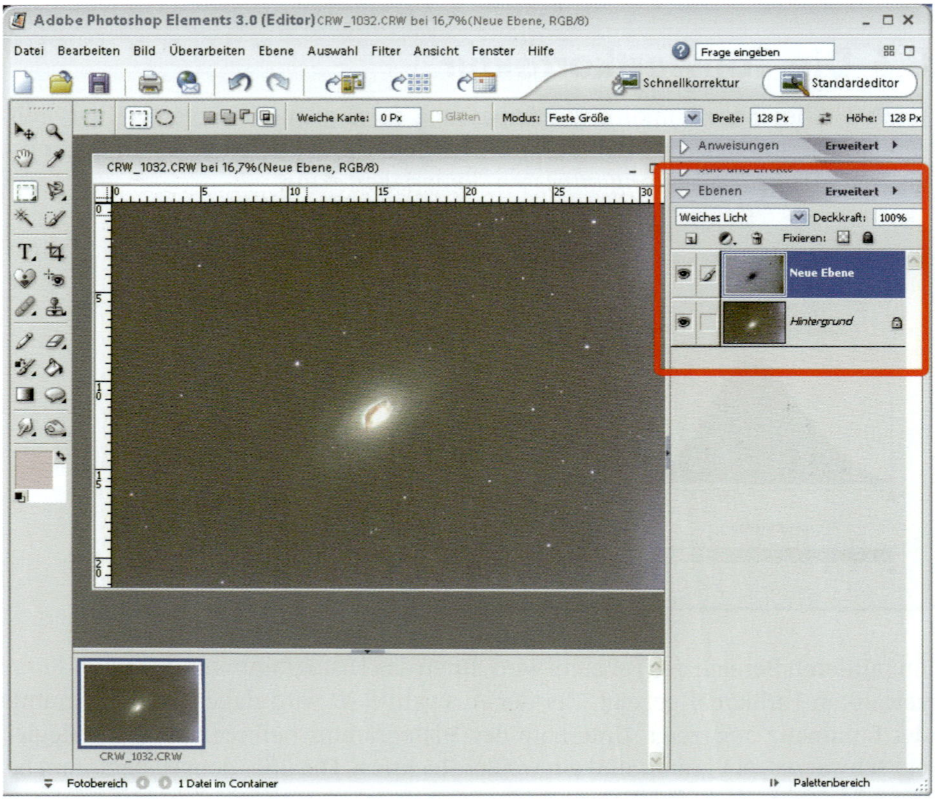

Photoshop stellt die Ebenen eines Bildes in der *Ebenen*-Palette (*Fenster/Ebenen*) dar. Die Ebenen werden dabei von unten nach oben übereinander gelegt. Bei dieser Überlagerung werden die eingestellte Füllmethode und die Deckkraft berücksichtigt.

Photoshop Elements 3 unterstützt leider nur 8 Bit/Kanal, wenn Sie die Ebenenfunktionen verwenden wollen. Haben Sie vorher Digitalkamerarohbilder mit Photoshop Elements 3 eingelesen, müssen Sie diese mit *Bild/Modus/In 8 Bit-Kanal konvertieren* in 8 Bit/Kanal umwandeln, bevor Sie die Ebenenfunktionen nutzen können.

Diese Einschränkung verlangt eine gute Aufbereitung der Rohbilder, bevor diese in 8 Bit/Kanal umgewandelt werden, um möglichst wenig Information zu verlieren.

1 Wählen Sie das einzukopierende Bild mit Strg+A aus und kopieren Sie dies mit Strg+C in die Zwischenablage.

2 Wählen Sie das Zielbild und fügen Sie das einzukopierende Bild mit Strg+V aus der Zwischenablage als neue Ebene ein.

3 Wählen Sie als Füllmethode *Normal* und als Deckkraft *50 %*.

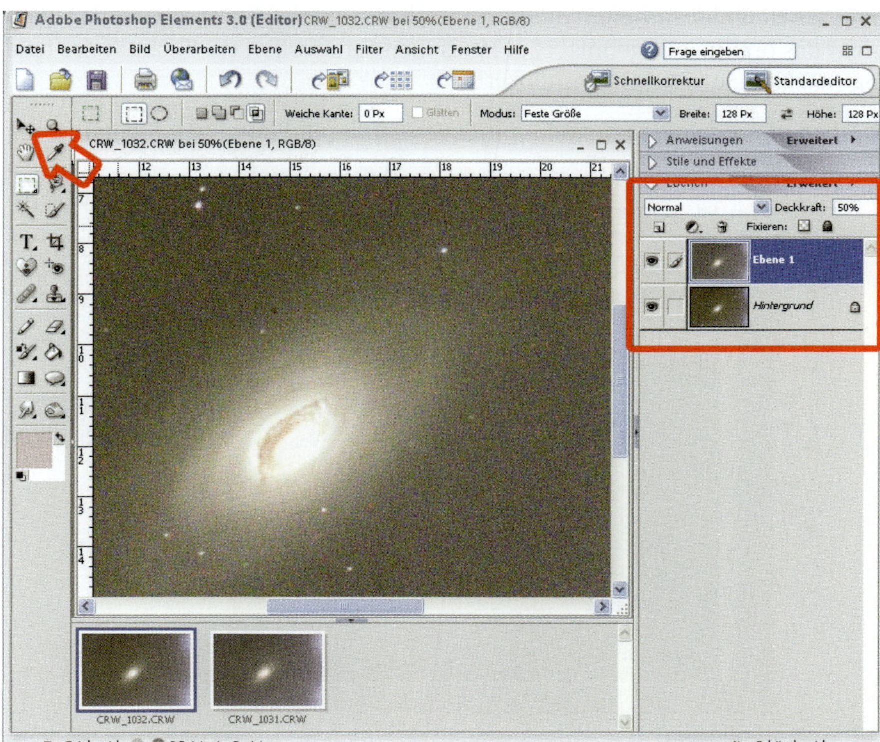

4 Wählen Sie das Verschiebewerkzeug und verschieben Sie die eingefügte Ebene so, dass diese deckungsgleich über der Grundebene liegt. Nutzen Sie hierbei eine hoch vergrößerte Ansicht und richten Sie die Bilder am besten anhand eines Sterns aus.

5 Fügen Sie die Ebenen mit *Ebene/Sichtbare auf eine Ebene reduzieren* oder mit [Umschalt]+[Strg]+[E] zusammen. Jetzt können Sie mit dem nächsten zu überlagernden Bild fortfahren. Alternativ können Sie auch mehrere Bilder in Ebenen übereinander legen, die Deckkraft müssen Sie dann mit *50%*, *33%* ... abstufen.

8.5 Planetenbilder optimieren

Für Planetenaufnahmen werden heute meist Videos mit Webcams am Teleskop aufgezeichnet. Diese Videos werden anschließend in RegiStax oder Giotto bearbeitet, sodass ein Einzelbild als Ergebnis herauskommt. Diese so erzeugten Bilder überzeugen meist noch nicht 100-prozentig, eine Nachbearbeitung in einem Bildbearbeitungsprogramm wie Photoshop Elements ist meist notwendig.

Schärfen mit echter unscharfer Maske

Bei Planetenbildern liefert die in Photoshop eingebaute unscharfe Maske meist nicht das optimale Ergebnis. Hier ist es meist sinnvoller, die Technik der unscharfen Maske manuell durchzuführen.

1 Laden Sie das Planetenbild mit *Datei/Öffnen* in Photoshop Elements ein.

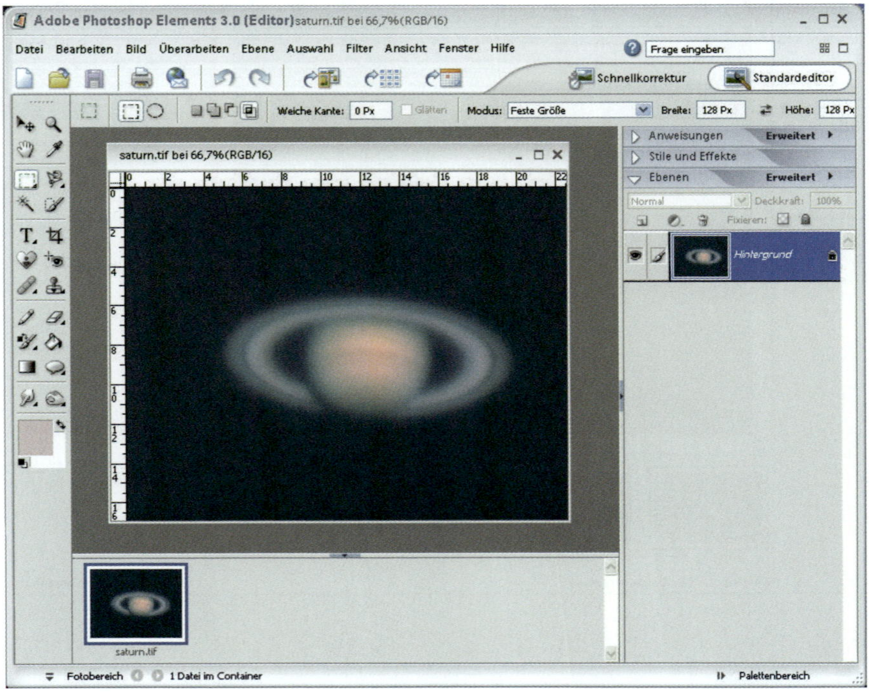

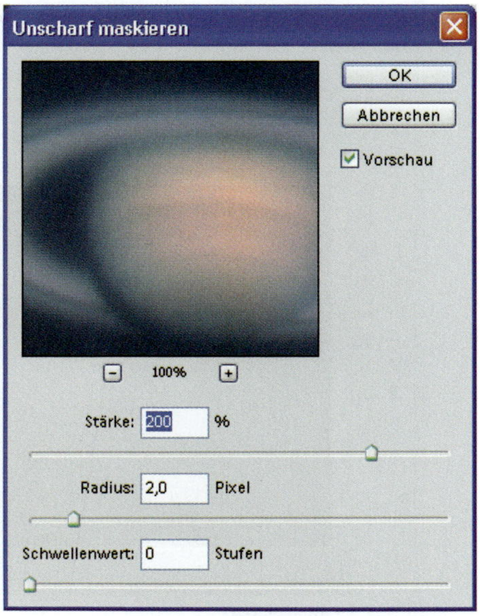

2 Wenden Sie eine leichte unscharfe Maske (*Filter/Scharfzeichnungsfilter/Unscharfe Maske*) auf das Bild an.

Übertreiben Sie die Schärfung keinesfalls. Ist das Rohbild schon ausreichend scharf, überspringen Sie diesen Schritt.

3 Markieren Sie das Bild mit *Auswahl/Alles auswählen* (Strg+A) und kopieren Sie das Bild mit *Bearbeiten/Kopieren* (Strg+C) in die Zwischenablage.

4 Invertieren Sie das Originalbild mit *Filter/Anpassungsfilter/Umkehren* (Strg +I).

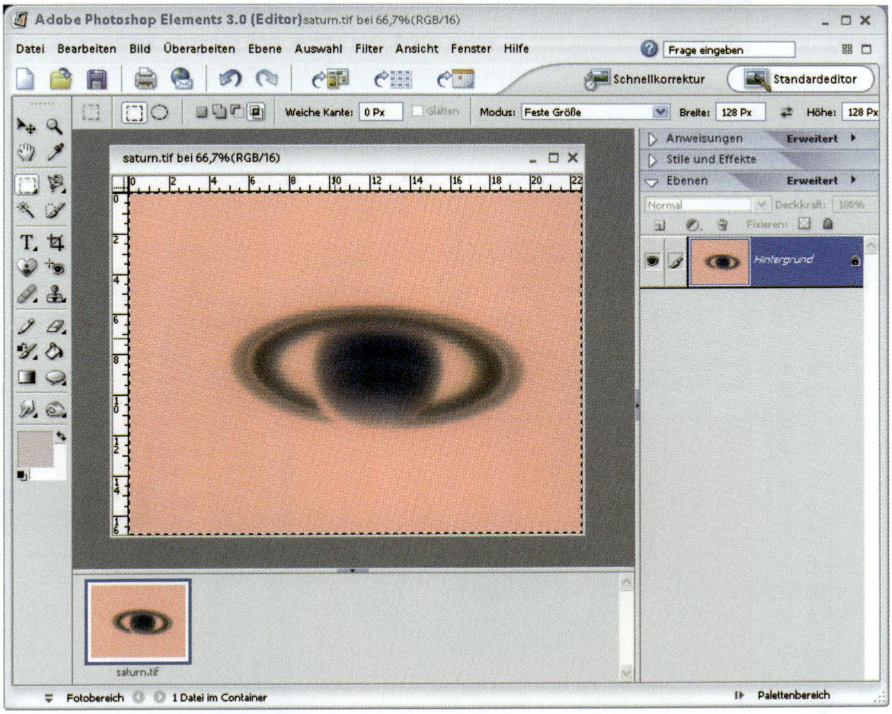

5 Fügen Sie das vorher kopierte Originalbild mit *Bearbeiten/Einfügen* (Strg+V) als neue Ebene ein. Wandeln Sie die Ebene mit *Überarbeiten/Farbe anpassen/Farbe entfernen* (Umschalt+Strg+U) in ein Graustufenbild um.

Wenden Sie einen Gauß'schen Weichzeichner unter *Filter/Weichzeichnungsfilter/Gaußscher Weichzeichner* so an, dass die feinen Details nicht mehr erkennbar sind, die groben Strukturen aber erhalten bleiben.

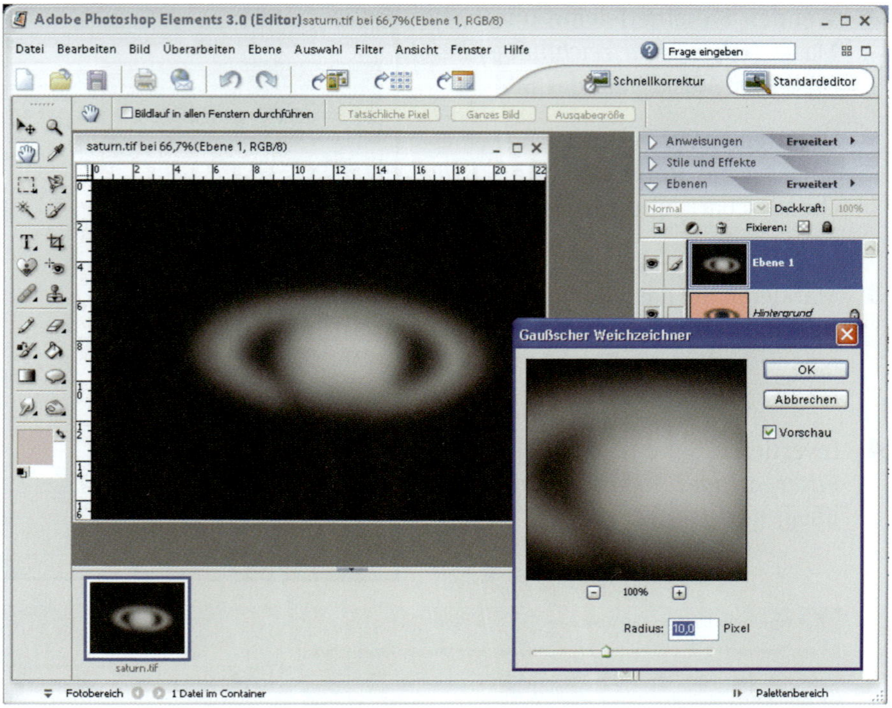

6 Stellen Sie die Füllmethode auf *Ineinanderkopieren* und reduzieren Sie das Bild mit *Ebene/Sichtbare auf eine Ebene reduzieren* (Umschalt+Strg+E) auf eine Ebene.

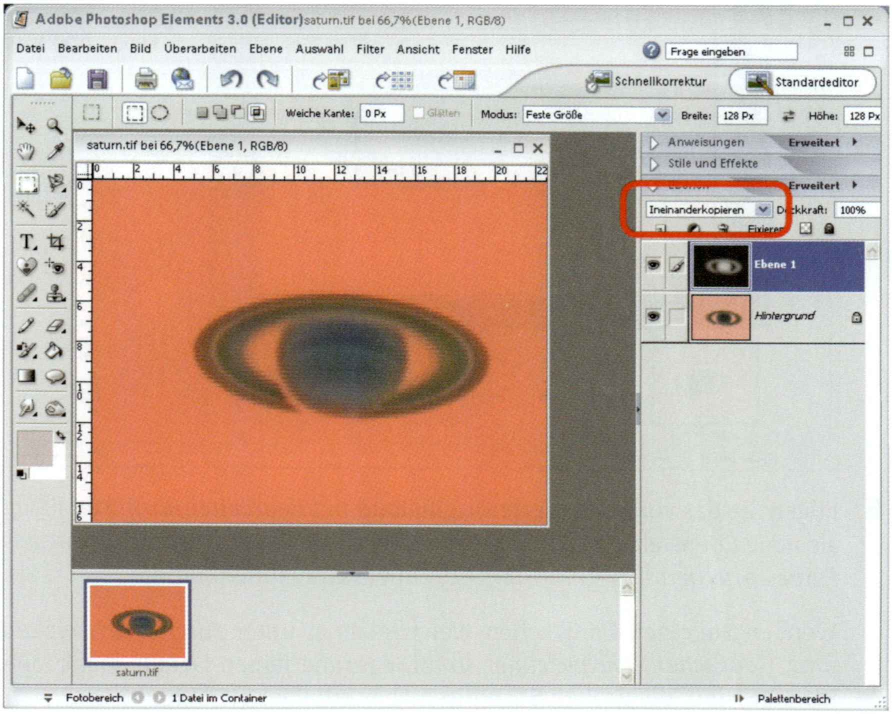

7 Invertieren Sie das Bild mit *Filter/Anpassungsfilter/Umkehren* ([Strg]+[I]).

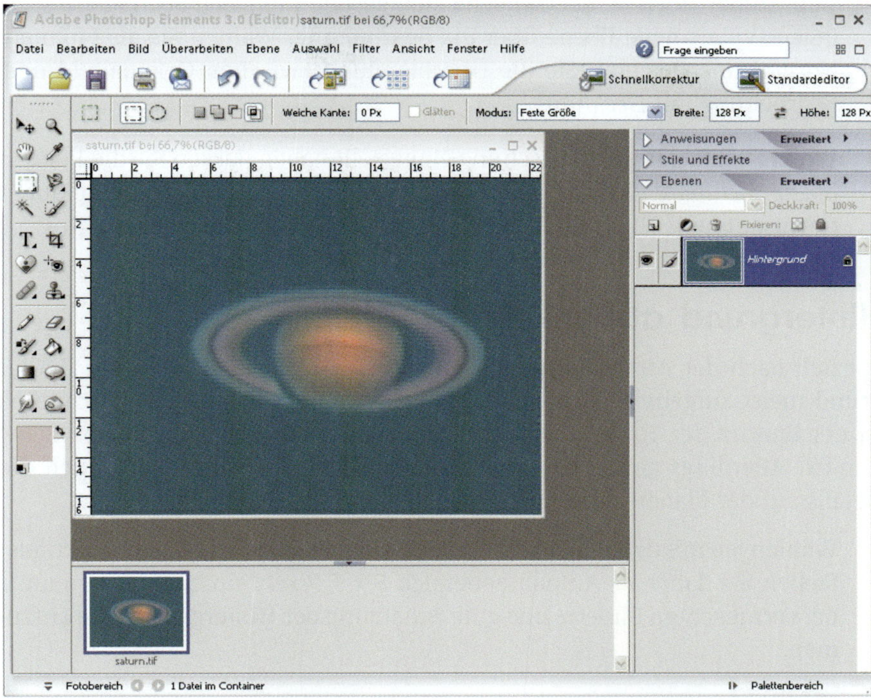

8 Meist fällt die bisherige Bearbeitung zu stark aus. Der Planet kann überschärft erscheinen oder die Farben passen nicht mehr.

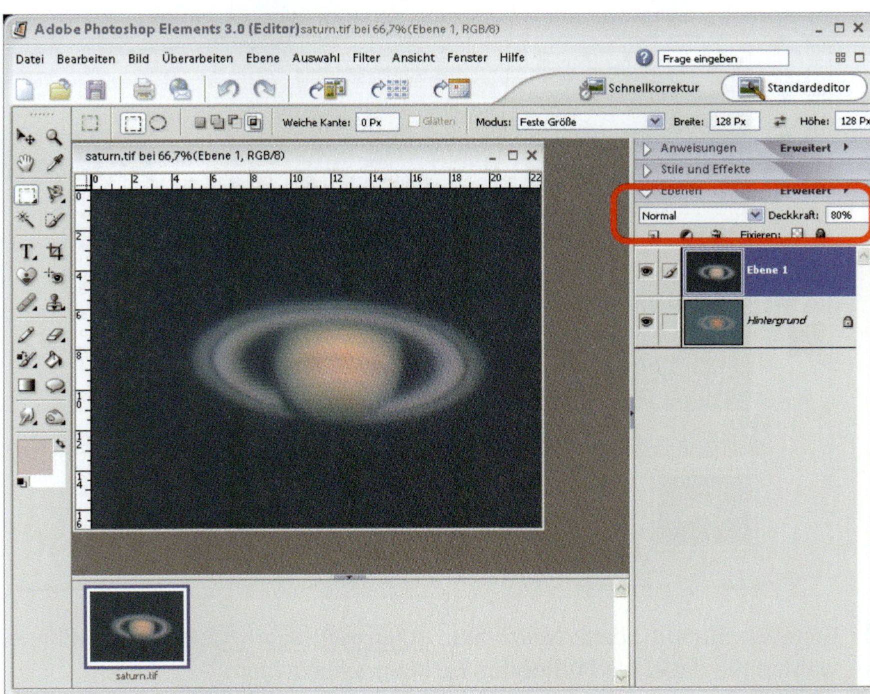

Um die bisherige Bearbeitung zu dosieren, kopieren Sie das Originalbild, das sich immer noch in der Zwischenablage befindet, mit *Bearbeiten/Einfügen* (Strg+V) als neue Ebene über die Bearbeitung. Wählen Sie als Füllmethode *Normal* und dosieren Sie die Überblendung zwischen Originalbild und der Bearbeitung mit *Deckkraft*.

Wenn Sie die passende Mischung eingestellt haben, fassen Sie die Ebenen mit *Ebene/Sichtbare auf eine Ebene reduzieren* (Umschalt+Strg+E) zu einer Ebene zusammen.

Hintergrund abdunkeln

Speziell nach der Anwendung einer unscharfen Maske erscheint der Bildhintergrund meist aufgehellt. Eine einfache Methode, den Hintergrund abzudunkeln, ist der Einsatz der Tonwertkorrektur und das Setzen eines geeigneten Schwarzpunkts. Allerdings gehen bei einer solchen Bildbearbeitung meist auch dunkle Details auf der Planetenoberfläche verloren. Es geht aber auch besser:

1 Wählen Sie mit dem Pipettenwerkzeug den Farbbereich des Hintergrunds aus. Stellen Sie dabei als Aufnahmebereich *5 x 5 Pixel Durchschnitt* ein, um auch bei verrauschten Bildern eine gute Schätzung der Hintergrundfarbe aufzunehmen.

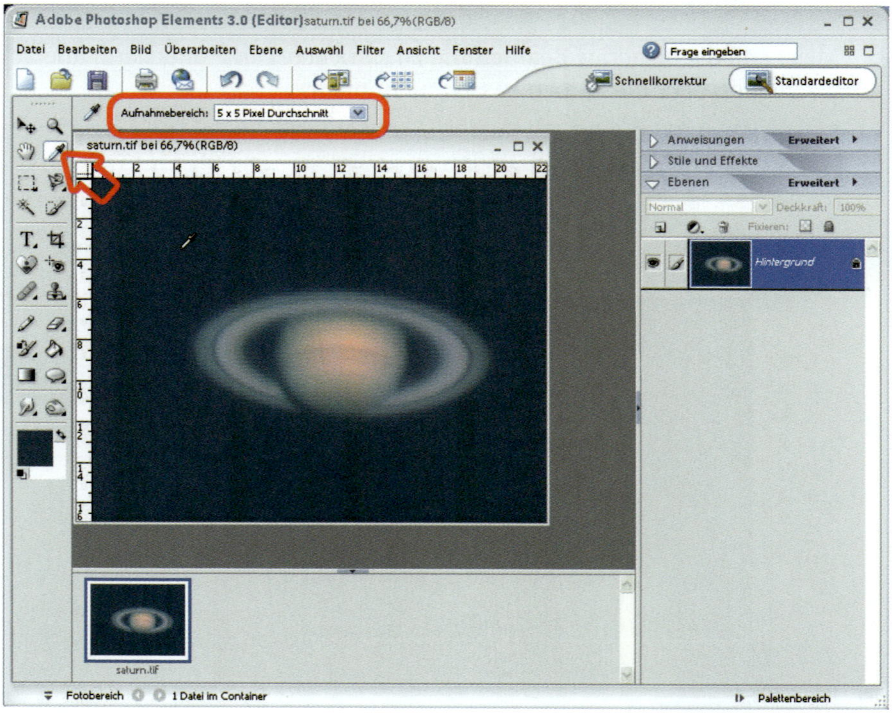

2 Erstellen Sie mit *Ebene/Neu/Ebene* (Umschalt+Strg+N) eine neue Ebene und wählen Sie dabei als Füllmodus *Farbig nachbelichten*.

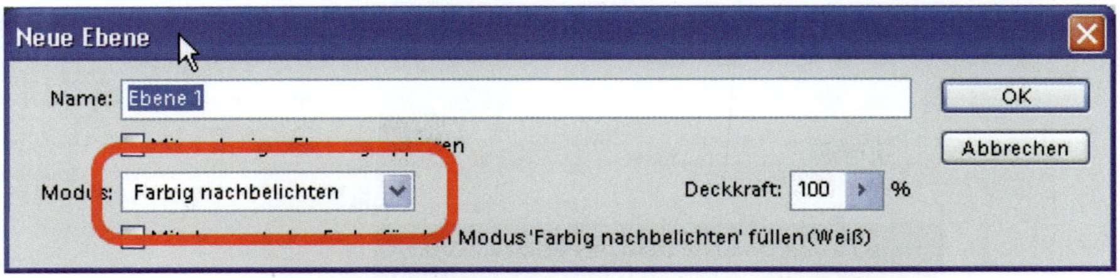

3 Füllen Sie die neue Methode mit dem Füllwerkzeug (Strg+G) mit der vorher ausgewählten Hintergrundfarbe.

Invertieren Sie die gefüllte Ebene mit *Filter/Anpassungsfilter/Umkehren* (Strg+I).

Reduzieren Sie die Ebenen mittels *Ebene/Sichtbare auf eine Ebene reduzieren* (Umschalt+Strg+E) auf eine einzige Ebene.

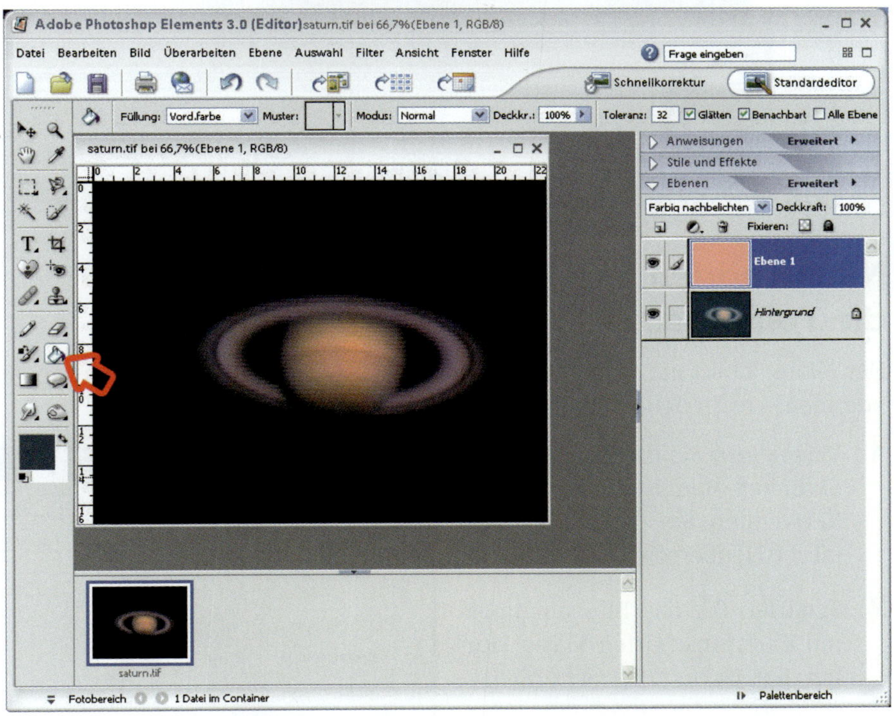

Passen Sie die Farbe mit den Funktionen unter *Überarbeiten/Farbe anpassen* an die gewünschten Farben an. Sie können auch die Automatik unter *Überarbeiten/Auto-Farbkorrektur* (Umschalt+Strg+B) ausprobieren, je nach Bild kann diese durchaus gute Ergebnisse liefern. Wenn Sie einen Fehler gemacht haben, können Sie diesen mit *Bearbeiten/Rückgängig* (Strg+Z) jederzeit wieder rückgängig machen.

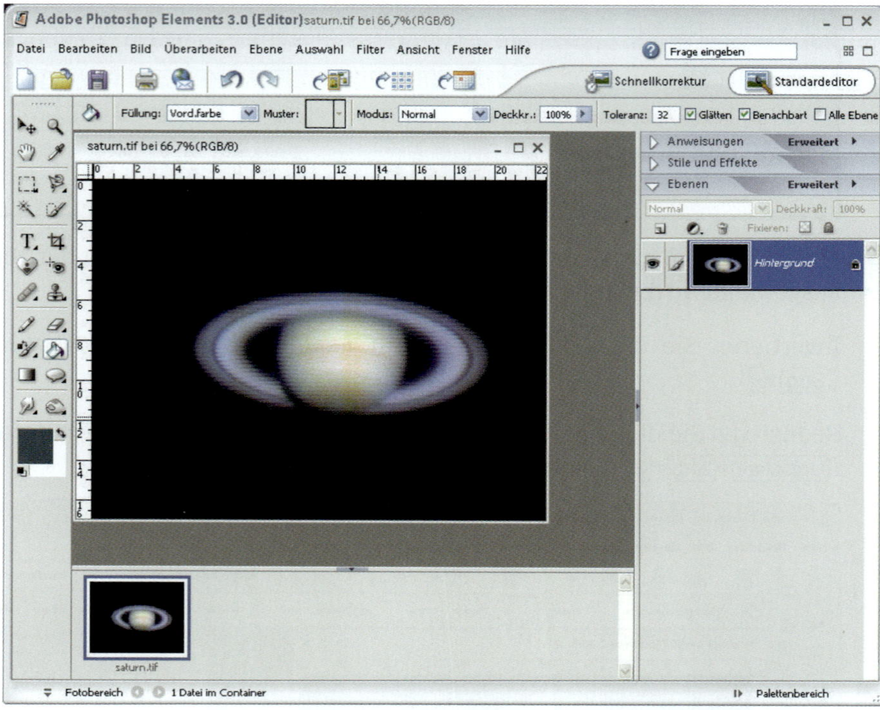

Nachschärfen und Rauschreduzierung – die Feinarbeit

Der letzte Schliff am Planetenbild wird am besten an einer Vergrößerung vorgenommen, um an den feinen Details arbeiten zu können.

1 Vergrößern Sie das Bild mit *Bild/Skalieren/Bildgröße* auf 200 %. Verwenden Sie dabei die bikubische Neuberechnung des Bildes.

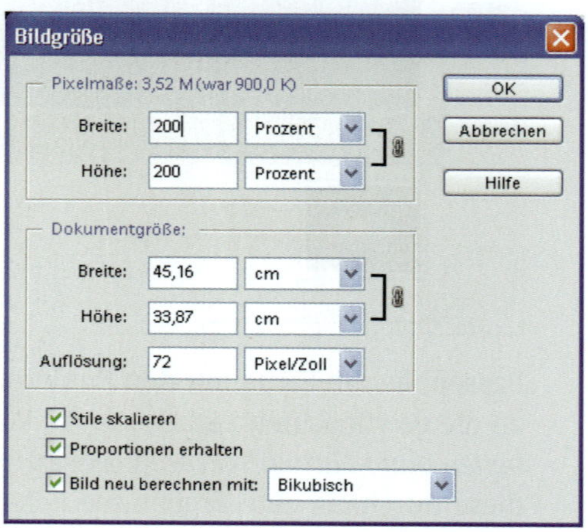

2 Schärfen Sie das Bild nochmals mit einer unscharfen Maske. Rufen Sie dazu *Filter/Scharfzeichnungsfilter/Unscharf maskieren* auf und starten Sie mit den Schärfungsparametern, die Sie schon beim allerersten Schritt vor der echten unscharfen Maske verwendet haben. Passen Sie die Parameter aber so an, dass das Bild nicht überschärft wird.

3 Reduzieren Sie das Rauschen und Bildfehler mit *Filter/Störungsfilter/Staub und Kratzer*. Wählen Sie dabei einen möglichst kleinen Radius von 1 bis 2 Pixel. Manchmal kann es jedoch auch notwendig sein, einen etwas höheren Radius anzuwenden.

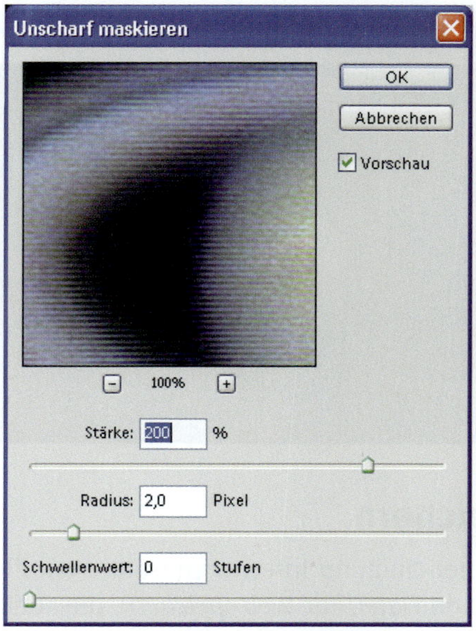

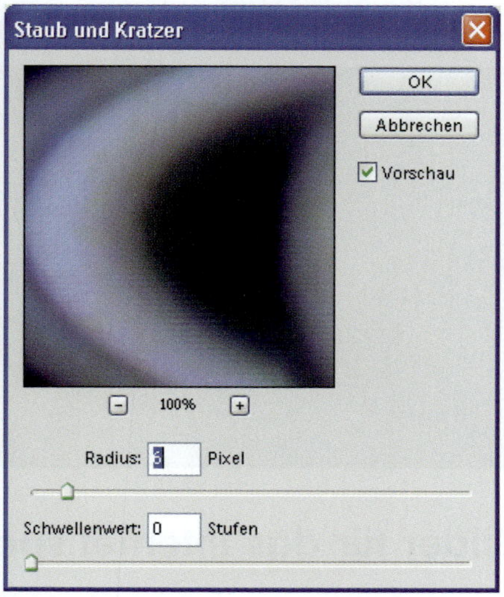

4 Verkleinern Sie das Bild mit *Bild/Skalieren/Bildgröße* auf 50 %, sodass Sie wieder ein Bild in der Originalgröße vorliegen haben. Verwenden Sie auch hier die bikubische Neuberechnung.

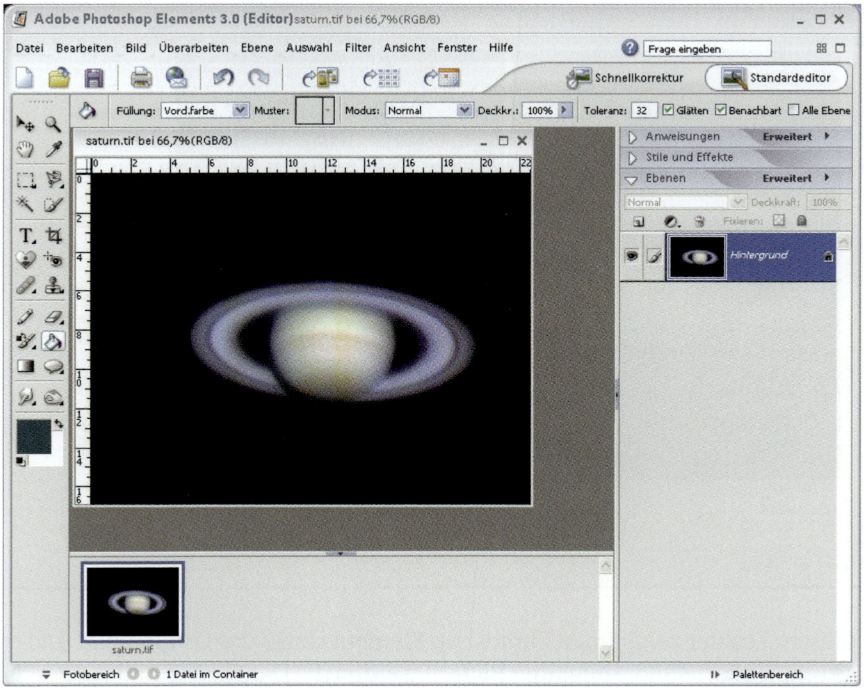

5 Speichern Sie das Ergebnisbild mit *Bild/Speichern unter* (Umschalt+Strg+S) unter einem neuen Namen. Verwenden Sie dabei ein verlustfreies Dateiformat wie z. B. das Photoshop-eigene Dateiformat PSD oder das TIFF-Format.

6 Vergleichen Sie das unbearbeitete Rohbild und das nun gewonnene Planetenbild.

Bilder für das Internet speichern

Sicherlich wollen Sie Ihre Astroaufnahmen auch im Internet präsentieren. Photoshop Elements 3 bietet hierzu die Funktion *Datei/Für Web speichern*, die auch mit der Finger verrenkenden Tastenkombination Umschalt+Strg+Alt+S erreichbar ist.

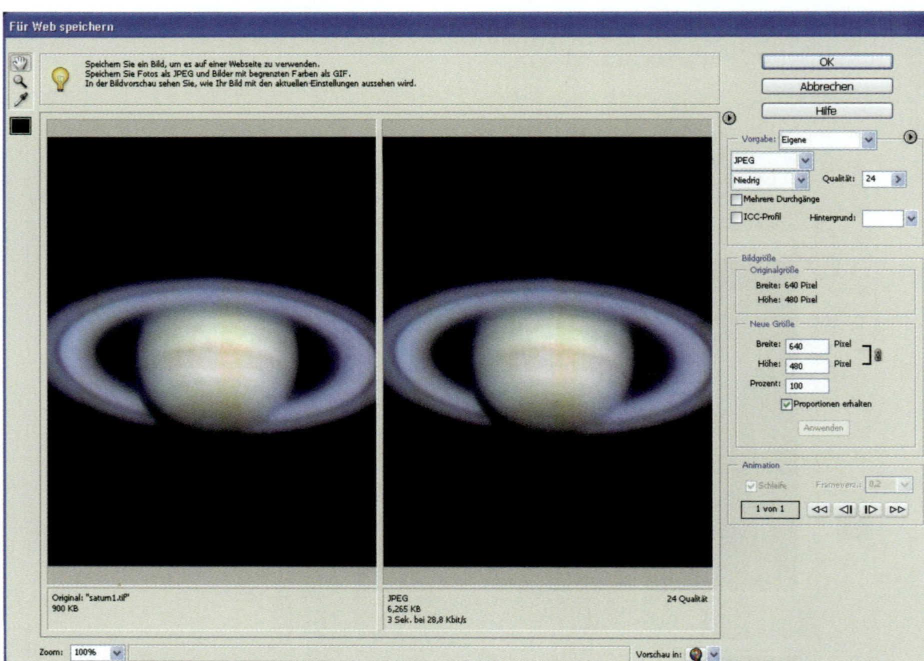

In diesem Fenster zeigt Ihnen Photoshop Elements links das Originalbild und rechts das komprimierte Bild. Unter den Bildern werden die Dateigröße und die geschätzte

Ladezeit angezeigt. Für eine Darstellung im Internet wählen Sie als Dateityp JPEG aus. Stellen Sie den Regler *Qualität* so ein, dass bei guter Bildqualität eine erträgliche Dateigröße erreicht wird. Speichern Sie dann Ihr Bild mit einem Klick auf die Schaltfläche *OK*.

8.6 So holt man das Maximale aus den eigenen DeepSky-Bildern heraus

DeepSky-Bilder, die Sie z. B. mit Iris aufbereitet haben, können Sie mit Photoshop Elements 3 weiter optimieren. Sie können aber auch die gesamte Bearbeitung von DeepSky-Bildern in Photoshop Elements 3 durchführen. Da Photoshop Elements 3 bei Ebenenfunktionen leider nur 8 Bit/Kanal unterstützt, ist dies aber eher ein Notbehelf. Verfügen Sie über eine Version von Photoshop CS/CS2, können Sie die hier gezeigten Optimierungen mit 16 Bit/Kanal durchführen und müssen keinen Informationsverlust befürchten.

Dunkelbildabzug

Einen Dunkelbildabzug in Photoshop sollten Sie nur bei mit dem FITSLiberator eingelesenen Schwarzweißbildern durchführen. Bei Digitalkamerarohdaten erlaubt Photoshop keinen Zugriff auf die wirklichen Rohdaten, sondern nur auf die farbinterpolierten Daten.

Durch die nichtlineare Farbinterpolation werden bei einem Dunkelbildabzug in Photoshop nur zusätzliche Bildfehler eingebaut. Um einen Dunkelbildabzug in Photoshop durchzuführen, kopieren Sie das Dunkelstrombild als neue Ebene über das Bild und wählen als Füllmethode *Differenz*. Führen Sie die beiden Ebenen wieder mit *Ebene/Sichtbare auf eine Ebene reduzieren* ([Umschalt]+[Strg]+[E]) auf eine Ebene zusammen.

> **Umgehen Sie den RAW-Konverter**
>
> Sie können den in Photoshop eingebauten RAW-Konverter nicht ausreichend genau konfigurieren, um eine Dunkelbildkorrektur oder eine Korrektur des Verstärkerglühens in Photoshop sinnvoll durchzuführen. Verwenden Sie für diese Aufgaben am besten ein spezialisiertes Programm wie z. B. Iris.

Korrektur des Verstärkerglühens

Im Gegensatz zur Korrektur des Dunkelrauschens ist die Korrektur des bei Digitalkameras häufig anzutreffenden Verstärkerglühens in Photoshop sehr gut möglich.

1 Laden Sie das Originalbild und ein Dunkelstrombild in Photoshop. Achten Sie beim Einlesen mit dem RAW-Konverter darauf, dass die Bilder mit identischen Einstellungen eingelesen werden müssen.

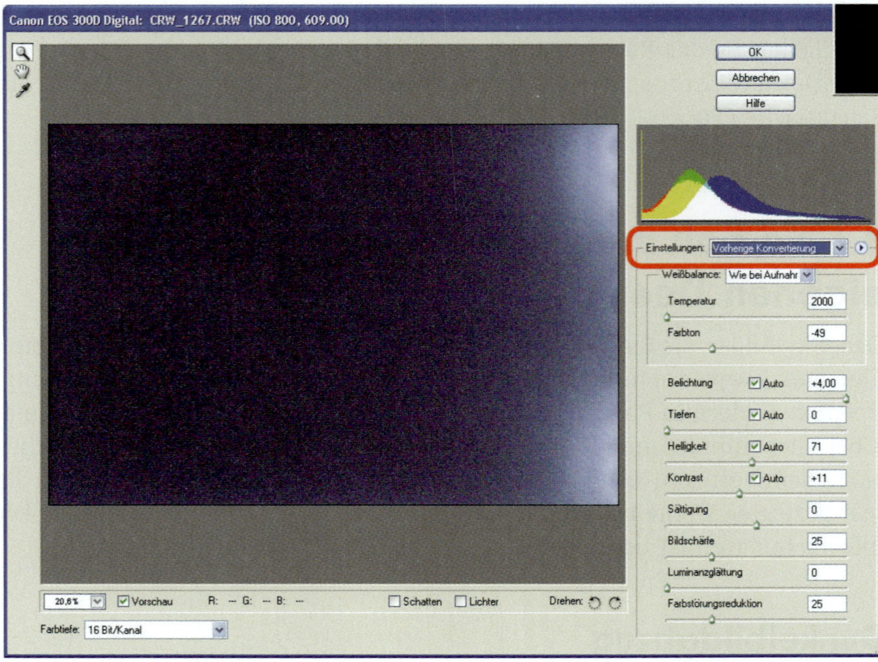

Laden Sie zuerst das Rohbild und erst danach das Dunkelstrombild. Wählen Sie im RAW-Konverter beim Einlesen des Dunkelstrombildes unter *Einstellungen* den Eintrag *Vorherige Konvertierung*, um das Dunkelstrombild mit den Einstellungen des Rohbildes einzulesen.

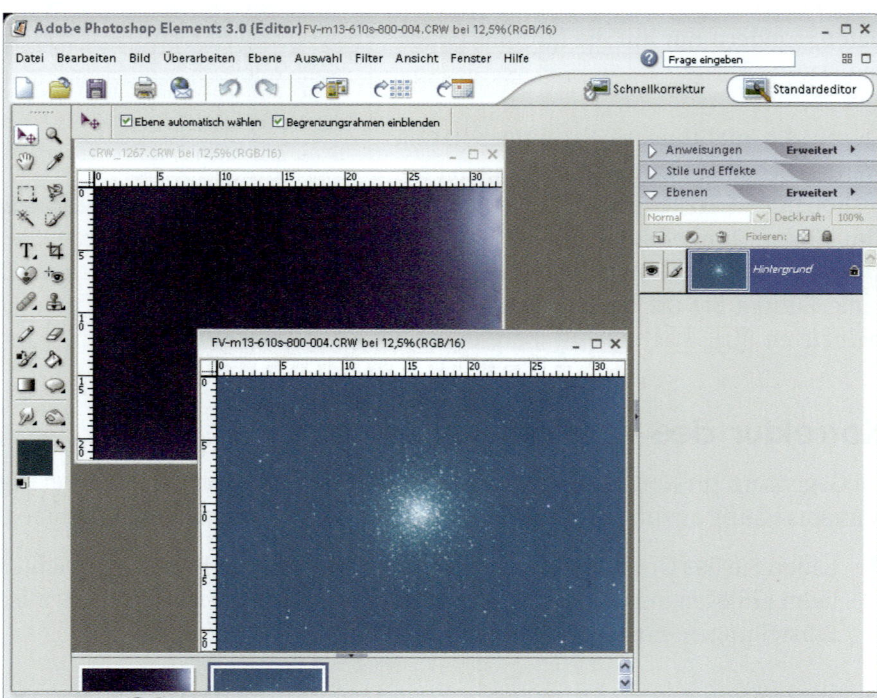

2 Wenden Sie einen Gauß'schen Weichzeichner mit ausreichend großem Radius auf das Dunkelstrombild an. Rufen Sie dazu *Filter/Weichzeichnungsfilter/Gaußscher Weichzeichner* auf.

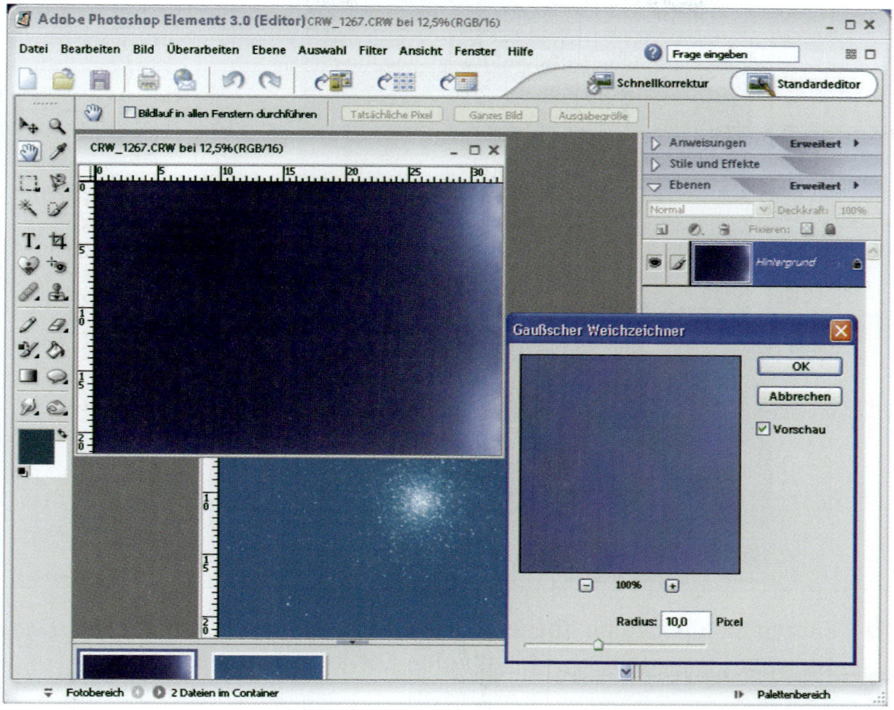

3 Markieren Sie das Dunkelstrombild mit *Auswahl/Alles auswählen* (Strg+A) und kopieren Sie dies mit *Bearbeiten/Kopieren* (Strg+C) in die Zwischenablage. Haben Sie bisher mit 16 Bit/Kanal gearbeitet, müssen Sie die Bilder zuerst mit *Bild/Modus/In 8Bit-Kanal konvertieren* in 8 Bit/Kanal umwandeln, um die Ebenenfunktionen in Photoshop nutzen zu können.

4 Fügen Sie das kopierte Dunkelstrombild mit *Bearbeiten/Einfügen* (Strg+V) als neue Ebene in das Rohbild ein.

5 Wählen Sie für die neue Ebene als Füllmethode *Differenz* und passen Sie die Deckkraft an.

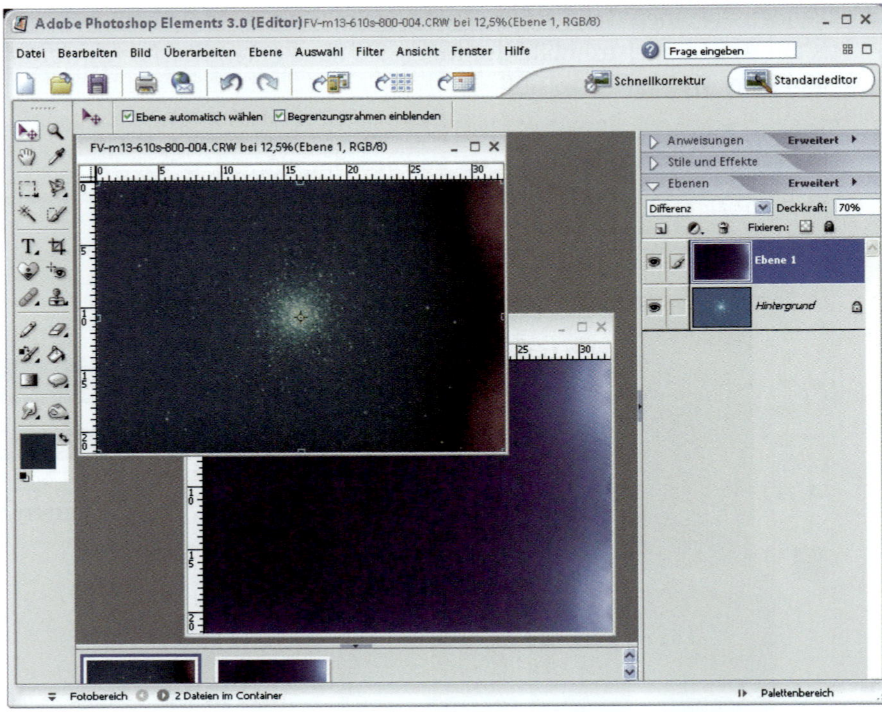

6 Führen Sie die beiden Ebenen wieder mit *Ebene/Sichtbare auf eine Ebene reduzieren* ([Umschalt]+[Strg]+[E]) auf eine Ebene zusammen.

Erzeugen eines gleichmäßigen Himmelshintergrunds

Streulicht durch natürliche Himmelsquellen (Mond) und vor allem durch künstliche Beleuchtung führt gerade bei DeepSky-Aufnahmen mit großem Feld zu einer ungleichmäßigen Beleuchtung des Himmelshintergrunds.

Die aufgrund dieser Hintergrundhelligkeit nicht mehr darstellbaren Bilddetails kann auch Photoshop nicht mehr retten, aber ein Abdunkeln des Hintergrunds kann sehr einfach bewerkstelligt werden.

1 Wählen Sie mit dem Pipettenwerkzeug die Hintergrundfarbe. Nutzen Sie dabei als Aufnahmebereich entweder *3 x 3 Pixel Durchschnitt* oder *5 x 5 Pixel Durchschnitt*, je nachdem, was Ihr Bild erlaubt.

Nutzen Sie zur Auswahl der Hintergrundfarbe auch die Zoomfunktion, um sicher die Hintergrundfarbe aufzunehmen.

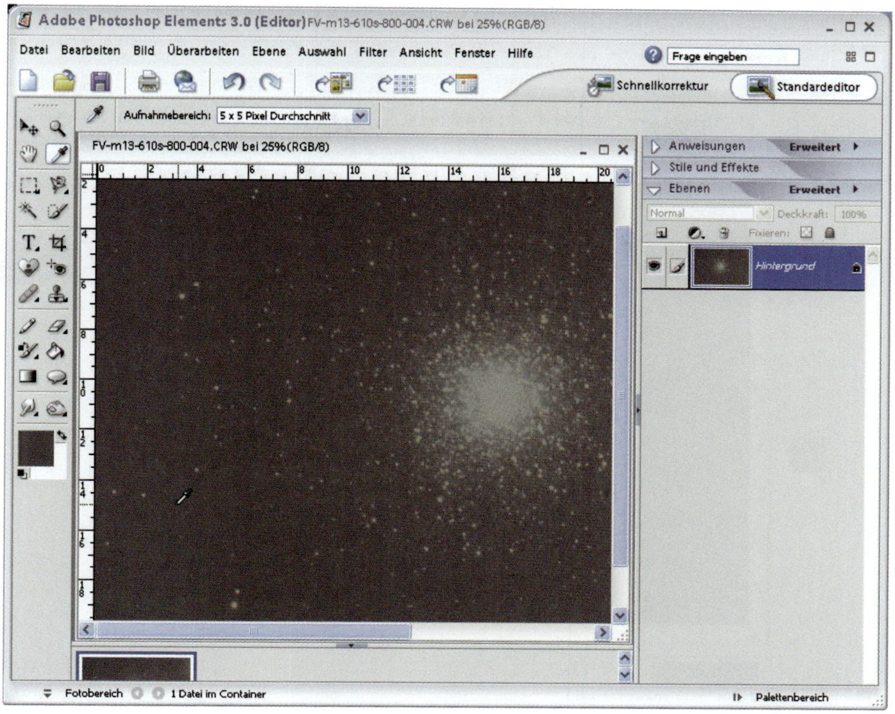

2 Erzeugen Sie eine neue Ebene mit *Ebene/Neu/Ebene* (Umschalt+Strg+N) und wählen Sie als Füllmodus *Farbig nachbelichten*.

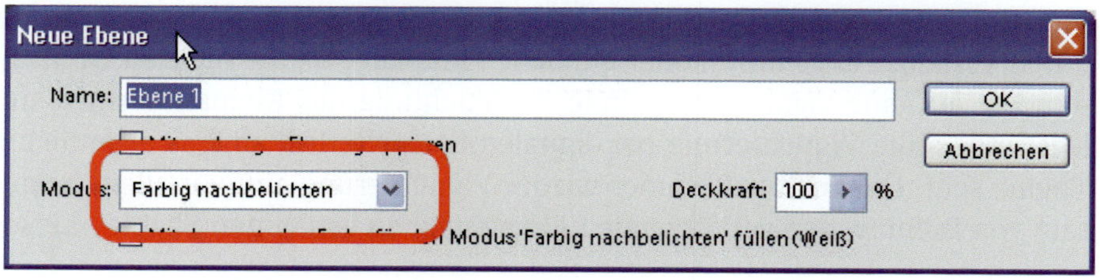

3 Wählen Sie das Füllwerkzeug und füllen Sie die neue Ebene mit der Hintergrundfarbe des Originalbildes.

Invertieren Sie die gefüllte Ebene mit *Filter/Anpassungsfilter/Umkehren* (Strg+I).

4 Führen Sie die beiden Ebenen mit *Ebene/Sichtbare auf eine Ebene reduzieren* (Umschalt+Strg+E) zu einer Ebene zusammen.

Nutzen Sie die Tonwertkorrektur unter *Überarbeiten/Belichtung anpassen/Tonwertkorrektur*, um die Belichtung und den Weißabgleich anzupassen.

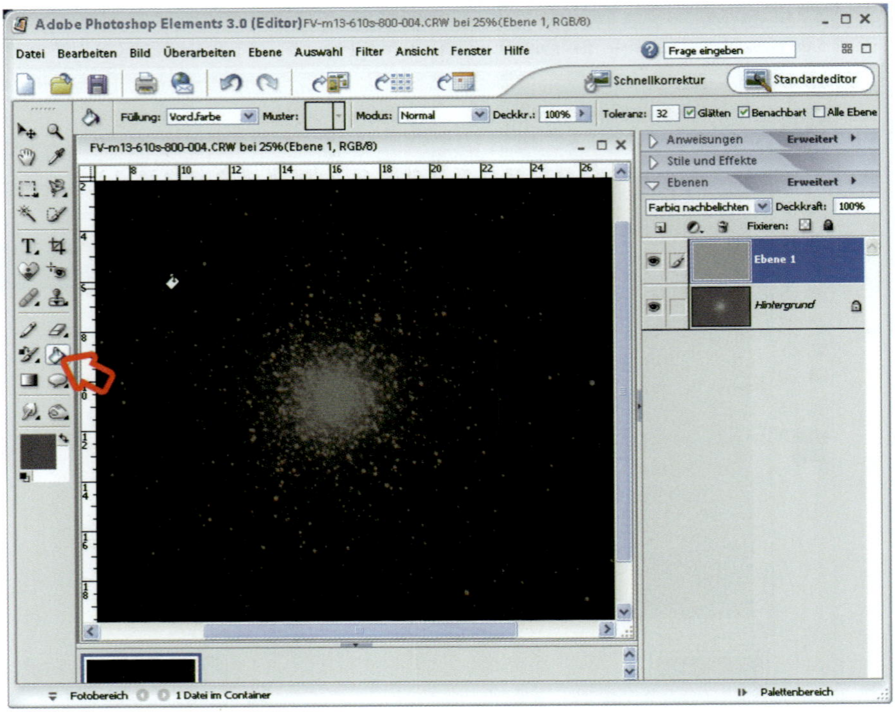

Korrektur von Vignettierung

Vignettierung entsteht durch eine mechanische Begrenzung des Strahlengangs durch Verlängerungshülsen oder ähnliche Elemente. Da die meisten Optiken zumindest auf eine vignettierungsfreie Ausleuchtung des Kleinbildformats ausgelegt sind, sollte Vignettierung bei digitalen Spiegelreflexkameras eigentlich kein Thema sein. Dennoch tritt immer wieder Vignettierung auf, vor allem beim Einsatz von Brennweiten verkürzenden Elementen, so genannten Shapley-Linsen.

Die beste Methode gegen Vignettierung ist eine ausreichend dimensionierte Optik. Wenn keine Vignettierung auftritt, muss diese auch nicht korrigiert werden.

Der zweitbeste Weg, Vignettierung zu korrigieren, ist die Verwendung von Flatframes. Hierbei wird mit der Kamera an der Optik ein helles, verwaschenes Bild aufgenommen und das Originalbild durch das Flatfield dividiert.

Die schlechteste, aber immer noch praktikable, Lösung ist die Korrektur der Vignettierung durch ein künstliches Flatfield in Photoshop. Bei der im Folgenden vorgestellten Methode wird ein Flatfield künstlich erzeugt und auf das Bild angewandt.

1 Duplizieren Sie die Hintergrundebene des Bildes. Klicken Sie dazu mit der rechten Maustaste auf die Bezeichnung *Hintergrund* in der *Ebenen*-Palette und wählen Sie im dann erscheinenden Kontextmenü den Eintrag *Ebene duplizieren*.

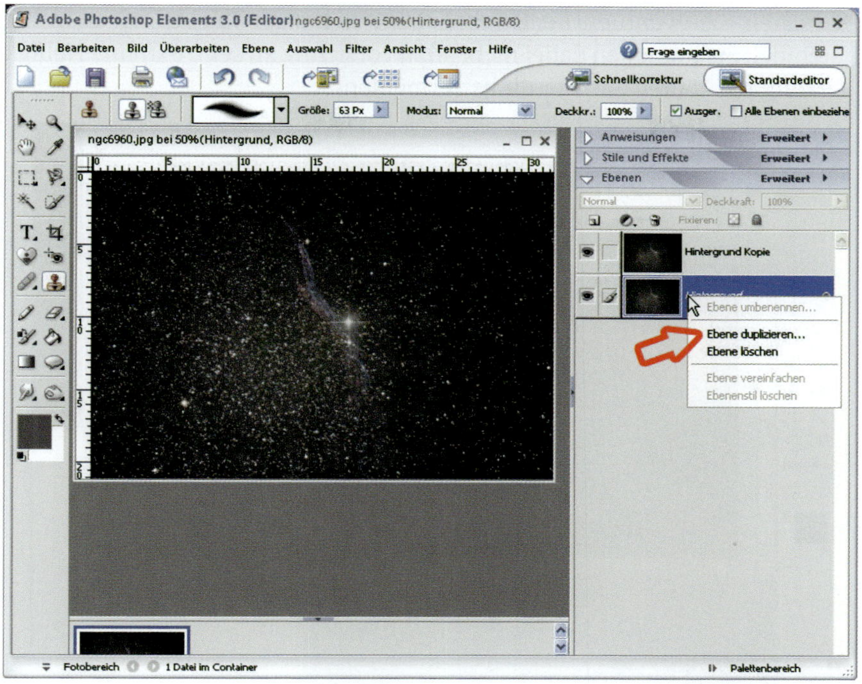

2 Wenden Sie einen starken Medianfilter auf die duplizierte Ebene an. Rufen Sie dazu *Filter/Störungsfilter/Staub und Kratzer* auf. Wenden Sie einen ausreichend großen Radius an, sodass die Sterne möglichst vollständig durch den Medianfilter eliminiert werden.

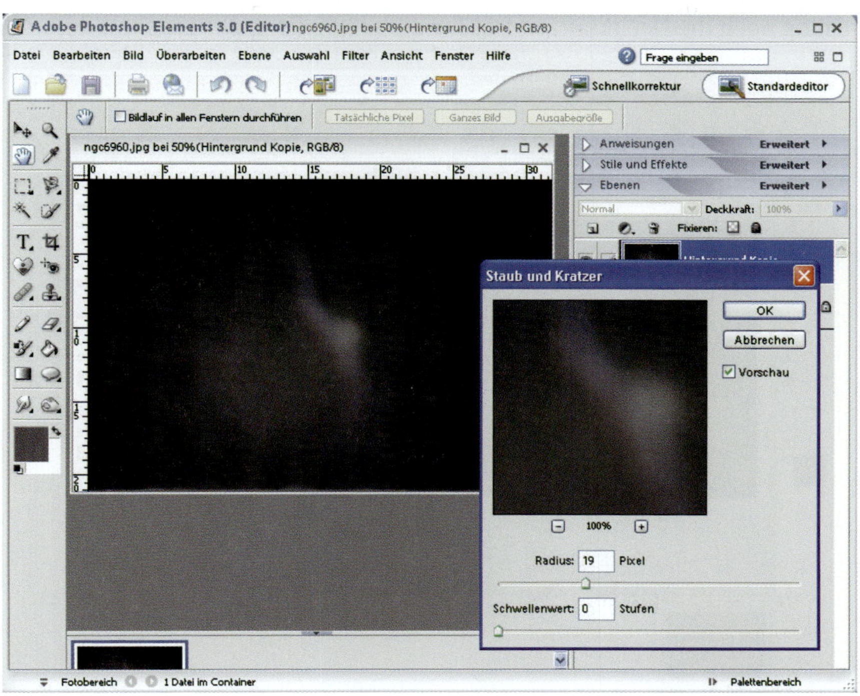

3 Löschen Sie eventuell noch verbliebene nebelige Objekte mit dem Kopierstempel. Sie brauchen dabei nicht allzu vorsichtig zu sein, extreme Helligkeitsgradienten sollten Sie allerdings vermeiden.

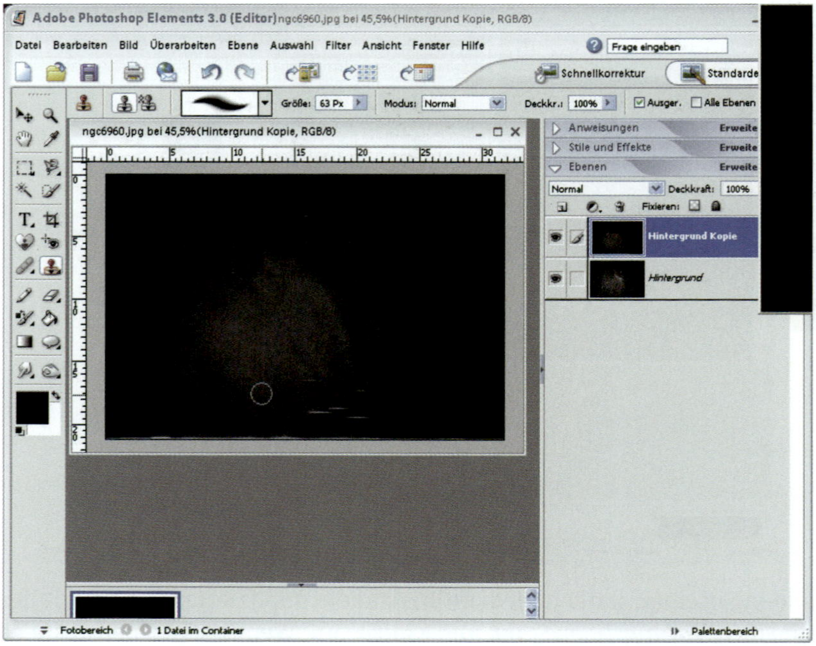

4 Invertieren Sie das künstliche Flatfield mit *Filter/Anpassungsfilter/Umkehren* (Strg+I). Stellen Sie die Füllmethode auf *Multiplizieren* und regeln Sie wenn nötig noch die Deckkraft, sodass Sie ein möglichst gutes Ergebnis bekommen.

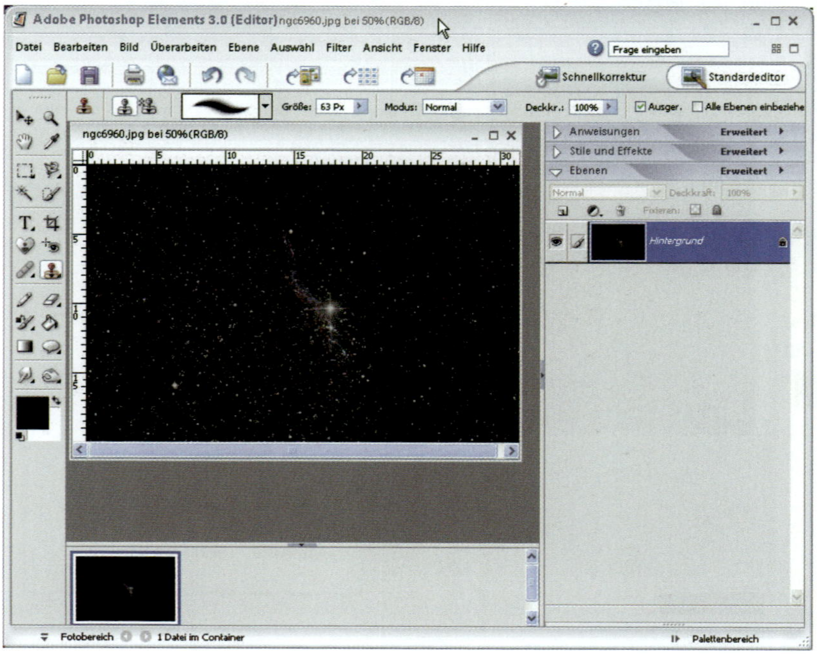

5 Nach dieser Korrektur müssen Sie die Tonwertkorrektur neu anpassen, um das Objekt möglichst gut herauszuarbeiten.

Die besten Ergebnisse mit einem künstlichen Flatfield erhalten Sie, wenn Sie das künstliche Flatfield manuell erstellen. Allerdings ist dies auch der aufwendigste Weg.

Experimentieren Sie mit der Flatfield-Korrektur

Experimentieren Sie auch mit einer nicht invertierten Maske, die Sie mit der Füllmethode *Differenz* vom Bild abziehen. Bei vielen Bildern liefert diese Methode die gleichen, wenn nicht sogar bessere, Ergebnisse als die vorgestellte Methode der Division durch das künstliche Flatfield.

1 Erstellen Sie nun mit *Ebene/Neu/Ebene* (Umschalt+Strg+N) eine neue Ebene. Belassen Sie die Füllmethode zunächst auf *Normal*.

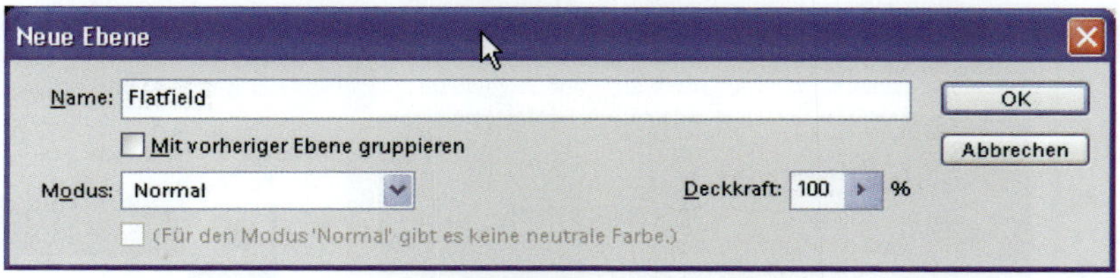

2 Nutzen Sie das Verlaufwerkzeug, um ein künstliches Flatfield zu erstellen. Im Originalbild zu helle Bereiche müssen Sie dabei dunkel einfärben und zu dunkle Bereiche entsprechend hell.

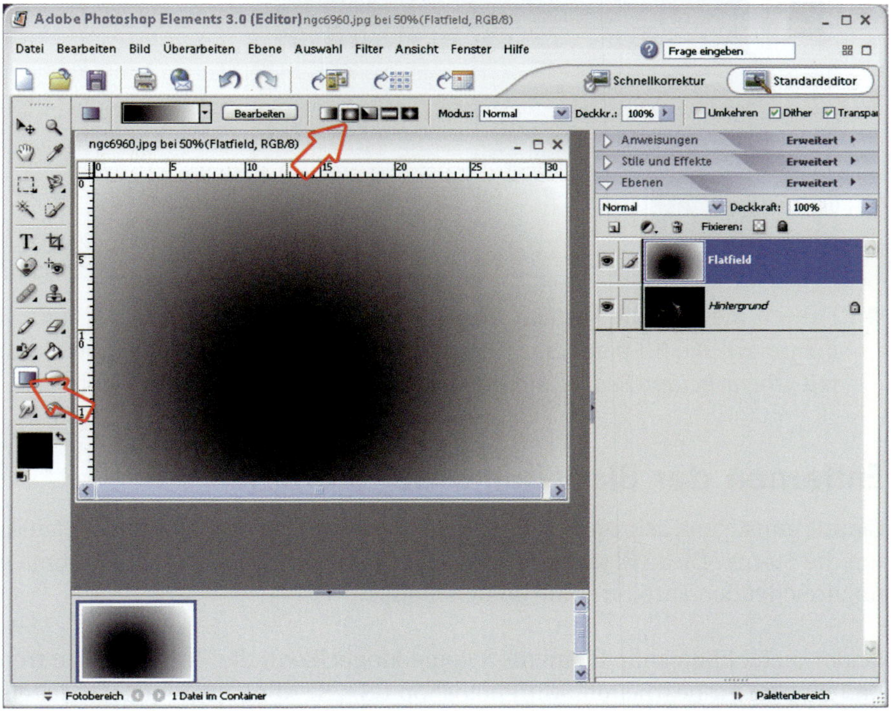

Mit dieser Methode können Sie nicht nur Vignettierung, sondern problemlos auch Helligkeitsgradienten reduzieren. Nutzen Sie für die Maske nur Graustufen, keine Farben.

3 Wenn Sie die Maske vollständig aufgebaut haben (diese kann auch deutlich komplexer ausfallen als in diesem Beispiel), dann setzen Sie die Füllmethode auf *Multiplizieren* und regeln die Anwendung der Maske mit *Deckkraft*, bis Sie ein zufrieden stellendes Ergebnis erhalten. Möglicherweise müssen Sie die Maske nacharbeiten, dazu stellen Sie am besten die Füllmethode wieder auf *Normal*.

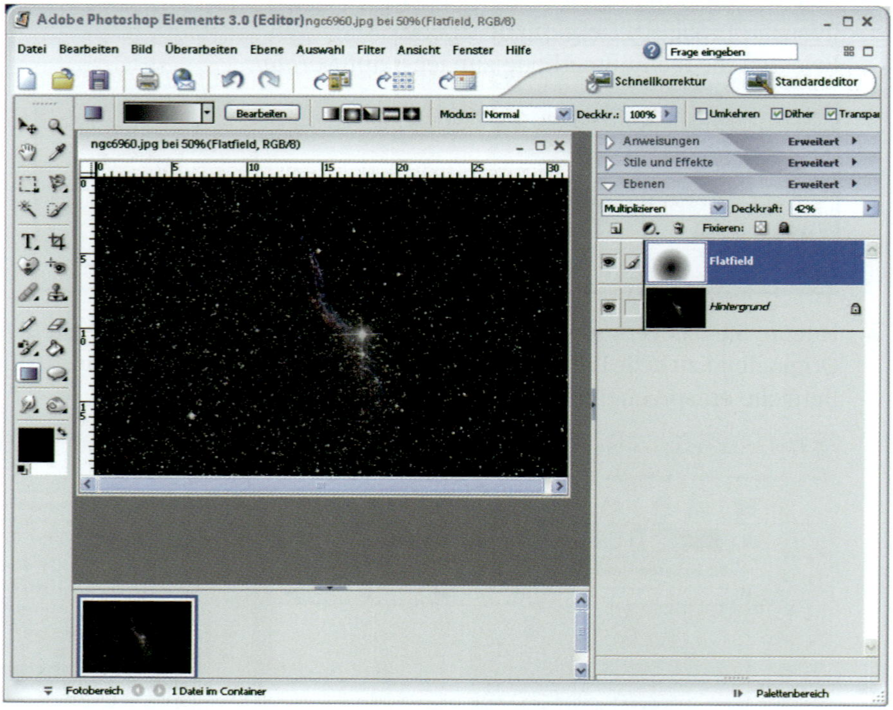

4 Führen Sie nun die Ebenen mit *Ebene/Sichtbare auf eine Ebene reduzieren* (Umschalt+Strg+E) auf eine Ebene zusammen. Passen Sie die Tonwertkurven mit *Überarbeiten/Belichtung anpassen/Tonwertkorrektur* (Strg+L) an.

Entfernen der Blausäume bei Sternen

Gerade günstigere, achromatische Optiken erzeugen bei Aufnahmen oft Blausäume um die Sterne. Diese Blausäume sind nicht natürlich, sondern ein Ergebnis einer unzureichenden Farbkorrektur in den Optiken.

Leider bietet Photoshop Elements 3 keine Möglichkeit, die Farbkanäle zu trennen und einzeln zu bearbeiten. Mit Photoshop CS/CS2 können Sie jedoch die einzelnen Farbkanäle wie im Beispiel bei der Bildbearbeitungssoftware Iris beschrieben bearbeiten.

Entfernen lästiger Hotpixel

Bedingt durch Fehler in den Sensoren erzeugen die meisten Digitalkameras so genannte Hotpixel. Diese Pixel leuchten ständig, egal wie wenig Licht diese abbekommen haben. Normalerweise verschwinden diese Hotpixel schon beim Dunkelbildabzug, aber wenn Sie z. B. ohne Dunkelbilder arbeiten, müssen Sie die Hotpixel anderweitig entfernen.

Die besten Ergebnisse erhalten Sie, wenn Sie das Bild auf die doppelte Bildgröße hochrechnen (*Bild/Skalieren/Bildgröße*, dort 200 % und bikubische Neuberechnung wählen) und dann mit dem Kopierstempel mit einem Radius von 1 bis 2 Pixeln die Hotpixel entfernen. Mit Photoshop Elements 3 können Sie diese Aufgabe aber auch automatisch durchführen lassen.

1 Vergrößern Sie das Bild mit *Bild/Skalieren/Bildgröße* auf 200 % mit bikubischer Neuberechnung.

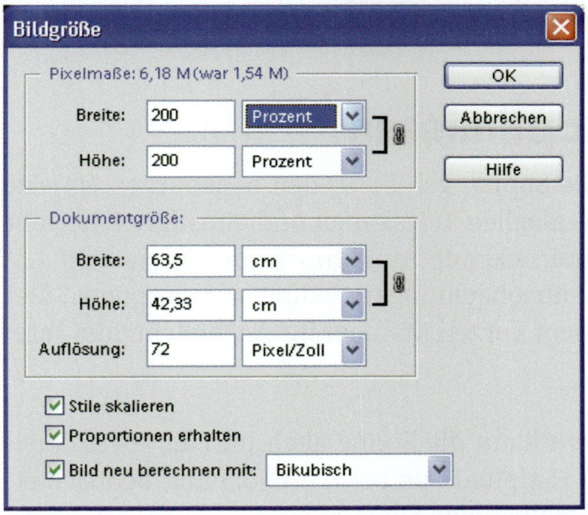

2 Wenden Sie einen Medianfilter unter *Filter/Störungsfilter/Staub und Kratzer* mit einem Radius von 1 bis 2 Pixeln an.

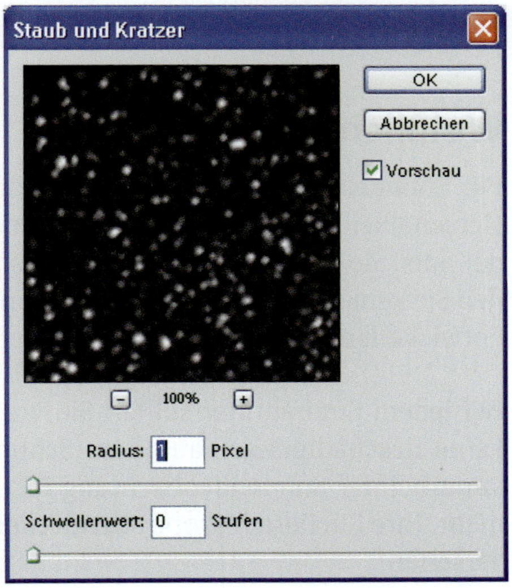

3 Reduzieren Sie die Bildgröße mit *Bild/Skalieren/Bildgröße* auf 50 %, sodass Sie wieder die Originalgröße erhalten. Die Hotpixel sind nun entfernt.

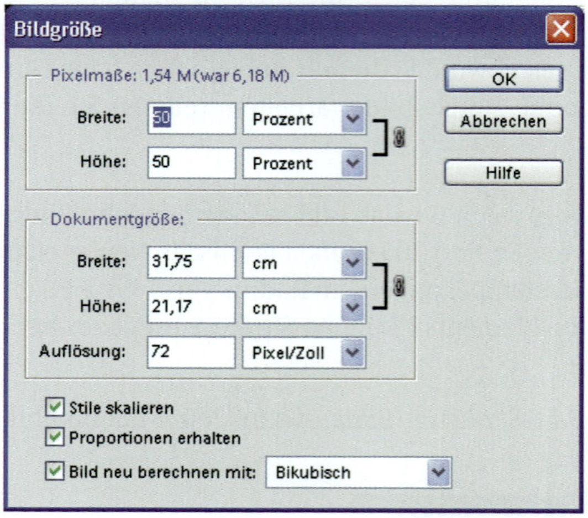

8.7 Sonnenbilder optimieren

Unser nächstgelegener Stern, die Sonne, gehört zu den beliebtesten Objekten in der Astrofotografie. Schon mit einfachen Teleskopen und günstiger Filterfolie aus dem Fachhandel gelingen beeindruckende Aufnahmen im Integrallicht („Weißlicht"). Achten Sie bei der Sonnenbeobachtung unbedingt auf geeignete Filter, ansonsten können Sie schon in einem kurzen Moment Ihr Augenlicht oder Ihre Ausrüstung dauerhaft schädigen!

Mit deutlich teurerem Equipment kann die Sonne auch im Licht des ionisierten Wasserstoffs, der so genannten H-alpha-Linie bei λ = 656,3 nm, beobachtet werden. Hierbei werden extrem schmalbandige Filter eingesetzt, die es erlauben, Protuberanzen, Filamente, Flecken und Flares zu beobachten.

Weißlichtbilder

Für Sonnenaufnahmen müssen Sie immer einen Objektivsonnenfilter oder einen Herschelkeil verwenden. Objektivfilter erhalten Sie fertig als Glasfilter im Fachhandel oder Sie bauen sich selbst einen solchen Filter aus AstroSolar-Folie. Verwenden Sie keinesfalls Rettungsfolie oder andere nicht speziell zur Sonnenbeobachtung entwickelten Hilfsmittel.

Bei jedem Sonnenfilter sollten Sie vor der Verwendung überprüfen, dass dieser keine Beschädigungen aufweist. Schon ein kleines Loch in der Sonnenfilterfolie kann bei der Sonnenbeobachtung Ihr Augenlicht gefährden! Vergessen Sie auch nicht, Ihre Sucherteleskope abzudecken oder ebenfalls mit einem Sonnenfilter zu versehen!

Weißlichtaufnahmen können Sie mit einer digitalen Spiegelreflexkamera und einem Teleskop mit 600 mm - 1.200 mm Brennweite als Übersichtsaufnahmen anfertigen. Alternativ können Sie Detailaufnahmen von Sonnenfleckengruppen sehr gut mit der Webcam festhalten. Bei Webcam-Aufnahmen gehen Sie prinzipiell genauso vor wie bei Planetenaufnahmen. Die aufgezeichneten AVIs stacken Sie in RegiStax, Giotto oder Iris und die Feinbearbeitung machen Sie dann in Photoshop.

1 Laden Sie die Aufnahme mit *Datei/Öffnen* in Photoshop. Wenn Sie dabei den RAW-Konverter verwenden, können Sie gleich *Sättigung* auf 0 setzen. Bei Weißlichtaufnahmen der Sonne ist die Farbe durch den verwendeten Filter und nicht durch die Sonne bestimmt.

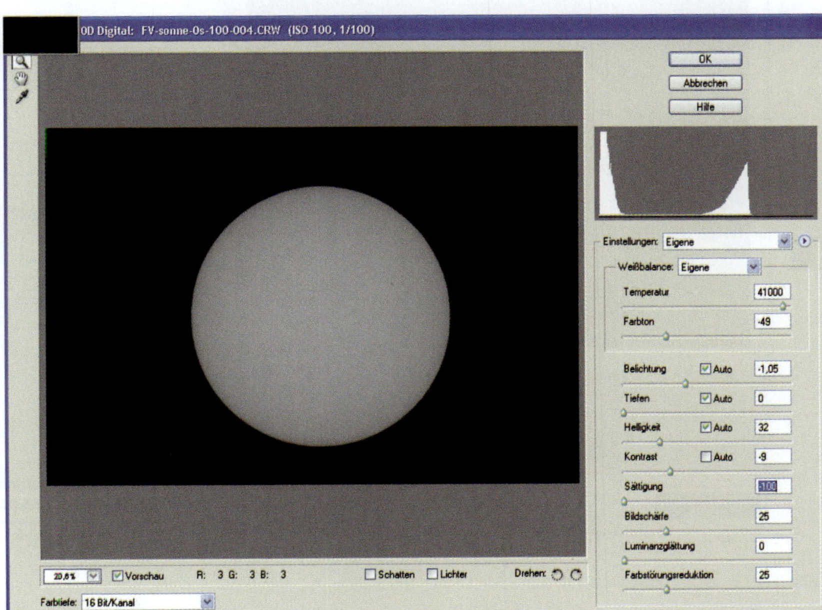

2 Vergrößern Sie einen interessanten Ausschnitt, am besten zusammen mit dem Sonnenrand mit der Bildschirmlupe auf 75 – 100 % der Originalgröße.

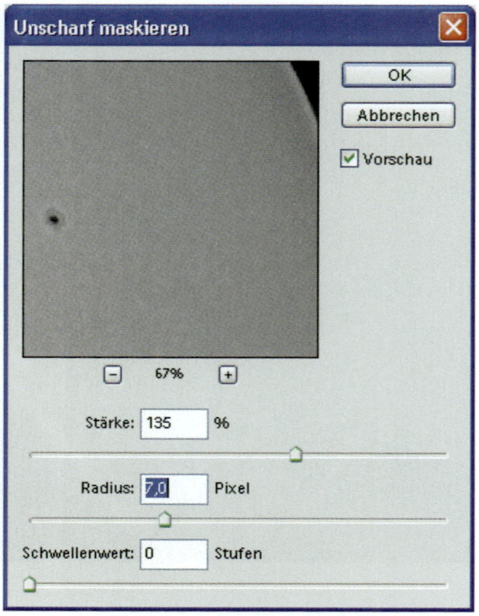

Wenden Sie eine unscharfe Maske (*Filter/Scharfzeichnungsfilter/Unscharf maskieren*) auf das Bild an. Die Filterparameter müssen Sie an jeder Aufnahme neu ermitteln. Schärfen Sie auf keinen Fall zu viel!

3 Stellen Sie die Anzeige mit der Bildschirmlupe so ein, dass Sie die gesamte Sonne sehen. Wenn Sie gern eine gelbe Sonne hätten, dann können Sie das jetzt mit *Überarbeiten/Farbe anpassen/Farbton/Sättigung anpassen* ([Strg]+[U]) einstellen. Aktivieren Sie die Option *Färben* und Sie können mit *Farbton* das Bild einfärben. Die genaue Farbe können Sie dann mit den Reglern *Sättigung* und *Lab-Helligkeit* einstellen. Übertreiben Sie aber eine solche Falschfarbendarstellung nicht!

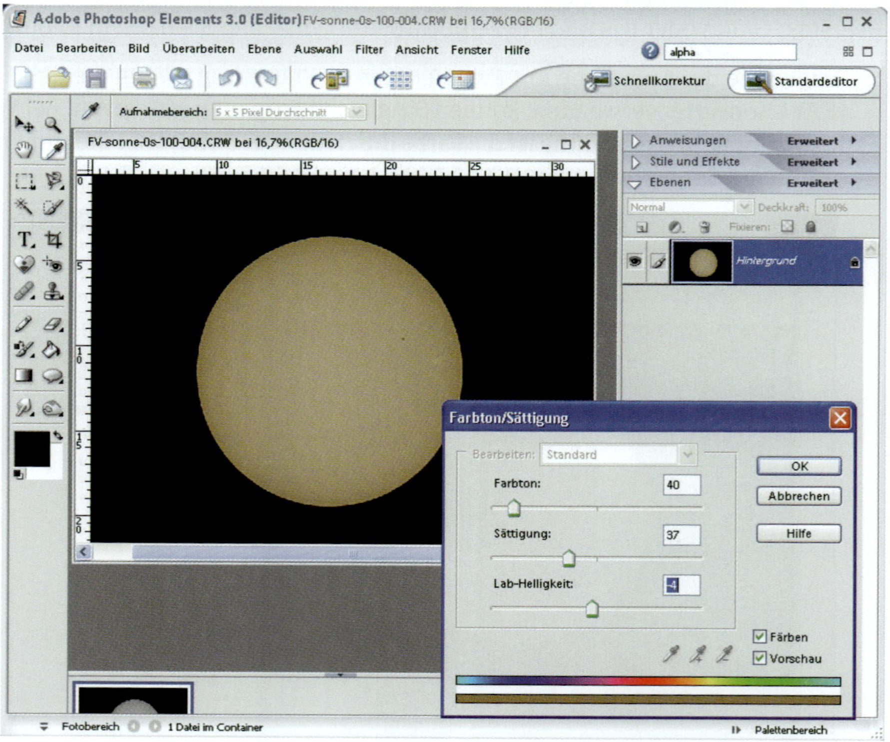

4 Speichern Sie anschließend Ihr Ergebnis ab.

H-alpha-Aufnahmen

Sonnenaufnahmen im Integrallicht (Weißlicht) stellen nur die auffälligsten Oberflächendetails, die Sonnenflecken, dar. Mit speziellen, extrem engbandigen Filtern, den H-alpha-Filtern, können wesentlich mehr Sonnendetails und sogar Protuberanzen am Sonnenrand sichtbar gemacht werden.

Typisches Setup zur Sonnenfotografie. Unten ein Refraktor mit Selbstbau-Folienfilter zur Beobachtung im Integrallicht (Weißlicht) und aufgesattelt ein H-alpha-Teleskop zur Fotografie.

DeepSky-Filter sind keine Sonnenfilter

Verwechseln Sie die speziellen Sonnen-H-alpha-Filter nicht mit den wesentlich günstigeren Deep-Sky-H-alpha-Filtern. Die Sonnenfilter müssen wesentlich engbandiger ausgelegt sein, und vor allem schützen nur diese (zusammen mit passenden Energieschutzfiltern) vor der extremen Intensität der Sonnenstrahlung! Verwenden Sie niemals „normale" H-alpha-Filter zu Sonnenbeobachtung!

1 Laden Sie Ihr Bild mit *Datei/Öffnen* in Photoshop. Wenn es sich um 16 Bit/Kanal-Bilder handelt, wandeln Sie diese mit *Bild/Modus/In 8Bit-Kanal umwandeln* in 8 Bit/Kanal-Bilder um.

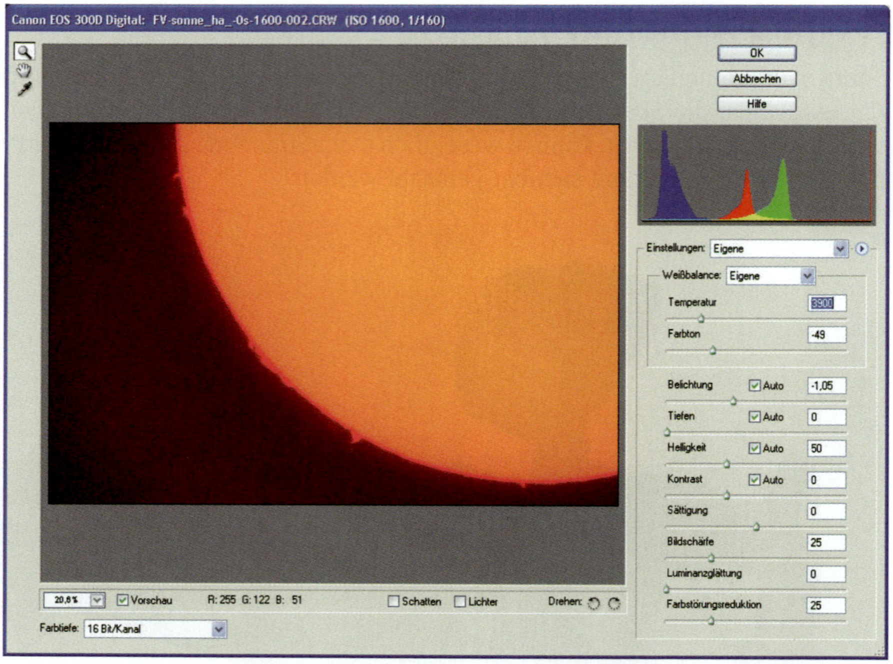

2 Wählen Sie mit dem magnetischen Lasso den inneren Rand des äußeren, roten Ringes und dann die gelbe Sonnenscheibe. Sie müssen bei der Auswahl jetzt nicht zu genau vorgehen.

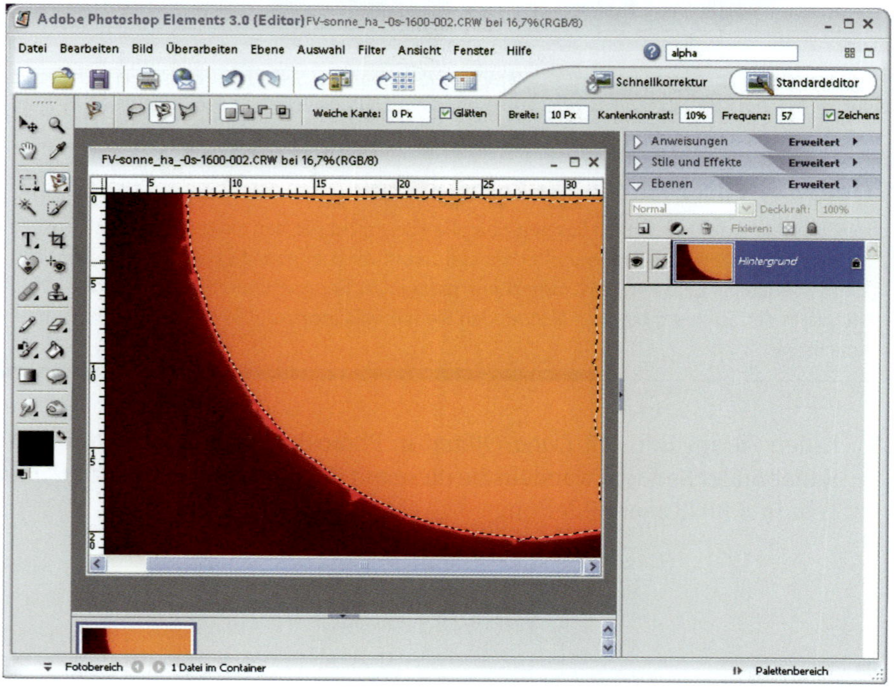

3 Verschieben Sie die Auswahl mit den Pfeiltasten vom Sonnenrand weg, sodass ca. 5 bis 10 Pixel zwischen rotem Sonnenrand und der Auswahlgrenze liegen. Wählen Sie unter *Auswahl/Weiche Auswahlkante* eine weiche Kante von 20 Pixeln.

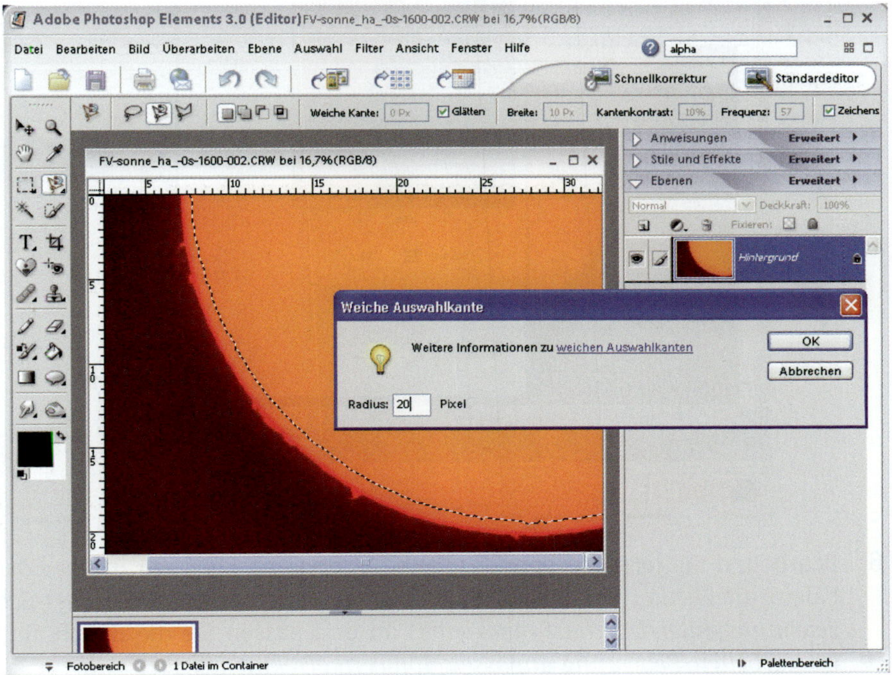

4 Kopieren Sie die Sonnenscheibe mit *Bearbeiten/Kopieren* (Strg+C) in die Zwischenablage und fügen Sie diese gleich wieder mit *Bearbeiten/Einfügen* (Strg+V) als neue Ebene ein. Sie können nur die Sonnenscheibe und den Sonnenrand getrennt bearbeiten.

5 Bearbeiten Sie zunächst den Sonnenrand. Aktivieren Sie dazu in der *Ebenen*-Palette die Ebene *Hintergrund*.

Wenden Sie eine unscharfe Maske (*Filter/Scharfzeichnungsfilter/Unscharf maskieren*) auf den Sonnenrand an. Passen Sie anschließend mit *Überarbeiten/Belichtung anpassen/Tonwertkorrektur* (Strg+L) die Helligkeit an.

Beachten Sie dabei die Sonnenscheibe nicht, diese werden Sie erst im nächsten Schritt bearbeiten.

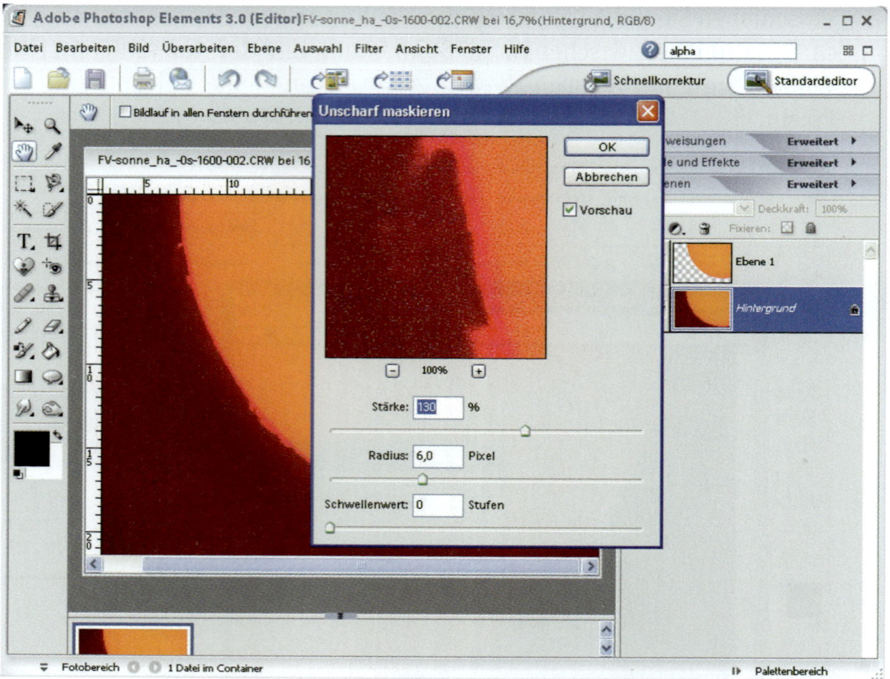

6 Bearbeiten Sie jetzt die Sonnenscheibe. Aktivieren Sie dazu in der *Ebenen*-Palette die *Ebene 1*. Wenden Sie auch hier eine unscharfe Maske (*Filter/Scharfzeichnungsfilter/Unscharf maskieren*) an und passen Sie die Belichtung mit *Überarbeiten/Belichtung anpassen/Tonwertkorrektur* ([Strg]+[L]) an.

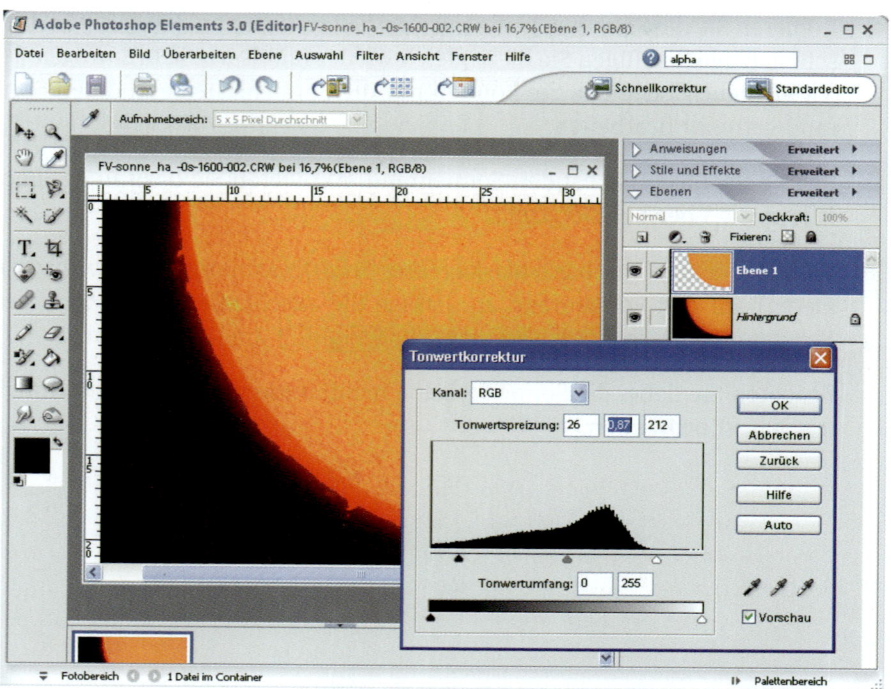

Durch die weiche Auswahlkante aus Schritt 3 werden die Bearbeitungen von Sonnenscheibe und -rand durch Photoshop automatisch ineinander übergeblendet.

7 Fassen Sie die beiden Ebenen mit *Ebene/Sichtbare auf eine Ebene reduzieren* oder mit [Umschalt]+[Strg]+[E] zu einer Ebene zusammen.

8.8 Mosaike erstellen

Bei ausgedehnten Objekten wie Mond und Sonne aber auch manchen DeepSky-Objekten und hellen Kometen ist es schwierig, das gesamte Objekt in guter Auflösung aufzunehmen.

Wählen Sie eine kurze Brennweite, können Sie das Objekt mit einer Aufnahme erfassen, allerdings sind Sie dann auf die Kameraauflösung beschränkt. Gerade bei Webcam-Aufnahmen ist dies eine starke Limitierung. Bei langen Brennweiten ist andererseits das Gesichtsfeld nicht ausreichend, um das Objekt als Ganzes zu erfassen.

Abhilfe können Sie mit der Mosaiktechnik schaffen. Hierbei fertigen Sie ausreichend, sich gegenseitig überlappende Aufnahmen des Objekts an, sodass Sie insgesamt das ganze gewünschte Objekt aufgenommen haben. In der Bildbearbeitung können Sie diese Einzelaufnahmen zu einer Gesamtaufnahme zusammensetzen.

Erstellen eines Mondmosaiks mithilfe der Webcam

Möchten Sie Mondaufnahmen mit der Webcam machen, steht Ihnen meist nur ein sehr begrenzter Bildausschnitt zur Verfügung.

Bilder verdreht oder gar verzerrt?

Sollten die Einzelbilder gegeneinander verdreht oder gar verzerrt sein, hilft Ihnen das Transformieren-Werkzeug von Photoshop, das auch in Photoshop Elements 3 verfügbar ist. Das Frei-transformieren-Werkzeug können Sie mit *Bild/Transformieren/Frei transformieren* oder schneller mit [Strg]+[T] aktivieren. Mit diesem Werkzeug können Sie nun die aktive Ebene verzerren oder drehen. Die Änderungen des Frei-transformieren-Werkzeugs müssen Sie mit Druck auf die [Enter]-Taste bestätigen.

1 Laden Sie alle Einzelbilder mit *Datei/Öffnen* in Photoshop. Wandeln Sie in PSE3 die Bilder, falls es sich um 16 Bit/Kanal-Bilder handelt, mit *Bild/Modus/In 8Bit-Kanal konvertieren* um. Ordnen Sie die Bildfenster nebeneinander an und passen Sie mit der Tonwertkorrektur unter *Überarbeiten/Belichtung anpassen/Tonwertkorrektur* ([Strg]+[L]) die Bilder so an, dass diese möglichst gleichmäßig belichtet sind.

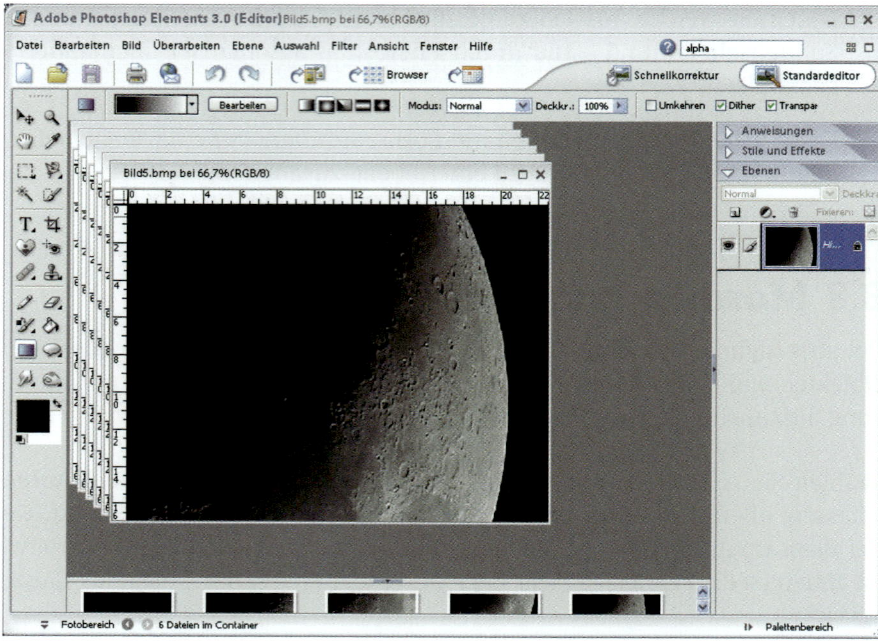

2 Beginnen Sie mit einem Bild, möglichst einem der Bilder am Rand des Mondes. In diesem Beispiel wird dieses Bild ab sofort als „Bild1" bezeichnet. Erweitern Sie den Arbeitsbereich mit *Bild/Skalieren/Arbeitsfläche* auf eine ausreichende Größe, um das gesamte Mosaik aufzunehmen. Setzen Sie den Wähler *Position* so, dass die Arbeitsfläche in Richtung der „fehlenden" Bilder erweitert wird. Sollten Sie die Arbeitsfläche zu klein wählen, können Sie diese jederzeit mit *Bild/Skalieren/Arbeitsfläche* noch vergrößern.

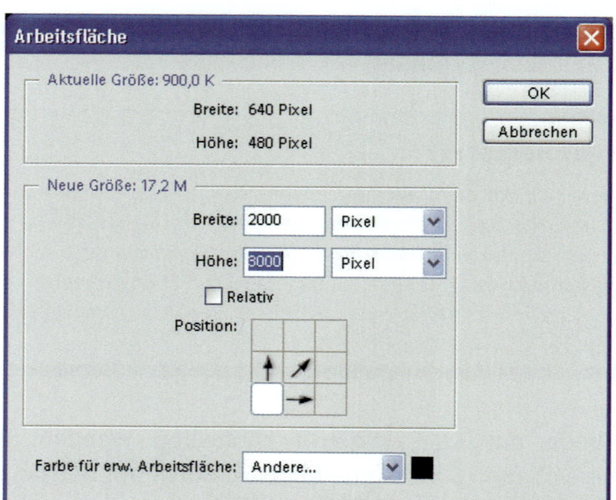

3 Wählen Sie ein Bild, das das Bild1 überlappt. Markieren Sie das gesamte Bild mit *Auswahl/Alles auswählen* ([Strg]+[A]) und kopieren Sie das Bild mit *Bearbeiten/Kopieren* ([Strg]+[C]) in die Zwischenablage.

Aktivieren Sie das Fenster mit Bild1 und fügen Sie das gerade kopierte Bild mit *Bearbeiten/Einfügen* ([Strg]+[V]) als neue Ebene ein. Wählen Sie als Füllmodus *Differenz*.

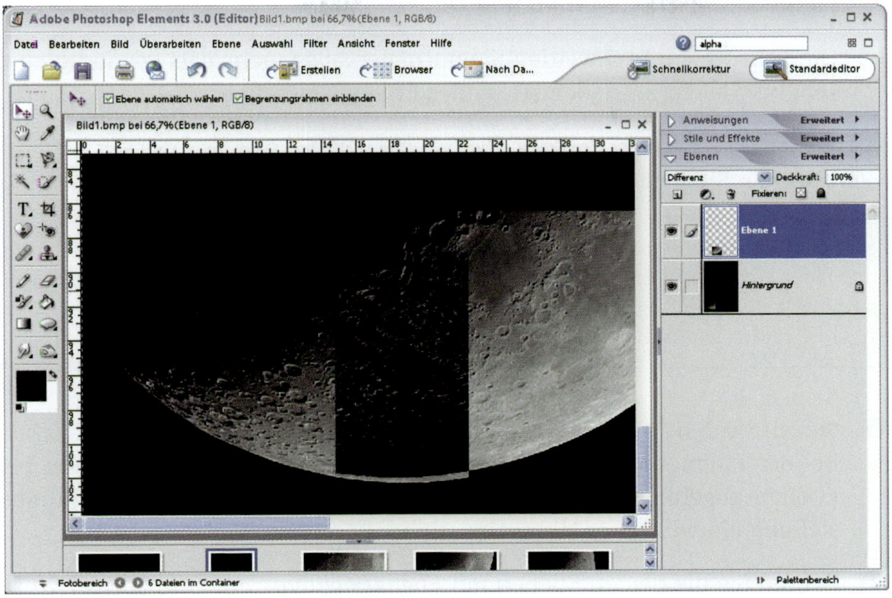

4 Nutzen Sie das Verschiebewerkzeug und die Pfeiltasten, um die neue Ebene möglichst exakt mit der schon vorhandenen Ebene auszurichten. Durch die Füllmethode *Differenz* ist die Ausrichtung optimal, wenn der Überlappungsbereich schwarz dargestellt wird.

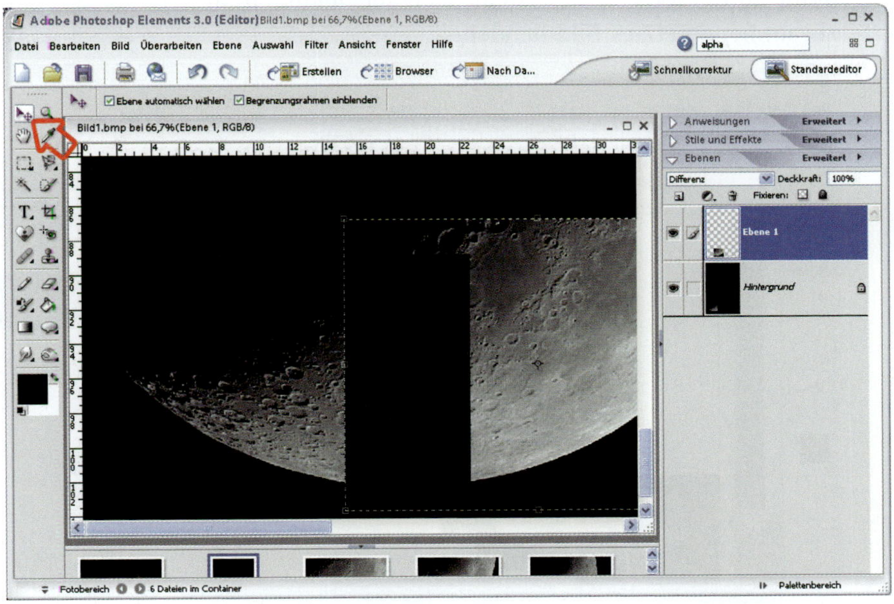

5 Passen Sie mit *Überarbeiten/Belichtung anpassen/Tonwertkorrektur* (Strg+L) die Tonwerte der neuen Ebene so an, dass diese möglichst gut mit der unteren Ebene (Bild1) übereinstimmen. Schalten Sie dazu auch immer wieder die Füllmethode zwischen *Normal* und *Differenz* um.

Die Schritte 4 und 5 werden Sie normalerweise mehrmals wiederholen müssen, bis Sie ein zufrieden stellendes Ergebnis erhalten.

Verdoppeln Sie Ihre Ausrichtungsgenauigkeit

Sie können ganz einfach die Genauigkeit der Ausrichtung der Bilder gegeneinander drastisch steigern. Vergrößern Sie dazu vor der Mosaikzusammenstellung alle Bilder auf doppelte Größe (200 %) und reduzieren Sie das Ergebnisbild wieder auf 50 %. Durch diesen kleinen Trick verdoppeln Sie Ihre Ausrichtungsgenauigkeit ganz locker. Allerdings sollten Sie aufpassen, dass die Dateien nicht zu groß werden und damit die Bildbearbeitung nur noch sehr schleppend vor sich geht.

6 Stellen Sie den Füllmodus auf *Normal* oder *Sprenkeln* und *Deckkraft* auf 100 %. Bei der Füllmethode *Sprenkeln* werden abwechselnd Bildpunkte der beiden Ebenen abgebildet, sodass sich bei nicht exakt identischer Belichtungseinstellung ein weicherer Übergang ergibt.

7 Führen Sie die beiden Ebenen mit *Ebene/Sichtbare auf eine Ebene reduzieren* (Umschalt+Strg+E) zu einer Ebene zusammen.

8 Wiederholen Sie die Schritte 3 bis 7 für jedes Einzelbild.

9 Nachdem Sie alle Einzelbilder zusammengesetzt haben, ist Ihr Mosaik fast fertig. Ihrem Mosaik sieht man noch sehr deutlich an, dass es sich um ein zusammengesetztes Bild handelt.

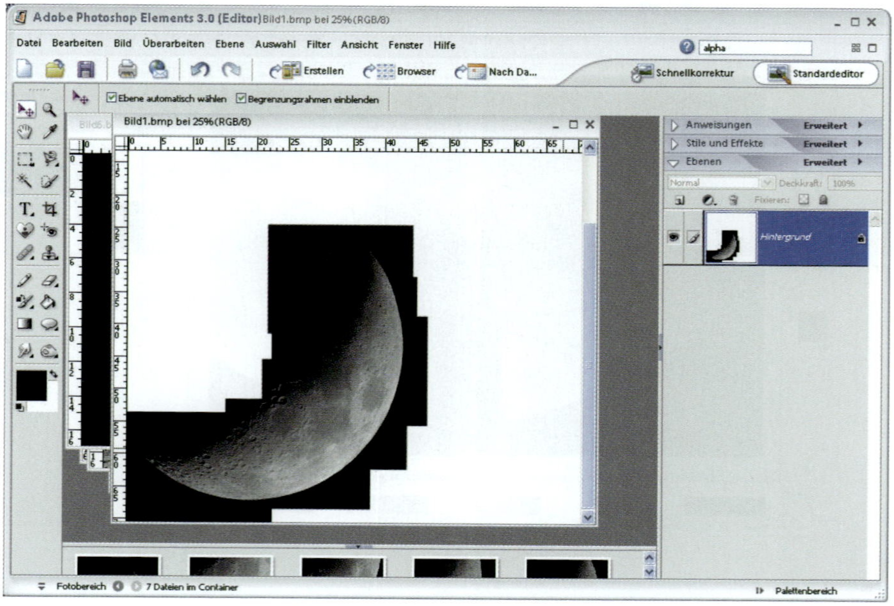

Je nach Geschmack können Sie jetzt die verbliebenen Hintergrundbereiche mit einer gefälligen Farbe (hier z. B. ein Dunkelgrau) einfärben und damit den Mosaikcharakter des Bildes erhalten. Oder Sie wählen mit dem Pipettenwerkzeug und einem Arbeitsbereich von *5 x 5 Pixel Durchschnitt* die Hintergrundfarbe der zusammengefügten Bilder und füllen damit den verbliebenen freien Hintergrund. Anschließend sollten Sie das doch etwas zu groß geratene Bild beschneiden, sodass Ihr Objekt auch zu Geltung kommt.

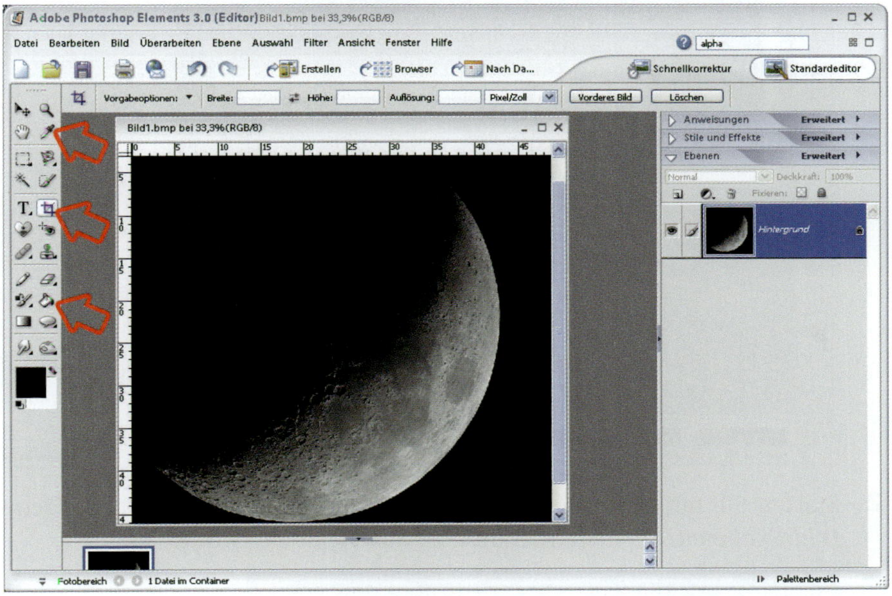

Erstellen eines DeepSky-Mosaiks

Nicht nur bei Mond und Sonne, sondern auch bei ausgedehnten DeepSky-Objekten können Sie die Mosaiktechnik anwenden. Achten Sie darauf, dass alle Bilder bei identischen Belichtungseinstellungen aufgenommen werden und auch die anschließende Bearbeitung für alle Bilder gleich ist.

Wenn möglich verdrehen Sie die Kamera auch nicht am Okularauszug zwischen den Aufnahmen. Alle diese Maßnahmen führen zu einer sehr einfachen Anwendung der Mosaiktechnik.

Im Folgenden wird ein komplexeres Beispiel gezeigt, die beiden Einzelbilder sind gegeneinander verdreht und die Belichtung ist nicht identisch gelungen.

1 Laden Sie alle Dateien mit *Datei/Öffnen* in Photoshop. Wenn nötig reduzieren Sie die Bittiefe mit *Bild/Modus/In 8Bit-Kanal umwandeln*.

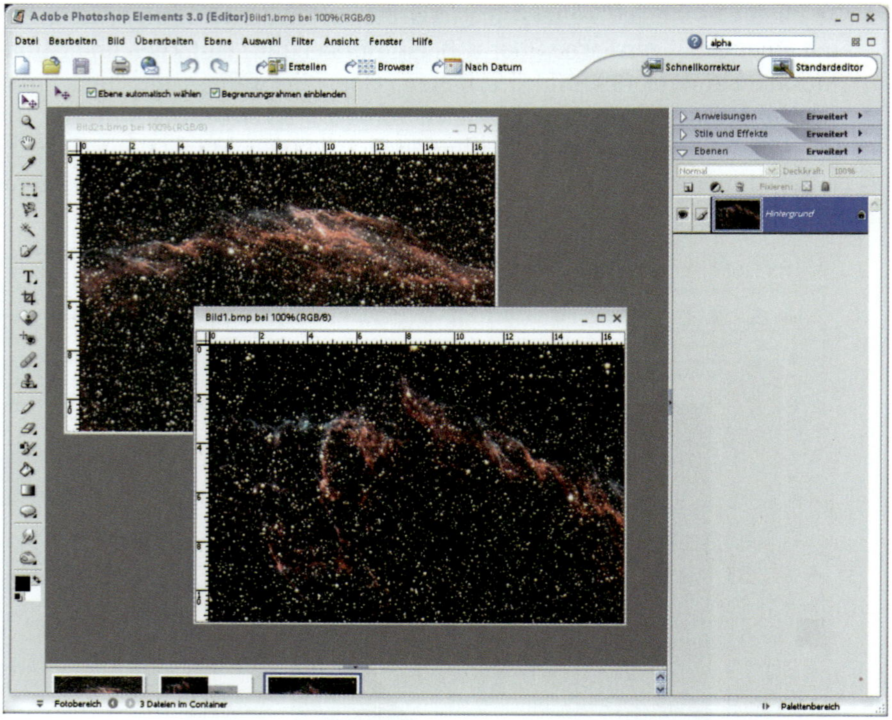

2 Starten Sie mit einem Eckbild und vergrößern Sie dessen Arbeitsfläche mit *Bild/Skalieren/Arbeitsfläche* auf eine ausreichende Größe.

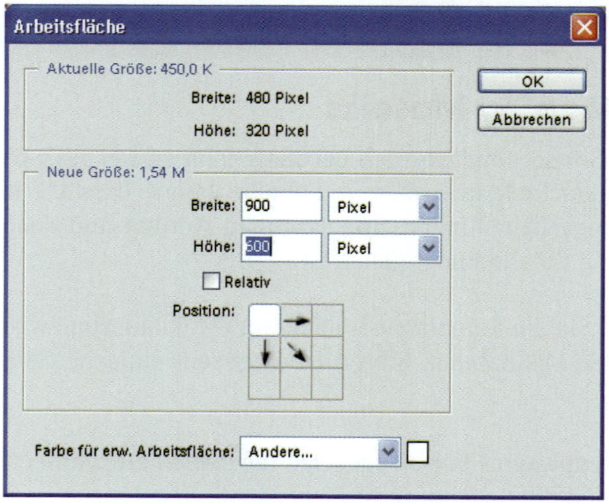

Verbessern Sie Ihre Ausrichtungsgenauigkeit

Wie beim Mondmosaik können Sie auch bei DeepSky-Bildern eine genauere Ausrichtung erreichen, indem Sie mit auf 200 % skalierten Bildern arbeiten und das Ergebnisbild dann wieder auf 50 % zurückrechnen.

3 Wechseln Sie zur nächsten Aufnahme, markieren Sie diese mit *Auswahl/Alles auswählen* (Strg+A) und kopieren Sie diese mit *Bearbeiten/Kopieren* (Strg+C) in die Zwischenablage.

Wechseln Sie wieder zur ersten Aufnahme und fügen Sie die gerade kopierte Aufnahme mit *Bearbeiten/Einfügen* (Strg+V) als neue Ebene ein. Wählen Sie als Füllmethode *Differenz*.

Wählen Sie *Bild/Transformieren/Frei transformieren* (Strg+T) und verschieben, drehen und verzerren Sie die neue Ebene so lange, bis diese optimal mit der darunter liegenden Ebene übereinstimmt, d. h., bis der Überschneidungsbereich möglichst komplett schwarz dargestellt wird. Da Drehungen und Verzerrungen bei Digitalbildern nur in diskreten Schritten durchgeführt werden, ist es sehr unwahrscheinlich, dass die Überlappungsfläche komplett schwarz wird – lassen Sie sich von ganz kleinen hellen Punkten nicht stören.

Zur Ausrichtung der beiden Ebenen orientieren Sie sich am besten an drei bis vier helleren Sternen. Mit drei Sternen sind alle Verschiebungen, Drehungen und Verformungen genau definiert.

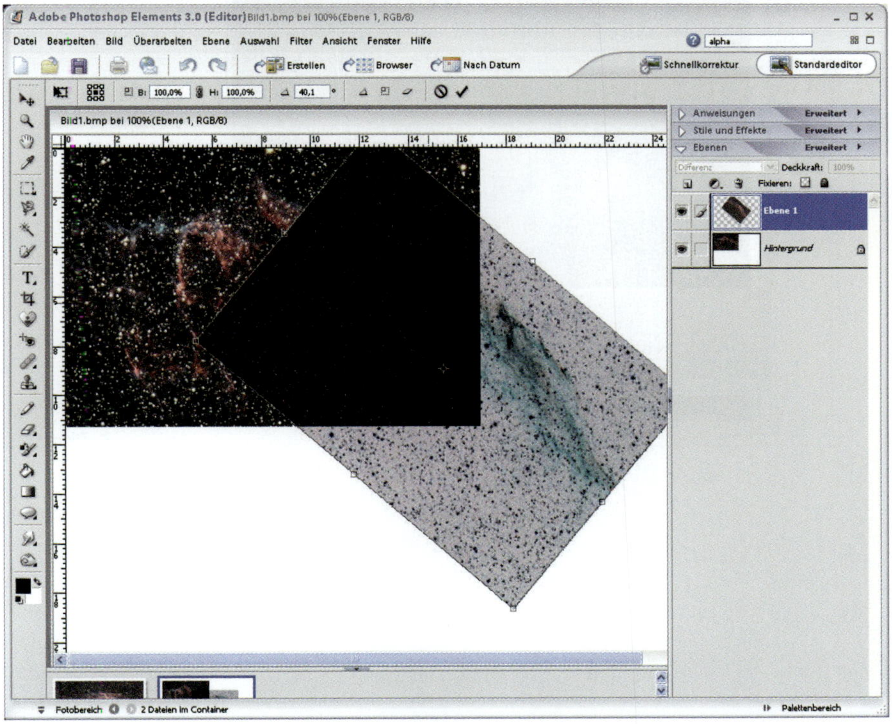

4 Stellen Sie die Füllmethode auf *Normal* und passen Sie die Tonwertkorrektur unter *Überarbeiten/Belichtung anpassen/Tonwertkorrektur* (Strg+L) so an, dass die Bilder nahtlos ineinander übergehen.

Führen Sie die Ebenen mit *Ebene/Sichtbare auf eine Ebene reduzieren* (Umschalt+Strg+E) zu einer Ebene zusammen.

5 Wiederholen Sie die Schritte 3 und 4 für alle Aufnahmen.

6 Füllen Sie den frei gebliebenen Hintergrund mit einer gefälligen Farbe (Dunkelgrau oder Schwarz). Der Mosaikcharakter des Bildes bleibt dabei erhalten, aber eine Füllung der nicht aufgenommenen Bereiche mit Kopien der Sternbereiche der Aufnahmen ist nicht zu vertreten. Seien Sie stolz auf Ihr Mosaik, solche Aufnahmen und Bearbeitungen gelingen nicht jedem!

Beschneiden Sie die fertige Aufnahme mit dem Beschneidenwerkzeug auf eine passende Größe und speichern Sie Ihr Ergebnis.

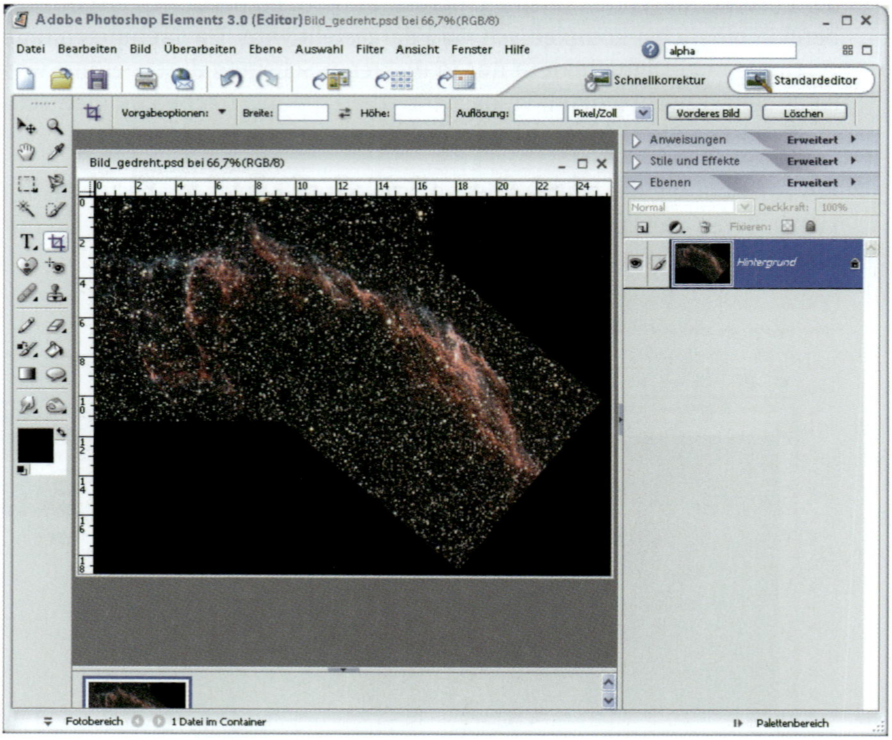

Anhang

Mini-How-to's

Bevor hier in kurzen Worten die Aufnahme- und Bearbeitungstechniken für verschiedene Aufnahmen vorgestellt werden, soll doch zunächst ein Wort der Warnung angebracht sein. Die hier vorgestellten Vorgehensweisen skizzieren die Arbeitsweise des Autors, je nach Beobachtungsbedingungen und verfügbarem Equipment können aber diese auch beim Autor variieren. Jeder Astrofotograf wird seine eigene Vorgehensweise und vor allem seine eigenen Bearbeitungstechniken entwickeln, also sehen Sie diese Beschreibungen als Vorschlag oder als ersten Anhaltspunkt, aber entwickeln Sie Ihre eigene Methodik!

Mondaufnahmen

Für Übersichtsaufnahmen des Mondes bieten sich Kameras mit ausreichend großem Sensor, also meist DSLRs, an. Natürlich können diese Aufnahmen auch mit chemischem Film erfolgreich angefertigt werden, hier soll aber nur auf die digitale Aufnahmetechnik eingegangen werden.

Verwenden Sie für Übersichtsaufnahmen des Mondes eine DSLR und Aufnahmebrennweiten zwischen 800 und 1.200 mm.

1. Schließen Sie die Kamera fokal ans Teleskop an und fokussieren Sie die Kamera. Beim Mond kann möglicherweise auch die Fokussierung am Kamerasucher ausreichen, besser ist die Verwendung von DSLRFocus.
2. Nehmen Sie eine größere Anzahl Aufnahmen auf. Bedingt durch Seeing werden nicht alle Aufnahmen scharf werden.
3. Wählen Sie in einem RAW-Viewer (IrfanView oder der mit Ihrer Kamera mitgelieferte Viewer) das am besten gelungene Bild aus.
4. Importieren Sie dieses Bild mit dem RAW-Konverter in Photoshop.
5. Schärfen Sie das Bild mit der unscharfen Maske.
6. Reduzieren Sie die Auflösung auf ungefähr 66 %.
7. Passen Sie die Gradationskurven an.
8. Beschneiden Sie das Bild auf ein geeignetes Format.
9. Speichern Sie das Bild als „Originalbild".

Für Detailaufnahmen können Sie obige Vorgehensweise für Übersichtsaufnahmen verwenden und dann einen entsprechenden Ausschnitt des Bildes verwenden. Steht

Ihnen keine DSLR zur Verfügung, können Sie auch mit einer Webcam zu sehr guten Ergebnissen kommen.

1. Schließen Sie die Kamera fokal an das Teleskop an. Verwenden Sie bei Bedarf eine Barlow-Linse, um die effektive Brennweite zu erhöhen.
2. Fokussieren Sie die Kamera mit Giotto.
3. Nehmen Sie Videos mit 5 fps und ca. 2.000 Bildern auf.
4. Verarbeiten Sie die Bilder mit RegiStax oder Giotto.
5. Schärfen Sie das Ergebnisbild mit dem Wavelet-Filter von RegiStax und speichern Sie das Ergebnis als TIFF (16 Bit).
6. Schärfen Sie das Bild in Photoshop mit der unscharfen Maske.
7. Passen Sie die Gradationskurven an und beschneiden Sie wenn nötig das Bild auf einen passenden Ausschnitt.
8. Speichern Sie Ihr Ergebnisbild.

Sonnenaufnahmen

Achten Sie bei Sonnenaufnahmen unbedingt auf einen geeigneten Filter vor dem Teleskop! Nur wenn die Sonnenstrahlung ausreichend gefiltert ist, dürfen Sie das Teleskop auf die Sonne richten. Achten Sie dabei auch auf Ihren Sucher. Dieser sollte entweder auch über einen Sonnenfilter verfügen oder abgedeckt sein!

1. Bringen Sie den Sonnenfilter (Glasfilter, Sonnenfilterfolie, H-alpha-Filter) vor dem Teleskop an, bevor Sie das Teleskop auf die Sonne ausrichten!

   Schließen Sie die Kamera am Teleskop fokal an.
2. Stellen Sie die Sonne im Teleskop ein.
3. Fokussieren Sie die Kamera, z. B. mit DSLRFocus.
4. Nehmen Sie ausreichend Aufnahmen, auch bei verschiedenen Belichtungszeiten, auf.
5. Wählen Sie mit einem RAW-Viewer die besten Aufnahmen.
6. Laden Sie diese in Photoshop.
7. Schärfen Sie das Bild mit der unscharfen Maske.
8. Passen Sie die Gradationskurven an und beschneiden Sie die Aufnahmen auf einen passenden Ausschnitt.
9. Speichern Sie Ihr Ergebnisbild.

Für Detailaufnahmen mit Webcam nehmen Sie Videos mithilfe von Giotto auf und errechnen sich ein Ergebnisbild mit RegiStax oder Giotto. Die Endbearbeitung erfolgt wie schon beschrieben mit Photoshop.

Planetenaufnahmen

Für Planetenaufnahmen nutzen Sie eine Webcam und eine Barlow-Linse oder die Webcam in Okularprojektion. Fortgeschrittene Planetenfotografen werden auf Schwarzweißkameras setzen, um die höchstmögliche Auflösung zu erhalten.

1 Schließen Sie die Kamera am Teleskop an. Passen Sie dabei die Aufnahmebrennweite mittels Barlow-Elementen an das Seeing an, sodass Sie ein gutes Bild mit möglichst hoher Auflösung erhalten.

2 Fokussieren Sie die Kamera bestmöglich und nehmen Sie Videos mit Giotto auf.

3 Bearbeiten Sie die Videos mit RegiStax oder Giotto und speichern Sie das Ergebnisbild in bestmöglicher Auflösung und Dynamik.

4 Laden Sie das gestackte Bild in Photoshop und geben Sie diesem den letzten Schliff.

5 Passen Sie die Gradationskurven an und schneiden Sie den Planeten goßzügig aus. Bei Planeten bietet sich meist ein quadratischer Beschnitt des Bildes an.

6 Speichern Sie das Ergebnisbild.

DeepSky-Aufnahmen

DeepSky-Aufnahmen können Sie z. B. mit einer DSLR anfertigen. Da für DeepSky-Objekte lange Belichtungszeiten benötigt werden, sollten Sie hierzu einen Autoguider einsetzen.

1 Fokussieren und kalibrieren Sie Ihren Autoguider und fokussieren Sie Ihre Kamera mit DSLRFocus.

2 Starten Sie Ihren Autoguider und lassen Sie diesen ein bis zwei Minuten laufen, bevor Sie die Aufnahmen starten.

3 Starten Sie Ihre Aufnahmen mit DSLRFocus. Verwenden Sie wenn möglich nicht mehr als ISO 800 und belichten Sie zwischen fünf und 15 Minuten, abhängig vom Objekt und vom Öffnungsverhältnis Ihrer Optik.

4 Wenn Sie Ihre Aufnahmen auf dem PC speichern, können Sie während der Aufnahme schon abgespeicherte Aufnahmen, z. B. mit Iris, betrachten und eventuell auftretende Fehler frühzeitig erkennen.

5 Fertigen Sie eine ausreichende Anzahl Dunkelbilder und bei Bedarf Flatfields an. Und korrigieren Sie die Bilder in Iris und mitteln/addieren Sie diese in Iris.

6 Führen Sie Bearbeitungen wie Binning oder DDP in Iris durch und speichern Sie das Ergebnis mit *savepsd2*.

7 Laden Sie das Bild in Photoshop und passen Sie Bildschärfe, Weißabgleich und die Gradationskurven an und speichern Sie anschließend das Ergebnisbild.

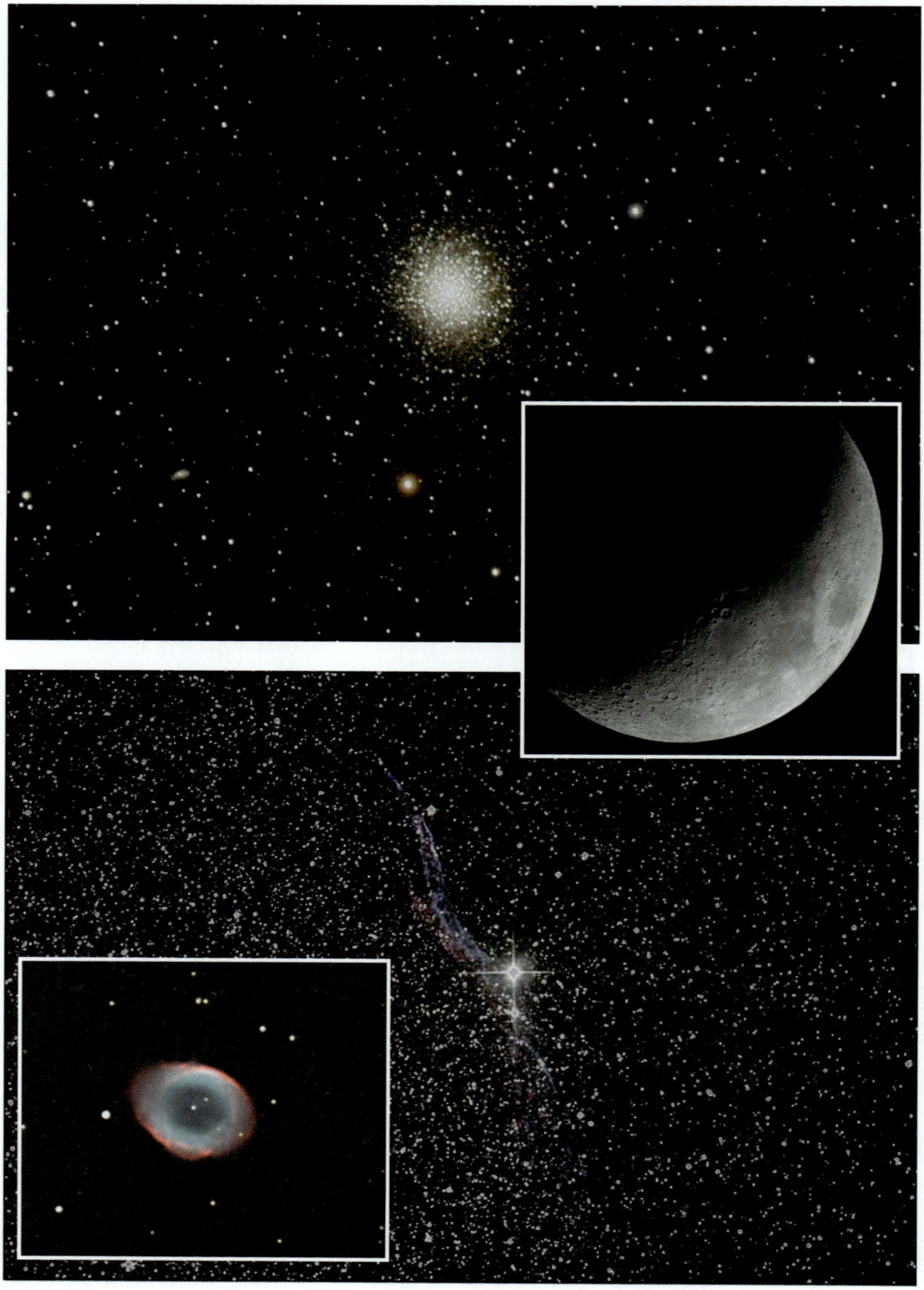

Stichwortverzeichnis

A

B

C

D

E

F

G